高等学校网络教育规划教材

画法几何与机械制图

（上）

臧宏琦　刘援越　叶　军　编

西北工業大學出版社

【内容简介】 本书是在总结了多年的网络课程教学经验的基础上，由西北工业大学网络教育学院规划编写的。本书共分12章，主要内容有绪论，制图的基本知识，投影的基本知识，点、直线和平面的投影，直线与平面、平面与平面的相对位置，投影变换，曲线，曲面，基本体及其表面交线，轴测投影，工程形体的表达方法等。与本书配套的《画法几何与机械制图习题集》由西北工业大学出版社同时出版。

本书可作为高等学校网络教育本、专科机械类、近机械类专业及其他相关专业的教材，也可供有关工程技术人员参考。

图书在版编目(CIP)数据

画法几何与机械制图. 上/臧宏琦，刘援越，叶军编. —西安：西北工业大学出版社，2014.8
ISBN 978-7-5612-4071-7

Ⅰ.①画… Ⅱ.①臧… ②刘… ③叶… Ⅲ.①画法几何—高等学校—教材②机械制图—高等学校—教材 Ⅳ.①TH126

中国版本图书馆CIP数据核字(2014)第188357号

出版发行：西北工业大学出版社
通信地址：西安市友谊西路127号　邮编：710072
电　　话：(029)88493844　88491757
网　　址：www.nwpup.com
印 刷 者：兴平市博闻印务有限公司
开　　本：787 mm×1 092 mm　1/16
印　　张：21.75
字　　数：393千字
版　　次：2014年9月第1版　2014年9月第1次印刷
定　　价：48.00元(套)

前　言

本书是笔者在总结了多年的网络课程教学经验的基础上，由西北工业大学网络教育学院规划编写的。本书配有《画法几何与机械制图习题集》。

本书针对工程制图具有设计和制造领域各专业技术基础课程的性质，以及网络教育面向应用型工程技术人才培养的目标，充分考虑成人业余学习的特点，在内容选取方面遵照国家课程指导大纲的要求，以课程培养目标为导向，以拓宽面向、深度适中、注重空间想象与表达能力和绘图实践能力培养为基本原则。编写体系力求层次分明，内容连贯，包括制图的基本知识；正投影的基本知识；点、线、面的投影；立体及立体的截交与相贯；组合体的绘制；轴测投影；工程形体的图样表达方法等。通过本书的学习，学生能够掌握工程制图的基本知识和分析、解决工程问题的基本技能，提高学生的基本素质、工程意识及实践能力。

本书的编者依次为：臧宏琦编写绪论、第1章、第6～10章，刘援越编写第2～5章、第11章，叶军编写第12章。

在配套的习题集中给出了相应的训练练习，编排顺序与教材一致。

在本书的编写过程中参考了国内同类著作，特向有关作者表示感谢。

全书由臧宏琦统稿，西北工业大学孙根正教授对本书提出了许多宝贵意见，在此谨致谢意。

由于经验和水平有限，书中难免有些疏漏与不足，恳请读者批评指正。

编　者

2014年5月于西安

目 录

绪论

1. 本课程的研究对象

在现代大工业时代，制造业是我国国民经济和综合国力发展的支柱产业，它涉及机械、电子、建筑、航空、航海、航天以及包罗万象的民用产品，这样大规模的生产制造过程，不可能由个人构思完成，所以设计和制造是分开进行的。

设计师要表达设计意图，一般要先画出设计图样，工人师傅再依据图样施工。图样可以对工程形体的形状、大小和内部结构以及施工要求做出明晰的说明，而这些要用文字语言来表达是比较困难的。图样按照相关的国家标准，提供了制造各种工业产品所必须的准确而详尽的图形、数据、文字。因此，图样是制造领域必不可少的重要的技术文件。

图样在制造领域起着类似文字语言的表达作用，人们常把它称之为"工程技术语言"。因此，绘制和阅读图样便成为一个工程技术人员所必须具备的基本功。制图就是一门研究如何绘制和阅读图样的学科，而本课程则包含了工程制图所需的基础知识、基本理论及基本技能。

本课程的内容有制图基础知识，其中包括国际标准中关于制图方面的标准及平面图绘制等方面的知识；制图基本技术，其中包括尺规绘图、徒手绘制草图及计算机绘图等；基本理论，其中包括画法几何及相关的图学理论；图样表达基础，其中包括投影制图及工程形体的图样表达方法，以及阅读、绘制工程图样的方法。

2. 本课程的学习目的

学习本课程主要有下述目的。

(1)研究投影的基本理论，学习制图的基本知识；

(2)培养正确绘制和阅读工程图样的基本技能；

(3)培养和发展空间想象能力、空间逻辑思维能力和创新思维能力；

(4)培养科学的思考方法、认真细致的工作作风和良好的工程意识。

3. 本课程的学习方法

工程制图是工科类本科专业重要的技术基础课，是一门理论严谨、实践性很强的课程，对于理论部分必须掌握其基本概念和原理，并学会应用它。对于绘图技能部分通过大量的练习实践，强化与工程实践的密切联系，对培养学生掌握科学思维方法、增强工程意识和创新意识有重要作用。

在学习过程中，首先要重视理论学习，切实学好基本知识、基本理论和基本方法，并学会应用。在理解基本概念的基础上，由浅入深地通过一系列的绘图和读图实践，不断地由物画图，由图想物，完成从空间到平面、再由平面到空间这样一个思维过程，从而分析和想象空间形体与图纸上图形之间的对应关系，逐步提高空间想象力和空间分析能力，建立起某一自然形象的正投影图形象，掌握正投影的基本作图方法及其应用。

其次必须独立按时完成一定数量的练习和作业。做习题和作业时，要做到清晰、准确，不应潦草。在掌握有关基本概念的基础上，按照正确的方法和步骤作图，养成正确使用绘图工具和仪器的习惯，熟悉制图的基本规格和基本规定，严格遵守国家标准的有关规定，学会查阅和使用有关手册和国家标准。通过一系列的绘图和读图实践，才能巩固所学的理论，不断提高自己的空间想象能力、绘制和阅读工程图样的能力以及良好的工程意识。

第1章 制图的基本知识

【本章提要】

现阶段工业产品的设计、制造和组织管理都离不开工程图样。图样是工业生产的重要技术文件,也是进行技术交流的重要工具。工程图样起源于生产,又反过来为生产服务。随着工业生产的不断发展、国际间技术交流的日益增多和科学技术的不断更新,我国制定的各项制图标准也在不断改进和完善,以适应生产发展的需要。作为工科院校的学生,有必要认真学习和严格遵守有关制图的各项国家标准,养成正确使用绘图工具和仪器的习惯,不断提高绘图能力。

本章介绍国家标准中有关制图的部分内容,以及绘图工具的使用和几何作图等基本知识。

1.1 技术制图标准介绍

标准是随着人类生产活动和产品交换规模及范围的日益扩大而产生的。我国现已制定了20 000多项国家标准,涉及工业产品、环境保护、建设工程、工业生产、农业信息、能源、资源及交通运输等方面,已成为世界上标准化工作较为先进的国家之一。

我国现有的标准可分为国家、行业、地方和企业4个层次。对需要在全国范围内统一的技术要求制定国家标准;对没有国家标准而又需要在全国某个行业范围内统一的技术要求制定行业标准;对没有国家标准和行业标准而又需要在省、自治区、直辖市范围内统一的技术要求制定地方标准;对没有国家标准和行业标准的企业也可制定企业标准。

国家标准和行业标准又分为强制性标准和推荐性标准。强制性国家标准的代号形式为GB××××—××××,GB分别是“国标”二字汉语拼音的第一个字母,其后的一组××××代表标准的顺序编号,而后面的一组××××代表标准颁布的年号。推荐性标准的代号形式为GB/T××××—××××。

强制性标准是必须执行的,而推荐性标准是国家鼓励企业自愿采用的。由于标准化工作的需要,这些标准实际上都被认真地执行着。

标准是随着科学技术的发展和经济建设的需要而发展变化的。我国的国家标准在实施后,标准主管部门每5年对标准复审一次,以确定是否继续执行、修改或废止。

在技术制图方面,我国制定有完整的国家标准。技术制图包括机械制图、电气制图、建筑制图等各类专业制图。在工作中应采用经过审定的相关国家标准。

1.1.1 图纸的幅面及格式(GB/T 14689—2008)

1. 主题内容与适用范围

GB/T 14689—2008规定了图纸的幅面尺寸和格式,适用于技术图样及有关技术文件。

2. 图纸幅面尺寸

(1)当绘制技术图样时,应优先采用表 1.1 所规定的基本幅面。

(2)必要时也允许选用表 1.2 和表 1.3 所规定的加长幅面,这些幅面的尺寸是由基本幅面的短边成整数倍增加后得出的,如图 1.1 所示。图中粗实线所示为基本幅面(见表 1.1,可作为第一选择),细实线所示为加长幅面(见表 1.2,可作为第二选择),虚线所示为加长幅面(见表 1.3,可作为第三选择)。

表 1.1 基本幅面 mm

幅面代号	尺寸($B\times L$)
A0	841×1 189
A1	594×841
A2	420×594
A3	297×420
A4	210×297

表 1.2 加长幅面 mm

幅面代号	尺寸($B\times L$)
A3×3	420×891
A3×4	420×1 189
A4×3	297×630
A4×4	297×841
A4×5	297×1 051

表 1.3 加长幅面 mm

幅面代号	尺寸($B\times L$)	幅面代号	尺寸($B\times L$)
A0×2	1 189×1 682	A3×5	420×1 486
A0×3	1 189×2 523	A3×6	420×1 783
A1×3	841×1 783	A3×7	420×2 080
A1×4	841×2 378	A4×6	297×1 261
A2×3	594×1 261	A4×7	297×1 471
A2×4	594×1 682	A4×8	297×1 682
A2×5	594×2 102	A4×9	297×1 892

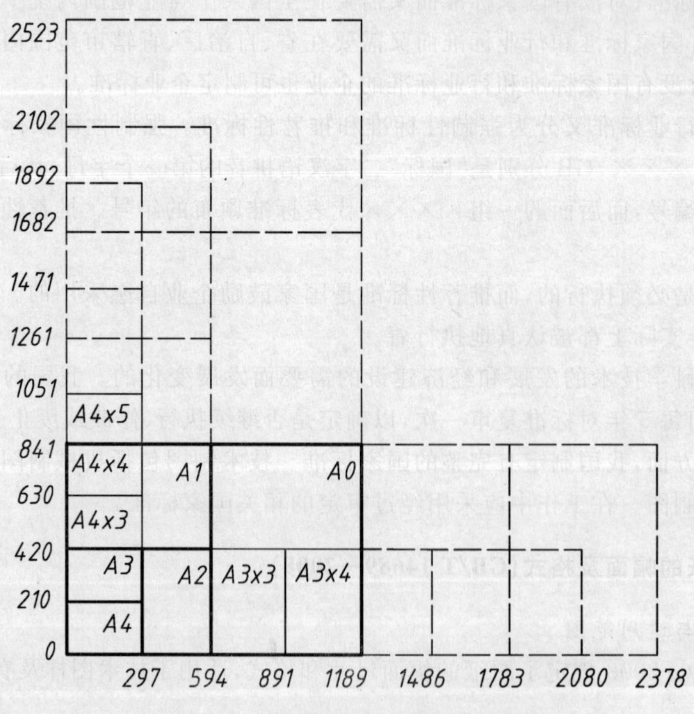

图 1.1 图纸基本幅面及加长幅面

3. 图框格式

(1)在图纸上必须用粗实线画出图框,其格式分为不留装订边和留装订边两种,但同一产品的图样只能采用一种格式。图框格式如图 1.2 和图 1.3 所示,图框尺寸见表 1.4。

(2)加长幅面的图框尺寸,按所选用的基本幅面大一号的图框尺寸确定,如 A2×3 的图框尺寸,按 A1 的图框尺寸确定,即 e 为 20(或 c 为 10)。

表 1.4　图框尺寸　　mm

幅面代号	A0	A1	A2	A3	A4
尺寸($B\times L$)	841×1 189	594×841	420×594	297×420	210×297
e	20		10		
c	10			5	
a	25				

4. 标题栏

(1)每张图纸上都必须画出标题栏,其格式和尺寸按 GB/T 10609.1－2008 的规定,其位置在图纸右下角,如图 1.2 和图 1.3 所示。

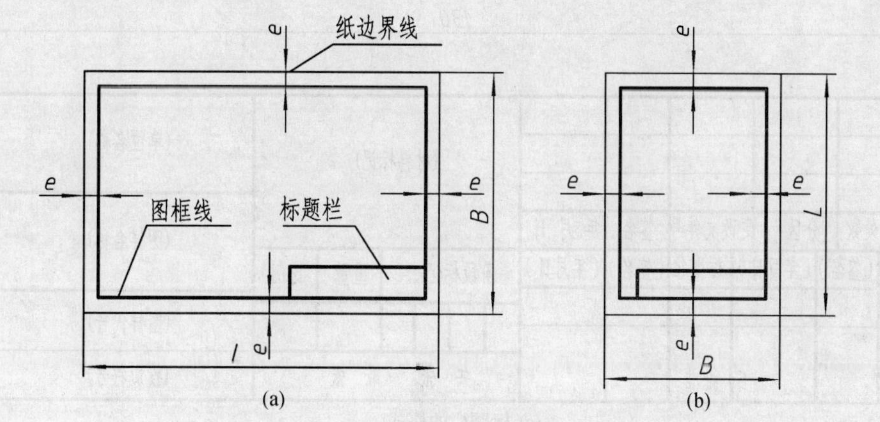

图 1.2　不留装订边图框格式

(2)标题栏的长边置于水平方向与图纸的长边平行时,则构成 X 型图纸,如图 1.2(a)和图 1.3(a)所示;若标题栏的长边与图纸的长边垂直时,则构成 Y 型图纸,如图 1.2(b)和图 1.3(b)所示。看图方向与看标题栏方向一致。

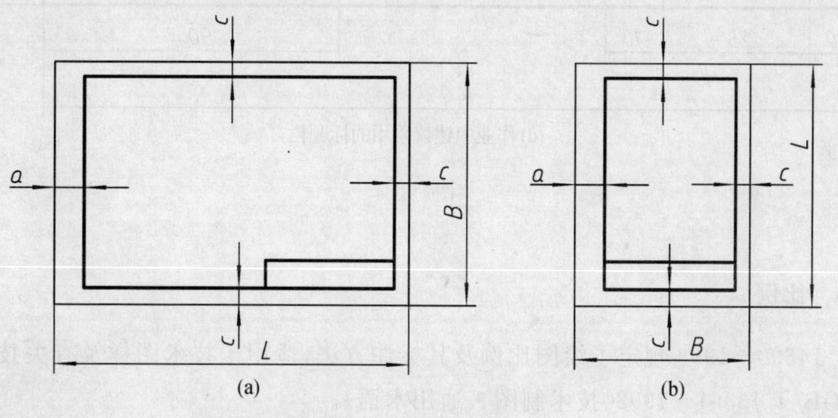

图 1.3　留装订边图框格式

1.1.2 标题栏

技术制图 GB/T 10609.1—2008 规定了技术图样中标题栏的基本要求、内容、尺寸与格式。每张技术图样中均应有标题栏。

标题栏一般由更改区、签字区、其他区、名称及代号区组成(见图 1.4(a)(b))。也可按需要增加或减少。标题栏的格式可参照图 1.4(c),相关尺寸请参照标准。本书将标题栏作了简化,作业中建议采用图 1.4(d)所示的标题栏。标题栏一般应位于图纸的右下角(见图 1.2)。

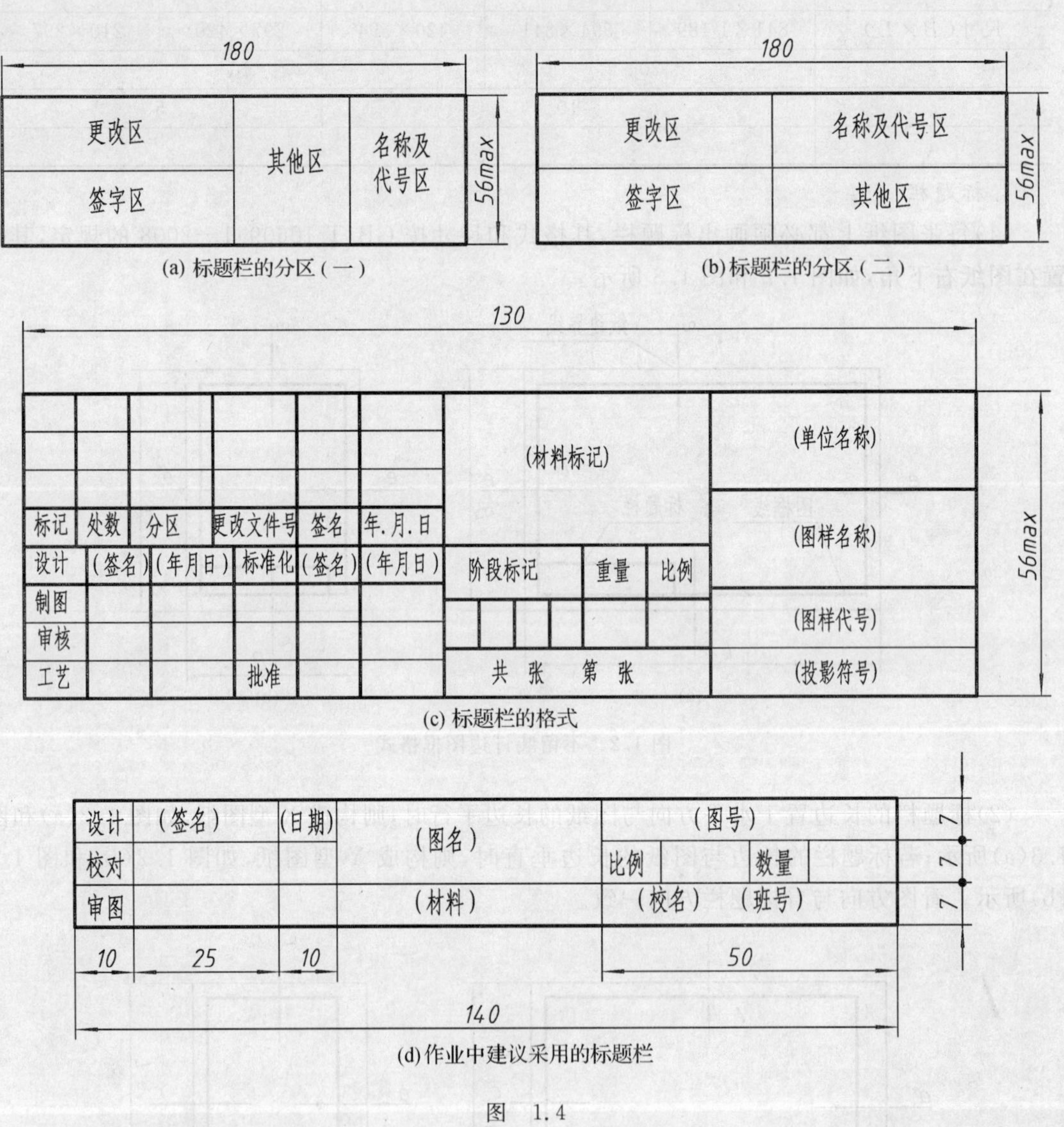

图 1.4

1.1.3 比例

GB/T 14690－1993 规定了绘图比例及其标注方法,适用于技术图样及有关技术文件,引用标准为 GB/T 13361－1992《技术制图·通用术语》。

1. 术语

(1)比例。图中图形与其实物相应要素的线性尺寸之比。

(2)原值比例。比值为1的比例,即1∶1,称为原值比例。

(3)放大比例。比值大于1的比例,如2∶1等,称为放大比例。

(4)缩小比例。比值小于1的比例,如1∶2等,称为缩小比例。

2. 比例系列

当需要按比例绘制图样时,应由如表1.5所示规定的系列中选取适当的比例,必要时也允许选取表1.6所示的比例。

表1.5 规定的比例系列

种类	比例		
原值比例	1∶1		
放大比例	5∶1 5×10^n∶1	2∶1 2×10^n∶1	 1×10^n∶1
缩小比例	1∶2 1∶2×10^n	1∶5 1∶5×10^n	1∶10 1∶1×10^n

注:n为正整数。

表1.6 允许的比例系列

种类	比例				
放大比例	4∶1 4×10^n∶1	2.5∶1 2.5×10^n∶1			
缩小比例	1∶1.5 1∶1.5×10^n	1∶2.5 1∶2.5×10^n	1∶3 1∶3×10^n	1∶4 1∶4×10^n	1∶6 1∶6×10^n

注:n为正整数。

3. 标注方法

(1)比例符号应以"∶"表示。比例的表示方法为1∶1,1∶500,20∶1等。

(2)比例一般应标注在标题栏中的比例栏内。必要时,可在视图名称的下方或右侧标注比例,如$\frac{\text{I}}{2:1}$,$\frac{\text{A}}{1:100}$,$\frac{\text{B—B}}{2.5:1}$,平面图1∶100等。

1.1.4 字体

GB/T 14691—1993规定了汉字、字母和数字的结构形式及基本尺寸,适用于技术图样及有关技术文件。

1. 基本要求

(1)书写字体必须做到字体工整、笔画清楚、间隔均匀、排列整齐。

(2)字体高度h的公称尺寸系列为1.8 mm,2.5 mm,3.5 mm,5 mm,7 mm,10 mm,14 mm,20 mm,字体的高度代表字体的号数。如需要书写更大的字,其高度应按$\sqrt{2}$的比例递增。

(3)汉字应写成长仿宋体,并应采用国家正式公布的简化字。汉字的高度h不应小于3.5 mm,其字宽一般为$h/\sqrt{2}$。

(4)字母和数字分A型和B型,A型的笔画宽度d为$h/14$,B型的笔画宽度d为$h/10$。

在同一图样上只允许选用一种字型的字体。

(5)字母和数字可写成斜体和直体,斜体字字头向右倾斜,与水平方向成75°。

国家标准《CAD工程制图规则》(GB/T 18229—2000)中所规定的字体与图纸幅面的关系见表1.7。

表1.7 字体与图幅的关系 mm

图幅 / 字高 h / 字体	A0	A1	A2	A3	A4
汉字	5				
字母与数字	3.5				

在机械工程的CAD制图中,汉字的高度降至与数字高度相同;在建筑工程的CAD制图中,汉字的高度允许降至2.5 mm,字母、数字对应地降至1.8 mm。

2.字体示例

(1)长仿宋体汉字示例。

10号字:

字体工整 笔画清楚 间隔均匀 排列整齐

7号字:

横平竖直 注意起落 结构均匀 填满方格

5号字:

技术制图机械电子汽车航空船舶土木建筑矿山井坑港口纺织服装

3.5号字:

螺纹齿轮端子接线飞行员指导驾驶舱位挖填施工引水通风闸阀坝棉麻化纤

(2)A型斜体拉丁字母示例。

abcdefghijklmn

opqrstuvwxyz

(3)A 型斜体数字、字母示例。

0123456789

I II III IV V VI VII VIII IX X

αβγδεζηθϑικλμν

ξοπρστυφφχψω

1.1.5　图线及画法

1. 线型

国家标准 GB/T 17450—1998 规定了绘制图样时,可采用的 15 种基本线型。表 1.8 列出了绘制机械工程图样时常用的 8 种图线的型式、名称、宽度及主要用途。

2. 线宽

机械图样中的图线分粗线和细线两种。图线宽度应根据图形的大小和复杂程度在 0.5～2 mm 之间选择。粗线与细线的宽度比率为 2∶1。图线宽度的推荐系列为(单位为 mm):0.13,0.18,0.25,0.35,0.5,0.7,1,1.4,2。

表 1.8 机械制图中的常用线型及应用

图线名称	图线型式	主要用途
粗实线		可见轮廓线
细实线		尺寸线、尺寸界线、剖面线、引出线、辅助线、可见过渡线
波浪线(细)		断裂处的边界线、视图与剖视的分界线
双折线(细)	30	断裂处的边界线
细虚线	2~6 ≈1	不可见轮廓线、不可见过渡线
细点画线	≈20 ≈3	轴线、对称中心线、节圆及节线、轨迹线
粗点画线	≈15 ≈3	有特殊要求的线或表面的表示线
细双点画线	≈20 ≈5	假想轮廓线、相邻辅助零件的轮廓线、中断线

注:建议粗线用 B 或 2B 铅笔绘制,细线用 2H 或 H 铅笔绘制,绘制打底稿用 2H 铅笔,写文字用 HB 铅笔。

3. 图线画法

(1)在同一张图纸内,相同比例的各图样,应采用相同的线宽组。

(2)虚线的画线和间隔应保持长短一致。画线长约 3～6 mm,间隔约为 0.5～1 mm。点画线或双点画线画的长度应大致相等,约为 15～20 mm。

(3)当虚线与虚线、点画线与点画线、虚线或点画线与其他线相交时,应交于画线处。当实线与虚线连接时,则应留一间隔。它们的正确画法和错误画法如图 1.5 所示。

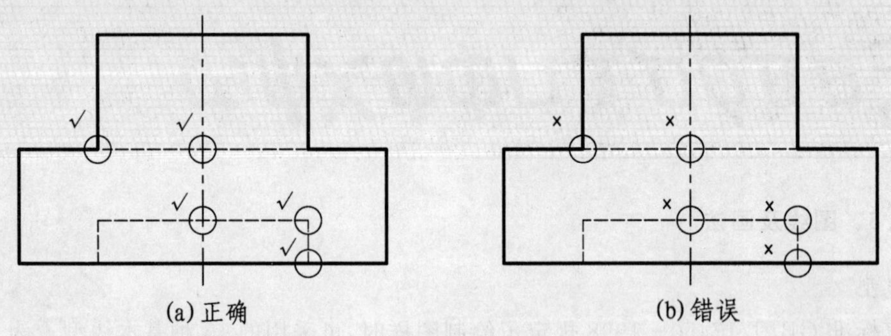

(a)正确 (b)错误

图 1.5 虚线交接的画法

(4)点画线或双点画线的两端不应是点。

(5)图线不得与文字、数字或符号重叠、相交,当不可避免相交时,应首先保证文字等的清晰。

各种图线的具体应用及图线画法示例见图 1.6。

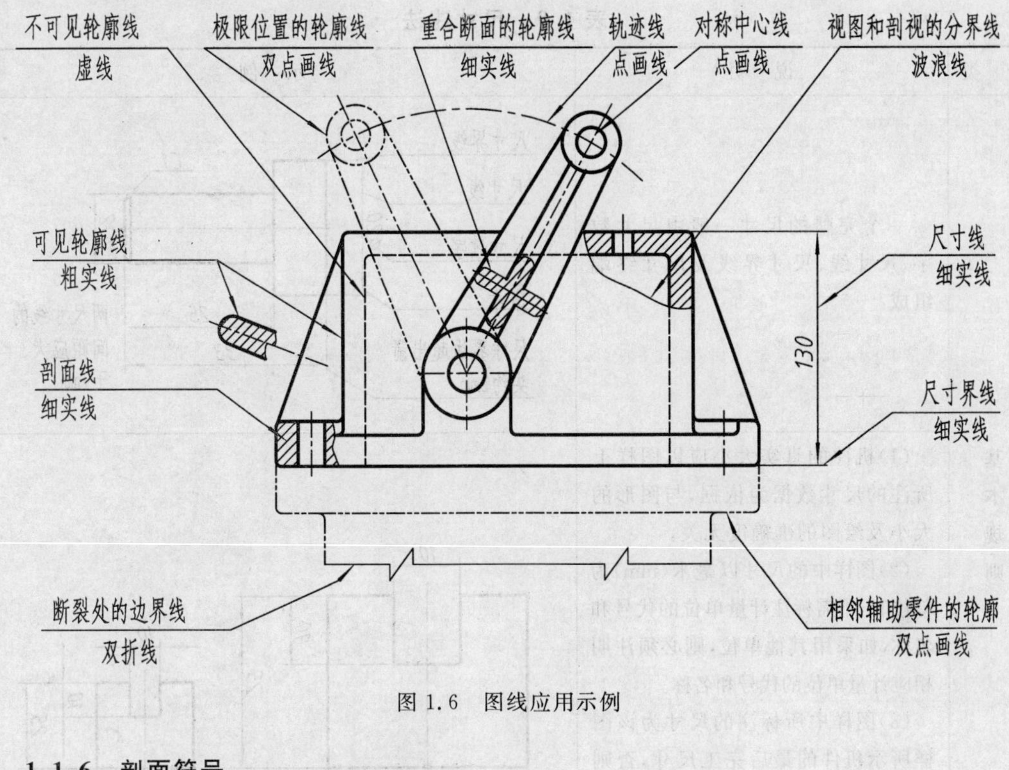

图 1.6　图线应用示例

1.1.6　剖面符号

GB/T 17453－2005 规定了各种材质的剖面符号。

当绘制剖视图和断面图时，通常应在剖面区域画出剖面线或剖面符号。

当不需要在剖面区域中表示材料的类别时，可采用通用剖面线来表示。

通用剖面线是以适当角度的细实线绘制的，它与主要轮廓或剖面区域的对称线成 45°角（见图 1.7）。

在专业图中，为了简化制图，往往采用通用的剖面线表示量大、面广的材料，如机械制图中的金属剖面区域及建筑制图中表示普通的剖面区域。若需要表示材料的类别，应在相应的标准中查找，也可在图样上以图例的方式说明。

图 1.7　通用剖面线

1.1.7　尺寸注法

GB/T 4458.4－2003 规定了尺寸标注的基本规则、形式和组成等，见表 1.9。

表 1.9　尺寸注法

分　类	说　明	示　例
基本规则	一个完整的尺寸一般由尺寸数字、尺寸线、尺寸界线及尺寸终端组成	尺寸界线 尺寸线 尺寸数字 箭头 尺寸界线超出箭头约2mm C1 φ20 φ12 25 33 两尺寸线的间距应大于7mm
	(1)机件的真实大小应以图样上所注的尺寸数据为依据,与图形的大小及绘图的准确度无关。 (2)图样中的尺寸以毫米(mm)为单位时,不需标注计量单位的代号和名称,如采用其他单位,则必须注明相应计量单位的代号和名称。 (3)图样中所标注的尺寸为该图样所示机件的最后完工尺寸,否则应另加说明。 (4)机件的每一尺寸一般只标注一次,并应标注在反映该结构最清晰的图形上	10 10 25 φ30 10 10 25 φ30
尺寸界线	(1)尺寸界线用细实线绘制,并应由图形的轮廓线、轴线和对称中心线处引出。 (2)也可以利用轮廓线、轴线和对称中心线作尺寸界线	4×φ12 62 R10 R8 45 48 68 78 100 轮廓线作尺寸界线 3×φ6 φ50 中心线作尺寸界线
	(1)尺寸界线一般应与尺寸线垂直,当尺寸界线过于接近轮廓线时允许倾斜画出。 (2)在光滑过渡处标注尺寸时,必须用细实线将轮廓线延长,从它们的交点处引出尺寸界线	23 42 φ25 φ32

续表

分类	说明	示例
尺寸线	(1)尺寸线用细实线绘制，尺寸线不能用其他图线代替，一般也不能与其他图线重合或画在其延长线上。 (2)标注线性尺寸时，尺寸线必须与所标注的线段平行，并遵循小尺寸在内、大尺寸在上的原则	正确　错误
尺寸终端	(1)箭头：箭头形式的尺寸线终端适用于各种类型的图样。 (2)斜线：当尺寸线的终端采用斜线形式时，尺寸线与尺寸界线必须相互垂直。 (3)一张图样中只能采用一种尺寸线终端的形式，不能混用	箭头　斜线
尺寸数字	线性尺寸的数字一般应注写在尺寸线的上方，也允许写在尺寸线的中断处	
	线性尺寸数字的方向，一般按(a)图所示方向注写，并尽可能避免在图示 30°范围内标注尺寸。当无法避免时，允许按图(b)标注	(a)　(b)

续表

分 类	说 明	示 例
尺寸数字	对于非水平方向的尺寸，其数字可以水平地注写在尺寸线的中断处，但全图必须一致	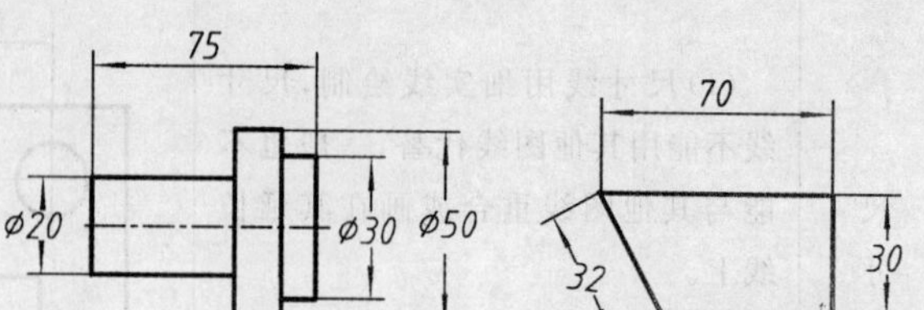
	尺寸数字不可被任何图线所通过，否则必须将该图线断开	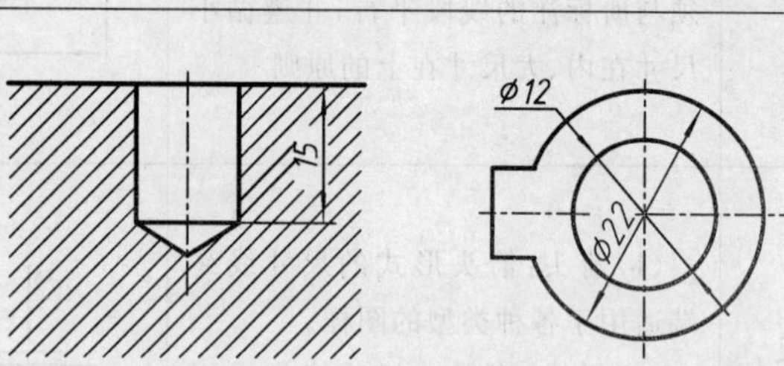
直径与半径的注法	(1)标注直径时，应在尺寸数字前加符号“ϕ”；标注半径时，应在尺寸数字前加符号“R”。 (2)圆的直径和圆弧半径的尺寸线终端应画成箭头。 (3)若圆弧大于 180°时，应注直径符号；小于等于 180°时注半径符号	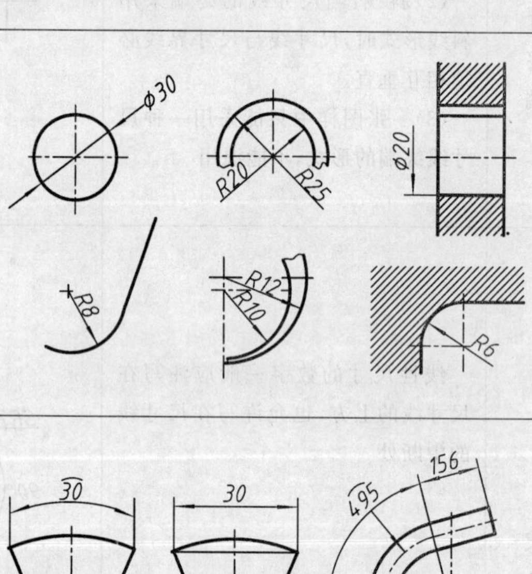
弧长及弦长的注法	(1)标注弧长时，应在尺寸上方加注符号“⌒”。 (2)标注弧长和弦长的尺寸界面应平行于该弦的垂直平分线。 (3)当弧度较大时，可沿径向引出	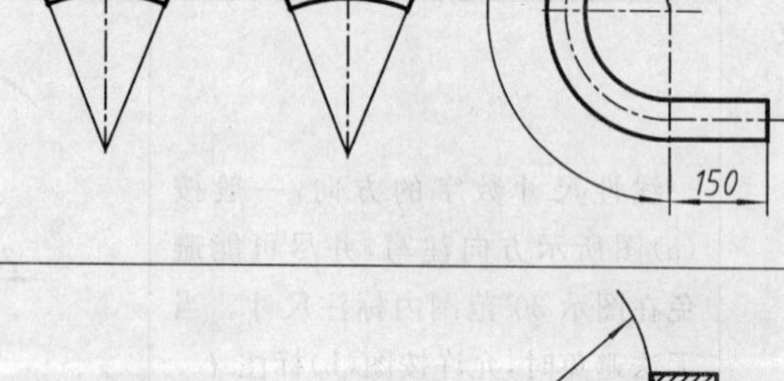
球的注法	标注球面的直径和半径时，应在符号“ϕ”和“R”前加符号“S”	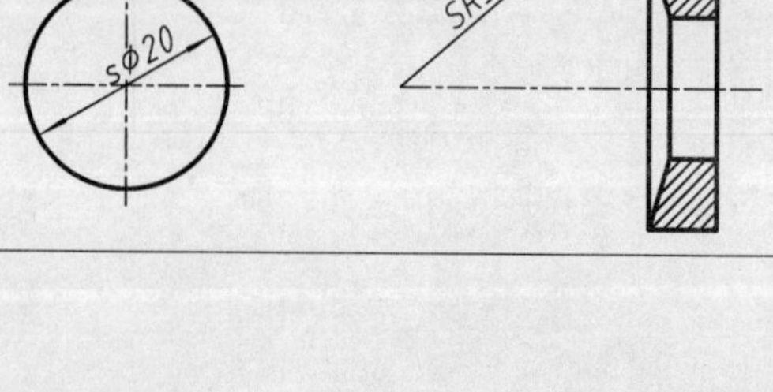

续表

分　类	说　明	示　例
角度的注法	(1)角度数字一律写成水平方向按图(a)所示。 (2)数字一般注写在尺寸线的中断处,必要时也可按图(b)所示的形式标注。 (3)标注角度时,尺寸线应画成圆弧,其圆心是该角的顶点。 (4)角度的尺寸界线必须沿径向引出	60°　60°　30°　75°　45°　90° (a) 60°　65°　55°30′　4°30′　15°　25°　20°　20°　5°　90° (b)
狭小部位的注法	在没有足够的位置画箭头或注写数字时,可按图示的形式标注	3 2 3　4　3　3　4　3　3　2　2　4 R4　R4　R4　R4　R2　R2　R2　R2　R2　R4 ⌀10　⌀10　⌀10　⌀10　⌀5　⌀5　⌀5　⌀5　⌀5
锥度和斜度	(1)标注斜度和锥度时,应在数字前加注斜度和锥度符号。 (2)符号方向应与锥度和斜度方向一致	1:20　1:7　30°　h 锥度 1:20　1:10　h　30° 斜度

续表

分类	说明	示例
对称图形	(1)当图形具有对称中心线时,分布在对称中心线两边的结构要素,仅标注其中的一组要素尺寸。 (2)当对称机件的图形在只画出一半或大于一半时,尺寸线应超过对称中心线或断裂处的边界线,此时仅在尺寸线的一端画出箭头	26 40 54 76 120° ⌀10 ⌀32 ⌀25 M30
正方结构	标注断面为正方形结构的尺寸时,可在正方形边长尺寸数字前加注符号“□”或用“$B\times B$”注出	□14 14×14
曲线轮廓尺寸的注法	曲线轮廓线上各点的坐标可按图示标注	7×10°=70° 3×20°=60° 30 34 37.5 40 42 41 38 35.5 28 26.5 24.5 20° 10° 30° R15 R24

1.2 绘图工具及其使用

正确使用绘图工具,可提高绘制图样的质量和绘图效率。本节简要介绍几种常用的绘图工具。

1.2.1 图板、丁字尺与三角板

图板为矩形木质板,板面要求平整,侧面为丁字尺的导边,平直度要求高。图纸用胶带纸贴附其上,用于绘制图样。

丁字尺由尺头和尺身互相垂直紧固在一起而成，它主要用于画水平线。使用时，尺头应靠紧图板的左侧面沿导边作上下滑动，移至所需位置，用左手压紧尺身，从左至右画水平线，铅笔沿丁字尺的工作边与前进方向约成 75°的倾角画线。

图板和丁字尺的使用如图 1.8 所示。

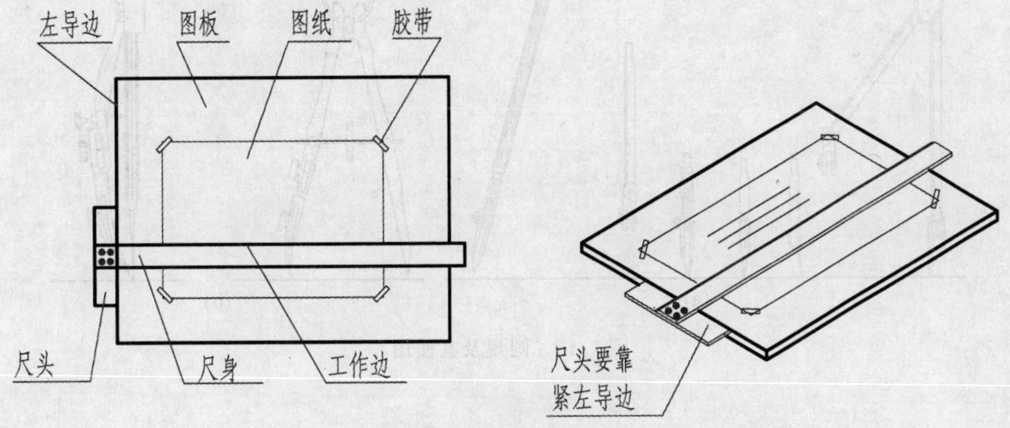

图 1.8　图板和丁字尺

三角板是直角三角形透明板，一副两块，锐角分别为 45°，60°和 30°。三角板与丁字尺配合使用，可绘制垂直线以及与水平线成 15°倍数角的倾斜线，如图 1.9 所示。

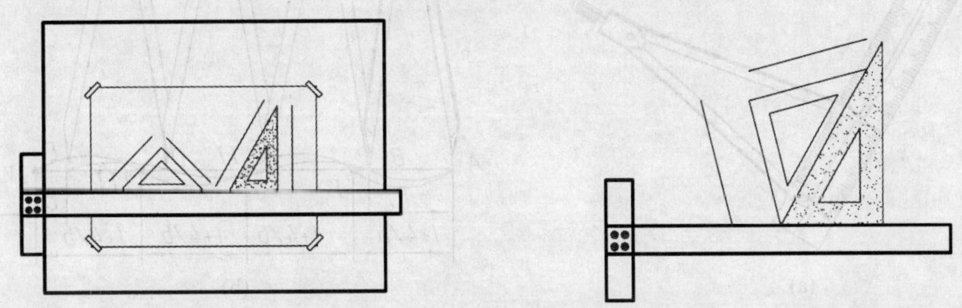

图 1.9　丁字尺与三角板配合使用

1.2.2　圆规和分规

圆规是画圆、圆弧的仪器，有两条腿，其中一条腿装有钢针，另一条腿有肘形关节。在有肘形关节的腿上，可装接各种插腿，画铅笔图时装入铅笔插腿；画墨线图时装入鸭嘴笔插腿；画大圆时还可装上延伸杆，然后再在延伸杆插孔内装上所需的插腿（见图 1.10(a)）。

圆规两腿并拢后，针尖应略高于铅心尖或鸭嘴笔尖。当画图时，钢针腿定心，另一腿顺时针方向旋转并稍向前进方向倾斜，且应注意转动平稳，用力均匀。当画大圆时，圆规两腿应弯曲成垂直于纸面。画小圆时宜用点圆规，如图 1.10(b)所示。

分规的两腿都装有钢针，两腿并拢后针尖应平齐，它主要用于量取线段和等分已知线段。如图 1.11(a)所示为用分规在比例尺上量取线段，而如图 1.11(b)所示则为等分已知线段示意图。先估计一等分的长度进行试分，使两针尖交替地作为旋转中心，沿不同方向旋转前进，如有剩余或不足,再调整一等分长度直至完成为止。

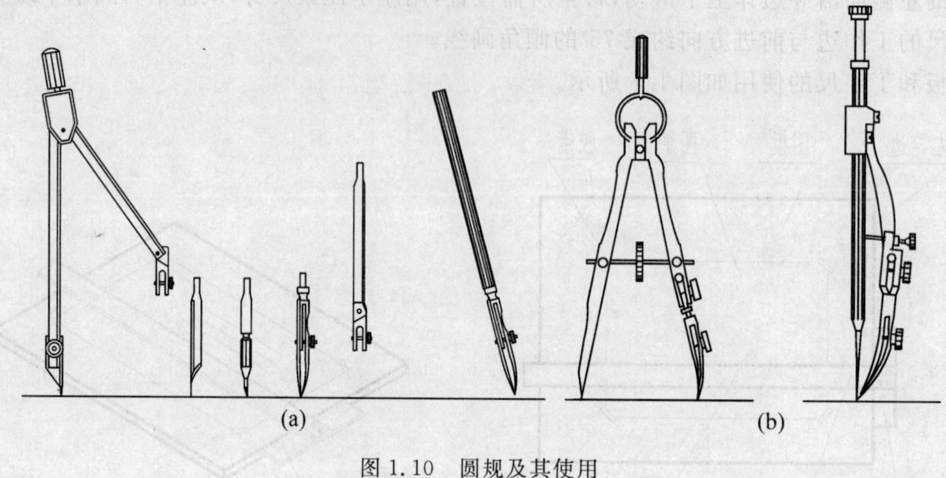

图 1.10　圆规及其使用

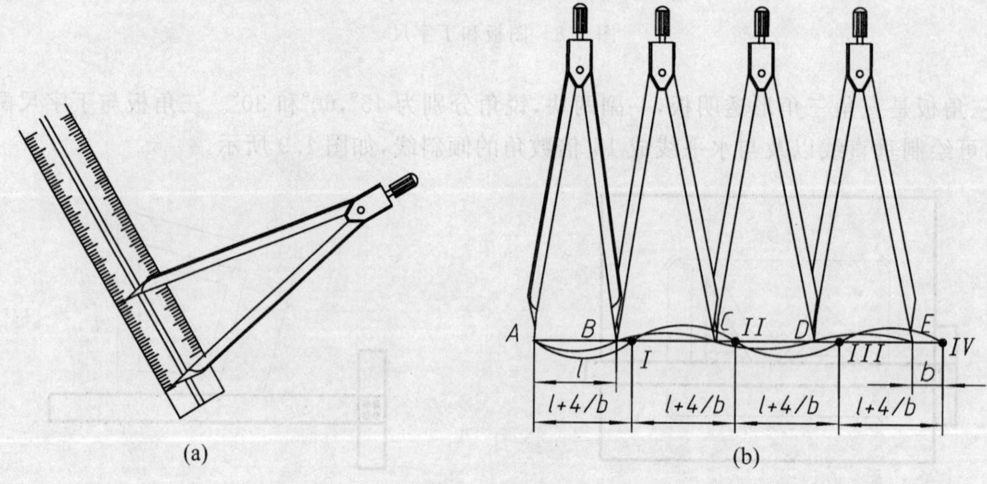

图 1.11　分规的使用

1.2.3　曲线板

曲线板用于绘制非圆曲线,如图 1.12 所示。作图时,首先徒手将一系列点轻轻地连成一条光滑曲线(见图 1.12(b)),然后从曲线的一端开始,在曲线板上找出与该曲线吻合的一段,如图 1.12(c)所示的点 1,2,3,4,5,并用铅笔沿曲线板将该段曲线加深,但不描完,余留少许,当第二次描线时,必须与前面画过的曲线重复一段,继续描深第二段(如图 1.12(d)所示的点 4,5,6,7),如此下去就能连接出光滑的曲线。

1.2.4　绘图铅笔

当画铅笔图时,要注意铅笔的选用及削法,因它直接影响图线的质量。

铅笔的一端打有标记,如字母 H,HB,B 等,它表示铅笔的软硬程度。H 和 B 前还有数字,H前的数值越大,表示铅心越硬,B前的数值越大,表示铅心越软,HB表示其软硬程度介于H与B之间。当削铅笔时应从无标记的一端开削,应削出一段长度约7 mm的圆柱形铅心,再在砂纸板上磨削,如图1.13所示。当画底稿时,一般用H和HB铅笔,写字常用HB铅笔,把铅心磨成圆锥形;当加深时,画粗实线常用B铅笔,铅心磨成扁平形;画虚线、点画线等常用HB铅笔。加深用的圆规铅心比画直线的铅心软一级,注意对于同类型的线条,其粗细、浓淡应一致。

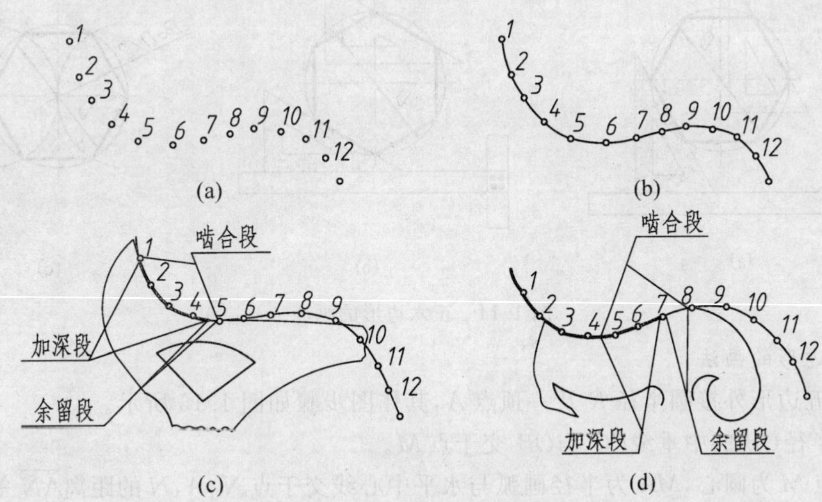

图1.12 用曲线板画非圆曲线

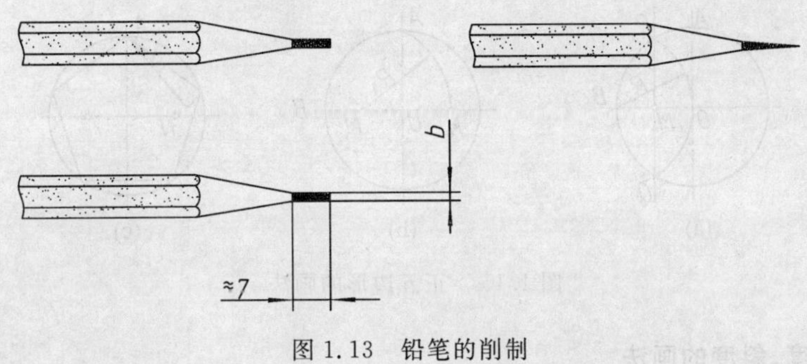

图1.13 铅笔的削制

1.2.5 其他绘图工具

除上述工具外,绘图时还需要准备模板、擦图片、胶带纸、铅笔刀、橡皮等工具。

1.3 几何作图

表达物体形状的视图,总是由若干几何图形组成的,熟悉和掌握常见几何图形的作图方法,对以后绘制物体图样是有帮助的。

1.3.1 正多边形的画法

1. 正六边形的画法

已知正六边形的外接圆直径 D 和一顶点，可用丁字尺和 60°三角板作图，如图 1.14(a)(b)所示；也可根据正六边形的边长等于外接圆半径，用圆规求出各顶点再连线，如图 1.14(c)所示。

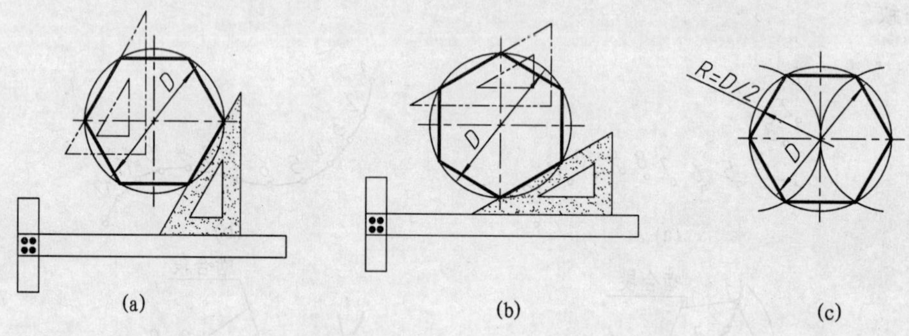

图 1.14　正六边形的画法

2. 正五边形的画法

已知正五边形外接圆半径 R 及一顶点 A，其作图步骤如图 1.15 所示。

(1) 作半径 OB 的中垂线 PQ 与 OB 交于点 M。

(2) 以点 M 为圆心，MA 为半径画弧与水平中心线交于点 N，A，N 的距离 $\overline{AN}$ 等于正五边形的边长。

(3) 以 A 为起点圆心，$\overline{AN}$ 为半径，依次等分外接圆得各顶点，再依次连接得正五边形。

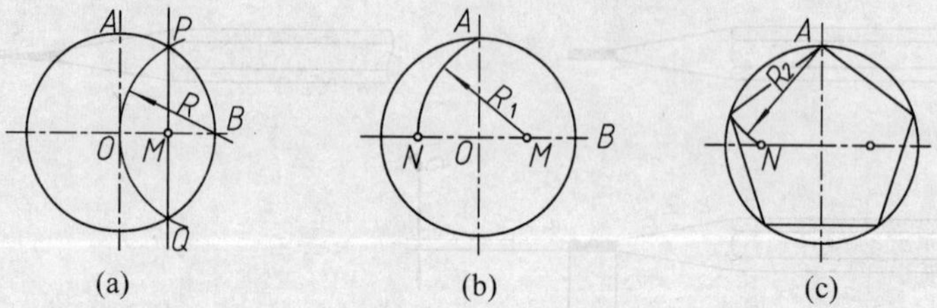

图 1.15　正五边形的画法

1.3.2 锥度、斜度的画法

(1) 锥度。圆锥的底圆直径 D 与其高度 L 之比称为锥度，图样中以 $1:n$ 的形式标注(见图 1.16(a))。锥度的作法如图 1.16(b)所示。由点 A 在水平线上取 4 个单位长度得点 B，作 $AC\perp AB$，并取 $AC=AC_1=1:2$，AC_1 为 2 个单位长度，分别连接 BC，BC_1，即得锥度 1∶4 的直线。

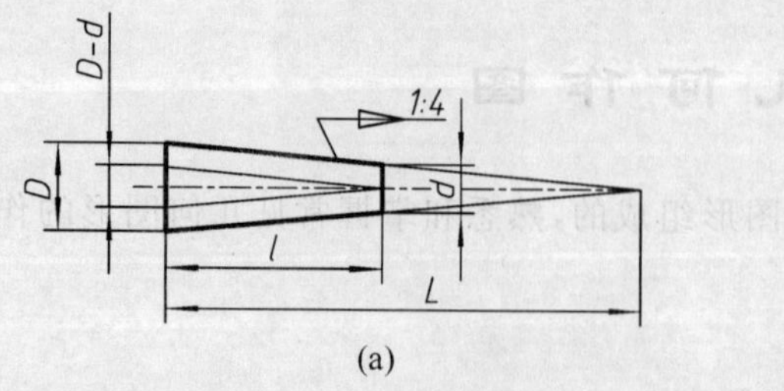

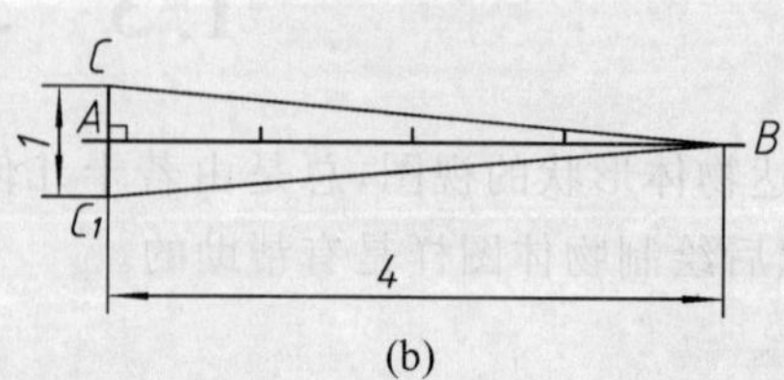

图 1.16　锥度的画法

(2) 斜度。一直线(或平面)相对另一直线(或平面)的倾斜程度称为斜度(见图1.17(a))。斜度的作法如图1.17(b)所示,由点A在水平线上取5个单位长度得点B,作$AC\perp AB$,并取AC为1个单位长度,连接BC即得斜度1∶5的直线。

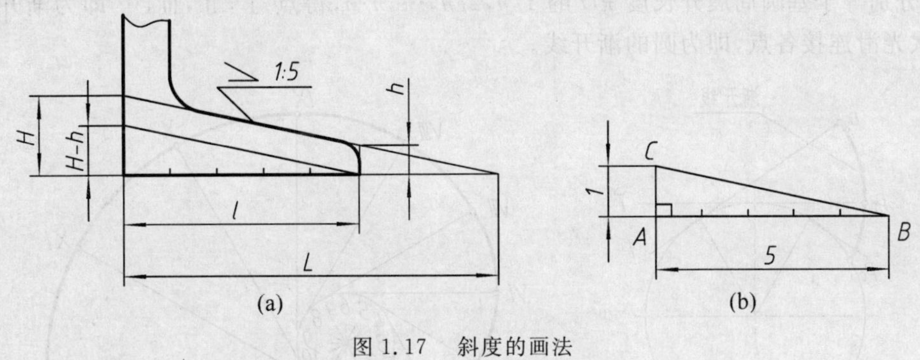

图1.17　斜度的画法

1.3.3　曲线的画法

1. 椭圆的画法

这里介绍根据椭圆长、短轴画椭圆的两种方法(设椭圆长轴为$2a$,短轴为$2b$)。

(1) 椭圆精确画法。以O为圆心,分别以a,b为半径作同心圆。过O作任意射线与两圆相交得M,N。由点M,N分别作长、短轴的平行线,两线交点K为椭圆上一点。用同样的方法求出椭圆上的一系列点,并用曲线板光滑连接即得椭圆(见图1.18)。

(2) 椭圆近似画法。连接长、短轴的端点A,C,并以O为圆心,OA为半径作弧$\overset{\frown}{AE}$;再以点C为圆心,EC为半径作弧,交AC于点F,作AF的中垂线,与两轴相交分别得点1,2。取关于O的对称点3,4,分别以1,3为圆心,以$1A$为半径画圆弧,再以2,4为圆心,以$2C$为半径画圆弧。用四段弧拼画成椭圆(见图1.19)。

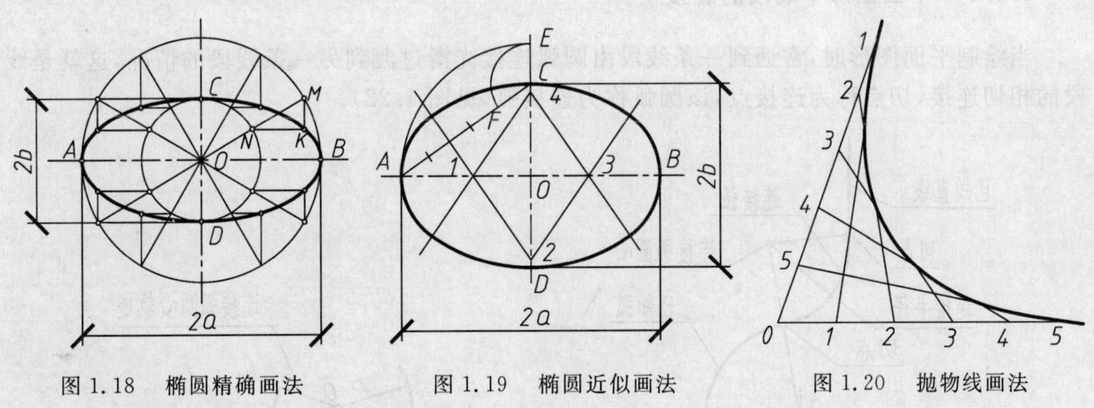

图1.18　椭圆精确画法　　图1.19　椭圆近似画法　　图1.20　抛物线画法

2. 抛物线的画法

已知抛物线的两切线,求作抛物线。将已给两切线分成相同等分,连接各对应点。这些线均为抛物线的切线,作它们的包络线即为所求的抛物线(见图1.20)。

3. 渐开线的画法

圆的渐开线广泛用于齿轮的齿廓曲线。当一直线在圆周上作纯滚动时,直线上一点的运动轨迹即为该圆的渐开线(见图 1.21(a))。渐开线的画法如图 1.21(b) 所示。

(1) 画出基圆,并将基圆分为 n 等份,图中 $n=12$。

(2) 由等分点 1 起,自各等分点向同一方向作圆的切线,并依次在各切线上量取一段长度,其长度分别等于基圆周展开长度 πD 的 $1/n, 2/n, \cdots, n/n$,得点 Ⅰ,Ⅱ,Ⅲ,… 即为渐开线上的点;依次光滑连接各点,即为圆的渐开线。

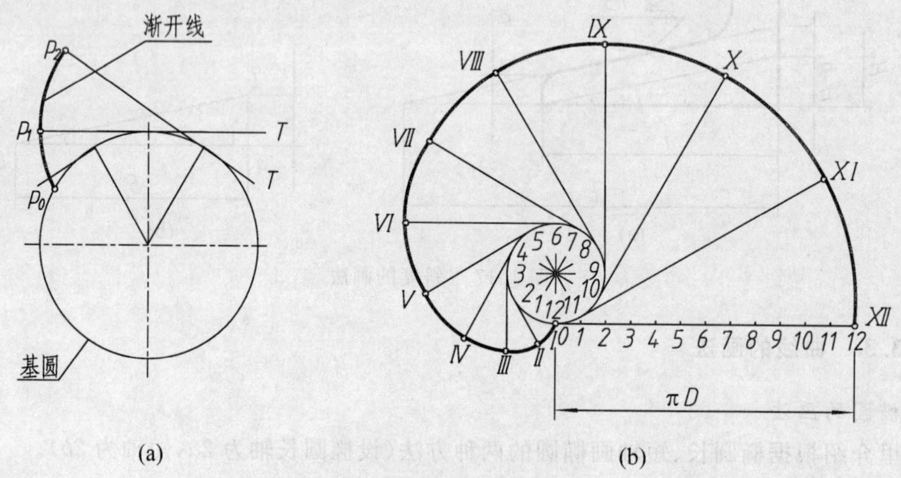

图 1.21　圆的渐开线及其画法

1.4　平面图形的绘制

平面图形是由各种线段(直线或曲线)所构成的,它们之间可能是相交或相切连接,本节着重讨论线段相切连接的画法。

1.4.1　平面图形中线段的连接

当绘制平面图形时,常遇到一条线段由圆弧连接光滑过渡到另一条线段的情况,这就是线段的相切连接,切点称为连接点,该圆弧称为连接弧(见图 1.22)。

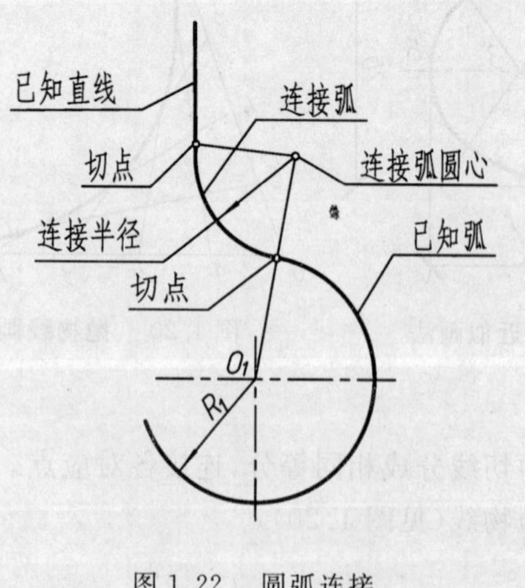

图 1.22　圆弧连接

图 1.23　圆弧与已知直线相切

1. 圆弧连接的几何原理

(1) 半径为 R 的圆弧与已知直线 L_1 相切，其圆心 O 的轨迹是直线 L_2（见图 1.23）。显然，直线 L_2 与直线 L_1 平行且距离为 R。由圆心 O 向直线 L_1 作垂直线，垂足 T 为连接点。

(2) 半径为 R 的圆弧与半径为 R_1 的已知圆弧外切，其圆心 O 的轨迹是已知圆弧的同心圆，其半径为两圆弧半径之和 $(R+R_1)$，连接点为连心线与圆弧的交点 T，如图 1.24 所示。

(3) 半径为 R 的圆弧与半径为 R_1 的已知圆弧内切，其圆心 O 的轨迹是已知圆弧的同心圆，其半径为两圆弧半径之差 (R_1-R)，连接点为连心线的延长线与圆弧的交点 T，如图 1.25 所示。

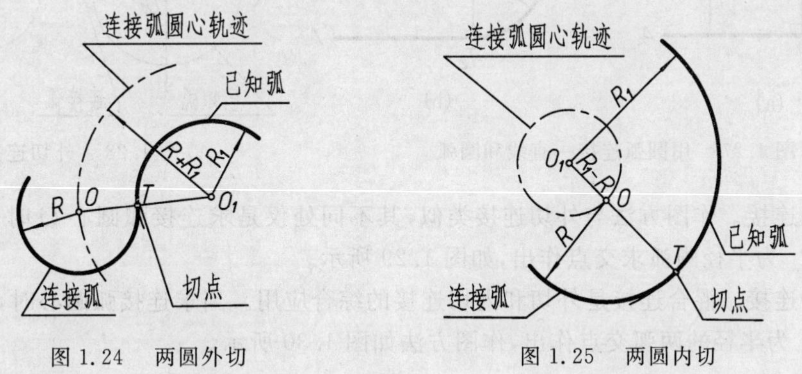

图 1.24　两圆外切　　　　图 1.25　两圆内切

2. 圆弧连接的作图方法举例

(1) 用半径为 R 的圆弧连接两相交直线 AB 和 BC（见图 1.26）。分别作距离直线 AB，BC 为 R 的各自平行线，相交于点 O；从点 O 分别向直线 AB，BC 作垂线，垂足 T_1，T_2 即为连接点；以点 O 为圆心、R 为半径作连接弧 $\overset{\frown}{T_1T_2}$。

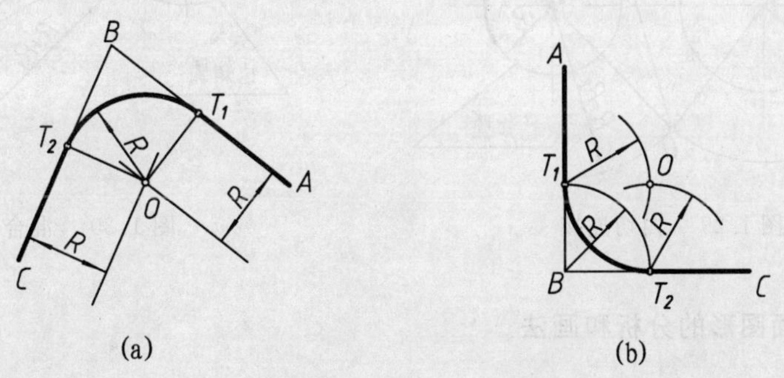

图 1.26　圆弧连接两相交直线

(2) 用半径为 R 的圆弧连接直线和以 O_1 为圆心、R_1 为半径的已知圆弧（见图 1.27）。以 O_1 为圆心、R_1+R 为半径画圆弧，并作距直线 AB 为 R 的平行线与所画弧交于点 O；连接 OO_1，交已知圆弧于点 T_1，自 O 作直线 AB 的垂直线得垂足为 T_2，其中 T_1，T_2 为连接点；以 O 为圆心、R 为半径作连接弧 $\overset{\frown}{T_1T_2}$。

(3) 用半径为 R 的圆弧连接以 O_1 为圆心、R_1 为半径和以 O_2 为圆心、R_2 为半径的两已知圆弧。其连接方式分外切连接、内切连接和混合连接 3 种情况。

1）外切连接。以 O_1 为圆心、R_1+R 为半径画圆弧，再以 O_2 为圆心、R_2+R 为半径画圆弧，两圆弧相交于点 O；连接 OO_1 及 OO_2，分别与已知弧交于点 T_1，T_2，此两点即为连接点；以 O 为圆心、R 为半径，作连接弧 $\overset{\frown}{T_1T_2}$，如图 1.28 所示。

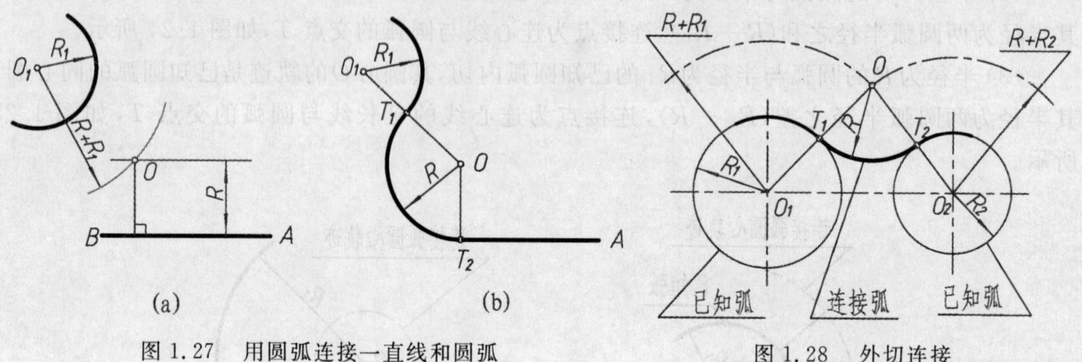

图 1.27　用圆弧连接一直线和圆弧

图 1.28　外切连接

2）内切连接。作图方法与外切连接类似，其不同处仅是求连接弧圆心 O 时，分别用 $R-R_1$ 和 $R-R_2$ 为半径画弧求交点作出，如图 1.29 所示。

3）混合连接。混合连接是外切和内切连接的综合应用。当求连接弧圆心时，分别用 R_1+R 和 $R-R_2$ 为半径的两弧交点作出，作图方法如图 1.30 所示。

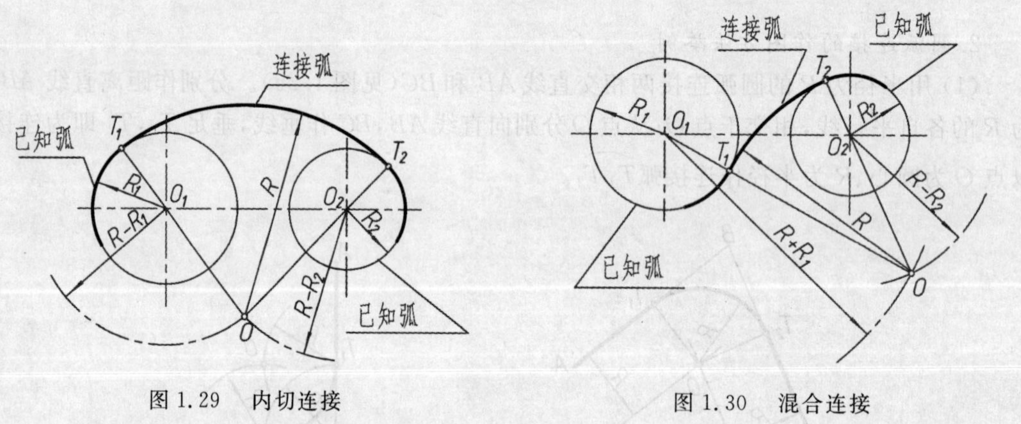

图 1.29　内切连接

图 1.30　混合连接

1.4.2　平面图形的分析和画法

平面图形通常是由直线、圆或圆弧组成的，如图 1.31 所示。画图时应先对平面图形中的线段进行分析，首先要分析清楚线段上所注尺寸的起点(尺寸基准)，弄清哪些线段尺寸齐全，可直接画出来；哪些线段尺寸不全，还须通过与相邻线段的关系作图求出。对于圆弧来说，一定要知道圆弧的半径、圆心的两个定位尺寸才能直接画出，这种圆弧称为已知弧，如图中的 $SR10$；如果圆弧的半径已知，而圆心的两个定位尺寸中只知其中的一个，这种圆弧称为中间弧，如图中的 $R80$；若仅已知圆

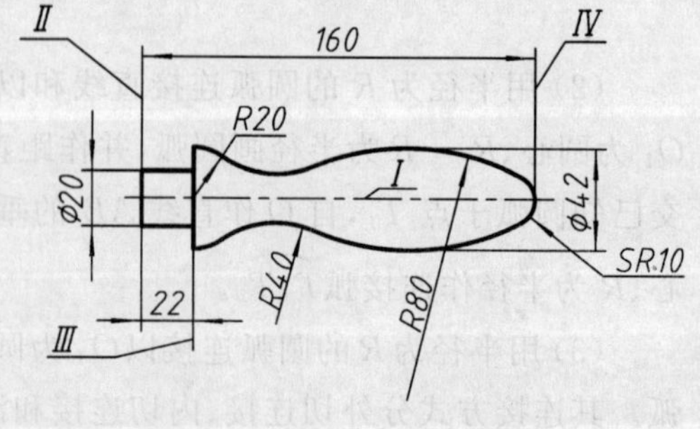

图 1.31　手柄的二维图形

弧的半径，圆心的两个定位尺寸均不知道，这种圆弧称为连接弧，如图中的 $R40$。虽然中间弧和连接弧尺寸不全，但是可根据其与其他线段的连接关系，通过作图将其圆心位置求出来，所以画图时，应先画已知弧，再画中间弧，最后画连接弧。如图 1.32 所示是对手柄平面图形的分析和作图，其步骤为：

(1) 画出中心线及尺寸基准线(见图 1.32(a))。

(2) 画出已知线段(见图 1.32(b))。

(3) 确定中间圆弧 $R80$ 的圆心及中间圆弧和已知圆弧 $SR10$ 的切点，并以 $R80$ 为半径画圆弧(见图 1.32(c))。

(4) 确定连接圆弧 $R40$ 的圆心及连接弧 $R40$ 与已知弧 $R20$、中间弧 $R80$ 的切点，并以 $R40$ 为半径画圆弧(见图 1.32(d))。

(5)擦去作图线，标注尺寸，加深外形轮廓线，完成作图(见图 1.31)。

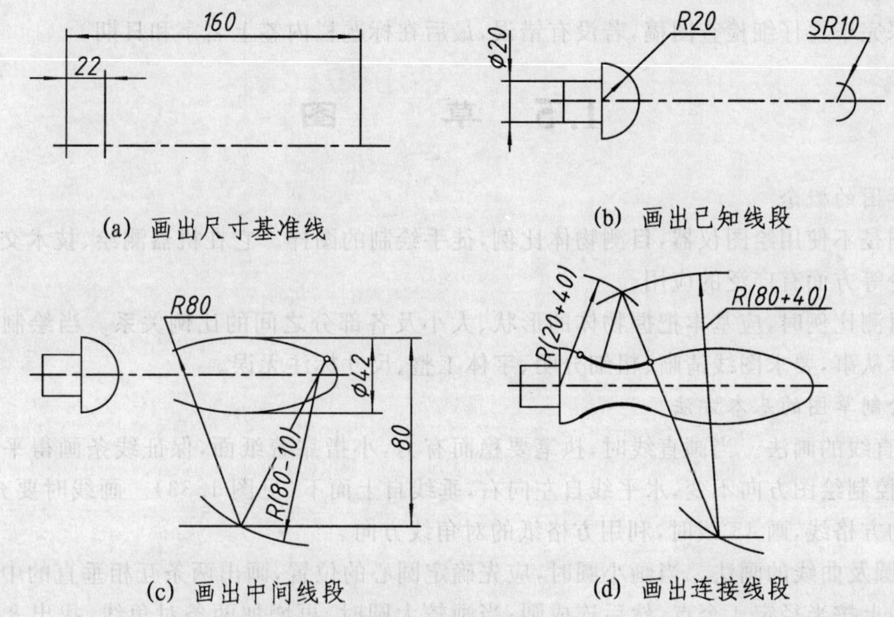

(a) 画出尺寸基准线　　(b) 画出已知线段

(c) 画出中间线段　　(d) 画出连接线段

图 1.32　手柄的二维图形绘制

1.4.3　尺规绘图的一般步骤

1. 准备工作

准备好图板、丁字尺、三角板、绘图工具和仪器，修磨好绘制不同图线的铅笔，调整好圆规的针尖和铅心，并将各种用具放在适当的位置。

2. 图形分析

分析所绘制的图形，明确平面图形各部分之间的关系，确定已知线段、中间线段和连接线段。对于机器零、部件要考虑如何选择视图表达。

3. 选择图形比例和图纸幅面

根据图形分析，确定图纸幅面和绘图比例。在图板合适的位置上用胶带纸固定好图纸，并找出图纸的中心，按标准图幅的尺寸绘制图框线和标题栏。

4. 图面布置

在图框内适当布置图形,考虑留出尺寸注写和文字说明的位置。图形布置考虑好之后,画出图形的基准线,如中心线、对称线等。

5. 绘制底稿

用较硬的铅笔绘制底稿。先画出图形的主要轮廓,再画细节(如孔、倒角、圆角等)。图形的底稿线应细、轻、准。

6. 加深

底稿完成后要仔细检查,准确无误后,按平面图形标注尺寸的方法引出尺寸界线和尺寸线,然后按不同线型加深图形。图线应浓淡均匀,切点准确光滑,直线棱角整齐。

7. 标注

注写尺寸数字和文字说明,填写标题栏。

8. 检查

加深完毕再仔细检查图稿,若没有错误,最后在标题栏内签上名字和日期。

1.5 草　图

1. 草图的概念

草图是不使用绘图仪器,目测物体比例,徒手绘制的图样。它在机器测绘、技术交流、设计方案讨论等方面有广泛的应用。

当目测比例时,应基本把握物体的形状、大小及各部分之间的比例关系。当绘制草图时,不可潦草从事,要求图线清晰、粗细分明、字体工整、尺寸标注无误。

2. 绘制草图的基本方法

(1)直线的画法。当画直线时,执笔要稳而有力,小指靠着纸面,保证线条画得平直;目视终点,以控制绘图方向不变,水平线自左向右,垂线自上而下(见图 1.33)。画线时要充分利用方格纸的方格线,画 45°线时,利用方格纸的对角线方向。

(2)圆及曲线的画法。当画小圆时,应先确定圆心的位置,画出两条互相垂直的中心线,再在中心线上按半径定 4 个点,然后连成圆;当画较大圆时,再增加两条对角线,找出 8 个端点,过这些点完成所画的圆(见图 1.34)。当画圆角、椭圆及各种曲线时,也是尽量利用与正方形、长方形、菱形相切的特点作图。

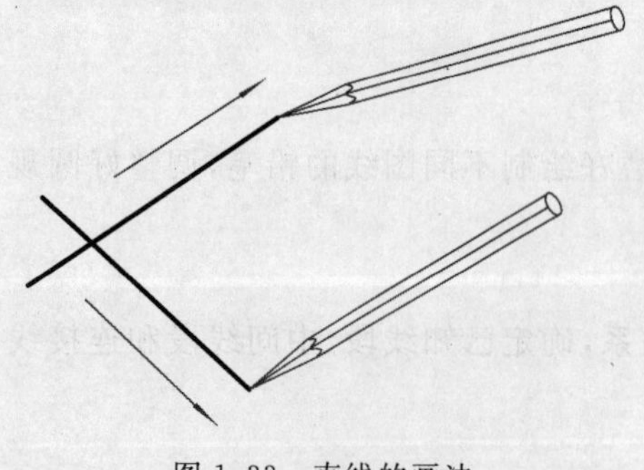

图 1.33　直线的画法

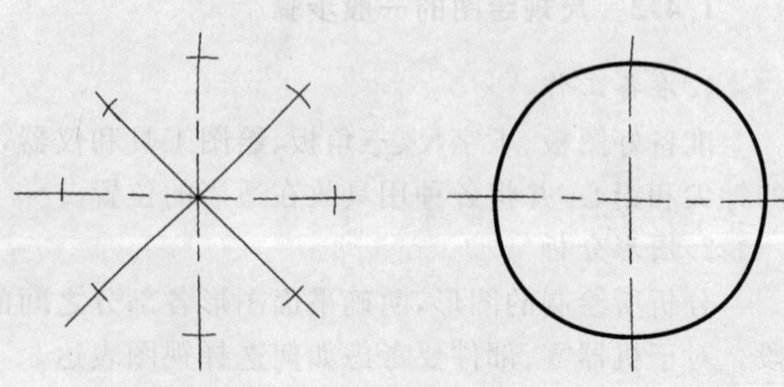

图 1.34　圆的画法

草图画法示例如图 1.35 所示。

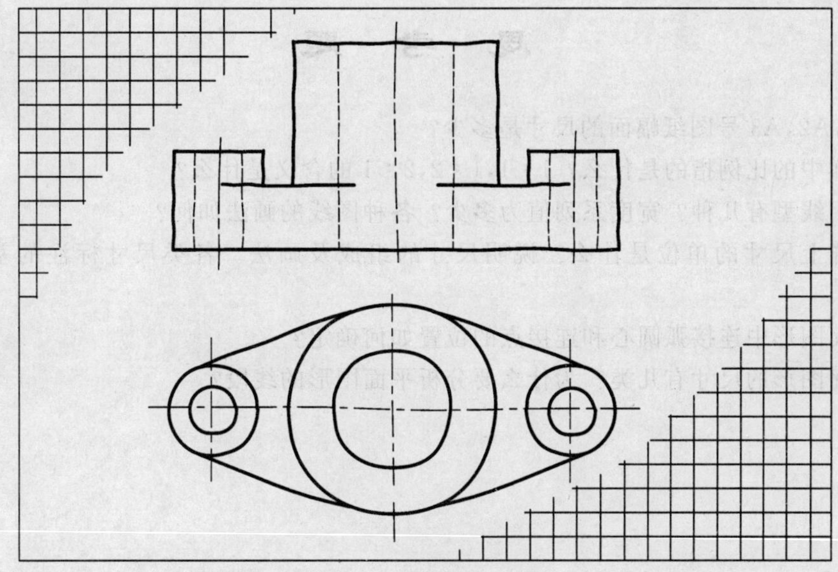

图 1.35　草图画法示例

本章小结

1. 学习本章内容必须熟悉和严格遵守国家标准《技术制图和机械制图》中有关基本规定。

(1)熟悉图幅和比例的意义，并能恰当地选用。

(2)熟悉和遵守各种图线的标准规格，选用正确恰当。

(3)图样中书写的汉字、数字、字母的字体必须做到字体工整、笔画清楚、排列整齐、间隔均匀。

(4)熟悉和遵守尺寸标注的基本规则，熟练地掌握尺寸组成要素的规定画法，以及线性尺寸、圆、大小圆弧、锥度、斜度、小尺寸注法等。

2. 正确熟练地掌握绘图工具和仪器的使用方法。

3. 本章所介绍的多边形、锥度、斜度和各种非圆曲线的画法，是根据初等几何中的有关定理，讨论并解决制图中经常遇到的几何作图问题。

4. 平面图形的绘制及标注尺寸是绘制机械图样的基础。任何平面图形是由各种线段(直线或曲线)所构成的，要根据定形尺寸和定位尺寸的概念，分析平面图形的线段，确定构成平面图形中的已知线段、中间线段和连接线段；并根据线段性质，确定合理的画图方法。平面图形的作图步骤如下：

(1)在选定图纸幅面上，定出图形的基准线。

(2)按选定的比例，画已知线段。

(3)画中间线段。

(4)画连接线段。

5. 了解绘制草图的基本方法。

思　考　题

1. A1,A2,A3 号图纸幅面的尺寸是多少?

2. 图样中的比例指的是什么? 1∶1,1∶2,2∶1 的含义是什么?

3. 常用线型有几种? 宽度系列值为多少? 各种图线的画法如何?

4. 图样上尺寸的单位是什么? 说明尺寸的组成及画法。各类尺寸标注的基本规则是什么?

5. 平面图形中连接弧圆心和连接点的位置如何确定?

6. 平面图形的尺寸有几类? 为什么要分析平面图形的线段?

第 2 章　投影的基本知识

【本章提要】

机械图样是根据投影方法绘制的，投影法的基本知识是表达物体的理论基础。本章主要介绍投影方法的分类，投影的基本特性，各种投影方法在机械制图中的应用及物体的三面投影图。

2.1　投影方法概述

当用灯光或日光照射物体时，在地面或墙壁上就会产生影子，人们把这种自然现象加以几何抽象，就形成了投影方法。显然，产生投影应具备 3 个条件：光线、物体和承受投影的平面。

发射光线的点光源称为投射中心。经过物体上点的光线称为投射线。承受投影的平面称为投影面。投影方法是人们经过长期的观察和研究，创造出来的一种用平面图形表达空间形体的科学方法。

投影法按投射线的不同分为中心投影法和平行投影法。

1. 中心投影法

如图 2.1 所示，当投射中心距投影面为有限远时，所有的投射线都汇交于投射中心，这种投影方法称为中心投影法。

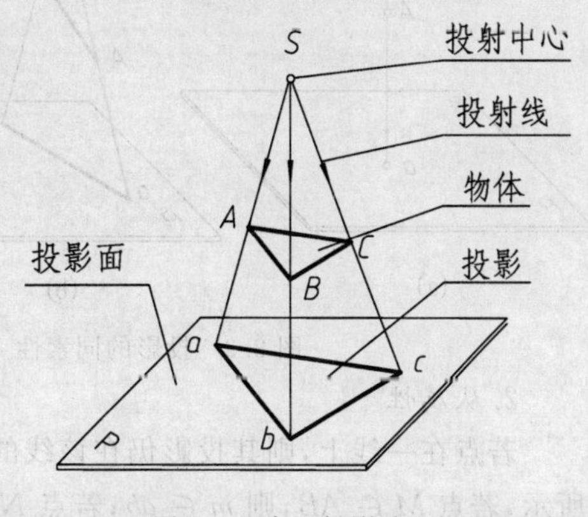

图 2.1　中心投影法

由于中心投影法投射线彼此间不平行，因此，随着物体和投影面距离的变化，它的投影时大时小。这种投影法主要用于绘制建筑物或产品的透视图。

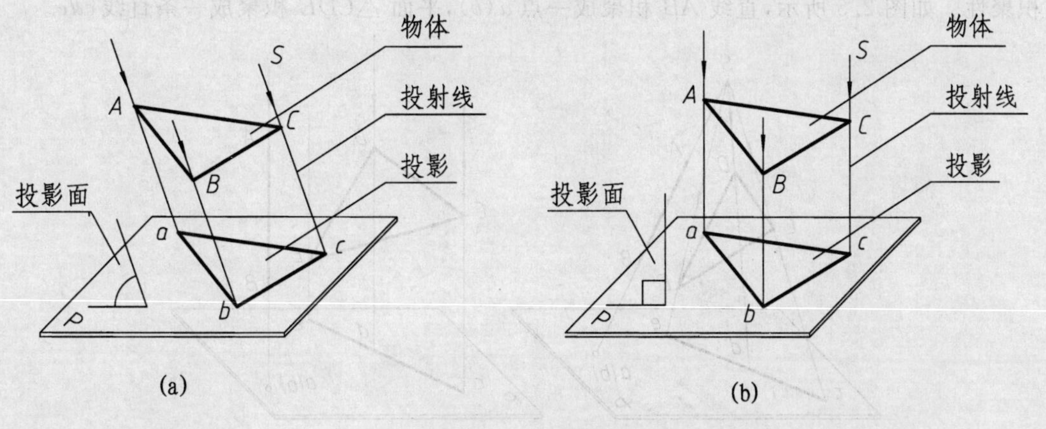

图 2.2　平行投影法

(a)斜投影法；(b)正投影法

2. 平行投影法

当把投射中心移至无穷远时，投射线相互平行，这种投射线相互平行的投影方法称为平行投影法。

根据投射线与投影面是否垂直，平行投影法又分为两种：将投射线倾斜于投影面的平行投影法称为斜投影法，如图 2.2(a)所示；将投射线垂直于投影面的平行投影法称为正投影法，如图 2.2(b)所示。

2.2 投影的基本性质

2.2.1 平行投影法及中心投影法共有的投影性质

1. 同素性

点、线的投影在一般情况下仍为点、线，如图 2.3 所示，将投影的这一性质称为同素性。

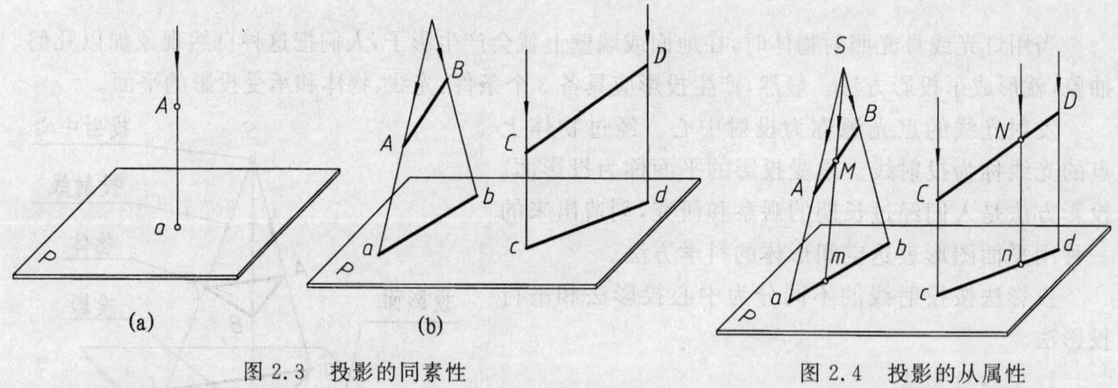

图 2.3 投影的同素性

图 2.4 投影的从属性

2. 从属性

若点在一线上，则其投影仍在该线的同面投影上，这一性质称为投影的从属性。如图 2.4 所示，若点 $M \in AB$，则 $m \in ab$；若点 $N \in CD$，则 $n \in cd$。

3. 积聚性

当直线或平面与投射方向一致时，其投影分别积聚为一点或一条直线，这一性质称为投影的积聚性。如图 2.5 所示，直线 AB 积聚成一点 $a(b)$，平面 $\triangle CDE$ 积聚成一条直线 cde。

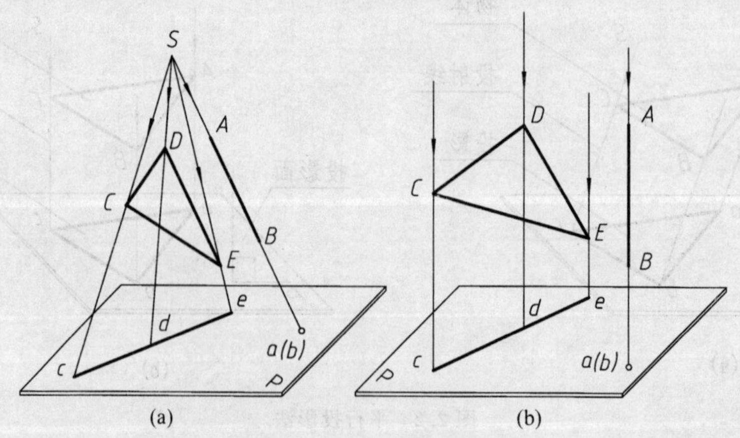

图 2.5 投影的积聚性

4. 相仿性

与投射方向不一致的任何平面图形，其投影与真实图形相仿，这一性质称为投影的相仿性。如图2.6 所示，三角形 *ABC* 的投影仍为三角形 *abc*，四边形 *ABCD* 的投影还是四边形 *abcd*。

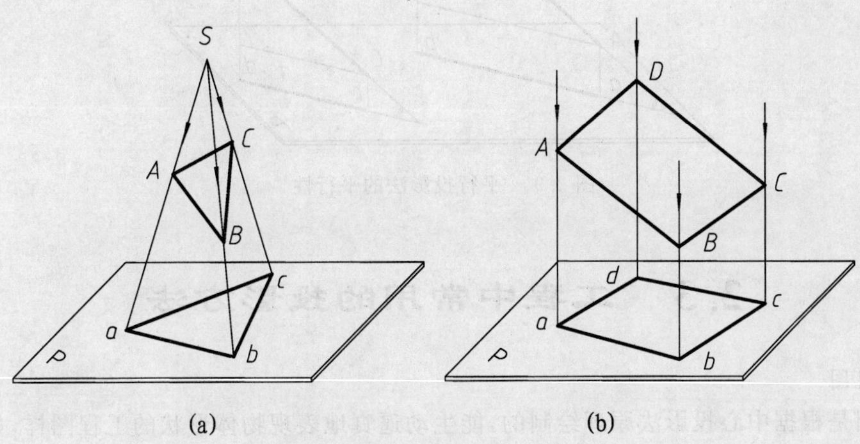

图 2.6　投影的相仿性

2.2.2　平行投影法特有的投影性质

1. 实形性

平行于投影面的直线或平面，其投影反映直线的实长或平面的实形，这一性质称为平行投影法的实形性，如图 2.7 所示。

2. 定比性

若直线上的点分割线段成一定比例，则点的投影分割线段的投影成相同的比例，这一性质称为平行投影法的定比性，如图 2.8 所示。

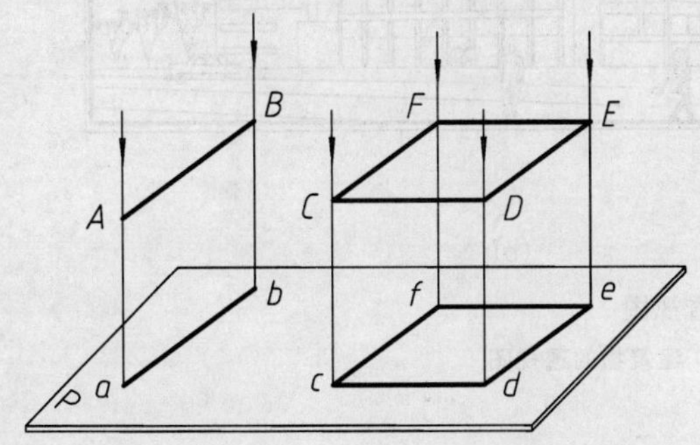

图 2.7　平行投影法的实形性

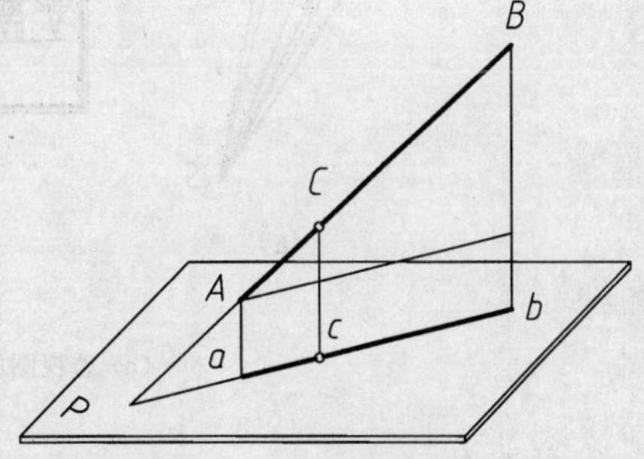

图 2.8　平行投影法的定比性

3. 平行性

当两直线平行时，它们的投影也平行，且两直线的投影长度之比等于其长度之比，这一性质称为平行投影法的平行性。如图 2.9 所示，$AB \parallel CD$，则 $ab \parallel cd$，且 $AB : CD = ab : cd$。

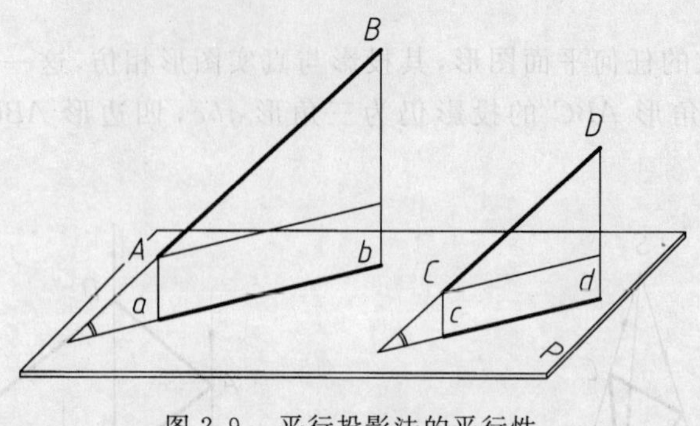

图 2.9 平行投影法的平行性

2.3 工程中常用的投影方法

1. 透视图

透视图是根据中心投影法原理绘制的,能生动逼真地表现物体形状的工程图样,如图2.10所示。这种图样度量性差,作图复杂,多用于建筑工程、大型设备等的辅助图样。

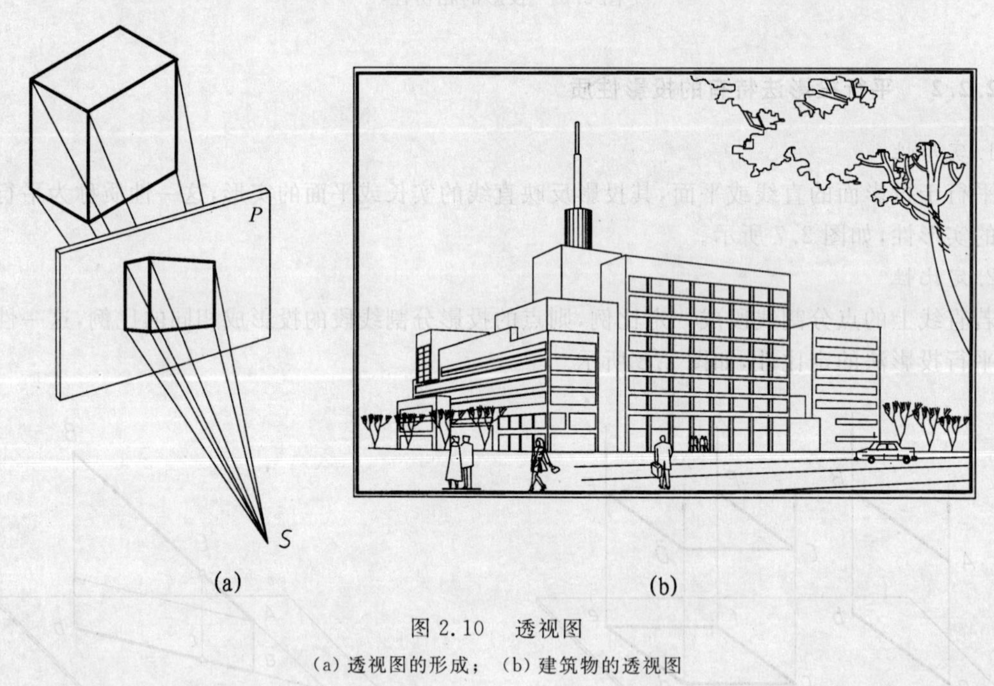

图 2.10 透视图

(a) 透视图的形成; (b) 建筑物的透视图

2. 轴测图

轴测图是根据平行投影法原理绘制的,具有立体感的工程图样。轴测图的真实感、逼真性不如透视图,但作图比透视图简单,且可以度量,常作为工程上的辅助图样,如图 2.11 所示。

3. 等值线图

等值线图是根据正投影法原理绘制的,由正投影和标高数字共同构成的图样,如图 2.12(a) 所示。图中 a 为点 A 在 P 平面的正投影,20 为点 A 到 P 平面的距离。这种图样一般用来表现起伏变化的某种物理量。如图 2.12(b) 所示是描述地势起伏变化的地形图。

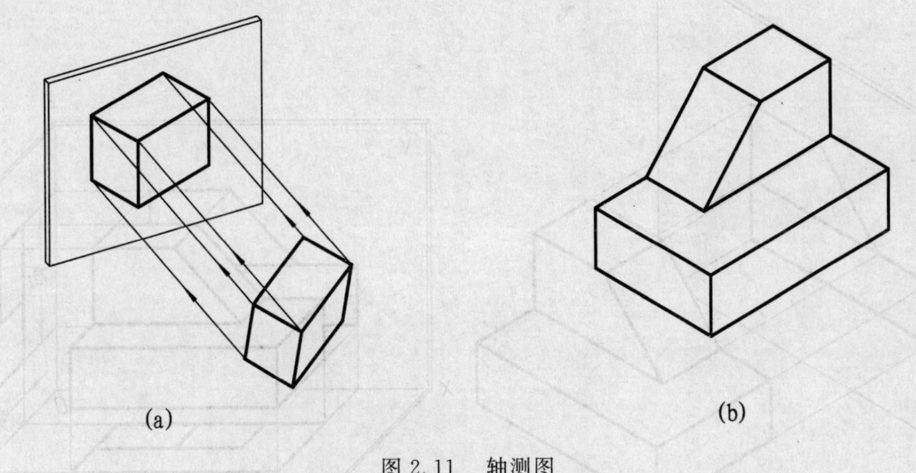

图 2.11　轴测图

(a) 轴测图的形成；(b) 物体的轴测图

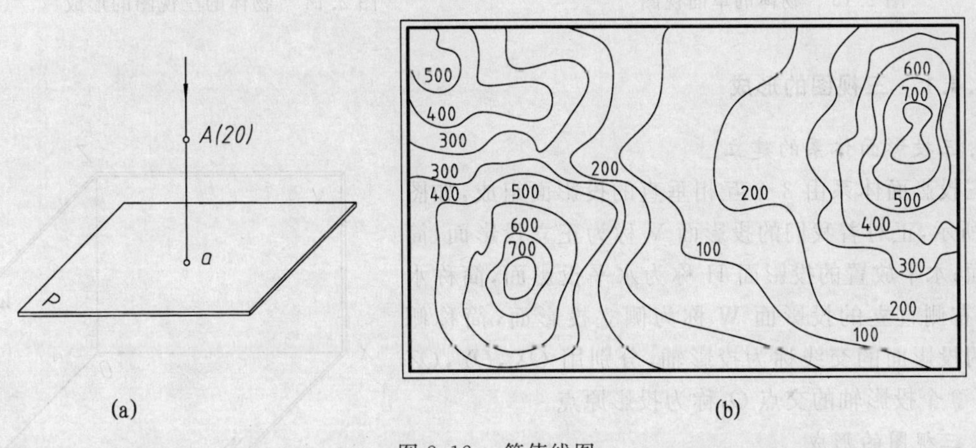

图 2.12　等值线图

(a) 形成方法；(b) 地形图

4. 多面视图

多面视图是根据平行正投影法的原理绘制的图样，是将物体向几个投影面投射后得到的图形，它能准确地表达物体的形状和大小，作图简单，度量性好，在工程设计中应用广泛。

2.4　三视图的形成及其特性

相关国家标准中规定，当将物体向投影面投射时所得的投影图称为视图。

仅用物体的一个视图，一般是不能完整、准确地表达它的结构形状和位置的，如图 2.13 所示，因此，在制图中必须采用多面视图。究竟采用几个视图，须根据物体的结构形状来定，一般采用三视图，如图 2.14 所示。

三视图是多面视图，是将物体向 3 个相互垂直的投影面作正投影所得到的一组图形。

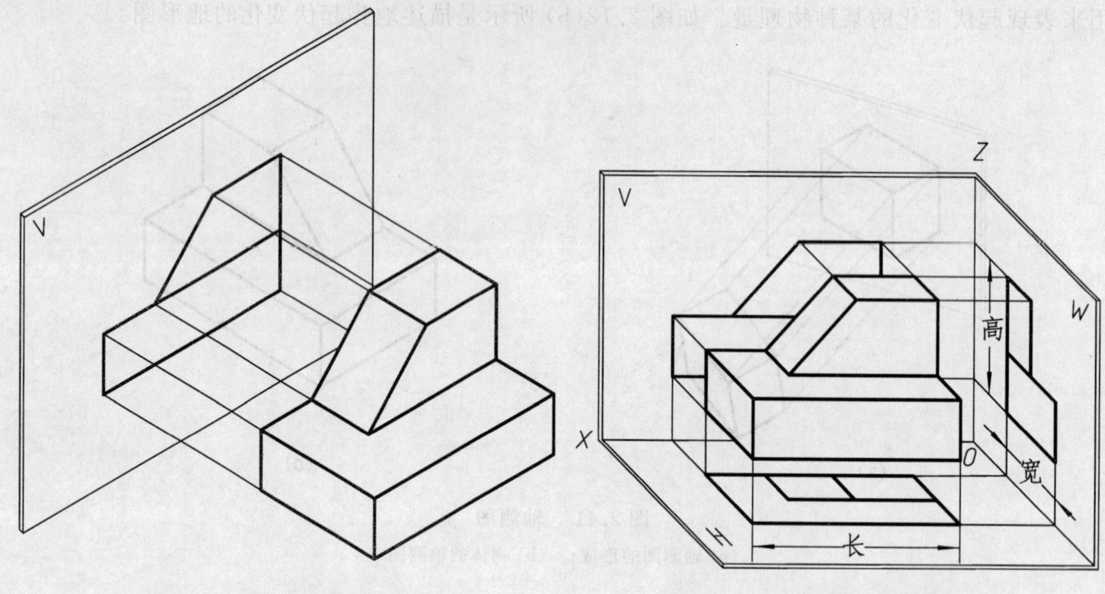

图 2.13　物体的单面视图　　　图 2.14　物体的三视图的形成

2.4.1　三视图的形成

1. 三投影面体系的建立

三投影面体系由 3 个互相垂直的投影面组成，如图 2.15 所示，正对着我们的投影面 V 称为正立投影面，简称正面；水平放置的投影面 H 称为水平投影面，简称水平面；右侧直立的投影面 W 称为侧立投影面，简称侧面。两投影面的交线称为投影轴，分别用 OX，OY，OZ 表示。3 个投影轴的交点 O，称为投影原点。

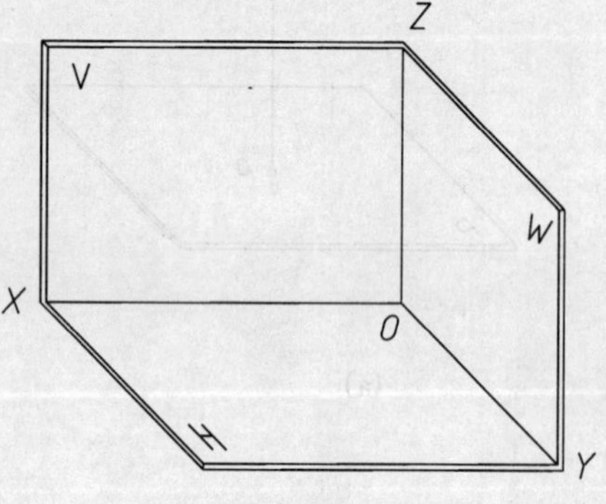

图 2.15　三投影面体系

2. 三视图的形成

将物体置于三投影体系中，使物体的主要平面平行于投影面，物体的位置保持不动，然后分别向 3 个投影面作正投影。物体在 V 面的投影称为正面投影；在 H 面的投影称为水平投影；在 W 面的投影称为侧面投影。

为了作图方便，投影后将物体从三投影面体系中移开，然后将空间 3 个投影面摊平在一个平面上。其方法是，令正立投影面 V 保持不动，水平投影面 H 绕 OX 轴向下旋转 90°，侧立投影面 W 绕 OZ 轴向右旋转 90°，如图 2.16(a) 所示，使 V，H，W3 个投影面展开在同一平面内，如图 2.16(b) 所示。

从投影图的形成可知，各面投影均与投影面的大小无关；当将物体上下、左右、前后平移时，物体的三面投影并不发生变化，即投影图与投影轴的距离无关。因此画物体的三面投影图形，通常不画投影面的边框和投影轴，如图 2.17(a) 所示。

工程上习惯将投影图称为视图，V 面投影称为主视图；H 面投影称为俯视图；W 面投影称为左视图。

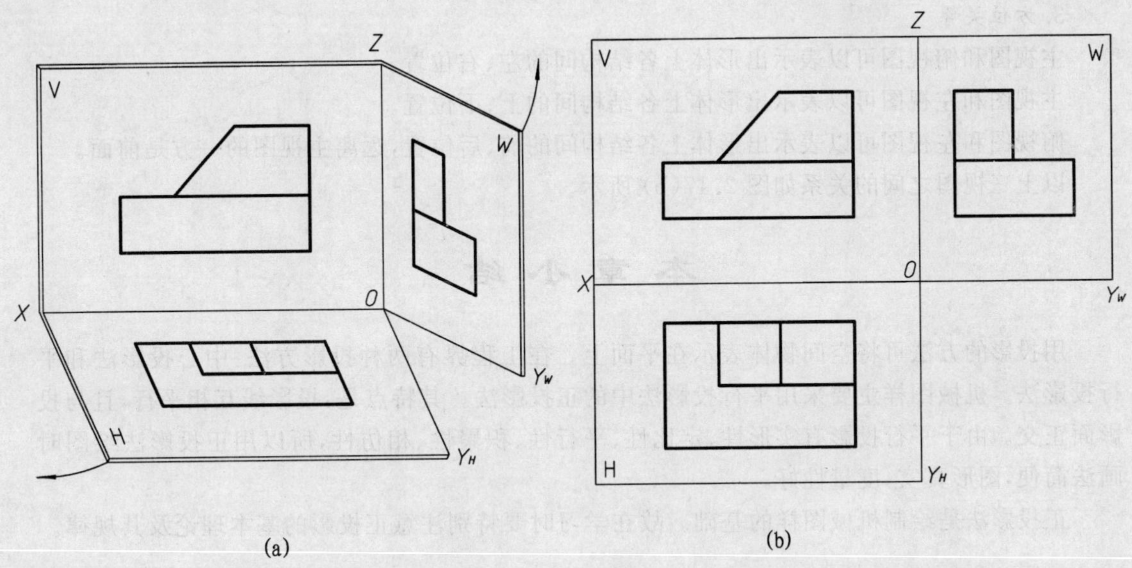

图 2.16　投影面的展开

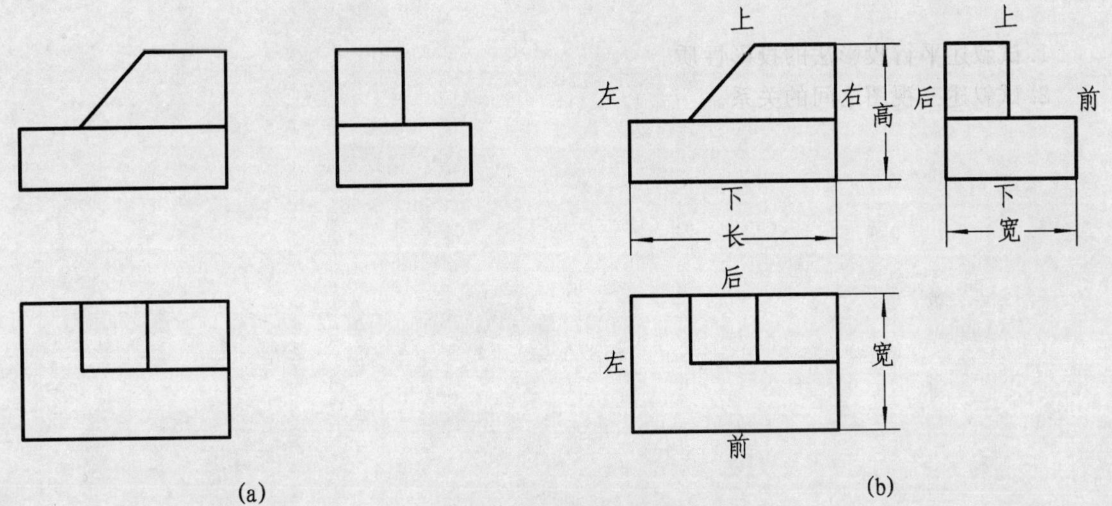

图 2.17　物体的投影关系

(a) 物体的三视图；(b) 物体三视图的投影关系

2.4.2　三视图的特性

1. 位置关系

以主视图为主，俯视图在它的下面，左视图在它的右面，三视图的位置保持不变。

2. 尺寸关系

主视图、俯视图中相应投影的长度相等，并且对正。

主视图、左视图中相应投影的高度相等，并且平齐。

俯视图、左视图中相应投影的宽度相等。

归纳起来，三视图间保持着“长对正、高平齐、宽相等”的三等关系。

3.方位关系

主视图和俯视图可以表示出形体上各结构间的左、右位置。

主视图和左视图可以表示出形体上各结构间的上、下位置。

俯视图和左视图可以表示出形体上各结构间的前、后位置,远离主视图的一方是前面。

以上三视图之间的关系如图 2.17(b) 所示。

本章小结

用投影的方法可将空间物体表示在平面上。在工程界有两种投影方法:中心投影法和平行投影法。机械图样主要采用平行投影法中的正投影法。其特点是:投影线互相平行,且与投影面正交。由于平行投影有实形性、定比性、平行性、积聚性、相仿性,所以用正投影法绘图时画法简便,图形真实,度量性好。

正投影法是绘制机械图样的基础。故在学习时要特别注意正投影的基本理论及其规律。

思考题

1.试叙述平行投影法的投影性质。

2.试叙述三视图之间的关系。

第3章 点、直线和平面的投影

【本章提要】

点、线、面是构成物体的最基本的几何元素，因此研究点、线、面的投影，是研究立体投影的基础。

本章主要阐述点的投影规律及由空间点绘制其投影图的方法；各种位置直线的投影特性，以及点与直线、两直线相对位置的投影特性和作图方法；介绍空间平面的几何元素表示法、各种位置平面的投影特性和作图的基本要领；平面上的直线和点及平面上的特殊位置直线。

3.1 点的投影

3.1.1 点在两投影面体系中的投影

空间 A,B 两点位于同一条投射线上，它们在投影面 H 上的投影 a,b 重合为一点，而且，这两点均有唯一确定的投影；反之，根据它们的投影 a,b，却不能确定空间 A,B 两点的位置，即点的一个投影不能唯一地确定点的空间位置，如图 3.1 所示。要解决这个问题必须采用多面投影。

取 V 面和 H 面构成两投影面体系，如图 3.2 所示，V 面和 H 面将空间分成四个分角：Ⅰ，Ⅱ，Ⅲ，Ⅳ。本书将重点研究第一分角中几何元素的投影。

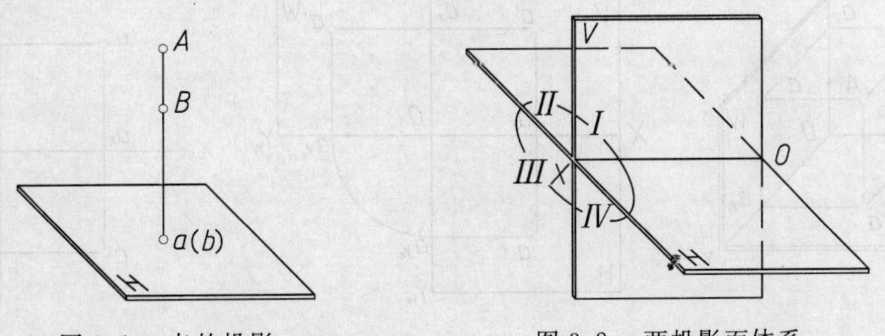

图 3.1 点的投影　　图 3.2 两投影面体系

如图 3.3(a) 所示，空间点 A 位于 V/H 两投影面体系中。过点 A 分别向 V 面和 H 面作垂线，得垂足 a' 和 a，分别称为点 A 的正面投影和水平投影。空间点用大写字母 A,B,C,… 表示；它们的水平投影用小写字母 a,b,c,… 表示；正面投影用 a',b',c',… 表示。

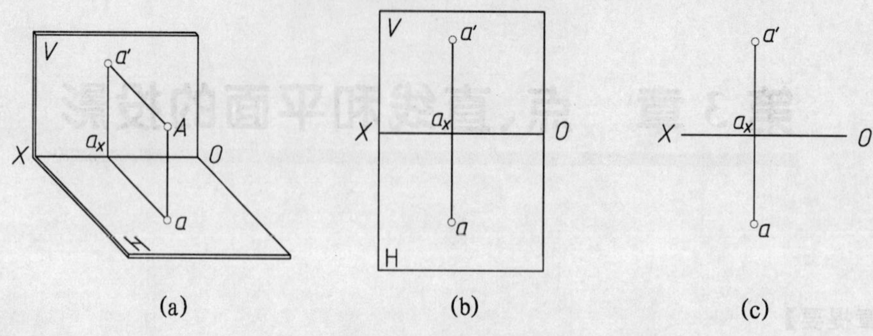

图 3.3　点的两面投影

若使两投影面展开到同一平面上，可保持 V 面不动，将 H 面绕 OX 轴向下旋转至与 V 面重合，这样就得到点 A 的投影图，如图3.3(b) 所示。在实际画图时，不画出投影面的边框，如图 3.3(c) 所示。

如图 3.3(a) 所示，$Aa \perp$ H 面，$Aa' \perp$ V 面，故 Aaa' 所决定的平面既垂直于 V 面又垂直于 H 面，因而也垂直于 V 面与 H 面的交线 OX，垂足为点 a_X，即 $a_X = OX \cap Aaa'$。由于 $OX \perp Aaa'$，因此 OX 垂直于 Aaa' 平面内的任意直线，自然也垂直于 aa_X 和 $a'a_X$。在 H 面旋转至与 V 面重合的过程中，此垂直关系不变。因为 Aa_Xa' 是个矩形，所以 $aa_X = Aa'$，$a'a_X = Aa$。由此可概括点的投影特性如下：

(1) 点的两投影连线垂直于投影轴，即 $a'a \perp OX$。

(2) 点的投影到投影轴的距离等于该点到相邻投影面的距离，即 $aa_X = Aa'$，$a'a_X = Aa$。

3.1.2　点在三投影面体系中的投影

如图 3.4(a) 所示，空间点 A 位于 V，H 和 W 面构成的三投影面体系中，由点 A 分别向 V，H 和 W 面作正投影，依次得到点 A 的正面投影 a'，水平投影 a，侧面投影 a''。

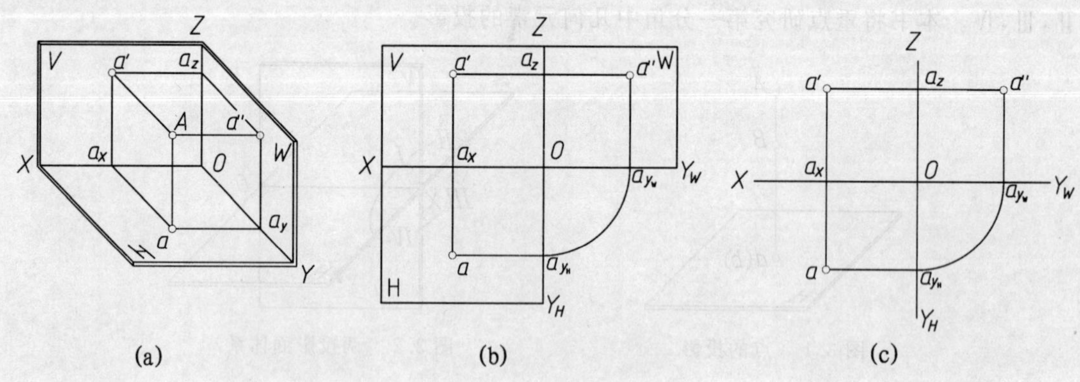

图 3.4　点的三面投影

为了使 3 个投影面展开到同一个平面上，移去空间点，保持 V 面不动，使 H 面绕 OX 轴向下旋转到与 V 面重合，使 W 面绕 OZ 轴向右旋转到与 V 面重合，这样就得到点的三面投影图，如图 3.4(b) 所示。在实际画图时，不画出投影面的边框，如图 3.4(c) 所示。

在三投影面体系展开过程中，OY 轴被一分为二。OY 轴一方面随着 H 面旋转到 Y_H 的位置；另一方面又随 W 面旋转到 Y_W 的位置，如图 3.4(b) 所示。点 a_Y 因此分为 $a_{Y_H} \in$ H 和 $a_{Y_W} \in$ W。

为了进行投影分析，用细实线将点的相邻两面投影连起来，aa' 和 $a'a''$ 称为投影连线，点 a 与点 a'' 不能直接相连，须借助 45° 斜线或圆弧来实现它们的联系。

如图 3.4(a) 所示，以点 A 为顶点的长方体的几何关系可以概括出点在三投影面体系中的投影规律。

(1) 点 A 的正面投影 a' 与水平投影 a 的连线垂直于 OX 轴，即 $aa' \perp OX$。

(2) 点 A 的正面投影 a' 和侧面投影 a'' 的连线垂直于 OZ 轴，即 $a'a'' \perp OZ$。

(3) 点 A 的水平投影 a 到 OX 轴的距离 aa_X 及点 A 的侧面投影 a'' 到 OZ 轴的距离 $a''a_Z$ 均反映点 A 到 V 面的距离，即 $aa_X = a''a_Z$。

3.1.3　点的三面投影与直角坐标系的关系

空间点的位置由它的直角坐标值来确定，一般写成 $A(X,Y,Z)$ 或者 $A(X_A,Y_A,Z_A)$ 的形式，其中 X,Y,Z(或相应数字) 均表示该点至相应坐标面的距离。

如图 3.5(a) 所示，为了研究问题方便，将三投影面体系当做直角坐标系，则各投影面相当于坐标面，各投影轴相当于坐标轴，投影原点相当于坐标原点。这样，空间点到投影面的距离可以用坐标表示，空间点的三面投影 $A(a,a',a'')$ 和坐标值 $A(X,Y,Z)$ 之间存在着唯一确定的关系：

(1) 点 A 到 W 面的距离等于点 A 的 X 坐标值，即

$$Aa'' = aa_Y = a'a_Z = a_XO = X$$

(2) 点 A 到 V 面的距离等于点 A 的 Y 坐标值，即

$$Aa' = aa_X = a''a_Z = a_YO = Y$$

(3) 点 A 到 H 面的距离等于点 A 的 Z 坐标值，即

$$Aa = a'a_X = a''a_Y = a_ZO = Z$$

点 A 的水平投影 a 可由 X,Y 坐标值确定；正面投影 a' 可由 X,Z 坐标值确定；侧面投影 a'' 可由 Y,Z 坐标值确定。由此可以推出，若已知点的任意两个投影就能确定点的 3 个坐标值，且必能作出其第三投影；若已知点的坐标值为(X,Y,Z)，就可完全作出它的三面投影(见图 3.5(b))。

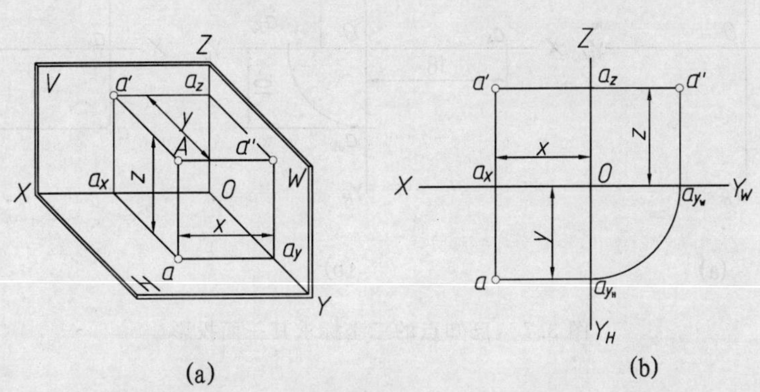

(a)　　　　(b)

图 3.5　点的投影与直角坐标系的关系

例 3.1 如图 3.6(a) 所示，已知点 A 的正面投影 a' 和水平投影 a，求其侧面投影 a''。

解 如图 3.6(b) 所示，作图步骤如下：

(1) 过 a' 作 OZ 轴的垂线。

(2) 过 a 作 OY_H 轴的垂线，垂足为 a_{Y_H}，再以原点 O 为圆心，Oa_{Y_H} 为半径，画圆弧交 OY_W 轴于 a_{Y_W}，然后由 a_{Y_W} 作 OZ 轴的平行线。

(3) 过 a' 垂直于 OZ 轴的直线与过 a_{Y_W} 平行于 OZ 轴的直线的交点即为所求的侧面投影 a''。

(4) 擦去多余图线。

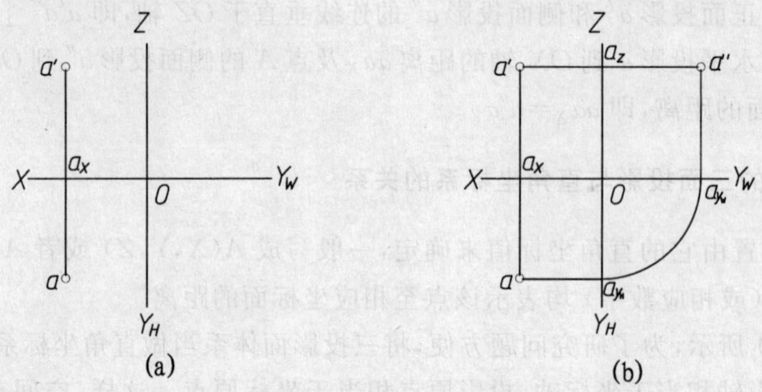

图 3.6 求点的第三面投影

例 3.2 已知点 A 的坐标值为(18,10,15)，求作点 A 的三面投影图。

解 如图 3.7 所示，作图步骤如下：

(1) 作投影轴，如图 3.7(a) 所示。

(2) 量取 $Oa_X = 18, Oa_Z = 15, Oa_{Y_H} = Oa_{Y_W} = 10$，得 $a_X, a_Z, a_{Y_H}, a_{Y_W}$ 等点，如图 3.7(b) 所示。

(3) 过 $a_X, a_Z, a_{Y_H}, a_{Y_W}$ 等点分别作所在轴的垂线，交点 a, a', a'' 即为所求，如图 3.7(c) 所示。

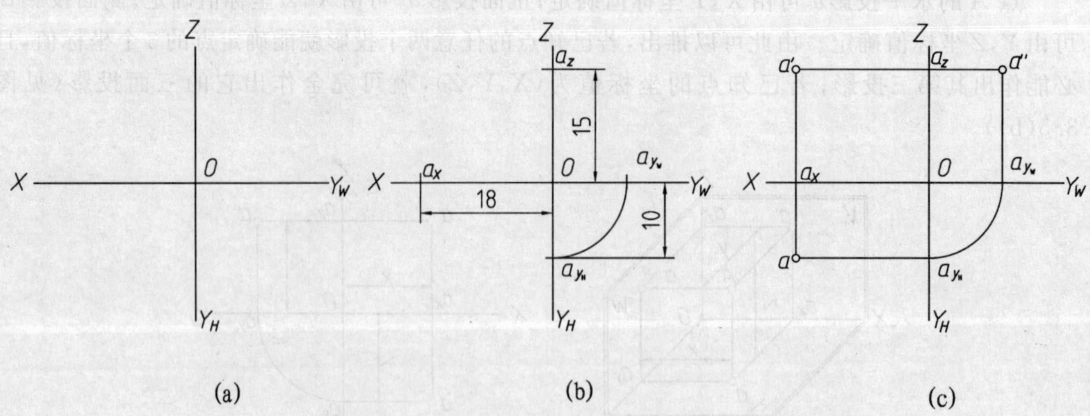

图 3.7 已知点的三坐标求其三面投影

例 3.3 已知点 A 的三面投影，如图 3.8(a) 所示，画出它的直观图。

解　能直观地反映出空间点与 3 个投影面间相对位置关系的图形称为点的直观图。如图 3.4(a)、图 3.5(a) 所示都是点的直观图。直观图的绘制如图 3.8 所示。

(1) 在投影图上度量点 A 的 3 个坐标值，如图 3.8(a) 所示。

(2) 作三投影面直观图。在投影轴上分别截取相应的坐标值得 a_X, a_Y, a_Z，如图 3.8(b) 所示。

(3) 过点 a_X, a_Y, a_Z 分别作投影轴的平行线，得交点 a, a', a''，如图 3.8(c) 所示。

(4) 过点 a, a', a'' 分别作投影轴的平行线交于点 A，即为所求，如图 3.8(d) 所示。

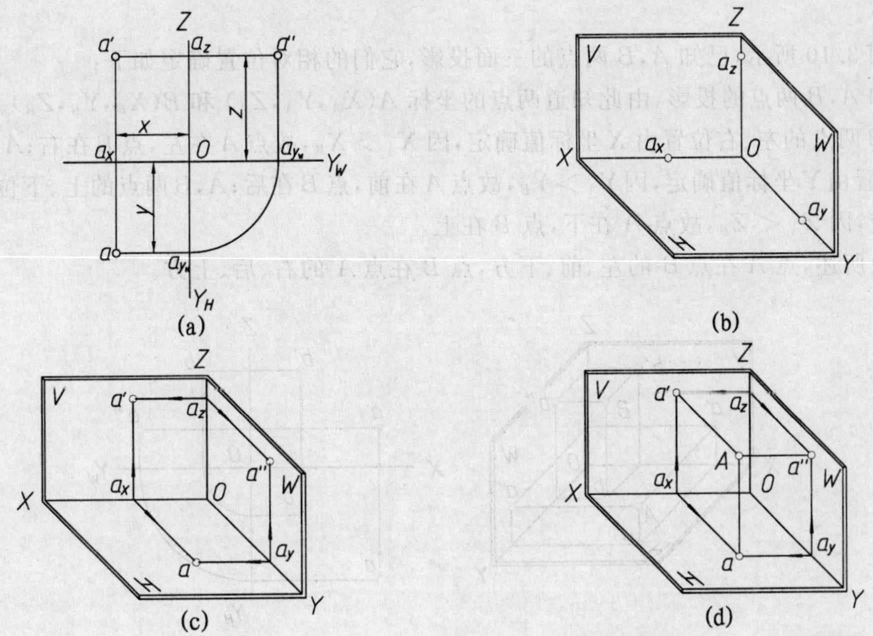

图 3.8　已知点的投影图，求作点的直观图

点的位置除了在空间，还可以在投影面上、在投影轴上，以及在投影原点。如图 3.9(a) 所示，当点 A 在 H 面上时，其 Z 坐标值为零，则投影有如下特点：①H 面投影 a 与该点重合；②V 面投影 a' 在 OX 轴上；③W 面投影 a'' 在 OY 轴上。H 及 W 面按规定展开后，a'' 应在 Y_W 轴上，如图 3.9(b) 所示。由图可见，$aa' \perp OX$ 轴，$a'a'' \perp OZ$ 轴，$Oa''=aa'$，即点在投影面上时，其投影仍符合点的投影规律。

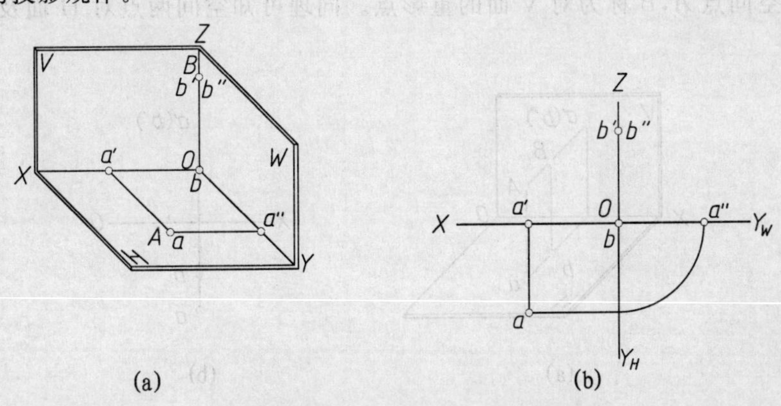

图 3.9　投影面及投影轴上点的投影

点 B 在 OZ 轴上,其正面投影 b' 及侧面投影 b'' 与该点重合,水平投影 b 与投影原点重合,也同样符合点的投影规律。

3.1.4 两点的相对位置

1. 两点的相对位置

空间点在三投影面体系中的相对位置,由空间点到3个投影面的距离来确定。距 W 面远者即 X 值大在左,近者在右;距 V 面远者即 Y 值大在前,近者在后;距 H 面远者即 Z 值大在上,近者在下。

如图 3.10 所示,已知 A,B 两点的三面投影,它们的相对位置确定如下:

已知 A,B 两点的投影,由此知道两点的坐标 $A(X_A,Y_A,Z_A)$ 和 $B(X_B,Y_B,Z_B)$。

A,B 两点的左、右位置由 X 坐标值确定,因 $X_A>X_B$,故点 A 在左,点 B 在右;A,B 两点的前、后位置由 Y 坐标值确定,因 $Y_A>Y_B$,故点 A 在前,点 B 在后;A,B 两点的上、下位置由 Z 坐标值确定,因 $Z_A<Z_B$,故点 A 在下,点 B 在上。

综上所述,点 A 在点 B 的左、前、下方,点 B 在点 A 的右、后、上方。

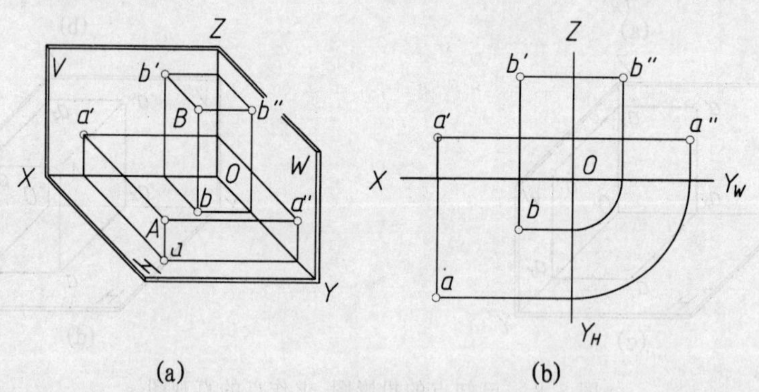

图 3.10 两点的相对位置

2. 重影点

当空间两点的两个坐标值相同,即当该两点处于同一投射线上时,在某一投影面上出现重合的投影。如图3.11所示,A,B 两点的 X,Z 坐标值相同,因此它们的 V 面投影 a',b' 出现重影现象,那么将空间点 A,B 称为对 V 面的重影点。同理可知空间两点对 H 面及对 W 面的重影点。

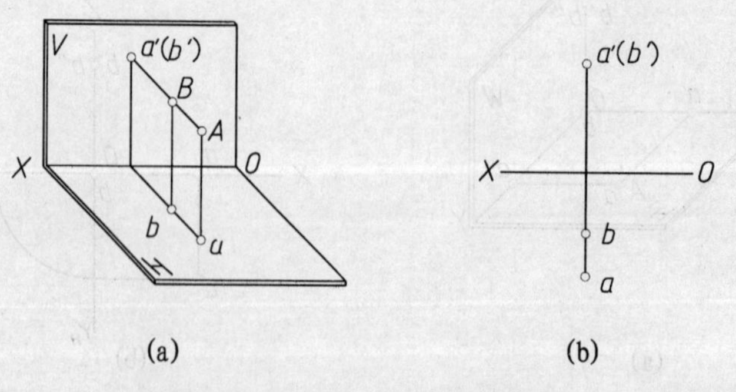

图 3.11 重影点

对V面的一对重影点是正前、后的关系；对H面的一对重影点是正上、下的关系；对W面的一对重影点是正左、右的关系。

对重影点的可见性的判断依据是其坐标值的大小。X坐标值大的点遮住X坐标值小的点；Y坐标值大的点遮住Y坐标值小的点；Z坐标值大的点遮住Z坐标值小的点。被遮的点一般要在同面投影符号上加圆括号，以示区别。

3.2　直线的投影

直线的投影一般仍为直线，但在特殊情况下，它的投影可积聚为一点，如图3.12所示。直线的投影可由直线上两个点的投影决定。作直线的投影，可先作出直线上两点的三面投影，如图3.13(a)所示，然后将其同面投影连线即得直线的投影，如图3.13(b)所示。

直线与其投影之间的夹角称为直线对该投影面的倾角，直线对H面的倾角用α表示，对V面的倾角用β表示，对W面的倾角用γ表示，如图3.14所示。

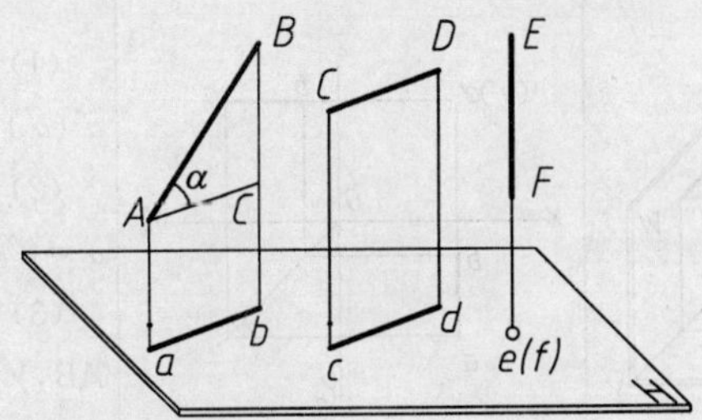

图3.12　直线相对于投影面的位置

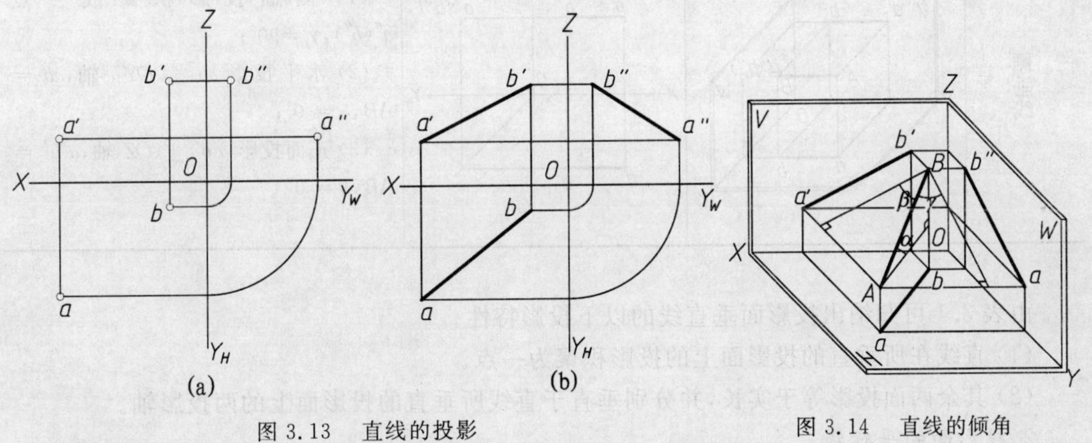

图3.13　直线的投影　　　　图3.14　直线的倾角

直线相对于投影面所处的位置，可以是平行、垂直或是一般位置。

3.2.1　各种位置直线的投影

1.投影面的垂直线

垂直于投影面的直线称为投影面的垂直线。投影面的垂直线分为以下3种情况。

(1) 垂直于水平投影面的直线叫作铅垂线。

(2) 垂直于正立投影面的直线叫作正垂线。

(3) 垂直于侧立投影面的直线叫作侧垂线。

表 3.1 所示为这 3 种直线的三面投影图及其投影特性。

表 3.1　投影面的垂直线

名　称	立体图	投影图	投影特性
铅垂线	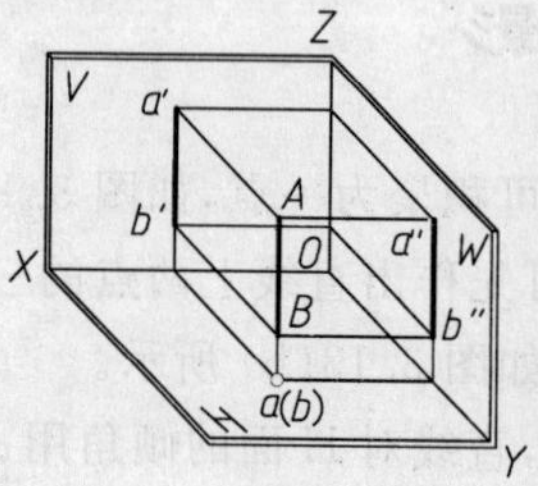	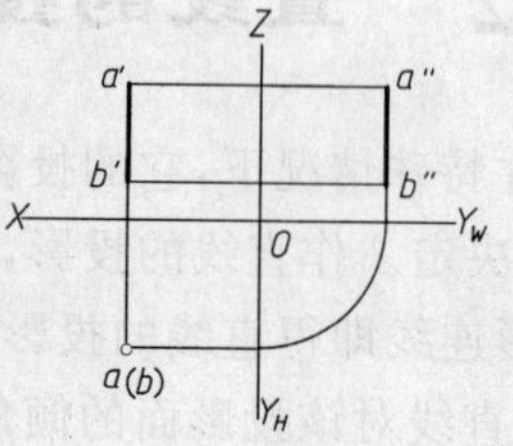	(1) 水平投影积聚成一点 $a(b)$，$\alpha=90°$； (2) 正面投影 $a'b' \perp OX$ 轴，$a'b'=AB$，$\beta=0°$； (3) 侧面投影 $a''b'' \perp OY_W$ 轴，$a''b''=AB$，$\gamma=0°$
正垂线	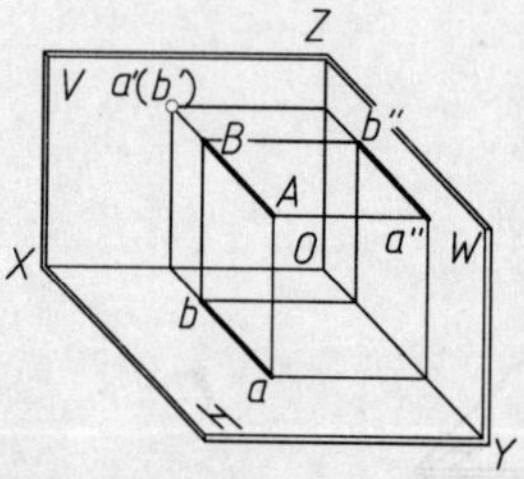	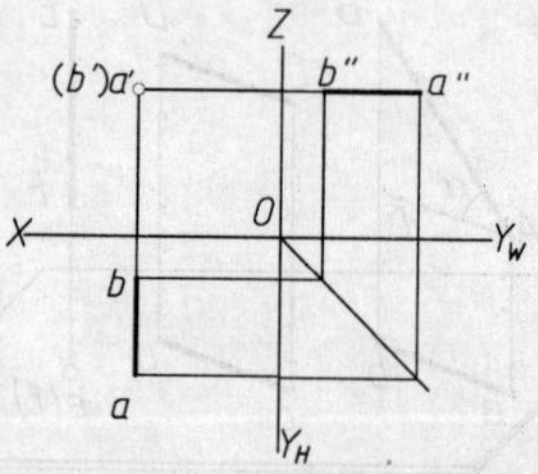	(1) 正面投影积聚成一点 $a'(b')$，$\beta=90°$； (2) 水平投影 $ab \perp OX$ 轴，$ab=AB$，$\alpha=0°$； (3) 侧面投影 $a''b'' \perp OZ$ 轴，$a''b''=AB$，$\gamma=0°$
侧垂线	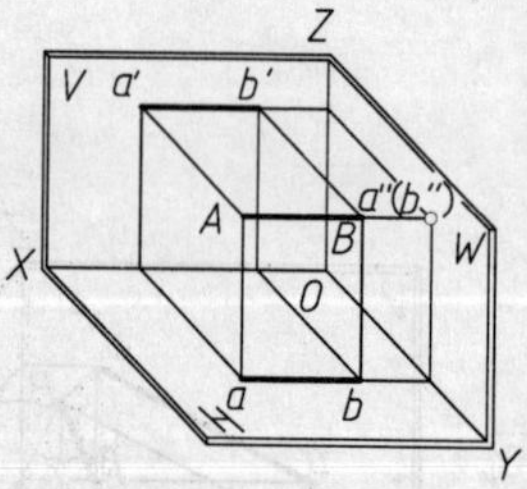	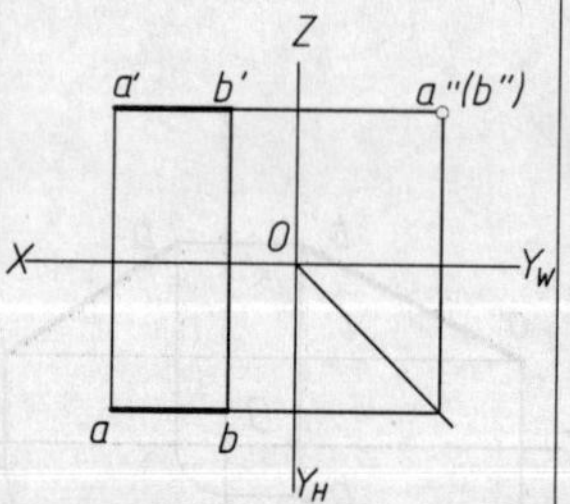	(1) 侧面投影积聚成一点 $a''(b'')$，$\gamma=90°$； (2) 水平投影 $ab \perp OY_H$ 轴，$ab=AB$，$\alpha=0°$； (3) 正面投影 $a'b' \perp OZ$ 轴，$a'b'=AB$，$\beta=0°$

由表 3.1 可归纳出投影面垂直线的以下投影特性。

(1) 直线在所垂直的投影面上的投影积聚为一点。

(2) 其余两面投影等于实长，并分别垂直于直线所垂直的投影面上的两投影轴。

2. 投影面的平行线

平行于一个投影面，而与另外两个投影面倾斜的直线，称为投影面的平行线。

投影面的平行线分为以下 3 种情形。

(1) 平行于水平投影面的直线叫作水平线。

(2) 平行于正立投影面的直线叫作正平线。

(3) 平行于侧立投影面的直线叫作侧平线。

表 3.2 所示为这 3 种直线的三面投影图及其投影特性。

表 3.2　投影面的平行线

名　称	立体图	投影图	投影特性
水平线			(1) 水平投影 $ab = AB$，并反映倾角 β 和 γ，$\alpha = 0°$； (2) 正面投影 $a'b' \mathbin{/\!/} OX$ 轴，$a'b' < AB$； (3) 侧面投影 $a''b'' \mathbin{/\!/} OY_W$ 轴，$a''b'' < AB$
正平线			(1) 正面投影 $a'b' = AB$，并反映倾角 α 和 γ，$\beta = 0°$； (2) 水平投影 $ab \mathbin{/\!/} OX$ 轴，$ab < AB$； (3) 侧面投影 $a''b'' \mathbin{/\!/} OZ$ 轴，$a''b'' < AB$
侧平线			(1) 侧面投影 $a''b'' = AB$，并反映倾角 α 和 β，$\gamma = 0°$； (2) 水平投影 $ab \mathbin{/\!/} OY_H$ 轴，$ab < AB$； (3) 正面投影 $a'b' \mathbin{/\!/} OZ$ 轴，$a'b' < AB$

由表 3.2 可归纳出投影面的平行线的以下投影特性。

(1) 直线在所平行的投影面上的投影等于实长，并反映了该直线与另外两投影面的倾角。

(2) 直线在其余两投影面上的投影小于实长，并分别平行于直线所平行的投影面的两投影轴。

3. 一般位置直线

与 3 个投影面都倾斜的直线，称为一般位置直线，如图 3.15 所示。其投影特性如下：

(1) 直线在 3 个投影面上的投影均小于该直线的实长。

(2) 直线在 3 个投影面上的投影都与投影轴倾斜。

(3) 直线在 3 个投影面上的投影与任一投影轴的夹角都不反映直线与投影面的倾角。

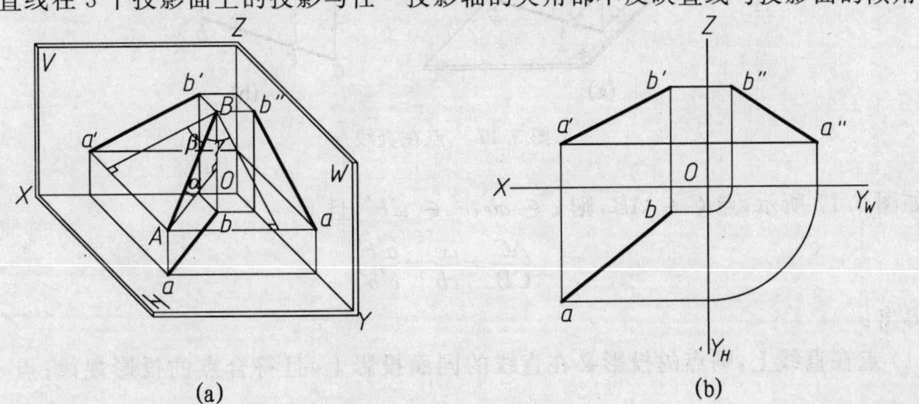

图 3.15　一般位置直线

一般位置直线的投影既不反映其实长，也不反映与投影面倾角的真实大小。其实长和倾角可用直角三角形法来求出。

用直角三角形法求一般位置直线 AB 的实长及 α 角的过程如图 3.16 所示。

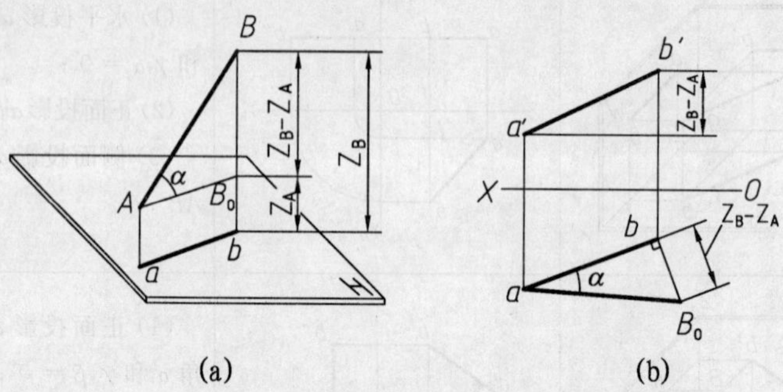

图 3.16　直角三角形法

如图 3.16(a) 所示，过点 A 作 $AB_0 \parallel ab$，则得一直角三角形 $\triangle ABB_0$，这个三角形的一条直角边 $AB_0 = ab$，另一条直角边 $BB_0 = Bb - Aa = Z_B - Z_A$，而斜边为线段 AB 本身，$\angle BAB_0 = \alpha$。这种直接利用直线的某一投影及坐标差构成的直角三角形求直线实长及倾角的方法称为直角三角形法。

如图 3.16(b) 所示，以水平投影 ab 为直角三角形的一直角边，取直线 AB 的 Z 坐标差 $(Z_B - Z_A)$ 作为直角三角形的另一直角边，连线 aB_0，即得直线 AB 的实长。实长与水平投影 ab 的夹角即为空间直线 AB 与 H 面的倾角 α 。

同理，利用直线的正面投影和 Y 坐标差，可求出直线的实长和 β 角；利用直线的侧面投影和 X 坐标差，可求出直线的实长和 γ 角。

3.2.2　点与直线的相对位置

点与直线的相对位置有两种情况，即点在直线上和点在直线外。

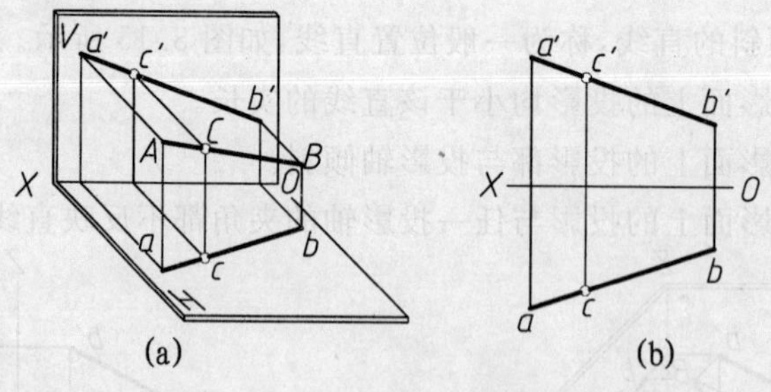

图 3.17　点在直线上

如图 3.17 所示，点 $C \in AB$，则 $c \in ab$，$c' \in a'b'$，且

$$\frac{AC}{CB} = \frac{ac}{cb} = \frac{a'c'}{c'b'}$$

由此得出：

(1) 点在直线上，则点的投影必在直线的同面投影上，且符合点的投影规律；点不在直线

上，其投影至少有一面投影不在直线的同面投影上，如图 3.18 所示。

(2) 点分割直线之比在其投影图上保持不变，这是由点和直线的从属关系决定的。

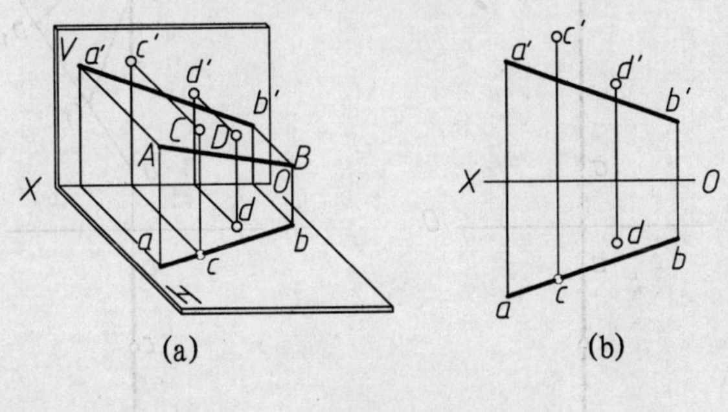

图 3.18 点不在直线上

例 3.4 已知直线 AB 的两面投影（见图 3.19(a)），求作 $C \in AB$ 使 $AC : CB = 2 : 3$。

解 根据定比性 $ac : cb = a'c' : c'b' = 2 : 3$，只要将 ab 或 $a'b'$ 分成 5(=2+3) 等分，即可求出 c 和 c'。其作图步骤如下（见图 3.19(b)）：

(1) 自 a 引辅助线 aB_0。

(2) 在 aB_0 上截取五等分。

(3) 连接 B_0b，过 1 作 B_0b 的平行线得 $c = 1c \cap ab$。

(4) 根据投影关系由 c 求出 c'。

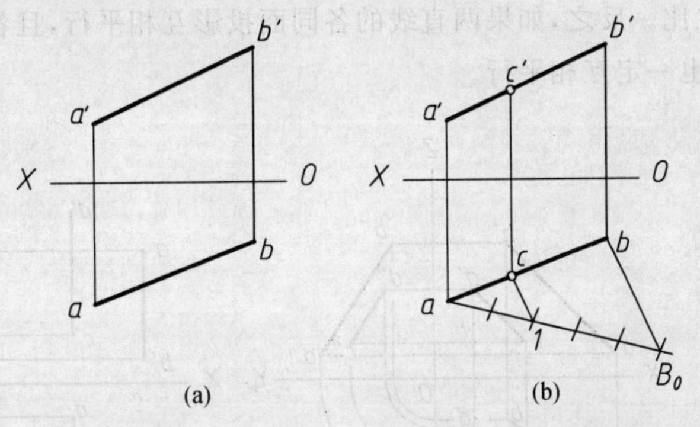

图 3.19 直线上取点

例 3.5 已知直线 AB 及点 C 的投影，如图 3.20(a) 所示，试判断点 C 是否在直线 AB 上。

解 如果点 C 在直线 AB 上，必须具有定比性，即 $AC : CB = ac : cb = a'c' : c'b'$，否则点 C 不在直线 AB 上，其作图步骤如下（见图 3.20(b)）：

(1) 过 a' 任作一直线，在此直线上截取 $a'c_1 = ac$，$c_1b_1 = cb$。

(2) 连接 $b'b_1$，$c'c_1$，因为 $c'c_1$ 不平行 $b'b_1$，故点 C 不在直线 AB 上。

此题也可以利用直线的第三面投影判断，请读者自行分析。

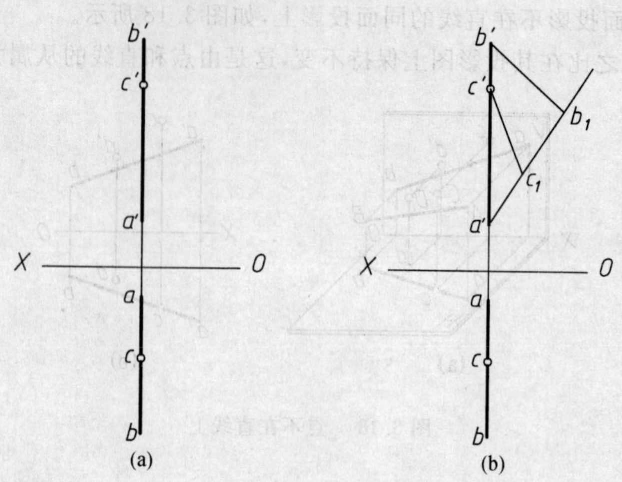

图 3.20　判断点是否在直线上

3.2.3　两直线的相对位置

两直线的相对位置有平行、相交和交叉 3 种情况。

1.两直线平行

如图 3.21 所示,两直线平行,则它们的同面投影必然互相平行,且两直线各同面投影长度之比等于两直线长度之比。反之,如果两直线的各同面投影互相平行,且各同面投影长度之比相等,则两直线在空间也一定互相平行。

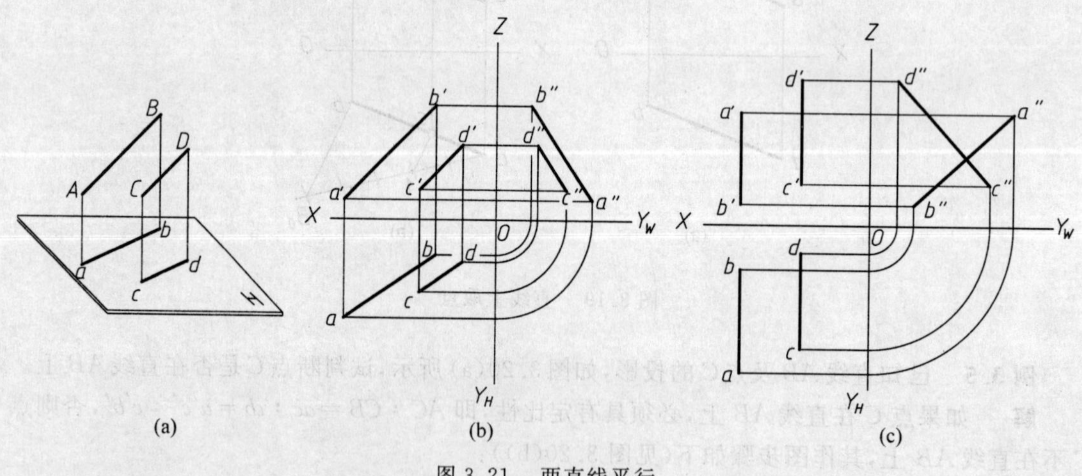

图 3.21　两直线平行

在一般情况下,两直线的任何两对同面投影互相平行,就可决定此两直线在空间是互相平行的,如图 3.21(b) 所示。但在特殊情况下,即当两直线同时平行某一投影面,要根据其投影判断两直线是否平行时,则必须查看此两直线在所平行的那个投影面上的投影是否平行。如图 3.21(c) 所示,两侧平线 AB 和 CD,它们的水平投影和正面投影都互相平行,则必须根据侧面投影来判断两直线是否平行。显然投影 $a''b''$ 和 $c''d''$ 不平行,故直线 AB 和 CD 不平行。

2. 两直线相交

两直线相交，则它们的同面投影也必相交，且交点的投影符合点的投影规律，并具有定比性。

反之，若两直线的同面投影均相交，且交点的投影符合点的投影规律，并具有定比性，则此两直线必定相交。

如图 3.22(a) 所示，$K=AB\cap CD$，则在投影图上有 $k'=a'b'\cap c'd'$，$k=ab\cap cd$，$k''=a''b''\cap c''d''$。因此 k，k'，k'' 是同一点 K 的三面投影，所以它们必然符合点的投影规律。

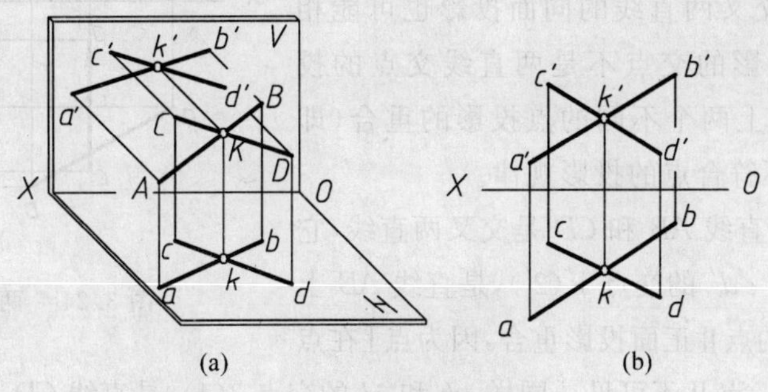

图 3.22　两直线相交

例 3.6　已知 $K=AB\cap CD$，按题给条件求 AB 的正面投影 $a'b'$（见图 3.23(a)）。

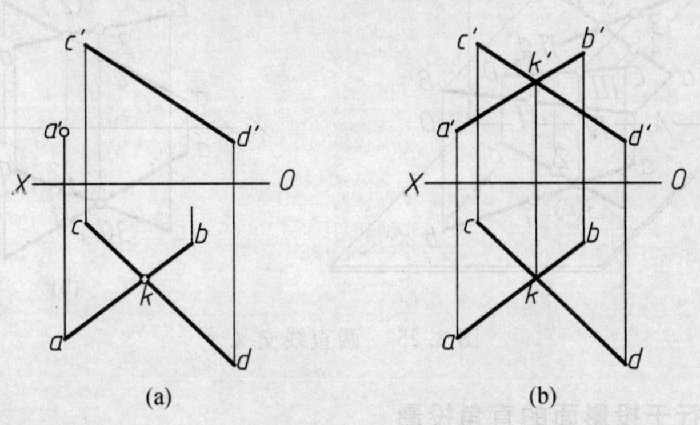

图 3.23　例 3.6 图

解　交点为两直线所共有，且符合点的投影规律，据此可求得 k'；B，K，A 在一条直线上，据此可求出 b'（见图 3.23(b)）：

(1) 交点 K 在直线 CD 上，故根据 k 即可求出 k'。

(2) 连 $a'k'$ 并延长。

(3) b' 在 $a'k'$ 延长线上，根据投影关系求出 b'。

在一般情况下，只要有两组直线的同面投影相交，且交点的投影符合点的投影规律，则两直线在空间相交。但若两直线中有一条为某一投影面的平行线时，则要根据该投影面上的投影交点来判断其是否相交，也可用定比性来判别其是否相交。如图 3.24 所示，在两直线 AB，

CD 中,CD 为侧平线,虽然 ab 和 cd,$a'b'$ 和 $c'd'$ 都相交,但侧面投影 $a''b''$ 和 $c''d''$ 的交点与其他两面投影的交点,不符合点的投影规律,所以直线 AB 和直线 CD 在空间不相交。

3. 两直线交叉

既不平行又不相交的两直线称为交叉两直线,因此它们的投影不具备平行和相交两直线的投影特性。

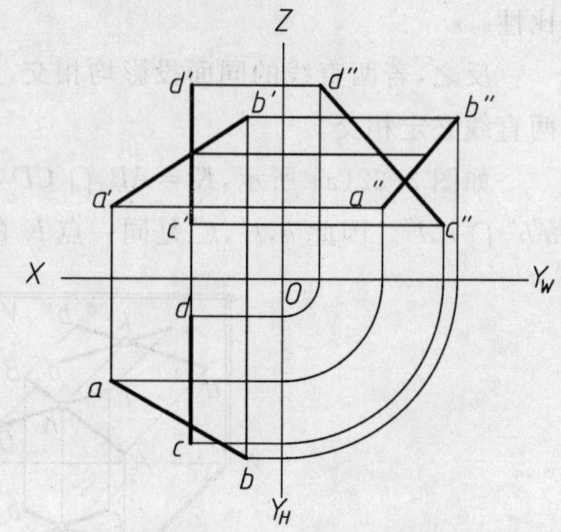

图 3.24 两直线不相交

交叉两直线的同面投影可能平行,但不可能三面投影都相互平行。交叉两直线的同面投影也可能相交,但交叉两直线投影的交点不是两直线交点的投影,而是交叉两直线上两个不同的点投影的重合(即重影点),因此它必不符合点的投影规律。

如图 3.25 所示,直线 AB 和 CD 是交叉两直线,它们的正面投影 $a'b'$ 和 $c'd'$ 的交点 1′(2′),是直线 AB 上的点Ⅰ和直线 CD 上的点Ⅱ正面投影重合,因为点Ⅰ在点Ⅱ前面,所以点Ⅰ可见,点Ⅱ不可见。同样,ab 和 cd 的交点 3(4),是直线 CD 上的点 Ⅲ 和直线 AB 上的点 Ⅳ 水平投影重合。因为点 Ⅲ 比点 Ⅳ 高,所以点 Ⅲ 可见,点 Ⅳ 不可见。

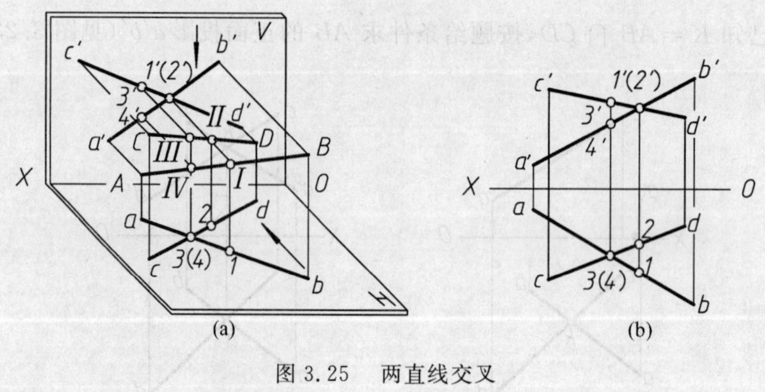

图 3.25 两直线交叉

3.2.4 一边平行于投影面的直角投影

空间两直线垂直相交,如果两直线均平行于某一投影面,则在该投影面上的投影反映直角;如果正交的两直线与投影面均不平行,则在该投影面上的投影不反映直角;如果正交的两直线中有一条直角边平行于某一投影面(另一边不垂直于该投影面),则在该投影面上的投影仍为直角。正交的这一投影性质称为直角投影定理。

反之,如果两直线在某一投影面上的投影互相垂直,且其中一直线平行于该投影面,则两直线在空间必互相垂直。

直角投影定理的证明如下:

如图 3.26(a) 所示,已知 $AB \perp BC$,$BC \parallel$ H 面,AB 不平行于 H 面。因为 $Bb \perp$ H 面,而 $BC \parallel$ H 面,故 $BC \perp Bb$。由于 BC 既垂直 AB,又垂直 Bb,所以 BC 必垂直于 AB 和 Bb 所决定的平面 Q。又因为 $BC \parallel bc$,故 $bc \perp$ Q 面。既然 $bc \perp$ Q 面,则必然垂直于 Q 面内的任一直线,

所以 $bc \perp ab$，即 $\angle abc$ 为直角，其投影图如图 3.26(b) 所示。

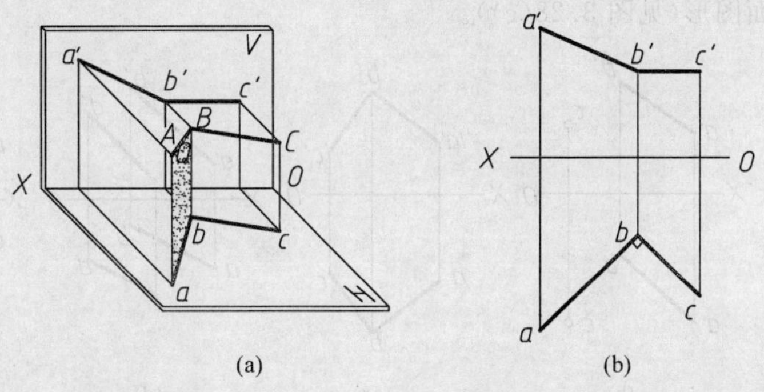

(a)　(b)

图 3.26　直角的投影

例 3.7　求点 A 到水平线 BC 的距离 AD 及其投影(见图 3.27(a))。

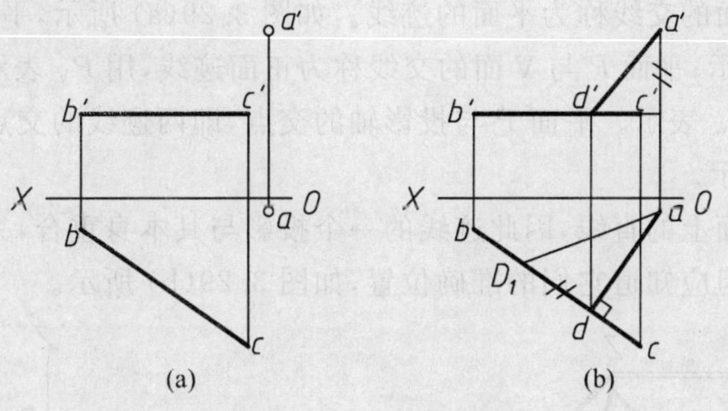

(a)　(b)

图 3.27　例 3.7 图

解　点 A 到直线 BC 的距离 $AD \perp BC$，因为 BC 为水平线，所以在水平投影面上的投影反映直角关系。其作图步骤如下(见图 3.27(b))：

(1) 由 a 作 $ad \perp bc$，得投影 $d = ad \cap bc$。

(2) 根据点的投影规律求得 d'。

(3) 作出直线 AD 的两面投影。

(4) 用直角三角形法求出 AD 的实长。

3.3　平面的投影

3.3.1　平面的表示法

1. 几何元素表示法

空间一平面通常可以用一组几何元素的投影来表示，如图 3.28 所示。

(1) 不在同一直线上的 3 点(见图 3.28(a))。

(2) 一直线和线外一点(见图 3.28(b))。

(3) 相交两直线(见图 3.28(c))。

(4) 平行两直线(见图 3.28(d))。

(5) 任意的平面图形(见图 3.28(e))。

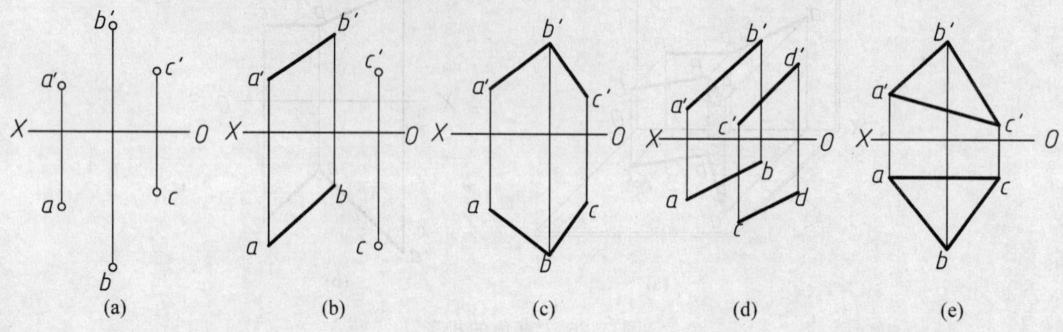

图 3.28　用几何元素表示的平面

2. 迹线表示法

空间平面与投影面的交线称为平面的迹线。如图 3.29(a) 所示，平面 P 与 H 面的交线称为水平迹线，用 P_H 表示；平面 P 与 V 面的交线称为正面迹线，用 P_V 表示；平面 P 与 W 面的交线称为侧面迹线，用 P_W 表示。平面 P 与投影轴的交点，即两迹线的交点，称为迹线的集合点，分别用 P_X，P_Y，P_Z 表示。

由于迹线是投影面上的直线，因此迹线的一个投影与其本身重合，另外两投影与相应的投影轴重合，不须画出，但应知道它们的准确位置，如图 3.29(b) 所示。

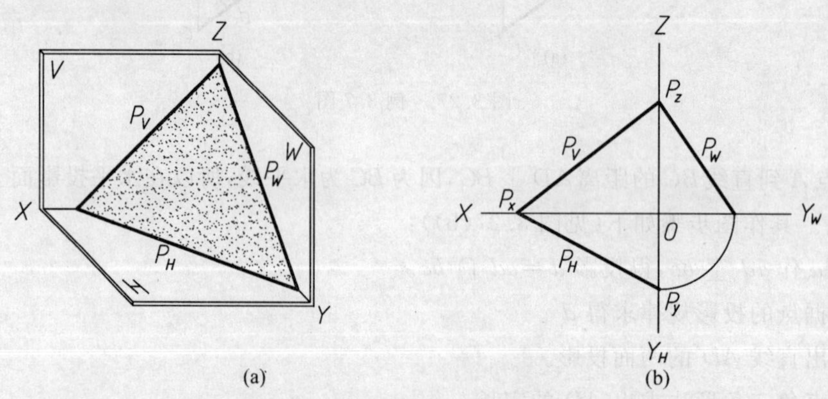

图 3.29　用迹线表示的平面

3.3.2　各种位置平面的投影

平面对投影面所处的位置，可以是平行、垂直或是倾斜 3 种情况。

平面对 H 面的倾角用 α 表示，对 V 面的倾角用 β 表示，对 W 面的倾角用 γ 表示。

1. 投影面的平行面

平行于一个投影面的平面，称为投影面的平行面。平面平行于一个投影面，必然垂直于另外两个投影面。投影面的平行面分为以下 3 种情况：

(1) 平行于水平投影面的平面叫作水平面。

(2) 平行于正立投影面的平面叫作正平面。

(3) 平行于侧立投影面的平面叫作侧平面。

表 3.3 所示为这 3 种平面的投影图及其投影特性。

表 3.3 投影面的平行面

名　称	立体图	投影图	投影特性
水平面			(1) 水平投影反映实形，$\alpha = 0°$； (2) 正面投影积聚为直线，且平行于 OX 轴，$\beta = 90°$； (3) 侧面投影积聚为直线，且平行于 OY_W 轴，$\gamma = 90°$
正平面			(1) 正面投影反映实形，$\beta = 0°$； (2) 水平投影积聚为直线，且平行于 OX 轴，$\alpha = 90°$； (3) 侧面投影积聚为直线，且平行于 OZ 轴，$\gamma = 90°$
侧平面			(1) 侧面投影反映实形，$\gamma = 0°$； (2) 水平投影积聚为直线，且平行于 OY_H 轴，$\alpha = 90°$； (3) 正面投影积聚为直线，且平行于 OZ 轴，$\beta = 90°$

投影面的平行面也可以用迹线表示。如图 3.30 所示正平面 R 的投影，其水平迹线 $R_H \parallel OX$，侧面迹线 $R_W \parallel OZ$，并且有积聚性。由于该平面平行于 V 面，故无正面迹线。

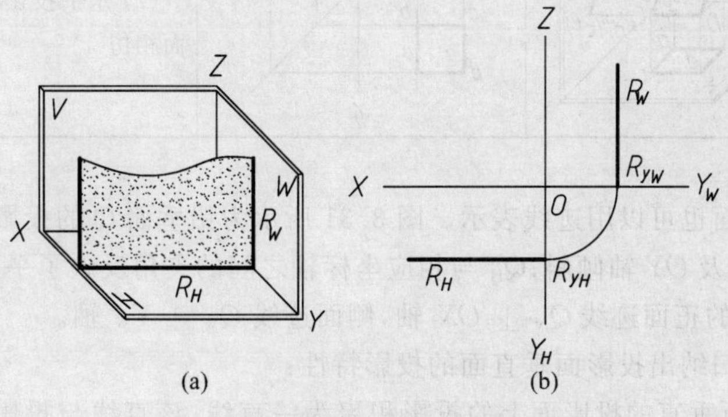

图 3.30　用迹线表示的正平面

由以上分析可归纳出投影面的平行面的投影特性：

(1) 平面在它所平行的投影面上的投影反映实形。

(2) 平面在另外两个投影面上的投影积聚成直线，并且分别平行于相应的投影轴。

2. 投影面的垂直面

垂直于一个投影面,倾斜于另外两个投影面的平面称为投影面的垂直面。投影面的垂直面分为以下 3 种情况:

(1) 垂直于水平投影面的平面叫作铅垂面。

(2) 垂直于正立投影面的平面叫作正垂面。

(3) 垂直于侧立投影面的平面叫作侧垂面。

表 3.4 所示为这 3 种平面的投影及其投影特性。

表 3.4 投影面的垂直面

名 称	立体图	投影图	投影特性
铅垂面	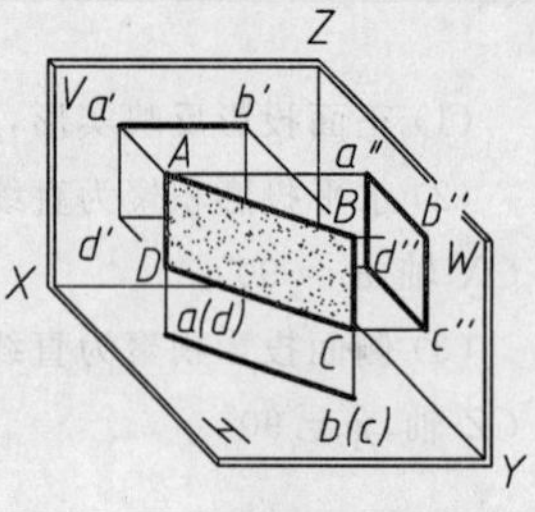	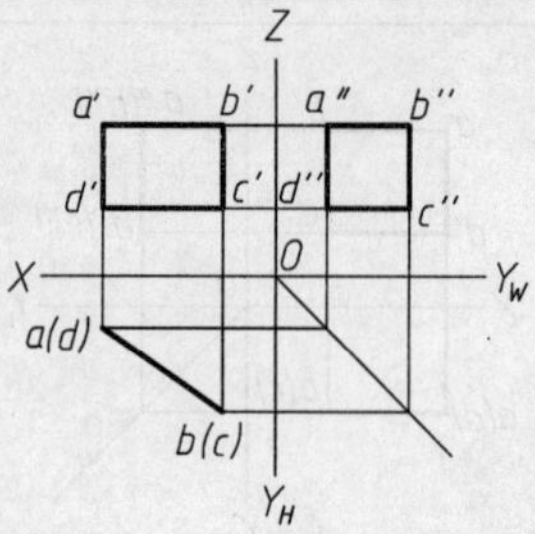	(1) 水平投影积聚为直线,并反映倾角 $\gamma,\beta,\alpha=90°$; (2) 正面投影和侧面投影与空间平面相仿
正垂面	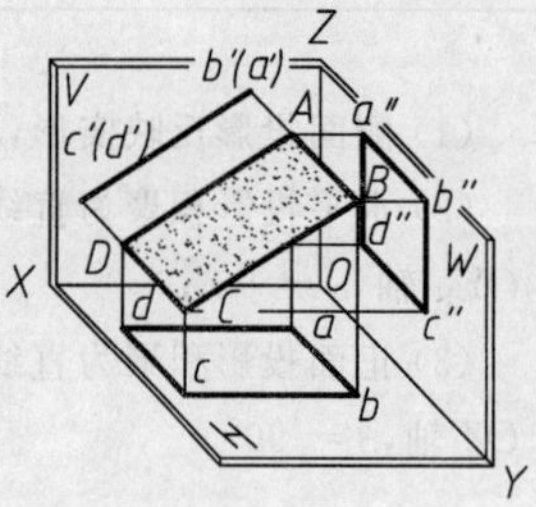	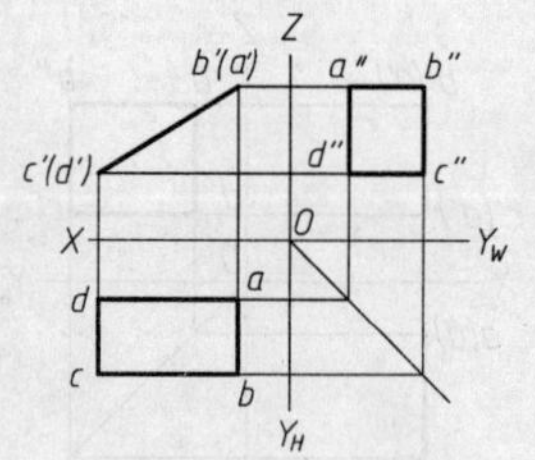	(1) 正面投影积聚成直线,并反映倾角 $\alpha,\gamma,\beta=90°$; (2) 水平投影和侧面投影与空间平面相仿
侧垂面	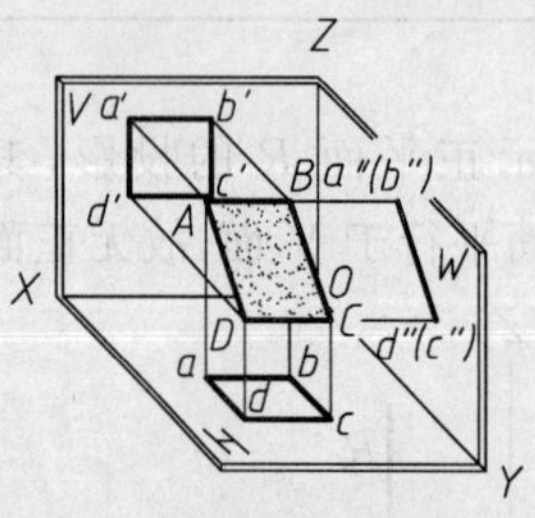	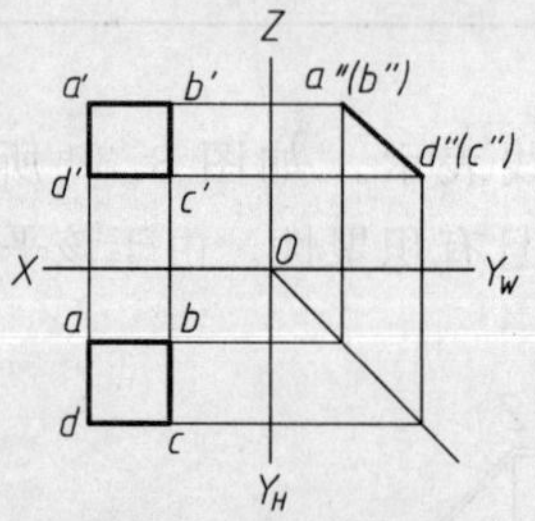	(1) 侧面投影积聚成直线,并反映倾角 $\alpha,\beta,\gamma=90°$; (2) 水平投影和正面投影与空间平面相仿

投影面的垂直面也可以用迹线表示。图 3.31 所示为铅垂面 Q 的投影,其水平迹线 Q_H 有积聚性,并与 OX 轴及 OY 轴倾斜;Q_H 与相应坐标轴之间的夹角反映了平面的倾角 β 及 γ 的实际大小。铅垂面 Q 的正面迹线 $Q_V \perp OX$ 轴,侧面迹线 $Q_W \perp Y_W$ 轴。

由以上分析可归纳出投影面垂直面的投影特性:

(1) 平面在它所垂直的投影面上的投影积聚为一直线,该直线与投影轴的夹角反映该平面与相应投影面的夹角。

(2) 平面在另外两个投影面上的投影与空间平面相仿。

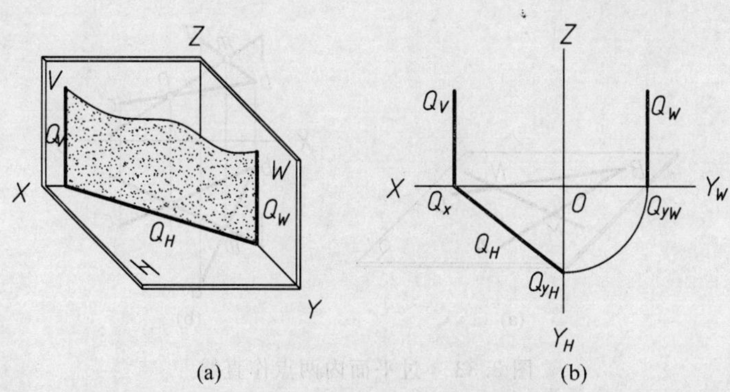

(a)　　(b)

图 3.31　用迹线表示的铅垂面

3. 一般位置平面

与 3 个投影面都倾斜的平面称为一般位置平面，如图 3.32 所示。其投影特性如下：

(1)3 个投影形状与空间平面相仿，但小于实形。

(2) 投影与坐标轴之间的夹角，不反映该平面与投影面的倾角。

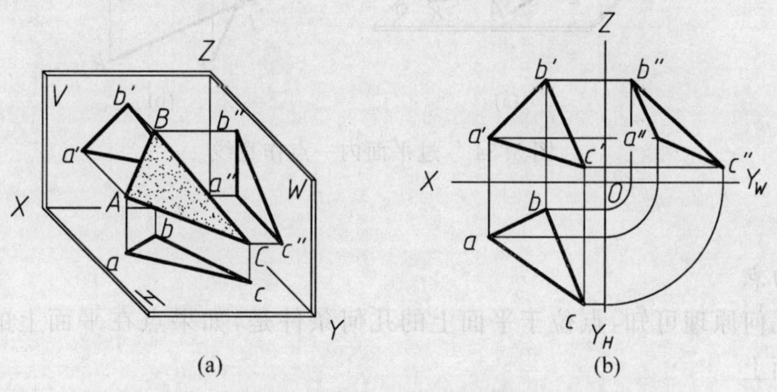

(a)　　(b)

图 3.32　一般位置平面

一般位置平面也可以用迹线表示，如图 3.29 所示，它的 3 条迹线 P_H，P_V，P_W 均无积聚性，且都倾斜于相应的投影轴。

3.3.3　平面上的直线和点

1. 平面上的直线

根据初等几何原理可知，直线位于平面上的几何条件如下：

(1) 一直线如果通过平面上的两个点，则此直线必在该平面上。

(2) 一直线如果通过平面上的一个点，且平行于该平面上的一条直线，则此直线也必在该平面上。

如图 3.33(a) 所示，平面 P 由相交两直线 AB 和 BC 所确定，点 M 在直线 AB 上，点 N 在直线 BC 上，则过此两点的直线 MN 必在平面 P 上。图 3.33(b) 所示为其投影图。

如图 3.34(a) 所示，平面 P 由相交两直线 AB 和 BC 所确定。点 L 在直线 AB 上，过点 L 作直线 LK // BC，则直线 LK 一定在平面 P 上。图 3.34(b) 所示为其投影图。

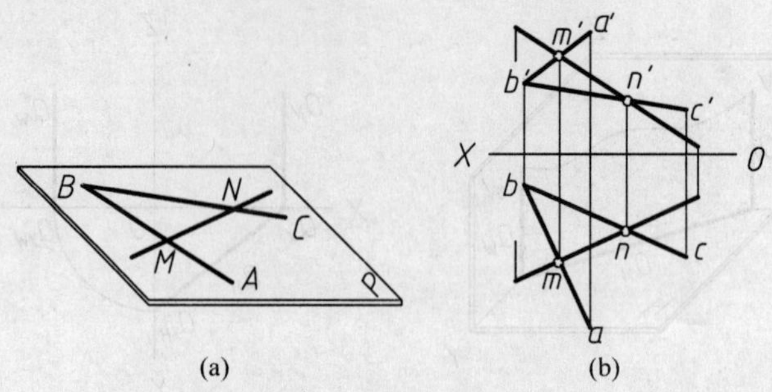

(a) (b)

图 3.33　过平面内两点作直线

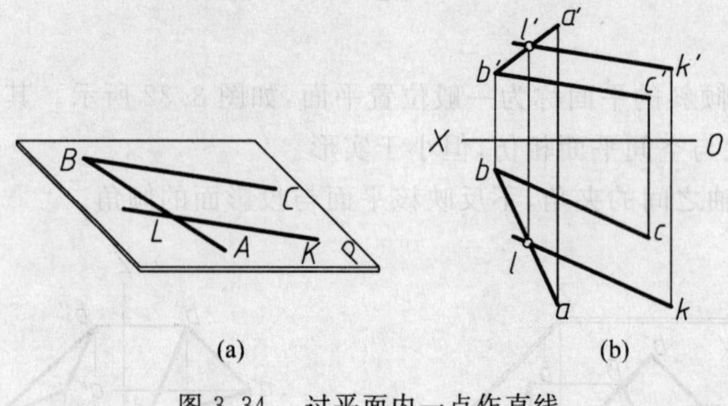

(a) (b)

图 3.34　过平面内一点作直线

2. 平面上的点

根据初等几何原理可知，点位于平面上的几何条件是，如果点在平面上的任一直线上，则该点必在该平面上。

例 3.8　已知点 $K \in \triangle ABC$，且知其水平投影 k，求它的正面投影 k'（见图 3.35(a)）。

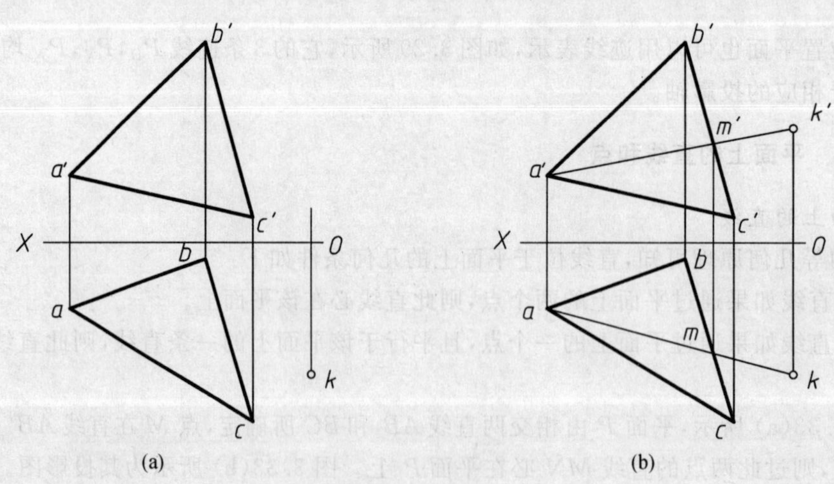

(a) (b)

图 3.35　在平面内取点

解　因为点 $K \in \triangle ABC$，所以 $K \in \triangle ABC$ 内过点 K 的任一直线。其作图步骤如下(见

图 3.35(b))：

(1) 连接 ak 得 $m = ak \cap bc$。

(2) 根据 m 求得 m'。

(3) 连接 $a'm'$ 并延长，依投影关系求出 k'。

例 3.9　已知四边形 $ABCD$ 的水平投影 $abcd$ 及 AB，BC 两边的正面投影 $a'b'$，$b'c'$（见图 3.36(a)），试完成四边形的正面投影。

解　四边形的 4 个顶点位于同一平面上，现已知 A，B，C 的投影，故此题可看成是已知 $\triangle ABC$ 平面上的一点 D 的水平投影 d，求其正面投影 d'，其作图步骤如下：

(1) 如图 3.36(b) 所示，连接 AC 的同面投影 $a'c'$，ac。

(2) 连接 bd 得 $k = ac \cap bd$。

(3) 根据投影关系作出 k'。

(4) 连接 $b'k'$ 并延长，根据投影关系求出 $d' \in b'k'$。

(5) 连接 $a'd'$ 和 $c'd'$，完成其正面投影。

此题也可以用过点 D 作面内直线 $DE \parallel BC$ 来完成，如图 3.36(c) 所示。

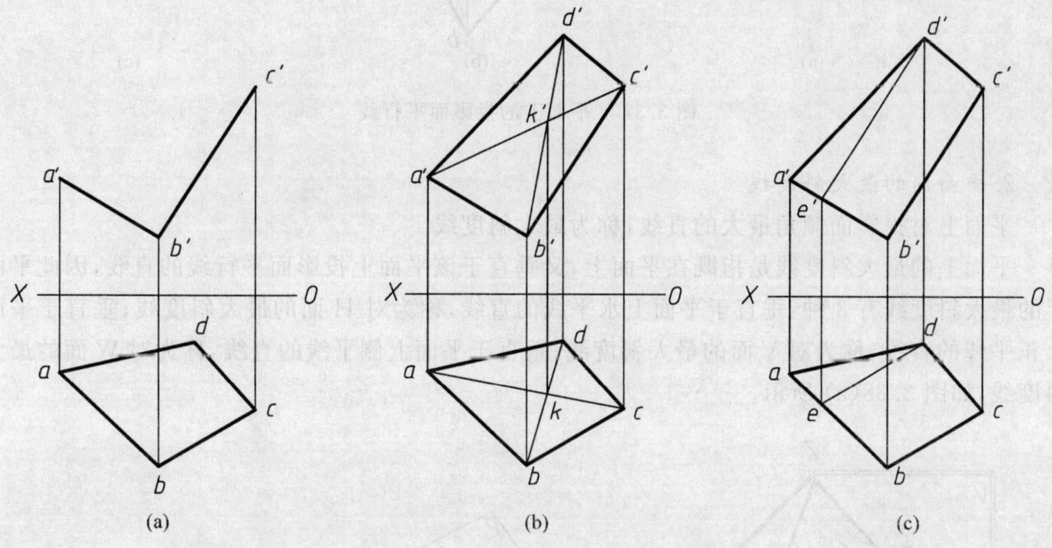

图 3.36　完成平面的投影

3.3.4　平面上的特殊位置直线

平面上的特殊位置直线有两种：投影面的平行线和对投影面的最大斜度线。

1. 平面上的投影面平行线

平面上的投影面平行线有 3 种：平面上平行于水平投影面的直线，称为平面上的水平线；平面上平行于正立投影面的直线，称为平面上的正平线；平面上平行于侧立投影面的直线，称为平面上的侧平线，如图 3.37(a) 所示。

平面上的投影面平行线既符合投影面平行线的投影特性，又满足直线在平面上的条件。

如图 3.37(b) 所示，在 $\triangle ABC$ 内作一水平线 MN。平面上的水平线具有一般水平线的投影特性，即 $m'n' \parallel OX$，由于直线 $MN \subset \triangle ABC$，即点 $M \in \triangle ABC$，点 $N \in \triangle ABC$，因此，先由正面投影求得 $m'n'$，再依从属关系求得 mn。

又如图 3.37(c) 所示，在迹线表示的一般位置平面 P 上，作一条水平线 AB。由图 3.37(a) 可知，平面上水平线的水平投影平行于该平面的水平迹线，即 $ab \parallel P_H$；平面上水平线的正面迹点位于该平面的正面迹线上，即点 N 在 P_V 上。作图时，先在正面投影上作出 $a'b' \parallel OX$，并延长至 $n' = a'b' \cap P_V$，由 n' 求出 n，再过 n 作 $ab \parallel P_H$。

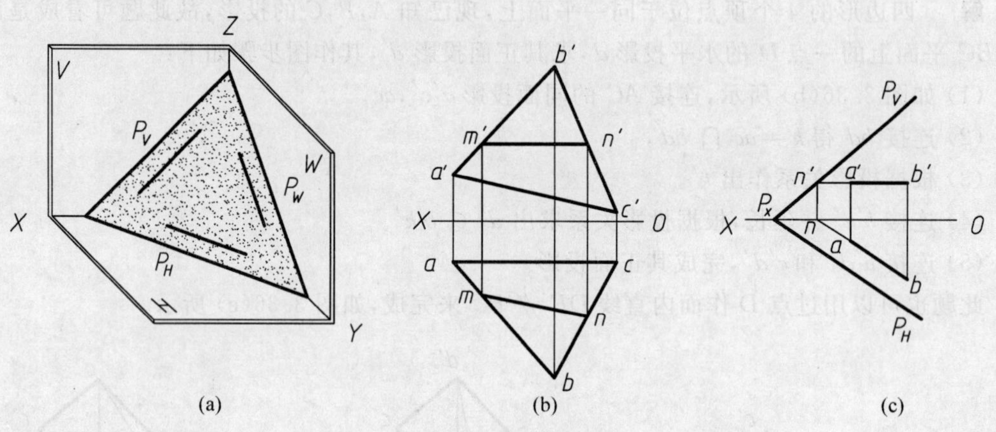

(a) (b) (c)

图 3.37 平面上的投影面平行线

2. 平面内的最大斜度线

平面上对投影面倾角最大的直线，称为最大斜度线。

平面上的最大斜度线是指既在平面上，又垂直于该平面上投影面平行线的直线，因此平面上的最大斜度线有 3 种：垂直于平面上水平线的直线，称为对 H 面的最大斜度线；垂直于平面上正平线的直线，称为对 V 面的最大斜度线；垂直于平面上侧平线的直线，称为对 W 面的最大斜度线，如图 3.38(a) 所示。

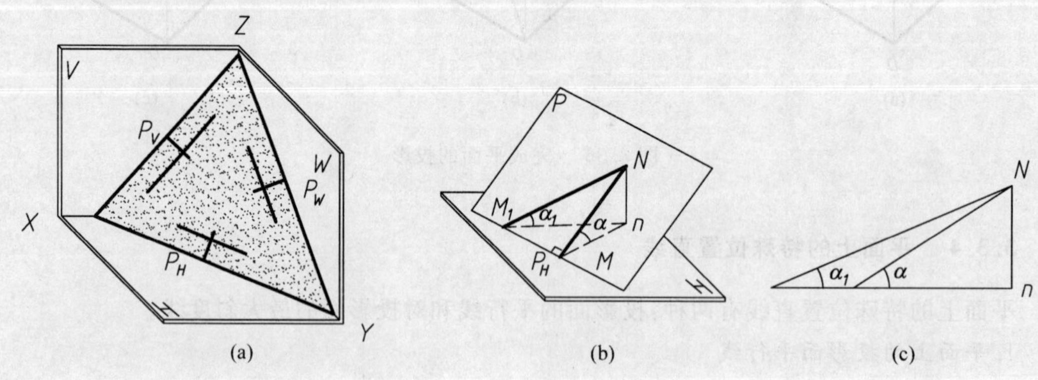

(a) (b) (c)

图 3.38 平面上的最大斜度线

现以平面上对 H 面的最大斜度线为例，来分析最大斜度线的投影特性。如图 3.38(b) 所示，有 $\angle NM_1n = \alpha_1$；求 $M = MN \cap P_H$，且 $NM \perp P_H$，得 $\angle NMn = \alpha$。将两直角三角形 $\triangle NnM$ 和 $\triangle NnM_1$ 重叠在一起，如图 3.38(c) 所示，可以看出，由于 $\overline{M_1N} > \overline{MN}$，故 $\alpha_1 < \alpha$。在直角边

Nn 一定的情况下，显然斜边越短，其 α 角越大。由图可知，只有当该直角三角形的斜边与 P_H（平面上的水平线）垂直时长度最短。即直线 MN 是 P 平面上与 H 面所成夹角最大的直线，直线 MN 的 α 角即为平面 P 的 α 角。

例 3.10　求作平面 $\triangle ABC$ 对 H 面、V 面的倾角 α,β（见图 3.39）。

解　先求出平面 ABC 上的对 H 面、V 面的最大斜度线，再利用直角三角形法求出其 α,β 角，即该平面的 α,β 角，其作图步骤如下：

(1) 过点 A 在 $\triangle ABC$ 平面上作水平线 AD。

(2) 过点 B 作 $BE \perp AD$。

(3) 用直角三角形法求 α 角（见图 3.39(a)）。

同理可求出 β 角，如图 3.39(b) 所示。

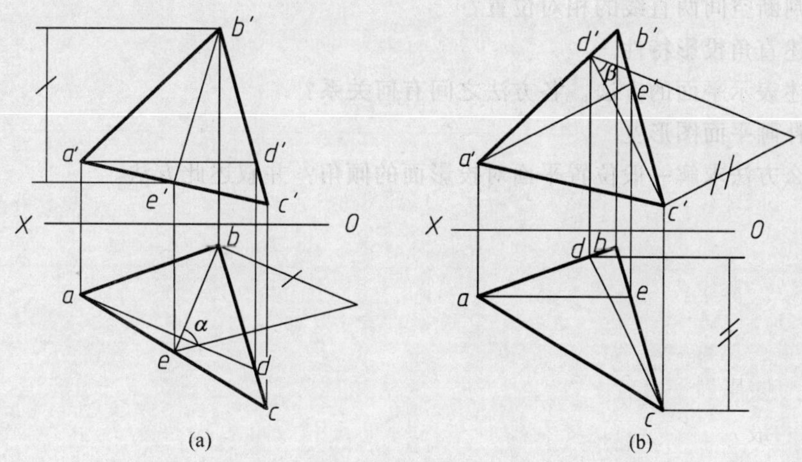

图 3.39　求平面的 α,β 角

本章小结

1. 点在两投影面体系中的投影规律：

(a) $aa' \perp OX$　　(b) $aa_x = Aa'$　　(c) $a'a_x = Aa$

2. 点在三投影面体系中的投影规律：

(a) $aa' \perp OX$　　(b) $a'a'' \perp OZ$　　(c) $aa_x = a''a_z$

3. 将点与投影面的关系转化为点与坐标面的关系，则可得投影与坐标的关系。

4. 空间点可处在不同的分角、投影面、投影轴上。无论处在何种位置，点的投影规律均有普遍指导意义。

5. 空间两点的相对位置由坐标大小确定。重影点要判别可见性。

6. 根据各种位置直线的投影特性画出各类直线的投影图，并根据投影图识别直线的空间位置。学习用直角三形法求一般位置直线的实长和倾角的原理及作图方法。

7. 用定比性和从属性判断点与直线的相对位置。

8. 用两直线相对位置的投影特性判断两直线空间是否平行、相交或交叉。交叉两直线要判断重影点。

9.根据各种位置平面的投影特性画出各类平面的投影图,并根据投影图识别平面的空间位置。

10.根据平面上直线和点的投影特性补画平面,判断点、线是否在平面上。

思　考　题

1.列出点的三面投影的投影特性。

2.试叙述点的投影和直角坐标之间的关系。

3.用什么方法求解一般位置直线的实长和倾角？并叙述此方法。

4.如何判断空间两直线的相对位置？

5.试叙述直角投影特性。

6.试叙述表示平面的方法。各方法之间有何关系？

7.如何补画平面图形？

8.用什么方法求解一般位置平面对投影面的倾角？并叙述此方法。

第 4 章　直线与平面、平面与平面的相对位置

【本章提要】

直线与平面以及两平面的相对位置问题，是在熟悉初等几何的有关定理的基础上，研究其相互关系及在投影图中的投影特性和基本作图方法。

本章主要阐述直线与平面、平面与平面之间的平行、相交、垂直关系中的几何条件及基本作图方法。

4.1　平行关系

4.1.1　直线与平面平行

几何条件。如果平面外一直线与平面上的某一直线平行，则此直线与该平面互相平行。如图 4.1 所示，直线 AB 平行于平面 P 上的直线 CD，故直线 AB 与平面 P 互相平行。

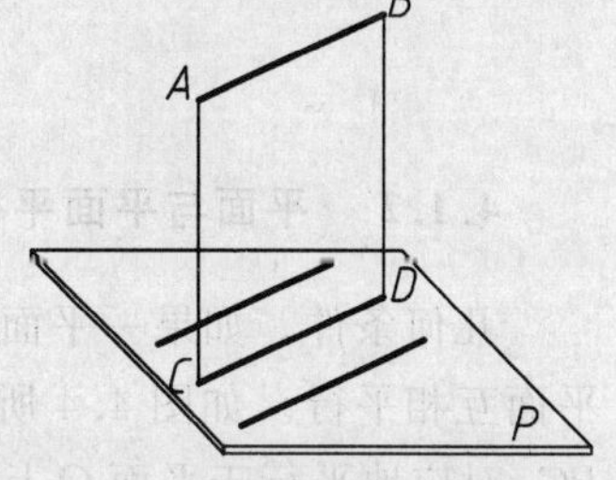

图 4.1　直线与平面平行

根据几何条件，就可以在投影图上判别直线与平面是否平行，并解决有关直线与平面平行的作图问题。

例 4.1　已知 $\triangle ABC$ 和直线 EF（见图 4.2(a)），判断直线 EF 与 $\triangle ABC$ 是否平行。

解　要判断直线 EF 与 $\triangle ABC$ 是否平行，就要看在 $\triangle ABC$ 上是否可作出与 EF 平行的直线。其作图步骤如下（见图 4.2(b)）：

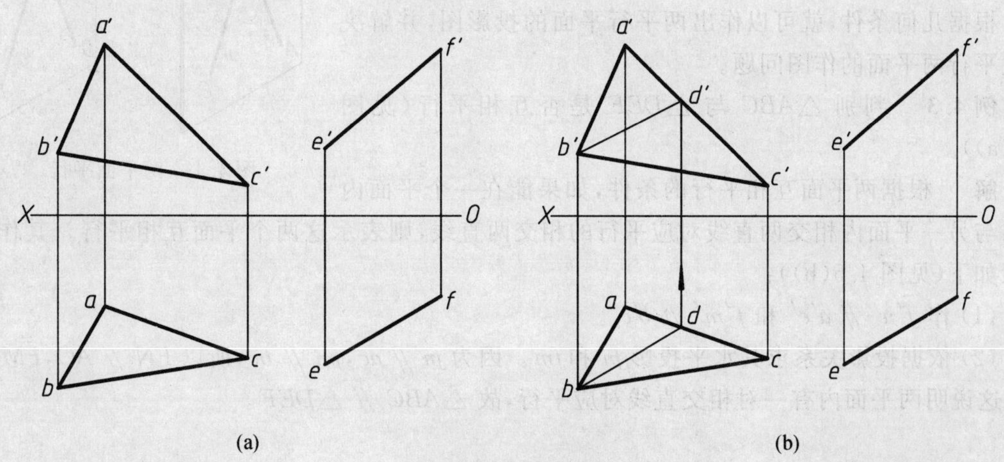

图 4.2　判别直线与平面是否平行

(1) 在 $\triangle ABC$ 上先作一辅助直线 BD,使 $bd \parallel ef$,并作出正面投影 $b'd'$。

(2) 观察 $b'd'$ 与 $e'f'$ 是否平行。因为 $b'd'$ 与 $e'f'$ 不平行,则直线 BD 与直线 EF 不平行,所以直线 EF 与 $\triangle ABC$ 不平行。

例 4.2 已知 $\triangle ABC$ 及点 K,过点 K 作一水平线平行于 $\triangle ABC$(见图 4.3(a))。

解 过点 K 可作无数条平行于已知 $\triangle ABC$ 的直线,但其中仅有一条为水平线。该水平线的正面投影必平行于 OX 轴,故本题主要是确定水平投影的方向。其作图步骤如下(见图4.3(b)):

(1) 在 $\triangle ABC$ 上作一水平线 $AD(ad, a'd')$,先作 $a'd' \parallel OX$,依据投影关系作出 ad。

(2) 过点 K 作直线 $EF \parallel AD$,则 EF 即为所求。

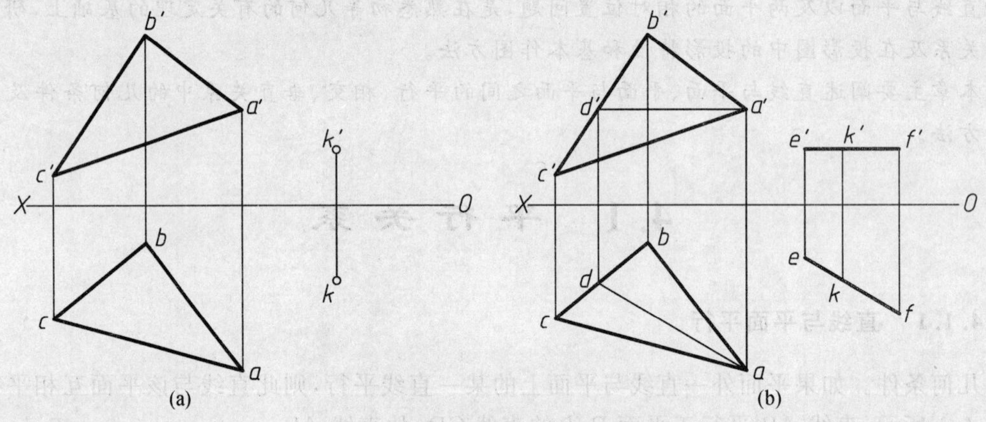

图 4.3 过点作直线与平面平行

4.1.2 平面与平面平行

几何条件。如果一平面上的相交两直线对应地平行于另一平面上的相交两直线,则此两平面互相平行。如图 4.4 所示,平面 P 上的相交两直线 AB,BC,对应地平行于平面 Q 上的相交两直线 DE,EF,则平面 P,Q 互相平行。

根据几何条件,就可以作出两平行平面的投影图,并解决有关平行两平面的作图问题。

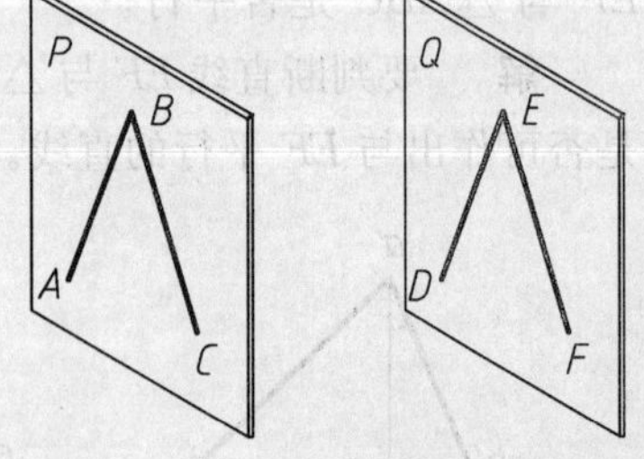

图 4.4 两平面平行

例 4.3 判别 $\triangle ABC$ 与 $\triangle DEF$ 是否互相平行(见图 4.5(a))。

解 根据两平面互相平行的条件,如果能在一个平面内作出与另一平面内相交两直线对应平行的相交两直线,则表示这两个平面互相平行。其作图步骤如下(见图 4.5(b)):

(1) 作 $f'n' \parallel a'c'$ 和 $f'm' \parallel b'c'$。

(2) 依据投影关系求其水平投影 fn 和 fm。因为 $fn \parallel ac$,$fm \parallel bc$,所以 $FN \parallel AC$,$FM \parallel BC$,这说明两平面内有一对相交直线对应平行,故 $\triangle ABC \parallel \triangle DEF$。

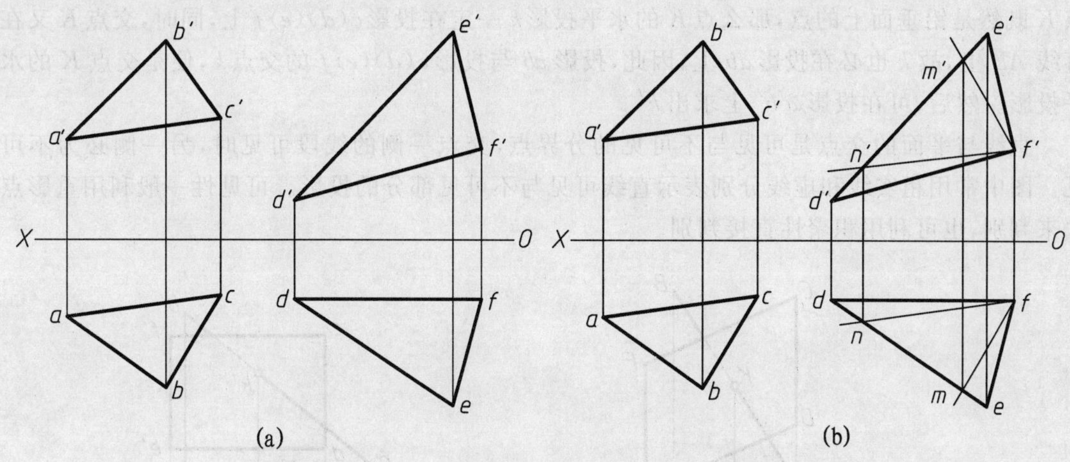

图 4.5　判别两平面是否平行

例 4.4　包含点 K 作一平面平行于 $\triangle ABC$（见图 4.6(a)）。

解　根据两平面平行的条件，可过点 K 作两直线分别与 $\triangle ABC$ 上任意相交两直线平行，则两平面平行。其作图步骤如下（见图 4.6(b)）：

(1) 过点 K 作 $KD \parallel AB$，即 $k'd' \parallel a'b'$，$kd \parallel ab$。

(2) 过点 K 作 $KE \parallel BC$，即 $k'e' \parallel b'c'$，$ke \parallel bc$，故由 KD 和 KE 所确定的平面即为所求。

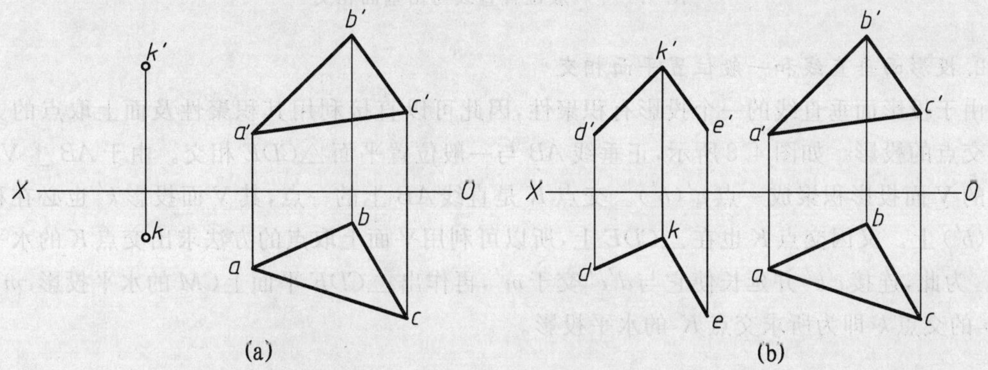

图 4.6　过点作一平面的平行面

4.2　相交关系

如果直线与平面或平面与平面不平行，则一定相交。

直线与平面只能相交于一点，该点是直线与平面的共有点，既在直线上又在平面上。因此，在求交点的作图过程中，将涉及在直线或平面上取点的问题。

两平面的交线是一直线，它是两平面的共有线。求交线时，可设法求出两平面的两个共有点，或求出一个共有点和交线的方向，就可求出两平面的交线。

1. 一般位置直线和有积聚性的平面相交

如图 4.7 所示，直线 AB 和铅垂面 $CDEF$ 相交于点 K，铅垂面的水平投影积聚成一直线，交

点 K 既然是铅垂面上的点，那么点 K 的水平投影 k 一定在投影 $c(d)(e)f$ 上，同时，交点 K 又在直线 AB 上，故 k 也必在投影 ab 上，因此，投影 ab 与投影 $c(d)(e)f$ 的交点 k，便是交点 K 的水平投影。然后，可在投影 $a'b'$ 上求出 k'。

直线与平面的交点是可见与不可见的分界点，交点一侧的线段可见时，另一侧必为不可见。图中常用粗实线和虚线分别表示直线可见与不可见部分的投影。可见性一般利用重影点法来判别，也可利用积聚性直接判别。

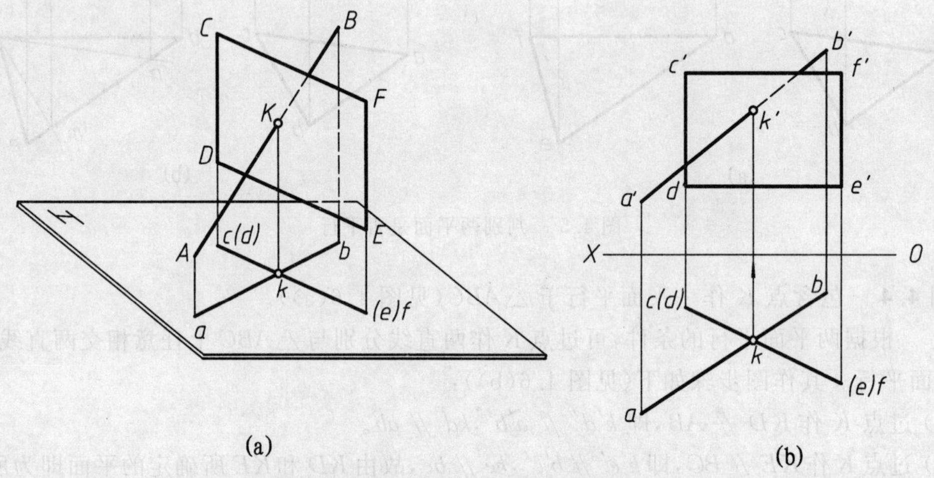

图 4.7　一般位置直线与铅垂面相交

2. 投影面垂直线和一般位置平面相交

由于投影面垂直线的一个投影有积聚性，因此可以直接利用其积聚性及面上取点的方法求出交点的投影。如图 4.8 所示，正垂线 AB 与一般位置平面 $\triangle CDE$ 相交。由于 $AB \perp$ V 面，则它的 V 面投影积聚成一点 $a'(b')$。交点 K 是直线 AB 上的一点，其 V 面投影 k' 也必在积聚点 $a'(b')$ 上。又因交点 K 也在 $\triangle CDE$ 上，所以可利用平面上取点的方法求出交点 K 的水平投影 k。为此，连接 $c'k'$ 并延长使它与 $d'e'$ 交于 m'，再作出 $\triangle CDE$ 平面上 CM 的水平投影 cm，cm 与 ab 的交点 k 即为所求交点 K 的水平投影。

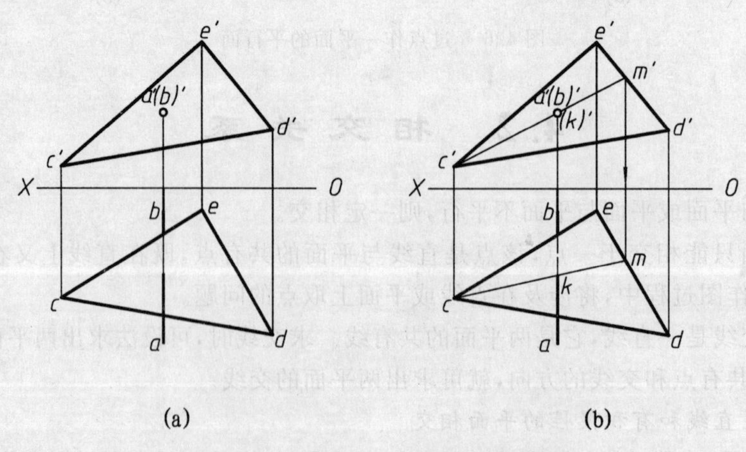

图 4.8　正垂线与一般位置平面相交

判别可见性。如图4.8所示，AB为正垂线，可以直接利用积聚性判别可见性，由于AK在CD的上方，所以ak也可见，应画粗实线，kb必为不可见，被平面遮住的部分应画成虚线。

3. 一般位置平面和有积聚性的平面相交

求相交两平面交线的问题，实质上是求其两个共有点的问题。

如图4.9所示，一般位置平面△ⅠⅡⅢ与铅垂面□$CDEF$相交。因为□$CDEF$的水平投影有积聚性，从水平投影可以看出，△ⅠⅡⅢ上的ⅠⅡ和ⅠⅢ两个边与□$CDEF$相交，利用一般位置直线和特殊位置平面相交，求交点的方法，可直接求出△ⅠⅡⅢ的两个边ⅠⅡ和ⅠⅢ与□$CDEF$的交点$M(m,m')$和$N(n,n')$，直线MN即为两平面的交线。

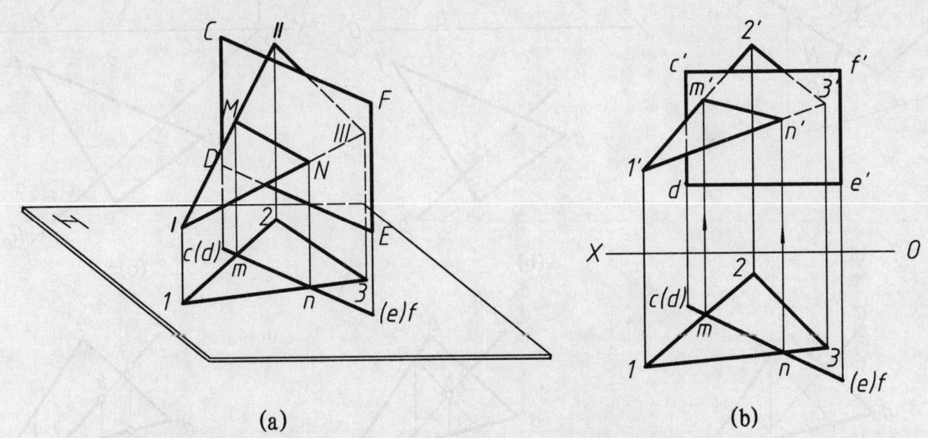

图4.9　一般位置平面与铅垂面相交

判别可见性。如图4.9所示，交线是可见部分与不可见部分的分界线，由于□$CDEF$是铅垂面，故可利用积聚性直接判别可见性。因为$1mn$在$c(d)(e)f$前方，可知ⅠMN在□$CDEF$前方，故其正面投影$1'm'n'$为可见，画成粗实线，另一部分为不可见，画成虚线。

4. 一般位置直线和一般位置平面相交

当直线和平面都处于一般位置时，不能利用积聚性直接求交点，须利用作辅助平面的方法求交点。

如图4.10(b)所示，一般位置直线AB与一般位置平面△DEF相交。如图4.10(a)所示，为了求出其交点，可以包含直线AB作一垂直面(如铅垂面R)即辅助平面，直线MN就是平面△DEF与辅助平面R的交线，交线MN与已知直线AB的交点K，即为直线AB与平面△DEF的交点。

根据以上分析，可按照下述步骤求出交点：

(1) 包含已知直线作一辅助平面，为作图简便，一般选用特殊位置平面作为辅助平面，如包含直线AB作铅垂面R(见图4.10(c))。

(2) 求出辅助平面R与△DEF的交线$MN(mn,m'n')$(见图4.10(d))。

(3) 求出交线MN与已知直线AB的交点$K(k,k')$(见图4.10(e))。

(4) 利用重影点，判别正面及水平投影的可见性(见图4.10(f))。

先判别正面投影。选取$d'f'$与$a'b'$的重影点$1'(2')$来判别。假设点Ⅰ在AB上，点Ⅱ在DF上，分别找出它们的水平投影1和2，可以看出1在前2在后，即AB在DF前，因此$k'b'$可见,另一端 $a'k'$ 被 $\triangle DEF$ 遮住的部分为不可见。

再判别水平投影。选取 ab 与 df 的重影点 3(4) 来判别。假设点Ⅲ在直线 AB 上,点Ⅳ在 df 上,找出它们的正面投影 $3'$ 和 $4'$,可以看出 3 在 4 的上方,即直线 AB 在直线 DF 之上,故 ak 为可见,另一端 kb 被 $\triangle DEF$ 遮住的部分为不可见。

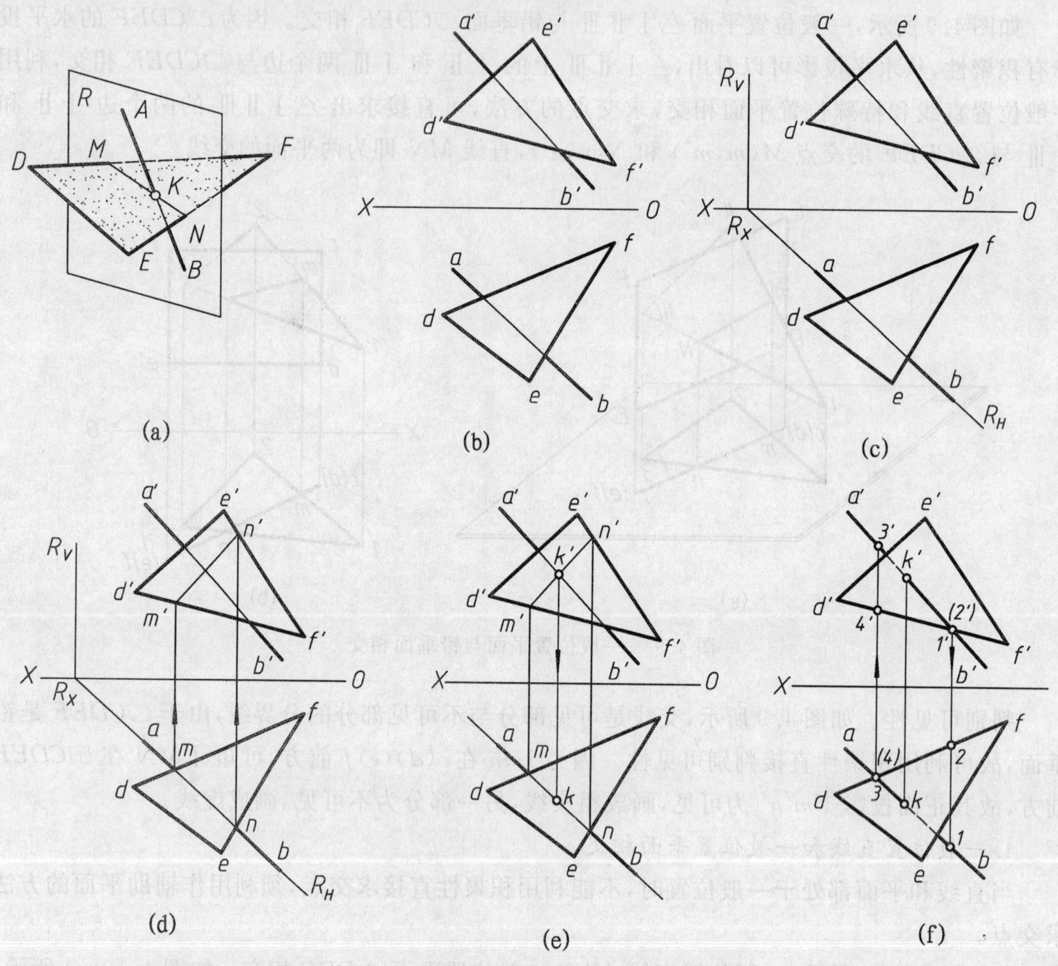

图 4.10　一般位置直线与一般位置平面相交

5. 两一般位置平面相交

(1) 利用求一般位置直线与一般位置平面交点的方法求两平面的交线。两个一般位置平面相交,可以看成一个平面上的某两条直线与另一个平面相交,因此,可用一般位置直线和一般位置平面相交求交点的方法,求出交线上的两个点,将两点连线即为所求。

如图 4.11 所示为求 $\triangle ABC$ 和 $\triangle DEF$ 交线的方法。图中所示可以看成是平面 $\triangle DEF$ 上的 DF 和 DE 两直线与 $\triangle ABC$ 相交。过直线 DE 作辅助平面 P,求出交点 K;再过直线 DF 作辅助平面 Q,求出交点 L。连接 K,L 两点,直线 KL(kl 和 $k'l'$) 即为所求。

求出交线后,再用重影点法判别其可见性。如图 4.11(b) 所示,V 面投影利用直线 BC 和直线 DF 的重影点来判别;H 面投影利用直线 AC 和直线 DE 的重影点来判别。

(2) 利用"三面共点原理"求两平面的交线。如图 4.12 所示,平面 $\triangle ABC$ 和两平行直线

DF，EG 决定的平面在有限范围内不相交。为了求出它们的交线，可作辅助平面 P 与两平面分别相交于点 Ⅰ，Ⅱ 和点 Ⅲ，Ⅳ，由于这两条交线在同一平面内，因此将它们延长后一定相交于一点 K，且点 K 必为平面 $\triangle ABC$ 和两平行直线 DF，EG 决定的平面的共有点。同理，再作辅助平面 Q，可求出另一共有点 M。连接 K，M 两点，直线 $KM(km, k'm')$ 即为所求的交线。

为了作图简便，一般选取特殊位置平面作为辅助平面，同时选取两辅助平面平行。

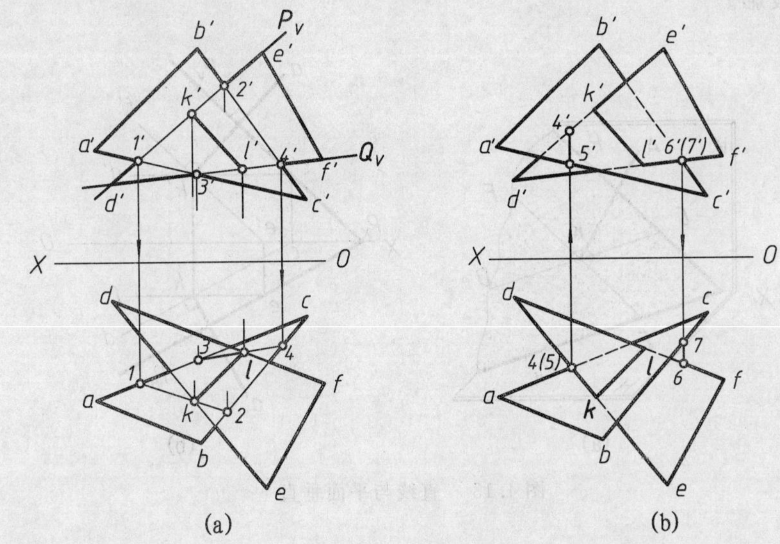

图 4.11　用求线面交点的方法求两平面的交线

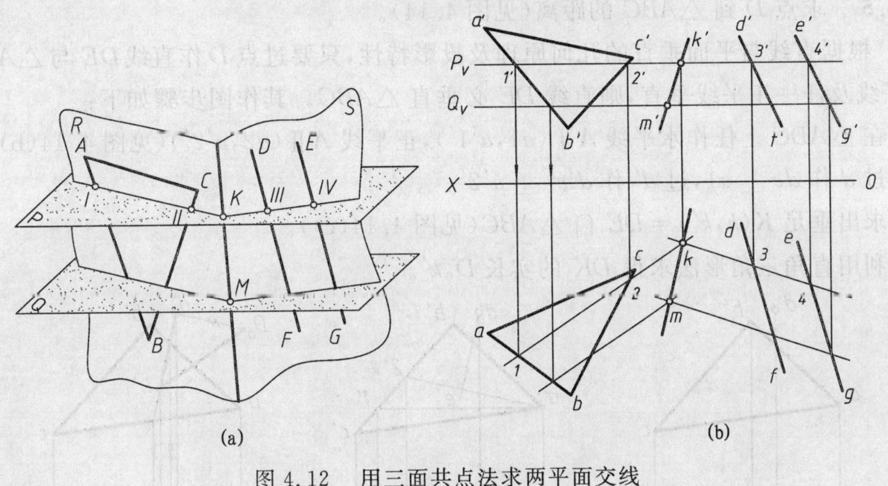

图 4.12　用三面共点法求两平面交线

4.3　垂直关系

4.3.1　直线与平面垂直

如果一直线垂直于一平面，则此直线一定垂直于该平面内的一切直线。

如图 4.13 所示，直线 AK 垂直于平面 P，那么它一定也垂直于该平面内过垂足的水平线

CD。依据直角投影定理可知 $ak \perp cd$。由于同一平面内的水平线平行于水平迹线，故 $ak \perp P_H$。因此得出以下结论：

(1) 如果一直线垂直于一平面，则该直线的水平投影一定垂直于该平面上所有水平线(包括水平迹线)的水平投影。

(2) 如果一直线垂直于一平面，则该直线的正投影一定垂直于该平面上正平线(包括正面迹线)的正面投影。

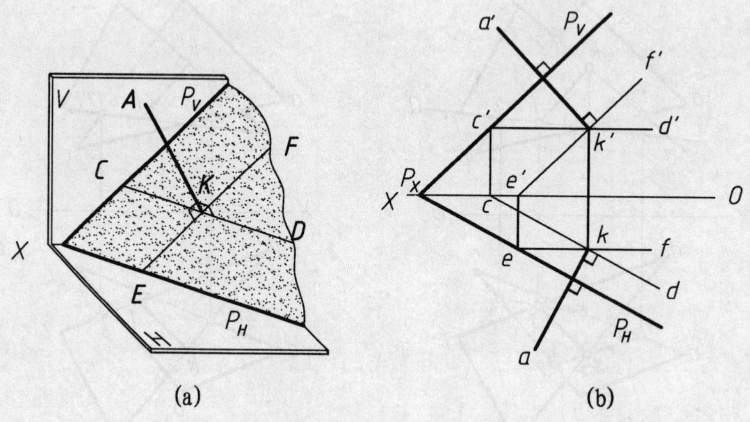

图 4.13　直线与平面垂直

根据上述结论，就可以在投影图中解决有关直线与平面垂直的作图问题。

例 4.5　求点 D 到 $\triangle ABC$ 的距离(见图 4.14)。

解　根据直线与平面垂直的几何原理及投影特性，只要过点 D 作直线 DE 与 $\triangle ABC$ 上的任一水平线及任一正平线垂直，则直线 DE 必垂直 $\triangle ABC$。其作图步骤如下：

(1) 在 $\triangle ABC$ 上任作水平线 AⅠ$(a1, a'1')$，正平线 AⅡ$(a2, a'2')$(见图 4.14(b))。

(2) 过 d 作 $de \perp a1$，过 d' 作 $d'e' \perp a'2'$。

(3) 求出垂足 $K(k, k') = DE \cap \triangle ABC$(见图 4.14(c))。

(4) 利用直角三角形法求得 DK 的实长 D_0k'。

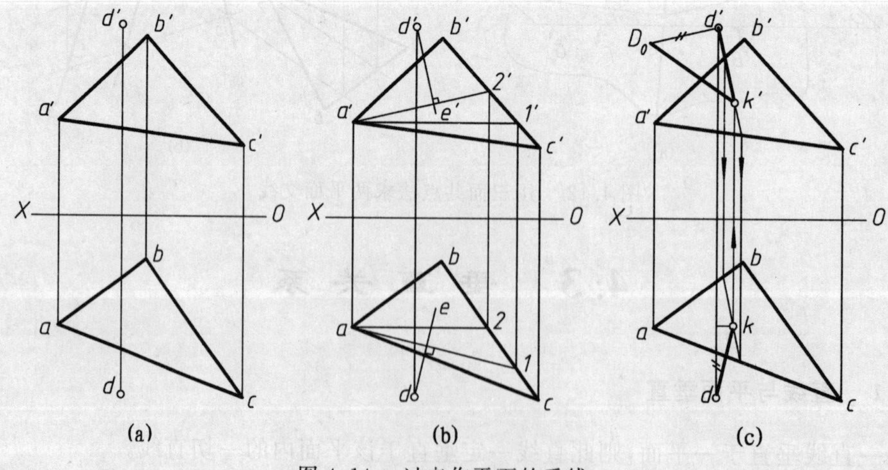

图 4.14　过点作平面的垂线

例 4.6　过已知点 A 作一直线垂直于一般位置直线 BC（见图 4.15）。

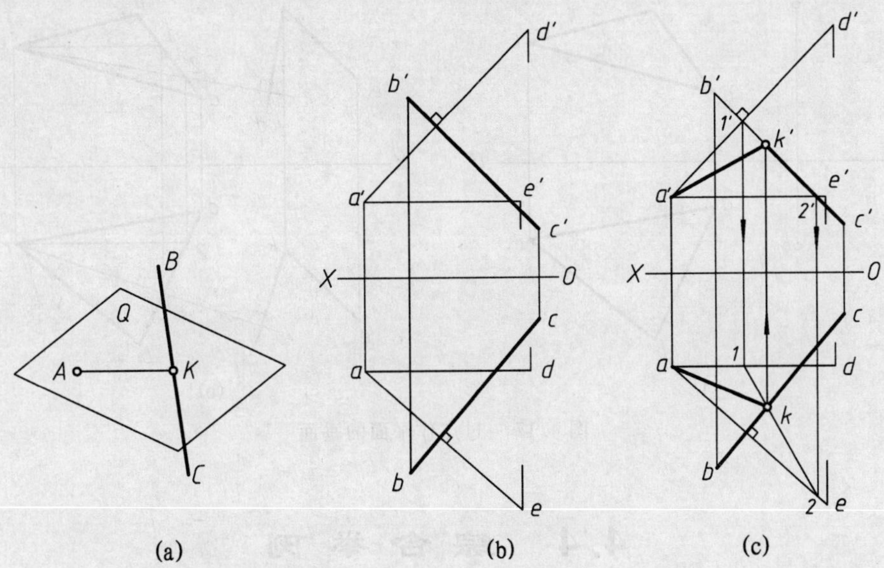

(a)　(b)　(c)

图 4.15　过点作直线的垂线

解　空间两互相垂直的一般位置直线，其投影并不反映垂直关系。因此，不可能在投影图中直接作出。

如图 4.15(a) 所示，为了解决这一问题，可作出过点 A 与直线 BC 垂直的所有直线，其轨迹为直线 BC 的垂面 Q。求出 Q 面与直线 BC 的交点 K，并连接 A，K 两点，即为所求的垂线。其作图步骤如下：

(1) 过点 A 作水平线 AE 和正平线 AD 垂直于直线 BC（见图 4.15(b)），即

$$ae \perp bc,\quad a'e' \parallel OX,\quad a'd' \perp b'c',\quad ad \parallel OX$$

(2) 借助点 Ⅰ，Ⅱ，求直线 AD，AE 组成的 Q 平面与直线 BC 的交点 K，连接 A，K 两点，则 $AK(ak,a'k')$ 即为所求（见图 4.15(c)）。

4.3.2　平面与平面垂直

两平面垂直是两平面相交的一种特殊情况。根据初等几何原理可知，如果一直线垂直于平面，则包含此直线的一切平面都与该平面垂直，如图 4.16 所示。

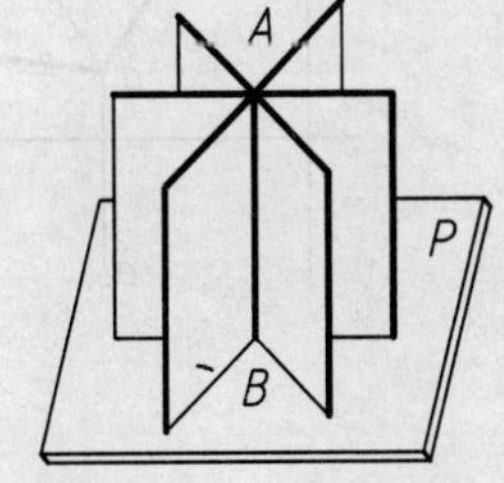

图 4.16　两平面垂直

例 4.7　过点 K 作平面与 $\triangle ABC$ 垂直（见图 4.17(a)）。

解　过点 K 作直线 $KD \perp \triangle ABC$，包含直线 KD 的平面即为所求。其作图步骤如下（见图 4.17(b)）：

(1) 在 $\triangle ABC$ 上作一条水平线 CⅠ$(c'1',c1)$，再作一条正平线 CⅡ$(c2,c'2')$。

(2) 作直线 $KD \perp \triangle ABC(kd \perp c1,k'd' \perp c'2')$。

(3) 过点 K 任作一直线 KE。KD，KE 组成的平面即为所求。

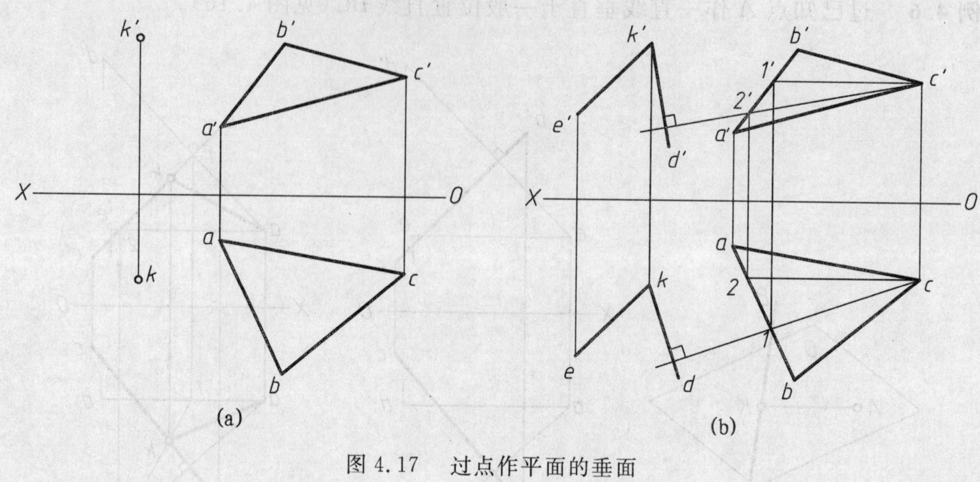

图 4.17　过点作平面的垂面

4.4　综合举例

点、线、面综合性作图题就是一道题中涉及点、线、面的多个概念，包含多种基本作图方法的具体应用。这类题常涉及相对位置、距离、角度及其他综合应用。一般常用的解题方法有轨迹法和逆推法。轨迹法是根据已知条件和题目要求，分别作出满足各个要求的轨迹，则各个轨迹的交点或交线即为所求。逆推法则是先假设已经得出符合题设条件的答案，然后依据有关几何定理，找到答案与初设条件间的几何联系，由此得到解题的方法和步骤。

例 4.8　已知菱形 $ABCD$ 的正面投影及 a，c，试完成其水平投影(见图 4.18(a))。

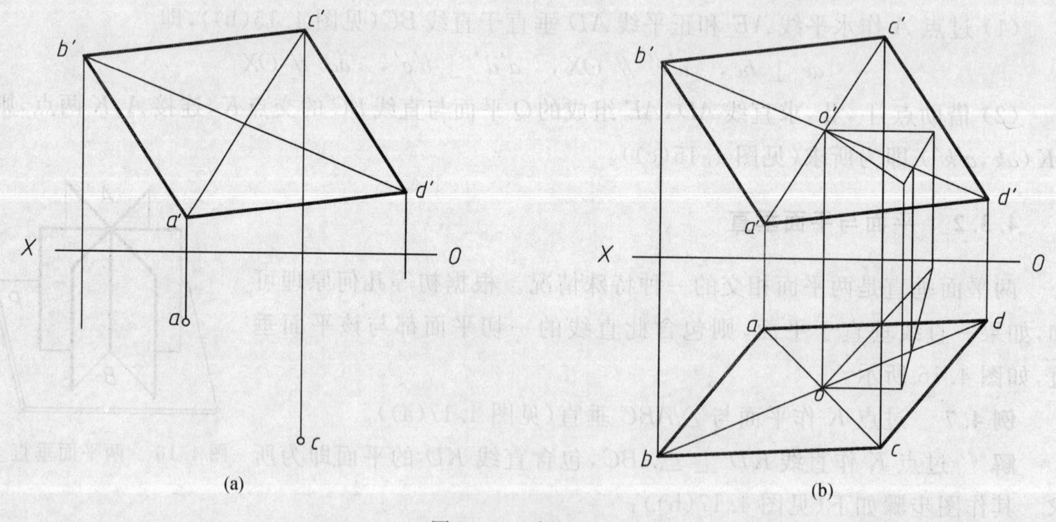

图 4.18　例 4.8 图

解　菱形对角线相互垂直，能作出菱形对角线就可完成菱形的投影。题目已给出一对角线 AC 及另一对角线 BD 的正面投影，可用线面垂直方法求 BD 的水平投影。其作图步骤如下(见图 4.18(b))：

(1) 连 AC 及 $b'd'$，求出交点 O。

(2) 过点 O 作平面 P 垂直于 AC。

(3) 在平面 P 上取直线 bd。

(4) 连菱形水平投影 $abcd$。

例 4.9　已知点 K 到 $\triangle ABC$ 的距离为 20 mm。求点 K 的水平投影 k(见图 4.19(a))。

解　点 K 的轨迹是与 $\triangle ABC$ 距离为 20 mm 的平面 P(见图 4.19(b))，点 K 既在平面 P 内，可用面上取点的方法求出 k。其作图步骤如下(见图 4.19(c))：

(1) 过 $\triangle ABC$ 内任意一点，例如点 A，作直线 $AM \perp \triangle ABC(a'm' \perp c'f', am \perp ag)$。

(2) 求线段 AM 的实长 aM_0。

(3) 在 aM_0 上截取 20 mm 得 N_0。

(4) 在 AM 上求出点 N。

(5) 过点 N 作 P 平面平行于 $\triangle ABC$(NⅠ // AB，NⅡ // AC)。

(6) 在平面 P 内，根据点 K 的正面投影 k' 求出水平投影 k。

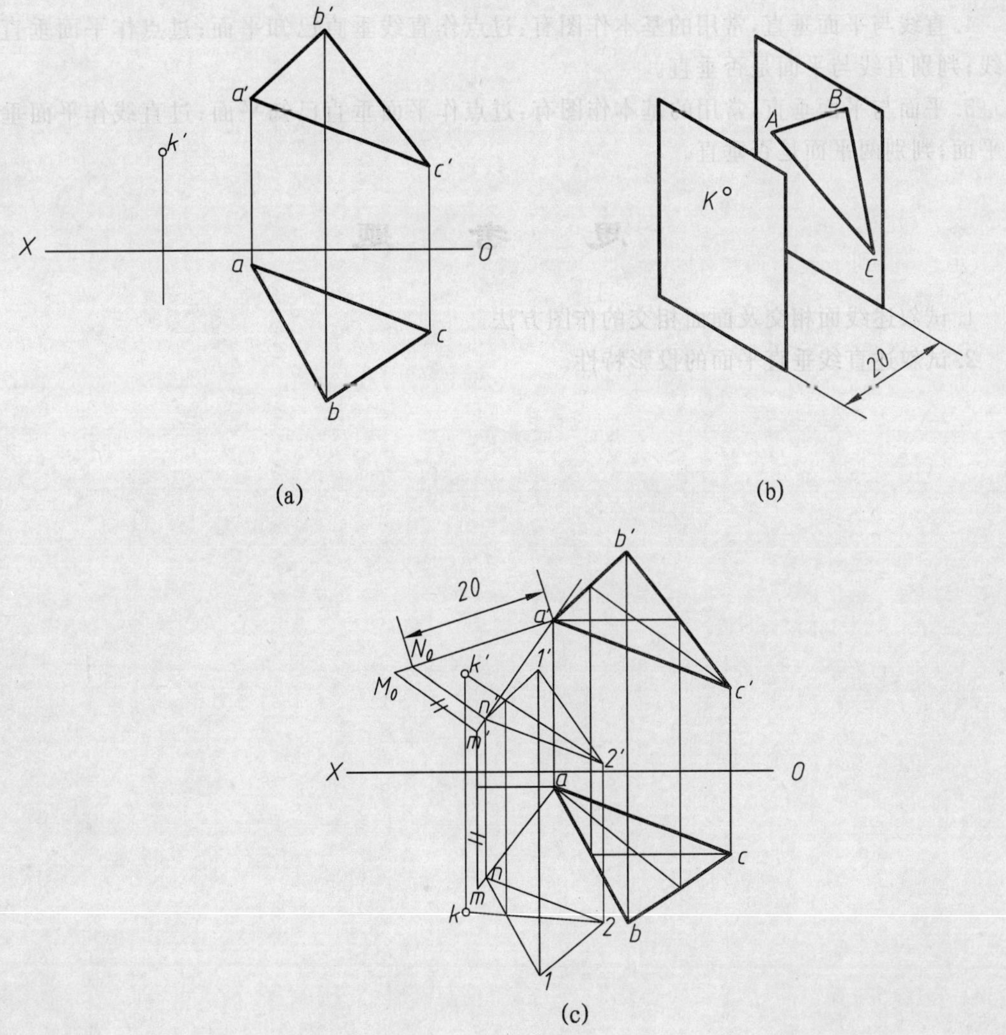

图 4.19　例 4.9 图

本章小结

1. 直线与平面平行,常用的基本作图有:过点作直线平行已知平面;过点作平面平行已知直线;过直线作平面平行已知直线;判别直线与平面是否平行。

2. 平面与平面平行,常用的基本作图有:过点作平面平行已知平面;判别两平面是否平行。

3. 相交关系是本章的重点内容,应熟练掌握。求直线与平面的交点时,利用交点既是直线上的点,又是平面上的点作为作图的依据。当平面与投影面处于特殊位置时,可利用积聚性直接求出交点;当平面为一般位置时,通常用辅助平面法求出其交点。求出交点后,还应判别直线的可见性。

求两平面交线的方法,与求直线和平面交点的方法一样,也是求共有点问题,一般是求出交线上的两个共有点,然后将所求的两个共有点连线。求出交线后,还应判别两个平面的可见性。

4. 直线与平面垂直,常用的基本作图有:过点作直线垂直已知平面;过点作平面垂直已知直线;判别直线与平面是否垂直。

5. 平面与平面垂直,常用的基本作图有:过点作平面垂直已知平面;过直线作平面垂直已知平面;判别两平面是否垂直。

思考题

1. 试叙述线面相交及面面相交的作图方法。

2. 试叙述直线垂直平面的投影特性。

第5章 投影变换

【本章提要】

投影变换，主要研究改变空间几何元素对投影面的相对位置，从而使解决空间的问题得到简化。

本章主要讲述投影变换中换面法的基本原理和作图方法，着重解决空间几何元素的度量和定位问题，在图示和图解某些工程实际问题时，作图简便而清晰，有较高的实用价值。

5.1 换面法的基本概念

换面法是保持空间几何元素的位置不动，而用新的投影面代替原来的投影面，使空间几何元素对新投影面处于有利于解题的位置，从而解决某些图示和图解问题。

如图5.1所示，铅垂面△ABC在V，H组成的两投影面体系（简称V/H体系）中的两个投影都不反映实形，如果另取一个投影面V_1，使V_1面平行于△ABC，同时V_1面垂直于H面，则V_1面和H面构成一个新的两投影面体系V_1/H。在新的投影体系中，△ABC的V_1面投影$a'_1b'_1c'_1$反映△ABC的实形。新的投影体系仍然要展开摊平在一个平面内。以V_1面和H面的交线X_1为轴，使V_1面旋转至与H面重合，就得出V_1/H体系的投影图。原来的V面称为旧投影面，面H称为不变投影面，V_1面称为新投影面；原来的投影轴X称为旧轴，X_1称为新轴；$a'b'c'$称为旧投影，abc称为不变投影，$a'_1b'_1c'_1$称为新投影。

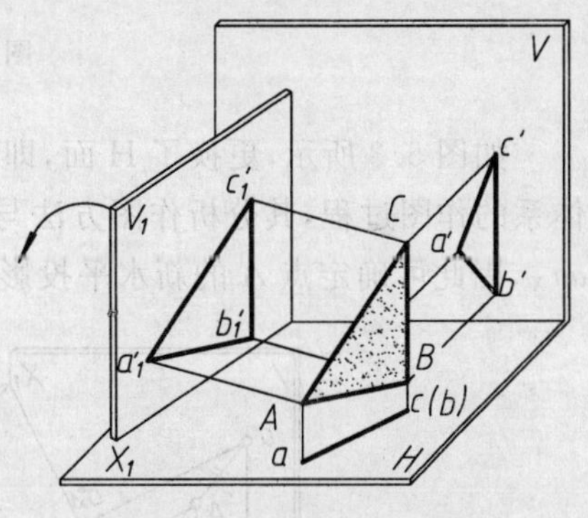

图5.1 换面法的原理图

显然，新投影面不能任意选择，它必须符合以下两个基本条件。

(1) 新投影面必须垂直于不变投影面，以便构成新的两投影面体系。

(2) 新投影面必须对空间几何元素处于有利于解题的位置，以达到简化解题的目的。

5.2 点的变换

点是最基本的几何元素，应首先掌握点的投影变换规律，以及新旧投影之间的变换关系。

如图5.2(a)所示，点A在V/H体系中的两个投影为a，a'，如果要变换点A的正面投影，可选取一铅垂面V_1来替换V面作为新的正立投影面，它与H面形成新的两投影面体

系 V_1/H。

由点 A 向 V_1 面作垂线,其垂足 a'_1 即为点 A 的新正面投影。然后使 V_1 面绕新轴 X_1 旋转到与 H 面重合,则 a 和 a'_1 两点的连线一定垂直于新轴 X_1,即 $aa'_1 \perp X_1$。

由于 V/H 体系和 V_1/H 体系具有公共的 H 面,因此,点 A 到 H 面的距离(即点 A 的 Z 坐标),在这两个体系中是相同的,即 $a'a_X = Aa = a'_1a_{X_1}$。

因此,在投影图(见图 5.2(b))上,可按以下步骤作图。

(1) 在适当位置画出新投影轴 X_1。

(2) 由点 a 向 X_1 轴作垂线,使与 X_1 轴相交于点 a_{X_1}。

(3) 在此垂线上取一点 a'_1,使 $a'_1a_{X_1} = a'a_X$,点 a'_1 即为点 A 的新正面投影。

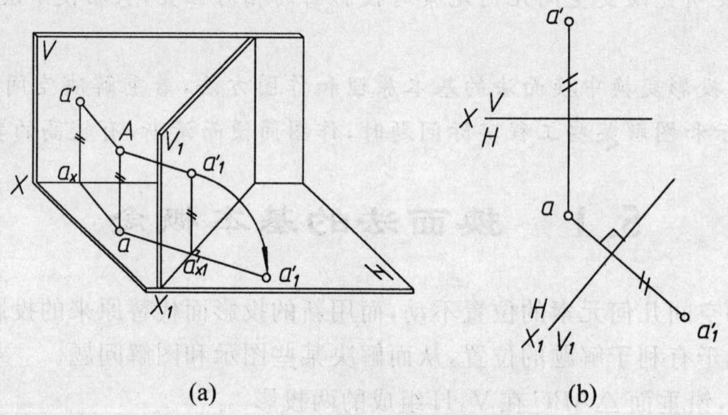

图 5.2　变换点 A 的正面投影

如图 5.3 所示,更换了 H 面,即用 H_1 面代替 H 面,表示了点 A 由 V/H 体系变换成 V/H_1 体系的作图过程,其分析作图方法与图 5.2 所示类似。由于 a 和 a_1 的 Y 坐标相同,即 $a_1a_{X_1} = aa_X$,因此可确定点 A 的新水平投影 a_1。

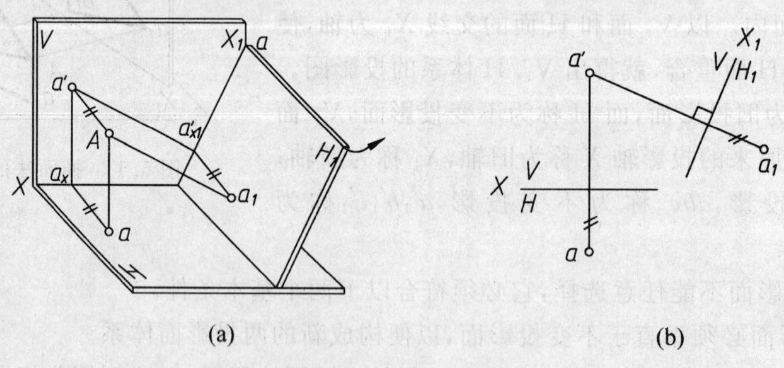

图 5.3　变换点 A 的水平投影

由上可知,当变换投影面时,点在新、旧两投影面体系中的投影具有以下规律:

(1) 新投影与不变投影之间的连线垂直于新投影轴。

(2) 新投影到新轴的距离等于旧投影到旧轴的距离。

以上当变换 V 面或 H 面时,都是用一个新投影面来替换面 V,H 中的一个,而保留另外一个,因此称为一次变换投影面(简称一次换面)。根据几何元素所处的空间位置和解题要求,有时只须变换一次投影面，有时却须变换两次或多次投影面。当变换两次或多次投影面时，点的新投影的求法与变换一次投影面时完全相同。但必须指出，V 面和 H 面要交替更换。

如图 5.4 所示为点在 V/H 体系中经过 V_1/H 体系，而更换为 V_1/H_2 体系中的情况。

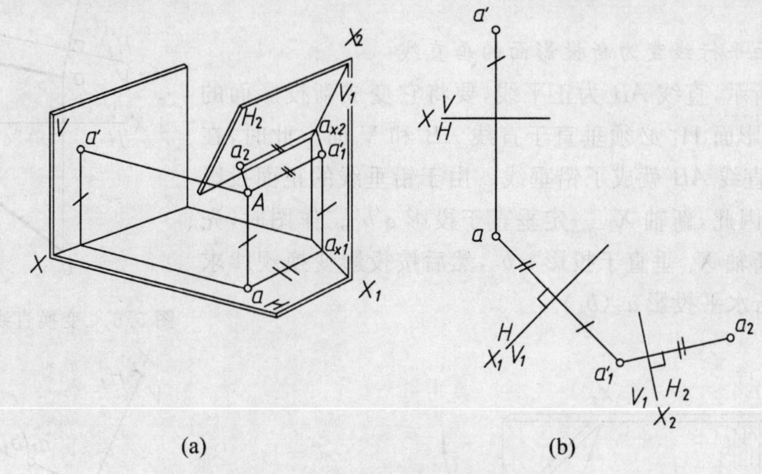

图 5.4　点 A 经二次变换的投影

5.3　直线的变换

直线的投影可由直线上两个点的投影决定，因此，当变换直线的投影时，只须把直线上任意两个点的投影加以变换，即可得到直线的新投影。

1. 将一般位置直线变换为新投影面的平行线

如图 5.5 所示，直线 AB 为一般位置直线，若要将它变成新投影面的平行线，可选新投影面 V_1 代替 V 面，使 V_1 面平行于直线 AB 且垂直于 H 面，则直线 AB 在 V_1/H 体系中成为正平线。由于正平线的水平投影平行于投影轴，所以新轴 X_1 一定平行于直线的水平投影 ab。作图时，可在投影图的适当位置作 X_1 轴平行于投影 ab，然后可按投影变换规律求出直线的新正面投影 $a_1'b_1'$。由于直线 AB 在 V_1/H 体系中平行于 V_1 面，所以投影 a_1'、b_1' 反映直线 AB 的实长，投影 $a_1'b_1'$ 与新轴 X_1 的夹角反映直线 AB 对 H 面的倾角 α。

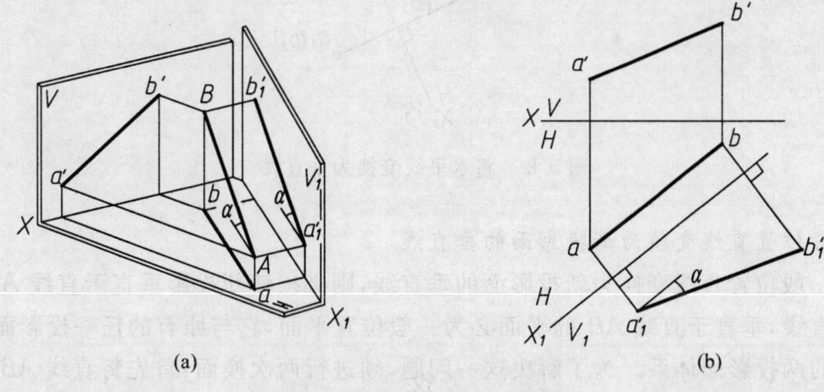

图 5.5　变换直线的正面投影

同理,也可以用新投影面 H_1 代替 H 面,则直线 AB 在 V/H_1 体系中成为水平线,作图过程如图 5.6 所示。投影 a_1b_1 反映直线 AB 的实长,投影 a_1b_1 与新轴 X_1 的夹角反映 AB 对 V 面的倾角 β。

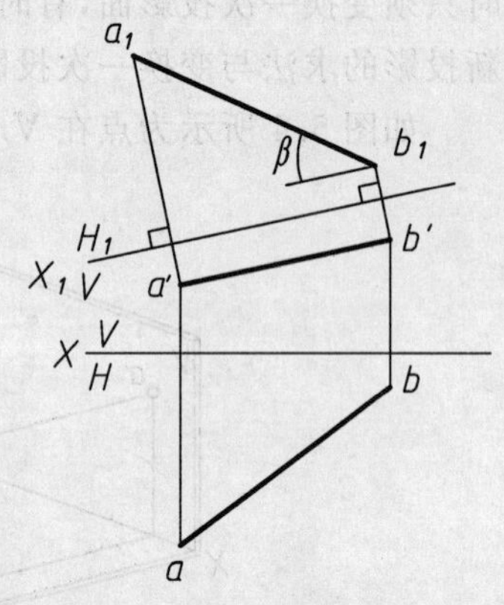

图 5.6　变换直线的水平投影

2. 将投影面平行线变为新投影面的垂直线

如图 5.7 所示,直线 AB 为正平线,要将它变成新投影面的垂直线,则新投影面 H_1 必须垂直于直线 AB 和 V 面。此时,在 V/H_1 体系中,直线 AB 就成了铅垂线。由于铅垂线的正面投影垂直于投影轴,因此,新轴 X_1 一定垂直于投影 $a'b'$。作图时,先在适当位置作新轴 X_1 垂直于投影 $a'b'$,然后按投影变换规律求出直线 AB 的新水平投影 $a_1(b_1)$。

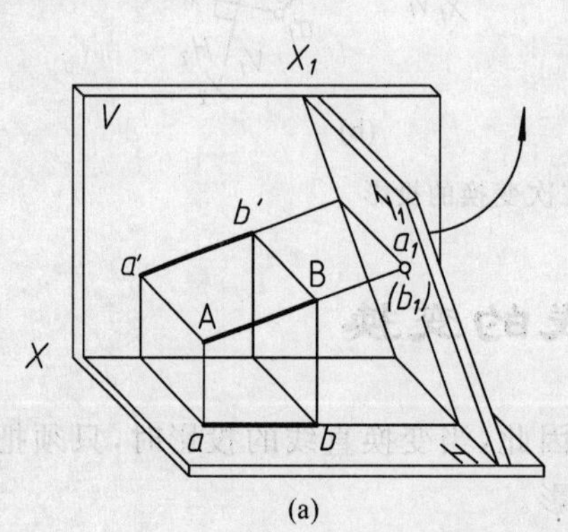

(a)

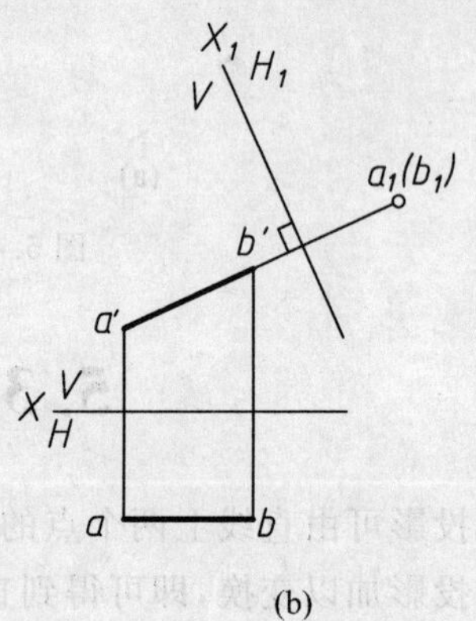

(b)

图 5.7　将正平线变换为垂直线

如图 5.8 所示,将水平线 AB 变换成新投影面的垂直线。

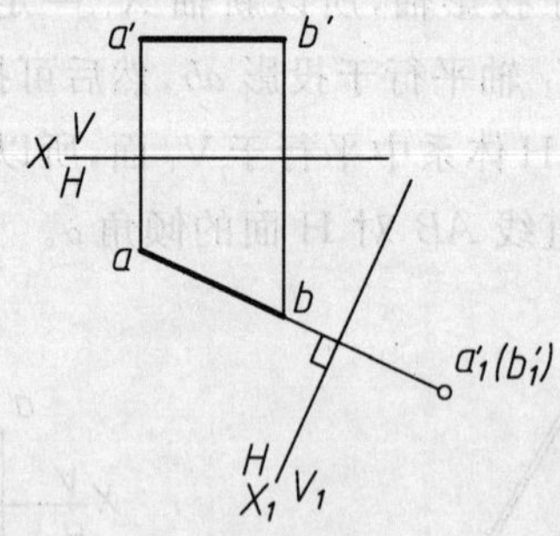

图 5.8　将水平线变换为垂直线

3. 将一般位置直线变换为新投影面的垂直线

若要将一般位置直线变换为新投影面的垂直线,则必须使新投影垂直于直线 AB。而 AB 为一般位置直线,垂直于直线 AB 的平面必为一般位置平面,它与原有的任一投影面都不能构成相互垂直的两投影面体系。为了解决这一问题,须进行两次换面:首先将直线 AB 变换为一个新投影面的平行线,然后再变换为另一新投影面的垂直线,作图过程如图 5.9 所示。

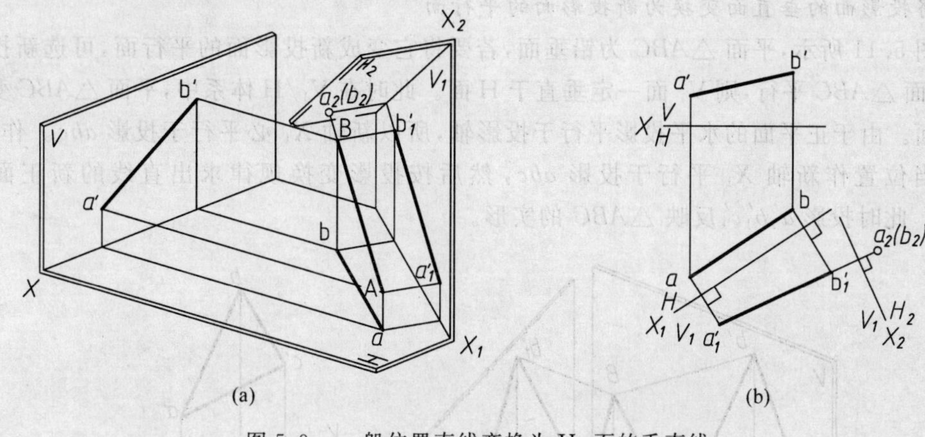

图 5.9　一般位置直线变换为 H_2 面的垂直线

5.4　平面的变换

在平面的投影中已经叙述过，平面可由 5 组几何元素表示，当变换平面的投影时，只须把决定平面的几何元素的投影加以变换，即可得到平面的新投影。

1. 将一般位置平面变换为新投影面的垂直面

如图 5.10 所示，平面 $\triangle ABC$ 为一般位置平面，若要将它变换成新投影面的垂直面，则所选的新投影面既要垂直于平面 $\triangle ABC$，又要与不变投影面垂直。为此，可将该平面内的一条投影面平行线变成新投影体系中的垂直线，则该平面必然随之变为投影面的垂直面。

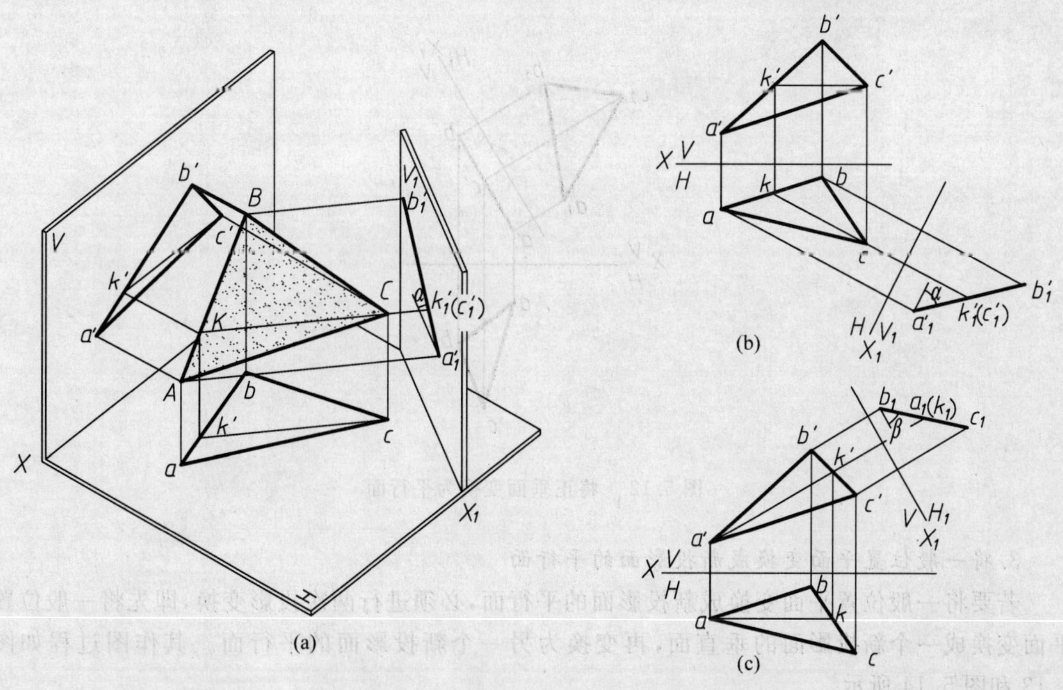

图 5.10　将一般位置平面变换为垂直面

2. 将投影面的垂直面变换为新投影面的平行面

如图 5.11 所示，平面 $\triangle ABC$ 为铅垂面，若要将它变成新投影面的平行面，可选新投影面 V_1 与平面 $\triangle ABC$ 平行，则 V_1 面一定垂直于 H 面。此时在 V_1/H 体系中，平面 $\triangle ABC$ 变成新的正平面。由于正平面的水平投影平行于投影轴，所以新轴 X_1 必平行于投影 abc。作图时，先在适当位置作新轴 X_1 平行于投影 abc，然后按投影变换规律求出直线的新正面投影 $a'_1b'_1c'_1$。此时投影 $a'_1b'_1c'_1$ 反映 $\triangle ABC$ 的实形。

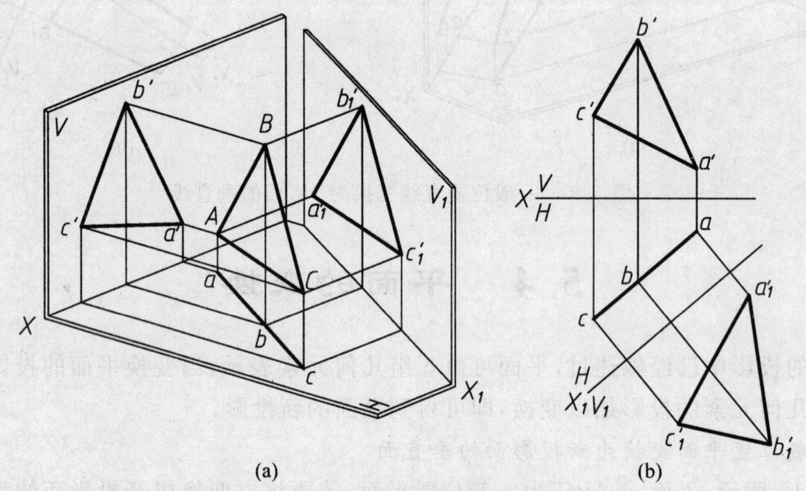

图 5.11 将垂直面变换为平行面

图 5.12 所示为将正垂面变换为平行面的作图过程。

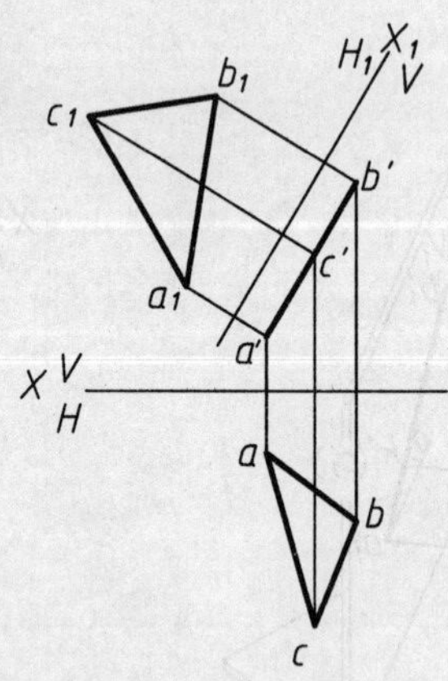

图 5.12 将正垂面变换为平行面

3. 将一般位置平面变换成新投影面的平行面

若要将一般位置平面变换成新投影面的平行面，必须进行两次投影变换，即先将一般位置平面变换成一个新投影面的垂直面，再变换为另一个新投影面的平行面。其作图过程如图 5.13 和图 5.14 所示。

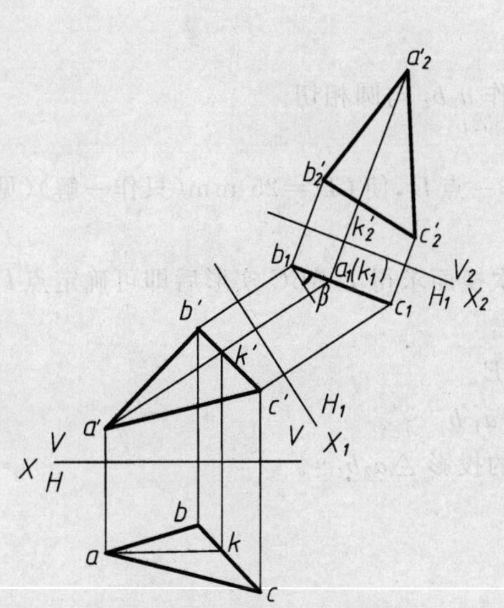

图 5.13　将一般位置平面变换成 V_2 面的平行面

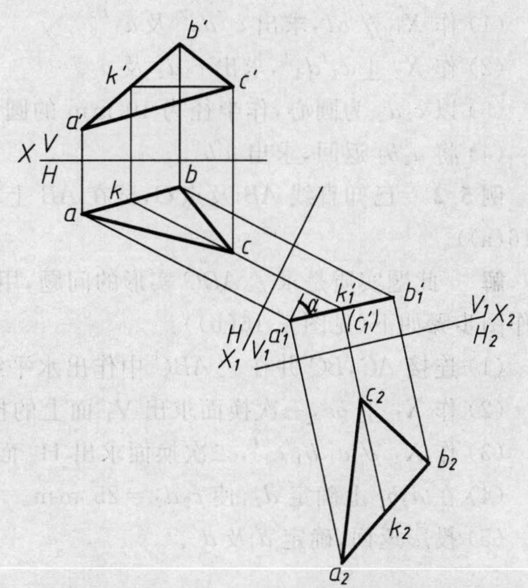

图 5.14　将一般位置平面变换成 H_2 面的平行面

例 5.1　已知交叉两直线距离为 10 mm，求 AB 的正面投影 $a'b'$（只作一解）（见图 5.15(a)）。

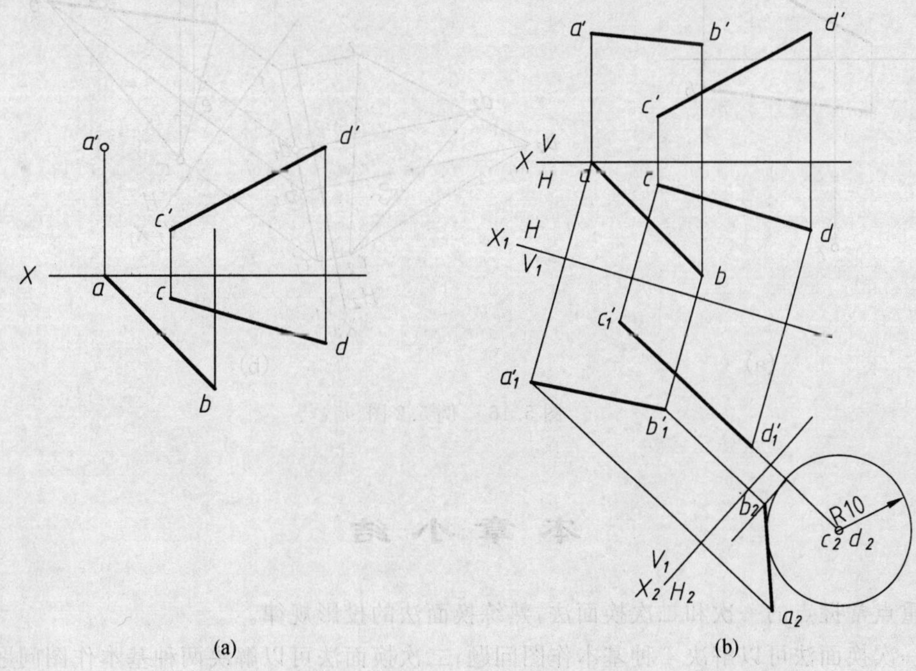

图 5.15　例 5.1 图

解　二次换面，将直线 CD 变换为投影面垂直线后解出，再投影返回求出 $a'b'$。其作图步骤如下（见图 5.15(b)）：

(1) 作 $X_1 /\!/ cd$,求出 $c_1'd_1'$ 及 a_1'。

(2) 作 $X_2 \perp c_1'd_1'$,求出 c_2d_2 及 a_2。

(3) 以 c_2d_2 为圆心,作半径为 10 mm 的圆,并作 a_2b_2 与圆相切。

(4) 将 a_2b_2 返回,求出 $a'b'$。

例 5.2 已知直线 AB 及点 C,试在 AB 上求作一点 D,使 $CD=25$ mm(只作一解)(见图 5.16(a))。

解 此题实质是求 $\triangle ABC$ 实形的问题,用两次换面求得 $\triangle ABC$ 实形后即可确定点 D。其作图步骤如下(见图 5.16(b)):

(1) 连接 AC,BC 并在 $\triangle ABC$ 中作出水平线 BE。

(2) 作 $X_1 \perp be$,一次换面求出 V_1 面上的投影 $a_1'b_1'c_1'$。

(3) 作 $X_2 /\!/ a_1'b_1'c_1'$,二次换面求出 H_2 面上的投影 $\triangle a_2b_2c_2$。

(4) 在 a_2b_2 上确定 d_2,使 $c_2d_2=25$ mm。

(5) 投影返回,确定 d 及 d'。

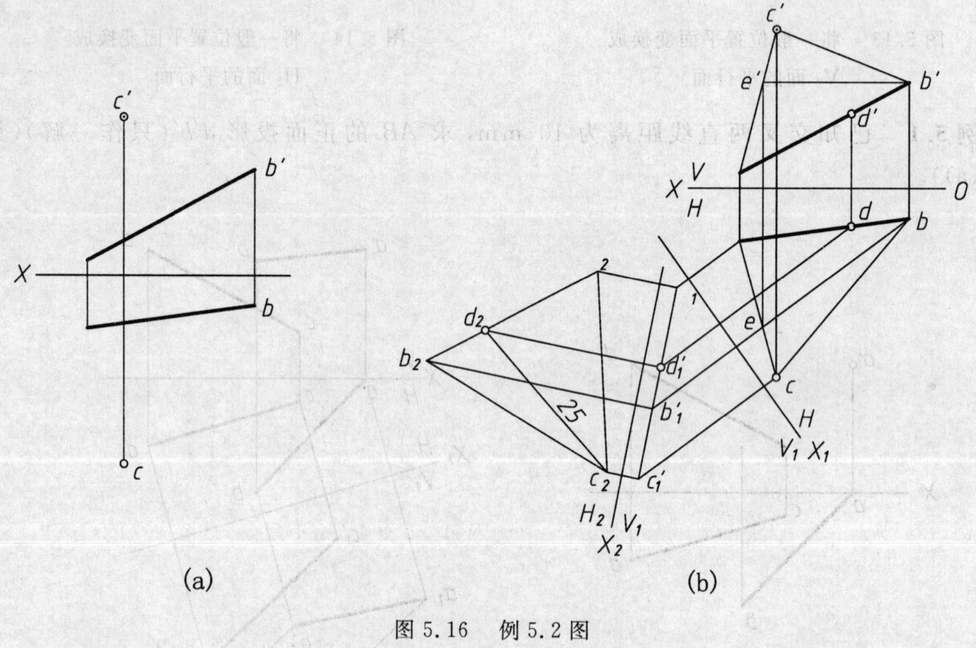

图 5.16 例 5.2 图

本 章 小 结

1. 重点常握点的一次和二次换面法,熟练换面法的投影规律。

2. 一次换面法可以解决 4 种基本作图问题;二次换面法可以解决两种基本作图问题。

3. 解题时应注意以下几点:

(1) 根据解题的要求,应恰当的选取新投影面(解题时表现为新轴的位置和方向),新轴与不变换投影之间的距离可根据作图的清晰性适当选取。

(2) 二次或多次换面时,V 面和 H 面应交替进行变换。

(3) 应掌握“返回”的作图方法，即能由变换后的新投影返回到原投影体系(V/H)中去。

思 考 题

1. 如何选用新投影面？
2. 试叙述如何用换面法求一般位置直线的实长和倾角。
3. 试叙述如何用换面法求一般位置平面的实形和倾角。
4. 用换面法能解决哪些作图问题？

第6章　曲线、曲面

【本章提要】

曲线、曲面与直线、平面一样，也是构成建筑工程形体的基本几何元素。本章主要介绍工程领域中常用的几种曲线、曲面的形成方式、投影特性及图示方法。

6.1　曲　　线

6.1.1　曲线的形成和分类

曲线可以是一动点在运动过程中连续改变运动方向所形成的轨迹，也可以是曲面与平面或与曲面相交产生的交线，如图6.1所示。

曲线分为平面曲线和空间曲线。

平面曲线指动点的轨迹在同一平面上的曲线。建筑形体上常见的平面曲线有圆、椭圆、抛物线、双曲线等。

空间曲线指任意连接4点不位于同一平面上的曲线，如螺旋线或是两曲面在一般情况下相交所形成的交线等。

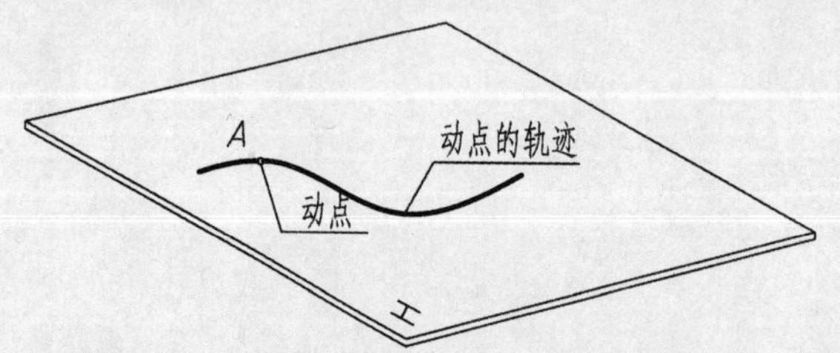

图6.1　曲线的形成

6.1.2　曲线的投影及投影特性

1.平面曲线的投影

平面曲线的投影具有平面投影的特性。当平面曲线所在的平面平行于某一投影面时，曲线在该投影面上的投影反映实形（见图6.2(a)）；当平面曲线所在的平面垂直于某一投影面时，曲线在该投影面上的投影积聚成直线（见图6.2(b)）；当平面曲线所在的平面为一般位置平面时，其曲线为原曲线的类似形（见图6.2(c)）。

圆是平面曲线中最重要的曲线之一，这里以圆为例说明平面曲线在不同情况下的投影。

(1) 当圆所在的平面平行于某一投影面时，圆在该投影面上的投影反映实形，其他两投影积聚成直线。

(2) 当圆所在的平面垂直于某一投影面时，圆在所垂直的投影面上的投影积聚成直线，而另外两投影为椭圆，如图 6.3 所示。

(3) 当圆处于一般位置时，其各投影均为椭圆。此时，可利用换面法将一般位置面变换成垂直面作图。

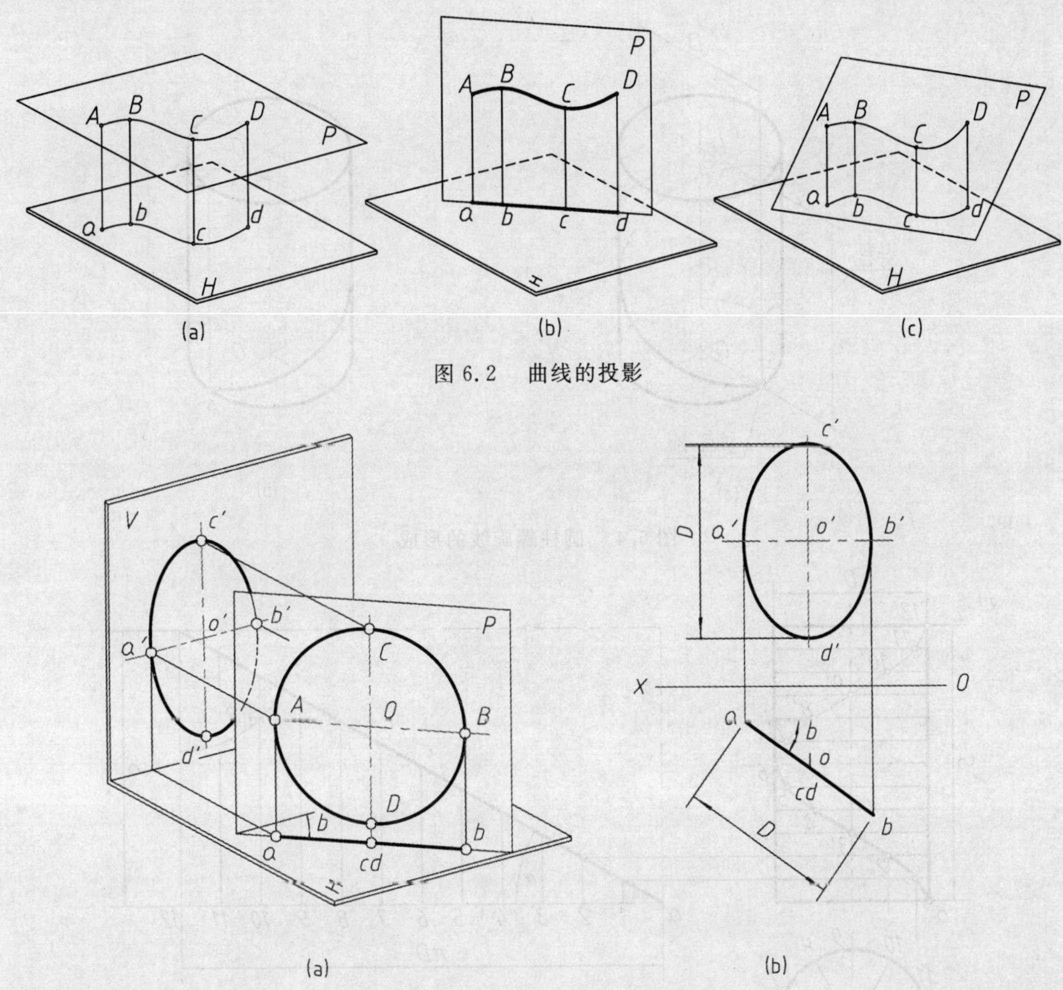

图 6.2　曲线的投影

图 6.3　圆在垂直面上的投影

2. 空间曲线的投影

在任何情况下，空间曲线的投影均为曲线，都不可能积聚成直线或反映实形，也不可能是原曲线的类似形。表示空间曲线至少要两个投影才能确定其形状。

例如，圆柱螺旋线是工程上用途最为广泛的规则空间曲线。它可以看做是圆柱表面上一动点绕圆柱轴线作等速回转运动，同时又沿圆柱轴线方向作等速直线运动而产生的轨迹。如图 6.4 所示，圆柱的直径、旋向（动点向左或向右移动）和导程（动点旋转一周沿轴向所产生的位移），是形成圆柱螺旋线的 3 个基本要素，改变其中要素，即可得到不同的螺旋线。

圆柱螺旋线的投影如图 6.5 所示，圆柱的轴线垂直于 H 面，直径为 D，导程为 S，点 A 是起

点。右旋的圆柱螺旋线,其作图步骤如下:

(1) 作出直径为 D,高为 S,轴线铅垂的圆柱面的两面投影。

(2) 将所画圆周和导程均分为 N 等分(图中为 12 等分)。

(3) 在圆周上各等分点作垂线,过导程 S 上各等分点作水平线,两组线对的相交点 a', $1'$,…,$12'$,即为螺旋线上各点的正面投影。

(4) 依次光滑连接各点,即得螺旋线的正面投影。

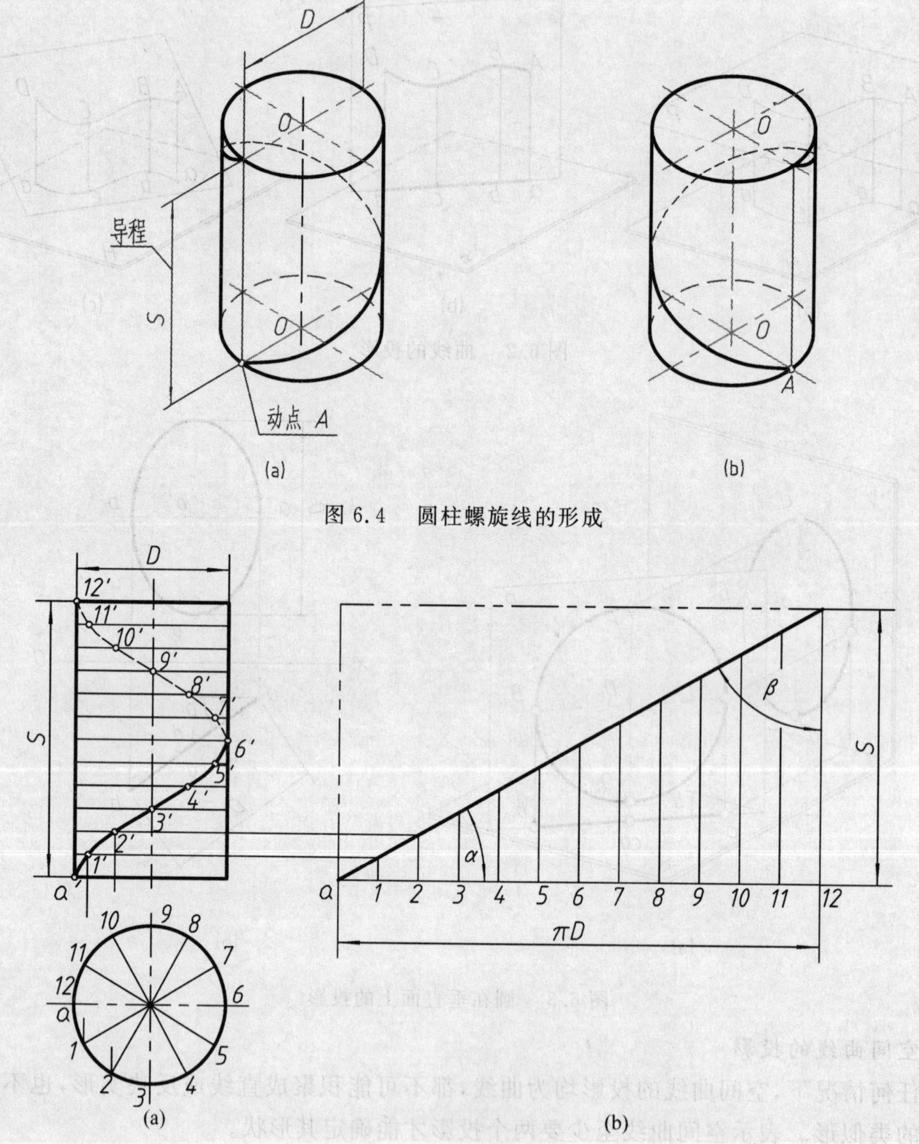

图 6.4　圆柱螺旋线的形成

图 6.5　圆柱螺旋线的投影

圆柱螺旋线的正面投影是正旋曲线,水平投影是圆,其展开图为一直线(因动点的角速度与线速度是均匀的,所以其轴向位移与圆周位移成正比)。该直线为直角三角形的斜边,底边即圆柱的周长为 πD,导程为 S,夹角 α 称为螺旋线的升角,其余角 β 称为螺旋角,且同一条螺旋

线的 α,β 角是常数。

6.2 曲　面

6.2.1 曲面的形成和分类

曲面可以看做是一动线在空间运动的轨迹。形成曲面的动线称为母线。母线处于曲面上任一位置时称为素线。约束母线运动而本身不动的点、线、面,分别称为导点、导线和导面,如图 6.6 所示。

曲面可以依据母线是直线还是曲线,分为直线面和曲线面。

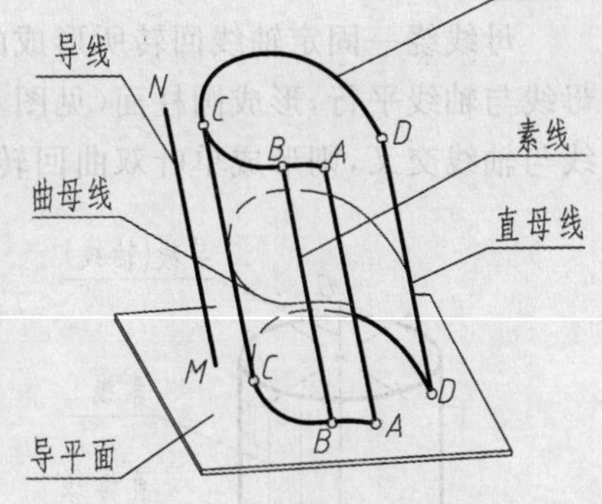

图 6.6 曲面的形成

1. 直线面

由直母线运动而形成的曲面称为直线面。有些曲面既可由直母线形成也可由曲母线形成,仍称为直线面,如图 6.7 所示的柱面等。

在直线面中,连续两相邻素线彼此平行或相交(在同一平面上)的曲面称为单曲面。单曲面可以无变形地展开,例如,柱面、锥面如图 6.7(a)(b) 所示。曲面上连续两素线彼此交叉的曲面称为扭曲面,扭曲面是不可展曲面,如柱状面、锥状面等,如图 6.7(c)(d)(e)(f) 所示。

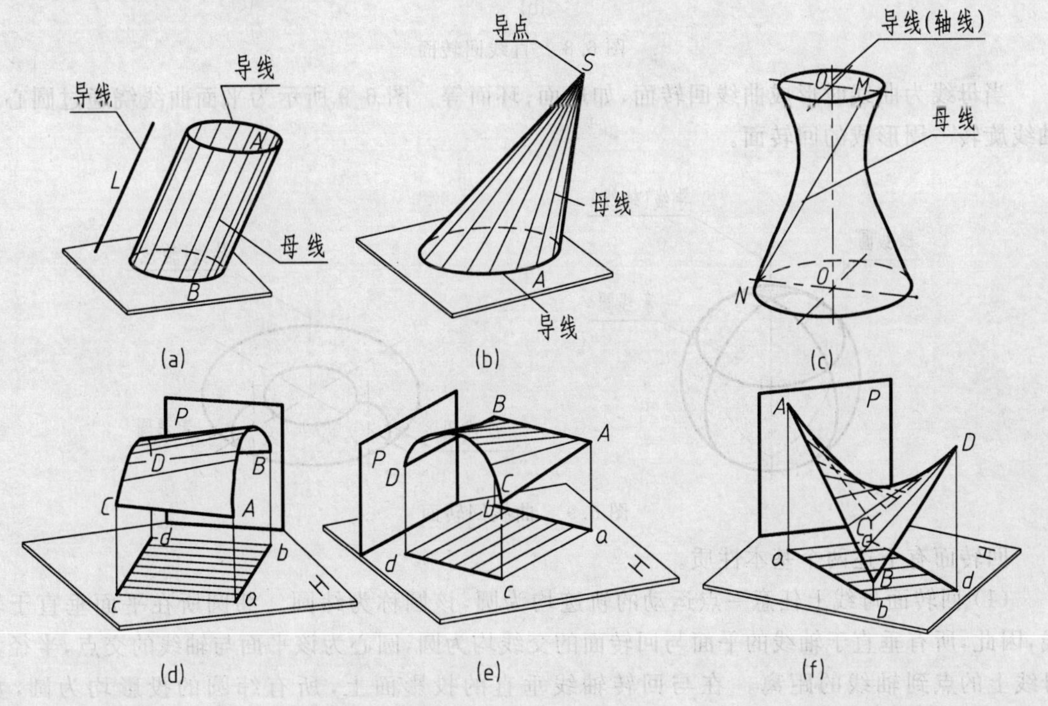

图 6.7 常见的直线面

(a) 柱面;(b) 锥面;(c) 单叶双曲回转面;(d) 柱状面;(e) 锥状面;(f) 双曲抛物面

2. 曲线面

只能由曲母线运动而形成的曲面称为曲线面。母线在运动过程中不改变其形状和大小的称为定线曲面,如球面、环面;母线在运动过程中不断按一定规律改变其形状和大小的称为变线曲面。所有的曲线面都是不可展曲面。

6.2.2 曲面的形成

现在介绍工程中常见曲面的形成方法。

1. 回转面

母线绕一固定轴线回转所形成的曲面称为回转面。当母线为直线时形成直线回转面,如母线与轴线平行,形成圆柱面(见图 6.8(a)),母线与轴线相交,形成圆锥面(见图 6.8(b)),母线与轴线交叉,则形成单叶双曲回转面(见图 6.8(c))。

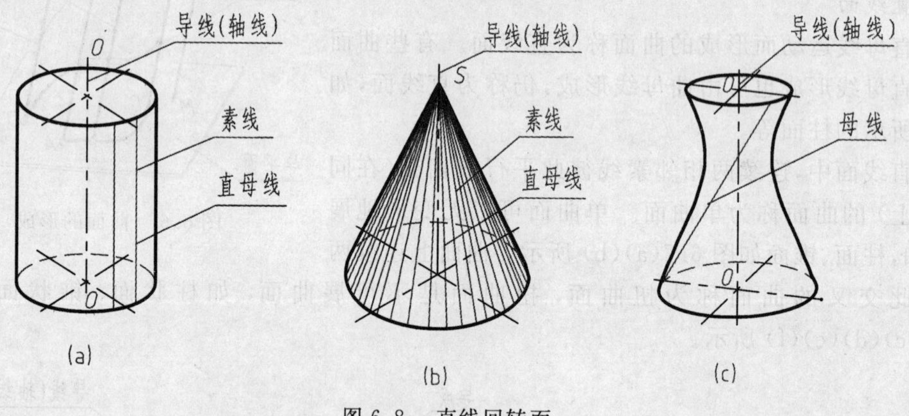

图 6.8 直线回转面

当母线为曲线时形成曲线回转面,如球面、环面等。图 6.9 所示为平面曲线绕通过圆心的轴线旋转一周形成的回转面。

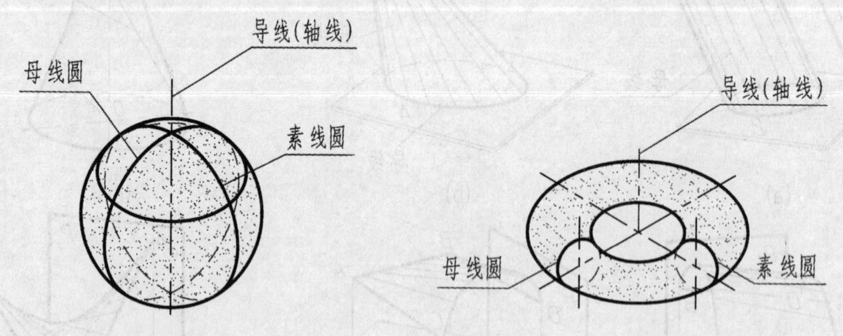

图 6.9 曲线回转面

回转面有下述两个基本性质。

(1) 回转面母线上任意一点运动的轨迹均为圆,该圆称为纬圆。纬圆所在平面垂直于轴线,因此,所有垂直于轴线的平面与回转面的交线均为圆,圆心为该平面与轴线的交点,半径为母线上的点到轴线的距离。在与回转轴线垂直的投影面上,所有纬圆的投影均为圆,如图 6.8、图 6.9 所示。

(2) 当回转面与包含轴线的平面相交时得两条素线。当该平面平行于某投影面时,这两条素线为回转面对该投影面的可见分界面，即回转面对该投影面的轮廓线，它在该投影面上的投影反映回转面母线的实形以及母线与轴线的相对位置。

2. 螺旋面

螺旋面在工程领域有广泛应用，如螺旋梯、螺旋输送器等。

螺旋面的形成。螺旋面是以圆柱螺旋线及其轴线为导线，当母线沿这两条导线作螺旋运动时，它的运动轨迹即为螺旋面，如图 6.10(a) 所示。

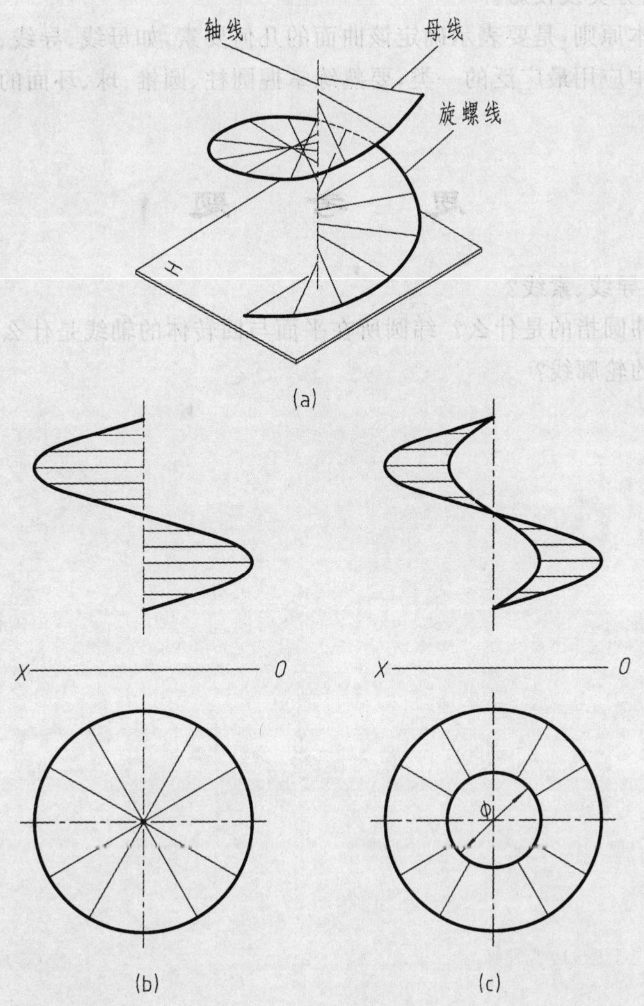

图 6.10　螺旋面及画法

若母线为直线，则形成直线螺旋面；若母线为曲线，则形成曲线螺旋面。在直线螺旋面中，若直母线与轴线相交成 90° 角，则所得的曲面称为正螺旋面，若直母线始终与轴线斜交且夹角不变，则形成斜螺旋面。

当画正螺旋面的投影图时，要先画出圆柱螺旋线及其轴线的两面投影，并将圆柱螺旋线分成若干等份(图中为 12 等分)。当轴线垂直于 H 面时，可从螺旋线的 H 面投影上各分点起，引直线与轴线的 H 面投影连接，即得螺旋面上相应素线的 H 面投影。素线的 V 面投影是过螺旋线V面投影上各分点引到轴线V面投影的水平线,螺旋面的投影如图6.10(b)所示。若螺旋面被一个直径为ϕ的同轴圆柱面所截,其投影如图6.10(c)所示。

本章小结

1.曲线的形成、分类及投影。

2.曲面的形成、分类及投影。

表示曲面的基本原则,是要表示确定该曲面的几何要素,如母线、导线、素线等。

回转面是曲面中应用最广泛的一类,要熟练掌握圆柱、圆锥、球、环面的生成方法和回转面的基本投影特性。

思考题

1.什么是母线、导线、素线?

2.回转面上的纬圆指的是什么?纬圆所在平面与回转体的轴线是什么关系?

3.什么是曲面的轮廓线?

第7章 立　　体

【本章提要】

立体是机械零件的重要组成部分。研究立体的表示法主要是为了从几何元素的投影向实际物体投影的过渡。

立体是由若干表面围成的几何体。根据立体表面的几何性质，立体可分为平面立体和曲面立体。本章主要讲述表示立体的方法和在立体表面上取点、线的方法及其基本作图。

7.1 平面立体的投影

由若干平面围成的几何体称为平面立体。常见的平面立体有棱柱体和棱锥体等。围成立体的相邻两棱面的交线称为棱线，棱线的交点称为顶点。因此，表示平面立体可归结为绘制其表面的棱线、顶点的投影。

画图时首先分析平面立体上各平面、棱线对投影面的相对位置，明确其投影特点以简化作图。

平面立体是由点(顶点)、线(棱线)、面(棱面和底面)组成的，因此，平面立体的投影可归结为点、直线和平面的投影的结合。

在投影体系中，若改变立体与投影面之间的距离，则立体的各投影与投影轴的距离也会发生变化，但各投影的大小、形状保持不变。因此，可省去投影轴，采用相对坐标值来度量立体上各点的位置，并保持各投影之间的投影对应关系。如图7.1所示。

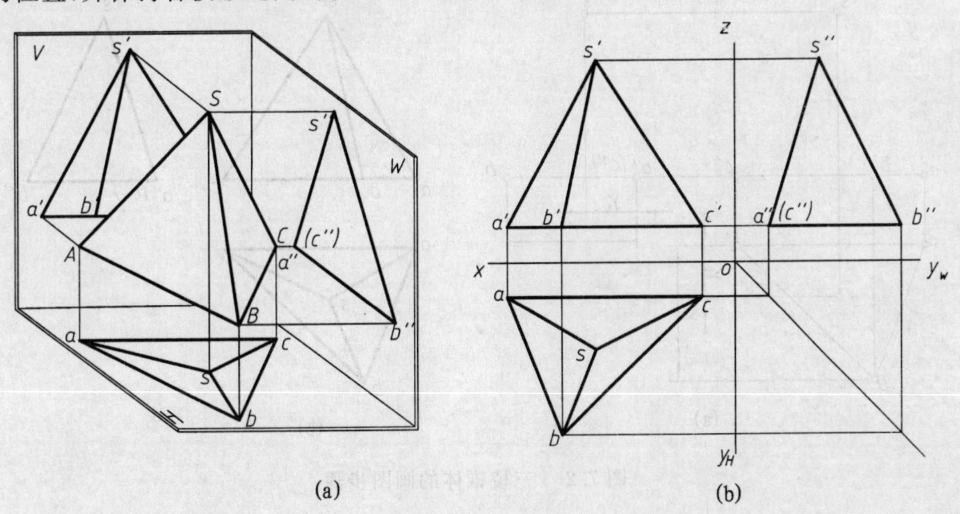

图7.1　三棱锥体的投影

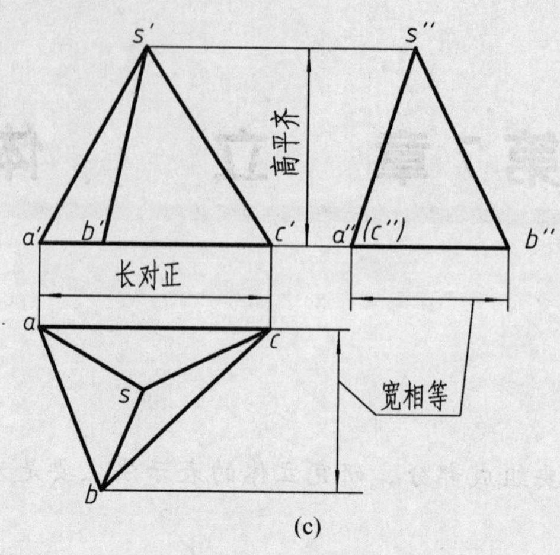

(c)

续图 7.1　三棱锥体的投影

7.1.1　棱锥体

1. 棱锥体的投影

棱锥体由底面和棱面围成，且各棱面均为三角形，各棱线相交于棱锥的顶点，如图 7.1(a)所示，常见的有三棱锥体、四棱锥体等。

如图 7.1(c) 所示为三棱锥体的三面投影。三棱锥体底面平行于 H 面，前两个棱面为一般位置平面，后面的棱面为侧垂面。

当画棱锥体的投影图时，一般先画底面和顶点的投影，然后画各棱线的投影，并判别可见性。

其作图步骤如下：

(1) 画底面和顶点(见图 7.2(a))。

(2) 画棱线并加深(见图 7.2(b))。

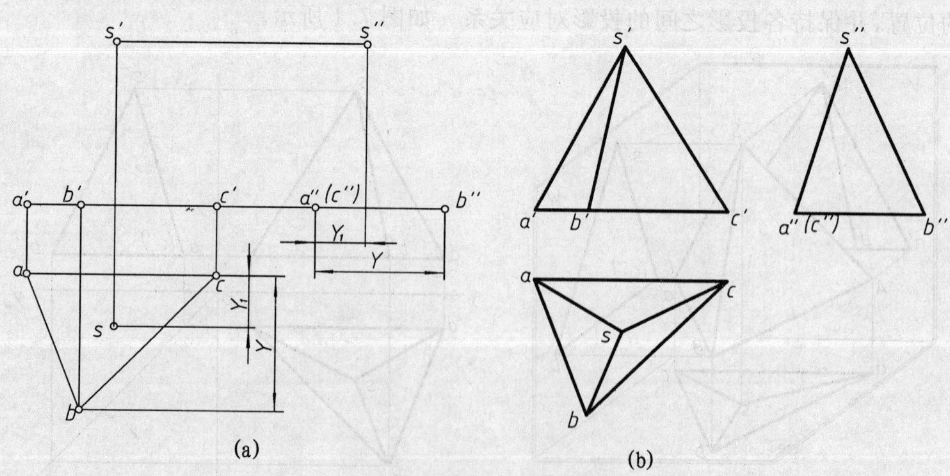

图 7.2　三棱锥体的画图步骤

2. 在棱锥体表面上取点

在棱锥体表面上取点、线时，可利用平面上的辅助线进行作图。

例如，已知三棱锥体表面上点 K 和 L 的一个投影 k'，l'，求作其余两个投影。

先分析点 K。点 K 位于 SAB 平面上，可过点 K 作辅助线平行于直线 AB，即过投影 k' 作直线平行于投影 $a'b'$，且与 $s'a'$ 相交于 $1'$，作出水平投影 1，过投影 1 作直线平行于投影 ab，水平投影 k 在该直线上，并作出 k''。对于点 L，因为 V 面投影不可见，所以，点 L 位于平面 SAC 上，可过点 L 作直线 $S2$，其正面投影 $s'2'$ 通过 l' 并与投影 $a'c'$ 相交于 $2'$。作出水平投影 2，连接 $s2$，点 L 的水平投影在 $s2$ 上。因为平面 SAC 为侧垂面，其侧面投影有积聚性，所以 l'' 也可直接作出。如图 7.3 所示。

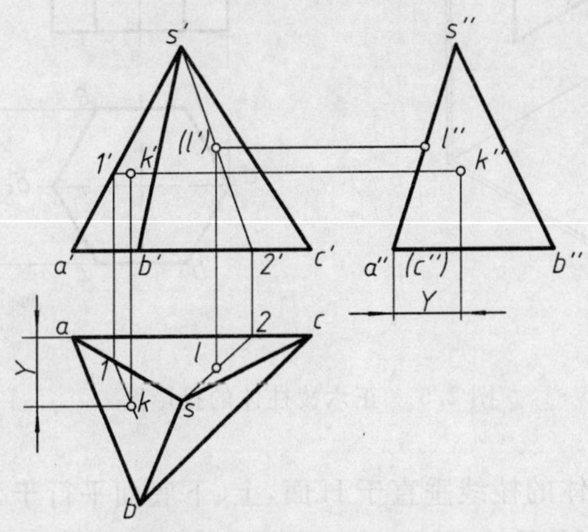

图 7.3　三棱锥体表面取点

若在三棱锥体表面上取线 M，N，如图 7.4(a) 所示，M，N 正面投影可见，并于棱边 SB 相交于 H 点，实际上 M，N 是分布在左、右棱面上的折线。H 点是两段折线的共有点，也是侧面投影上线段的可见性分界点。故可将求线段的投影转化为求线段上端点和共有点的投影。所以在立体表面作线的投影的方法和在立体表面取点的方法相同，但要注意只有在同一表面的相邻两点的同面投影才能连线。

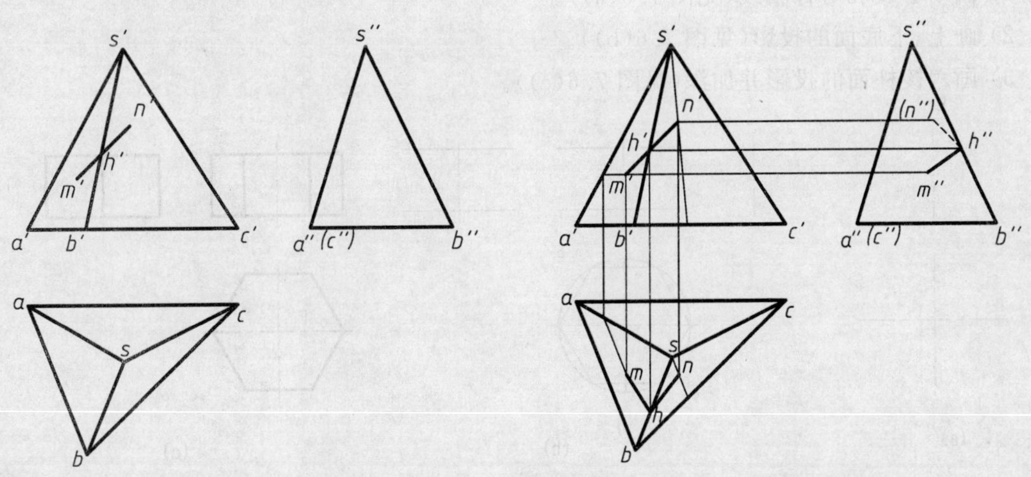

图 7.4　三棱锥表面取线

7.1.2 棱柱体

1. 棱柱体的投影

棱柱体由上、下底面和棱面围成，且各棱线相互平行。图 7.5 所示为正六棱柱体及其投影。

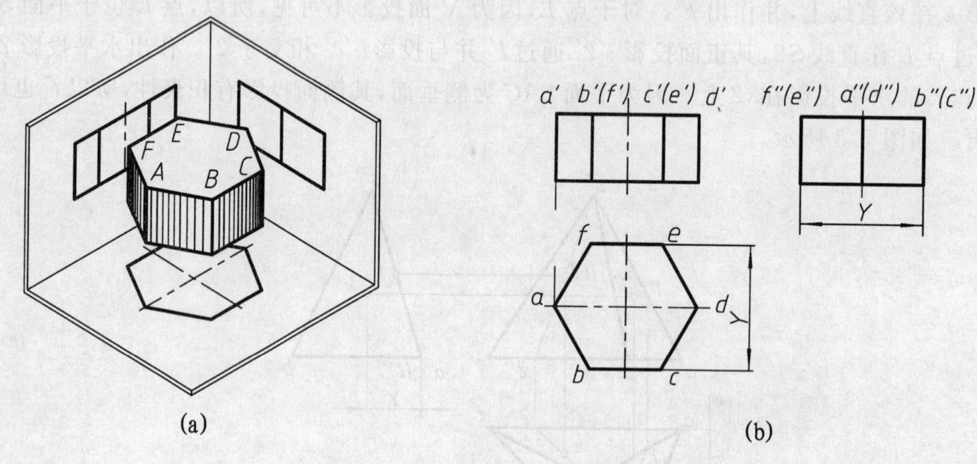

图 7.5 正六棱柱体的投影图

(1) 形体分析。六棱柱体的棱线垂直于 H 面，上、下底面平行于 H 面，前、后两棱面平行于 V 面，其余 4 个棱面垂直于 H 面，如图 7.5(a) 所示。

(2) 可见性分析。正六棱柱体的三面投影如图 7.5(b) 所示。在 V 面投影上，正六棱柱体前面的 3 个棱面可见，后 3 个棱面为不可见；在 H 面投影上，上底面可见，下底面不可见，其余 6 个棱面积聚；在 W 面投影上，左侧两个棱面可见，前、后两棱面积聚，右侧两棱面为不可见。

(3) 作图步骤。当画棱柱体的投影图时，一般先画底面的投影，再画棱面的投影，并判别可见性，作图步骤如下：

1) 画中心线和对称轴线(见图 7.6(a))。

2) 画上、下底面的投影(见图 7.6(b))。

3) 画六棱柱面的投影并加深(见图 7.6(c))。

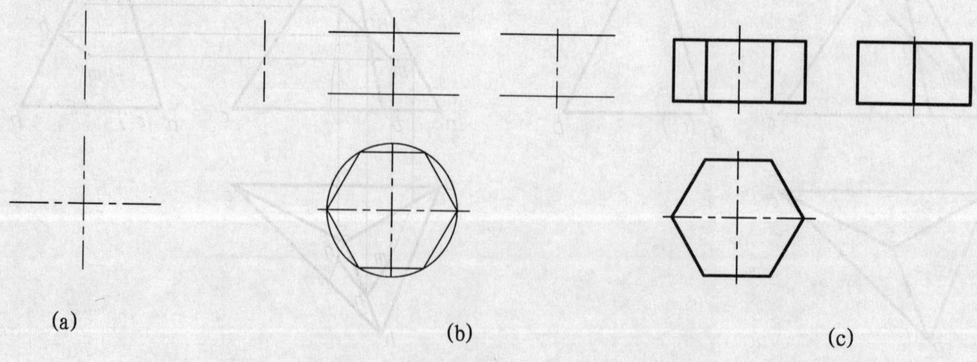

图 7.6 正六棱柱体的作图步骤

2. 在棱柱体表面上取点

由于棱柱体的各表面都处于特殊位置，因此在棱柱体表面上取点、线时，可利用表面投影的积聚性进行作图。如图 7.7 所示，正四棱柱表面上有一点 K 的正面投影 k' 为可见；另一点 L 的正面投影 l' 为不可见，求出另两个投影。

利用棱面的水平投影有积聚性，先求出投影 k 和 l，再根据高平齐、宽相等，求出投影 k''，l''。因点 K 在左棱面上，故 k'' 可见；而点 L 在右棱面上，故投影 l'' 不可见。

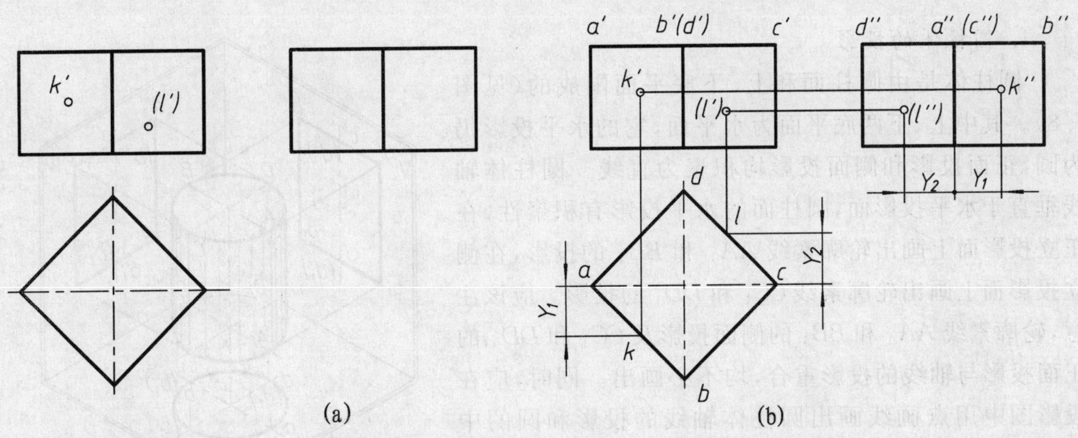

图 7.7　在四棱柱体的表面上取点

常见平面立体的投影图见表 7.1。

表 7.1　常见平面立体的投影图

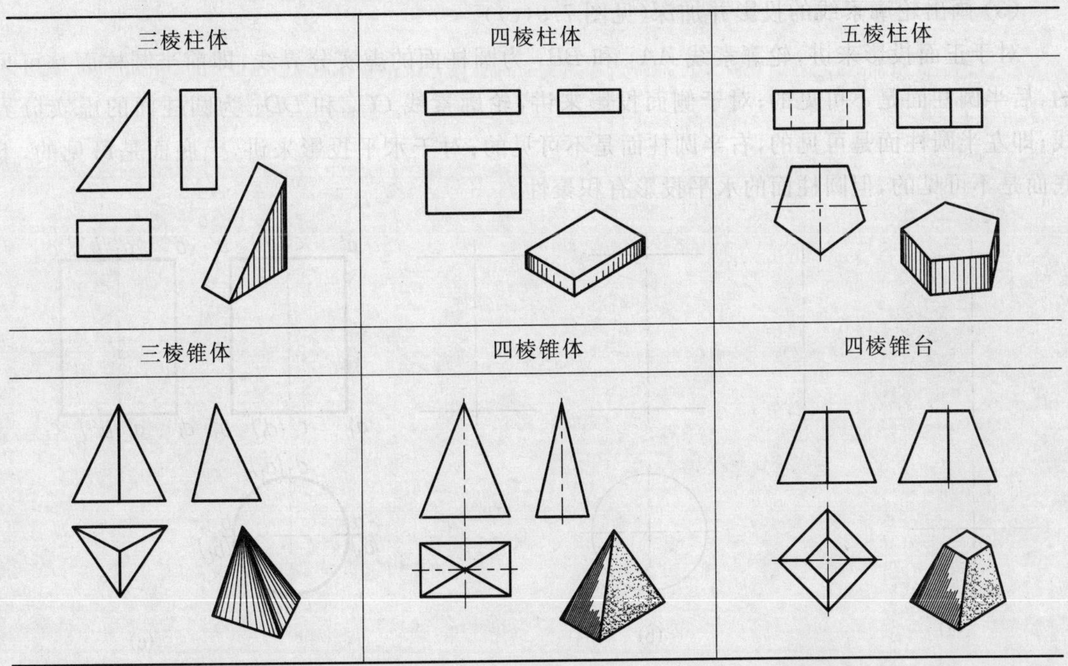

7.2 回转体的投影

凡是一条母线(直线或曲线)绕一根固定的轴线旋转而形成的曲面称为回转面。回转体是由回转面与平面所围成的曲面立体,常见的有圆柱体、圆锥体、圆球体和圆弧回转体等。

7.2.1 圆柱体

1. 圆柱体的投影

圆柱体是由圆柱面和上、下底平面围成的(见图7.8)。其中上、下两底平面为水平面,它的水平投影仍为圆,正面投影和侧面投影均积聚为直线。圆柱体轴线垂直于水平投影面,圆柱面的水平投影有积聚性,在正立投影面上画出轮廓素线 AA_1 和 BB_1 的投影,在侧立投影面上画出轮廓素线 CC_1 和 DD_1 的投影。应该注意,轮廓素线 AA_1 和 BB_1 的侧面投影及 CC_1 和 DD_1 的正面投影与轴线的投影重合,均不必画出。同时,应在投影图中用点画线画出圆柱体轴线的投影和圆的中心线。

图 7.8 圆柱体的投影图

画圆柱体投影图的步骤如下:

(1) 画出轴线和中心线(见图 7.9(a))。

(2) 画出上、下底面的投影(见图 7.9(b))。

(3) 画出轮廓素线的投影并加深(见图 7.9(c))。

对于正面投影来讲,轮廓素线 AA_1 和 BB_1 为圆柱面的虚实分界线,即前半圆柱面是可见的,后半圆柱面是不可见的;对于侧面投影来讲,轮廓素线 CC_1 和 DD_1 为圆柱面的虚实分界线,即左半圆柱面是可见的,右半圆柱面是不可见的;对于水平投影来讲,上底面是可见的,下底面是不可见的,但圆柱面的水平投影有积聚性。

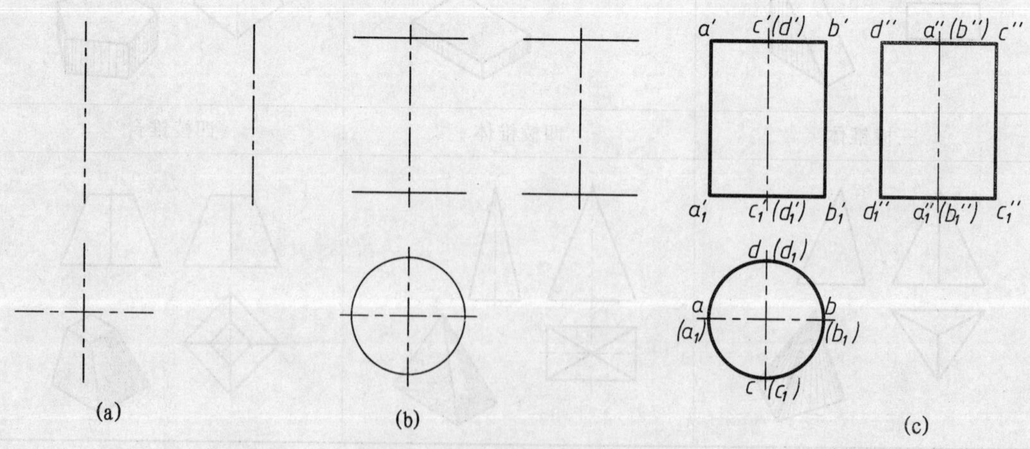

图 7.9 画圆柱体投影图的步骤

2. 在圆柱体表面上取点、线

在圆柱体表面上取点，可以利用圆柱面有积聚性的投影进行作图。如图 7.10 所示，已知圆柱表面上点 E 和点 K 的正面投影，求作另外两个投影。

由于 e' 可见，点 E 必在前半圆柱面上，其水平投影在水平中心线的下方。又因点 E 在右半圆柱面上，故其侧面投影在轴线的右方，而且，e'' 为不可见，如图 7.10 所示。由于 k' 为不可见，点 K 必在后半圆柱面上，其水平投影在水平中心线的上方。又因点 K 在左后半圆柱面上，故其侧面投影在轴线的左方，k'' 可见。

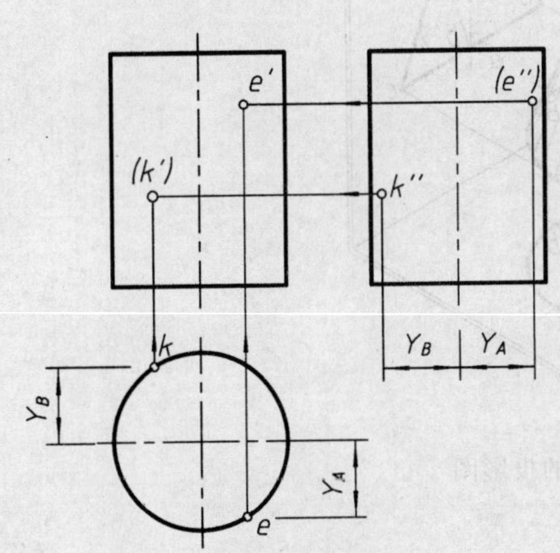

图 7.10　圆柱体表面上的点

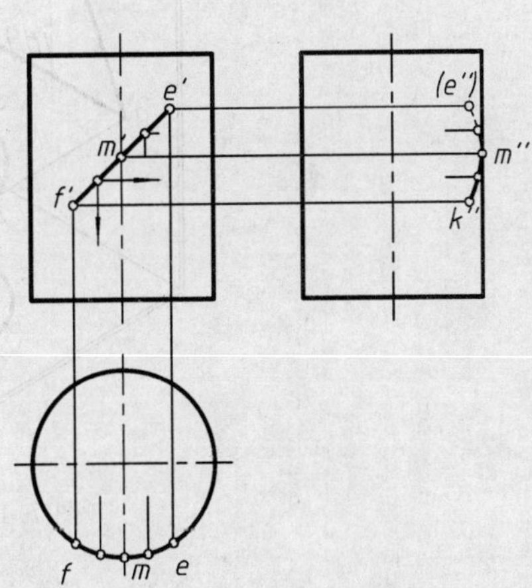

图 7.11　圆柱体表面上取线

回转体表面上的线段一般为曲线，如图 7.11 所示。已知圆柱表面上线段 EF 的正面投影 $e'f'$，求作另外两个投影。

作图时，可按圆柱表面上取点的方法作出线段上一系列点的三面投影，并判别可见性。然后依次光滑连接其同面投影。注意 M 点，m'' 在圆柱侧面投影的外形轮廓素线上，并为曲线侧面投影的可见性分界点。

7.2.2　圆锥体

1. 圆锥体的投影

圆锥体是由圆锥面和底平面围成的(见图 7.12)。其中，圆锥体底平面平行于 H 面，故其水平投影为圆，其正面投影和侧面投影均为有积聚性的直线($a'b'$ 和 $c''d''$)。圆锥面的正面投影应画出轮廓素线 SA 和 SB 的投影，这两条素线的水平投影和侧面投影不必画出；侧面投影应画出轮廓素线 SC 和 SD 的投影，这两条素线的另外两个投影不必画出；圆锥面的水平投影用圆表示，其与底平面的水平投影重合。对于圆锥面而言，3 个投影面均无积聚性。

画圆锥体投影图的步骤如下：

(1) 画出轴线和中心线(见图 7.13(a))。

(2) 画出底圆的投影(见图 7.13(b))。

(3) 画出轮廓素线并加深(见图 7.13(c))。

对于正面投影来讲，轮廓素线 SA 和 SB 为圆锥面的虚实分界线，即前半圆锥面是可见的，后半圆锥面是不可见的；对于侧面投影来讲，轮廓素线 SC 和 SD 为圆锥面的虚实分界线，即左半圆锥面是可见的,右半圆锥面是不可见的;对于水平投影来讲,圆锥面均为可见,而圆锥底面为不可见的。

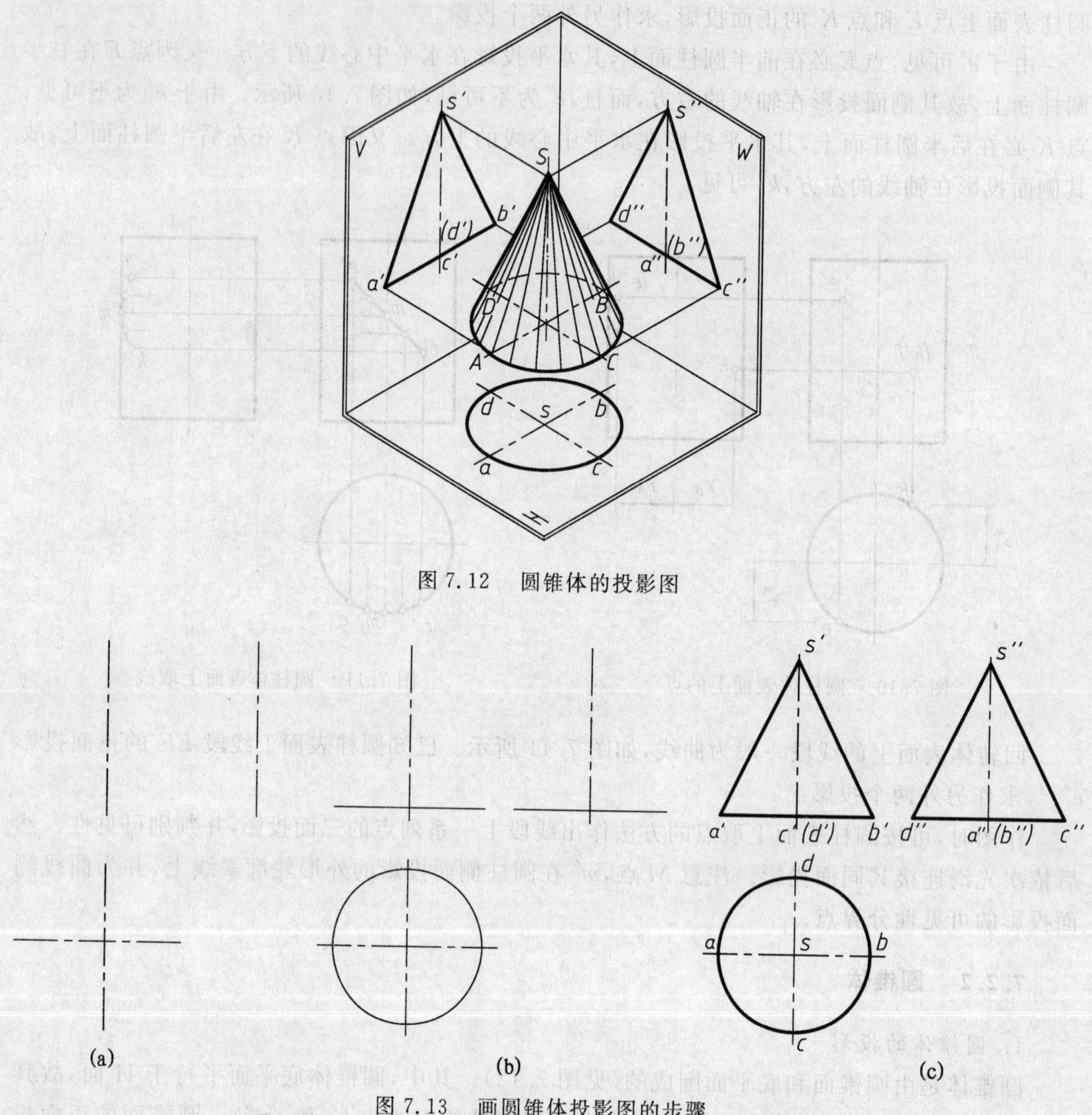

图 7.12　圆锥体的投影图

(a)　(b)　(c)

图 7.13　画圆锥体投影图的步骤

2. 在圆锥体表面上取点

根据圆锥体的形成过程可知,圆锥面母线上任一点的运动轨迹都是垂直于轴线的圆,因而当在圆锥面上取点时,可采用辅助素线法和辅助圆法找出点的其他投影。如图 7.14 所示,已知圆锥表面上点 A 的水平投影 a,求作另外两个投影。

(1) 辅助素线法。如图 7.14(a) 所示,过锥顶 S 与点 A 作辅助素线 SM,并作出 SM 的三面投影,再根据直线上点的投影规律,作出 a' 和 a'',最后判别可见性。由水平投影可知,点 A 在圆锥面的前半部和左半部,则 a',a'' 均可见。

(2) 辅助圆法。如图 7.14(b) 所示,过 a 作一平行于圆锥底面的辅助圆,该圆的水平投影为半径等于 sa 的圆,正面投影为垂直于轴线的直线,a' 必在此直线上,已知 a' 和 a 即可求

出 a''。

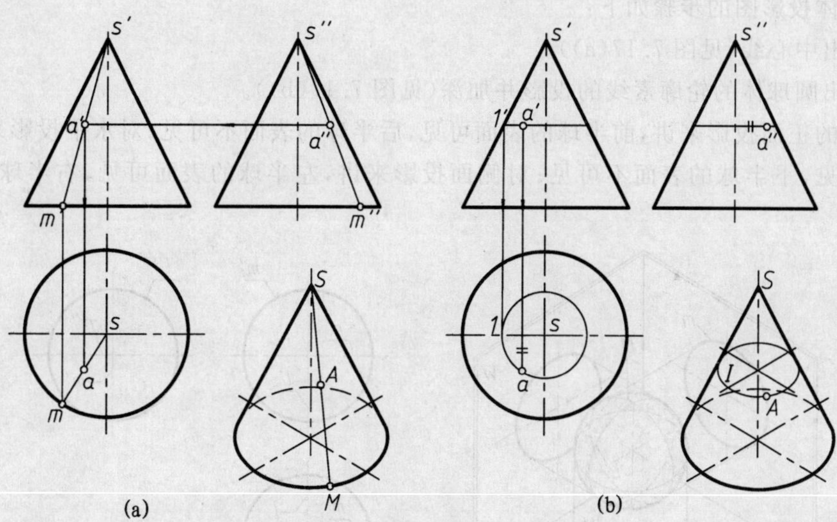

图 7.14　圆锥体表面上的点

如图 7.15 所示，已知锥体上线段 AB 的正面投影 $a'b'$，求作另外两投影。

作图时按在圆锥体表面上取点的方法，作出曲线上一系列点的三面投影，并判别可见性，然后依次光滑连接其同面投影，同样要注意 M 点的投影，m'' 在圆锥体侧面投影的外形轮廓素线上，并为曲线侧面投影的可见性分界点。

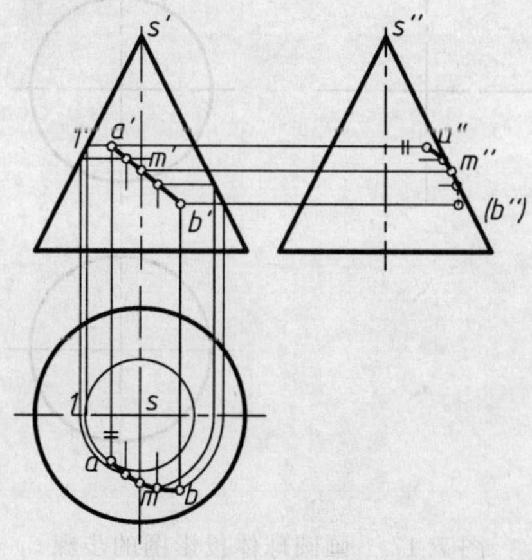

图 7.15　圆锥体表面上的线

7.2.3　圆球体

1. 圆球体的投影

圆球体是由圆球面围成的(见图 7.16(a))。如图 7.16(b) 所示为一圆球体的三面投影图，其轮廓素线均为直径相等的圆，其直径与球体的直径相同。对 V 面的轮廓素线 M，其水平投影与水平中心线重合；其侧面投影与直立中心线重合(均不画出)。同样，对 H 面和 W 面投影

的轮廓素线 N 和 L，它们在其他投影面上的投影也不需画出。

画圆球体投影图的步骤如下：

(1) 画出中心线(见图 7.17(a))。

(2) 画出圆球体的轮廓素线的投影并加深(见图 7.17(b))。

对球体的正面投影来讲，前半球的表面可见，后半球的表面不可见；对水平投影来讲，上半球的表面可见，下半球的表面不可见；对侧面投影来讲，左半球的表面可见，右半球的表面不可见。

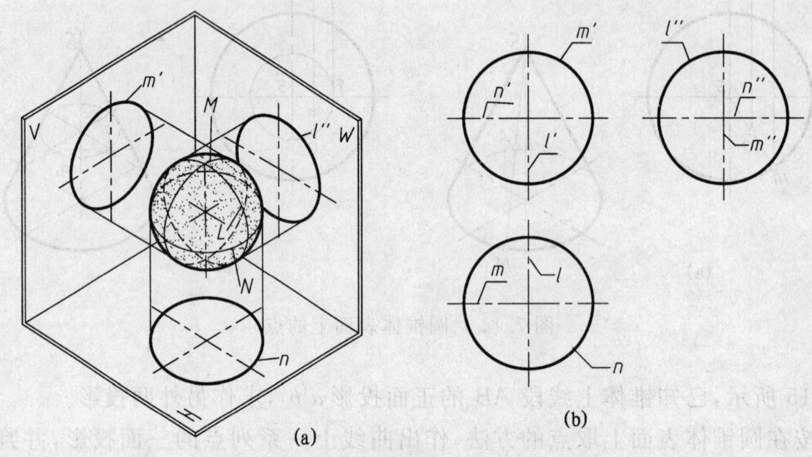

图 7.16　圆球体的投影图

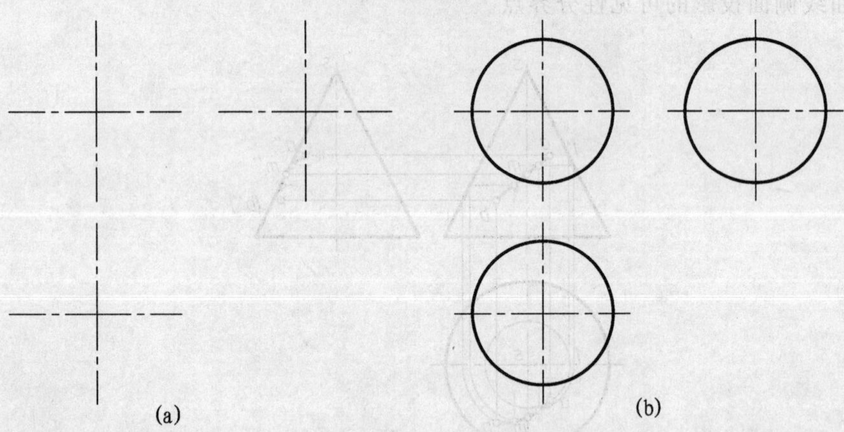

图 7.17　画圆球体投影图的步骤

2. 在圆球体表面上取点

在圆球体表面上取点，只能利用平行于任一投影面的辅助圆进行作图。如图 7.18 所示，已知球面上点 A、点 B 的正面投影 a' 为可见的，b' 为不可见的，求作另外两个投影。

如图 7.18 所示，对于点 A，a' 在球体对 V 面的轮廓素线上，则 a 在球体水平投影的水平中心线上，a'' 在球体侧面投影的直立中心线上，可直接作图。对于点 B，可过 b' 作正平辅助圆，其水平和侧面投影积聚成直线，并且 b' 为不可见投影，说明点 B 在球体后半球的下半球表面上，故 b，b'' 均为不可见投影。

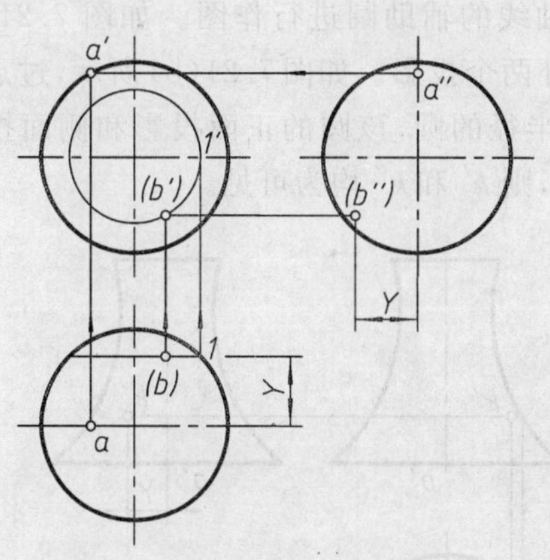

图 7.18　圆球体表面上的点

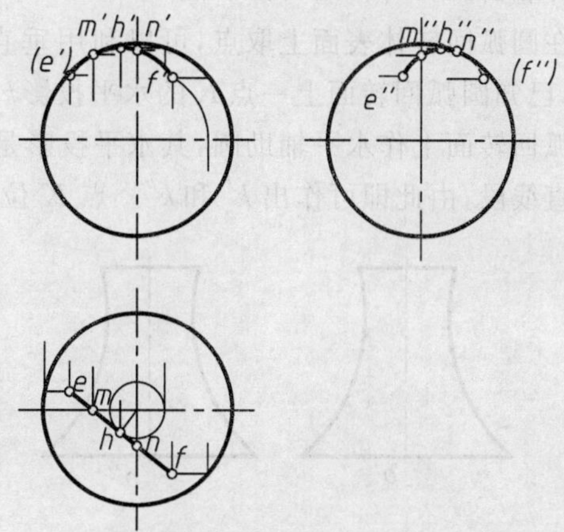

图 7.19　圆球体表面上取线

在球面上取线的作图方法如图 7.19 所示，若已知线段 EF 的水平投影 e,f，求作另两投影。

作图时应先作出 M,N 的投影，他们分别是曲线正面和侧面投影轮廓素线上的点及可见性的分界点，再求出该线段上一系列其他点的投影，并判别可见性，然后光滑连接其同面投影。即是 EF 线段的三面投影图。

7.2.4　圆弧回转体

1. 圆弧回转体的投影

用一段圆弧作为母线，绕在同平面内但不通过其圆心的轴线旋转而形成的曲面称为圆弧回转面。由圆弧回转面及上、下底面围成的立体称为圆弧回转体，如图 7.20(a) 所示。圆弧回转体的三面投影图如图 7.20(b) 所示。圆弧回转体的投影特点是，在垂直于轴线的投影面上的投影是圆或若干同心圆，在平行于轴线的投影面上的投影是反映母线形成的对称图形。应该注意，画图时一定要画出轴线和中心线。

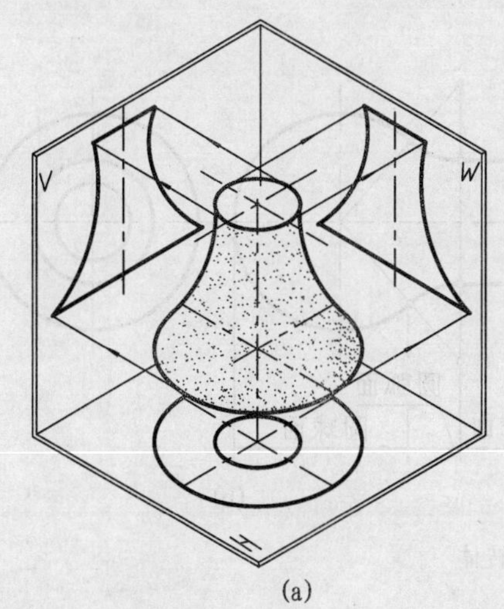

(a)

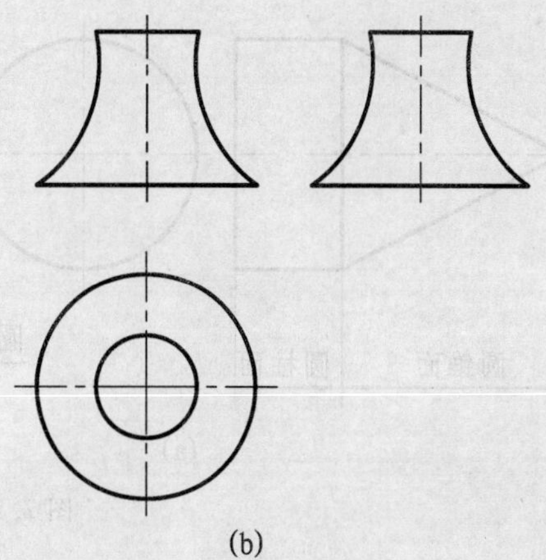

(b)

图 7.20　圆弧回转体的投影

2. 在圆弧回转体表面上取点

在圆弧回转体表面上取点,可以利用垂直于回转轴线的辅助圆进行作图。如图 7.21(a) 所示,已知圆弧回转面上一点 K 的水平投影 k,求作另外两个投影。如图 7.21(b) 所示,过点 K 在圆弧回转面上作水平辅助圆,其水平投影是以 ok 为半径的圆,该圆的正面投影和侧面投影均为直线段,由此即可作出 k' 和 k''。点 K 位于左前方,则 k' 和 k'' 均为可见。

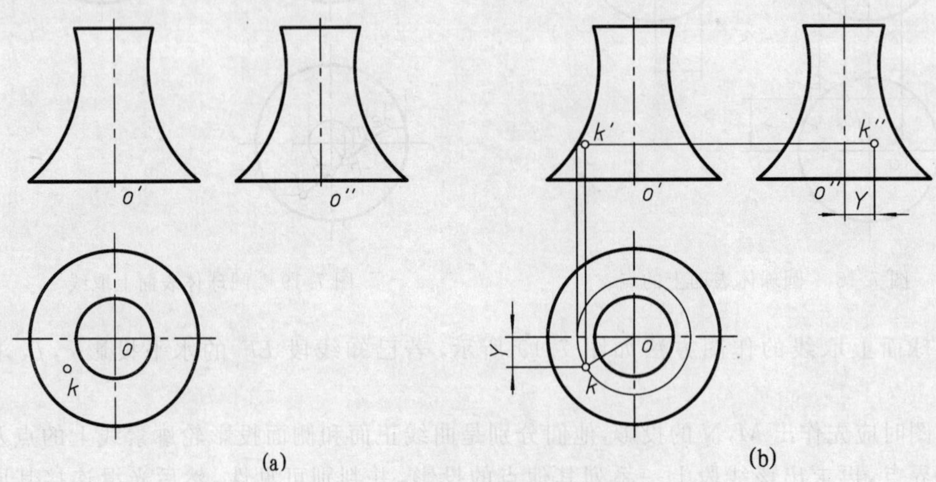

图 7.21　在圆弧回转体表面取点

7.2.5　组合回转体

组合回转体是由几个回转面和底平面围成的。由于其母线由直线或直线与曲线组合而成,故称为组合回转体。如图 7.22 所示,给出了轴线垂直于侧立投影面的组合回转体的两面投影图。

从投影关系可以看出,以母线上的折点和切点为界,可以把组合回转体表面划分成若干个单一的回转面,折点和切点的轨迹圆是它们的自然分界线。必须指出,折点轨迹形成的分界线在投影图中必须画出(见图 7.22(a)),而切点轨迹只用于分析,回转体上无此线,故投影图中不应该表示出来(见图 7.22(b))。

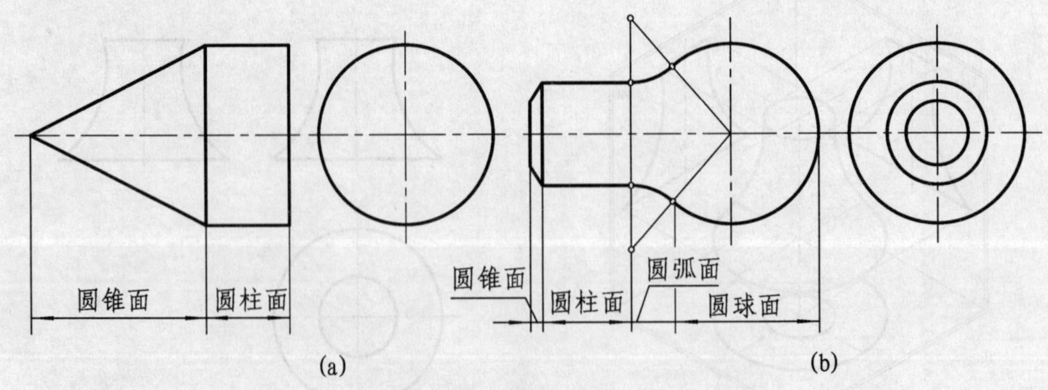

图 7.22　组合回转体

本章小结

1. 平面立体的投影，重点是讨论棱柱体、棱锥体的表达方法，及在立体表面取点、线的方法和作图。

棱柱体、棱锥体的投影，主要是画出其棱线的投影，并判别棱线的可见性。

应特别注意：立体表面可见，则在该平面上的点或直线为可见；立体表面不可见，则在该平面上的点或直线为不可见。平面立体表面上取点、线的方法与平面上取点、线的方法相同。

2. 曲面立体的投影，主要是讨论回转体的表达方法，及在曲面立体表面取点、线的方法和作图。

表达曲面立体，先要用点画线画出轴线，然后画出回转体对投影面的轮廓素线。只有圆柱面在反映为圆的投影上才有积聚性，其他所有回转面的投影均无积聚性。曲面立体表面上取点、线采用作辅助线（直线或圆）的方法，并判别可见性。

圆柱表面上取点、线，可利用有积聚性的投影进行作图。其可见性以相应轮廓素线为分界。

圆锥表面上取点、线，可采用过锥顶作直线或垂直于轴线的圆为辅助线。其可见性以相应轮廓素线为分界。

圆球表面上取点、线，只能采用平行于投影面的圆作为辅助线。对正面投影来说前半球可见；对水平投影来说，上半球可见；对侧面投影来说，左半球可见。

思　考　题

1. 立体表面取点、线的方法有哪些？

2. 如何判断立体表面上的点、线的可见性？

3. 试比较在立体表面上取点、线的方法与在平面内取点、线的方法的异同。

第8章　平面、直线与立体相交

【本章提要】

在工程形体的表面上常出现各种类型的交线，其中一些交线可分析为平面或直线与立体相交而产生的。

本章主要介绍平面与立体相交的截交线、直线与立体相交的贯穿点的形成和基本作图方法。

8.1　平面与立体相交

平面与立体表面的交线称为截交线。截切立体的平面称截平面，截交线围成的平面图形称为截断面，如图8.1所示。

截交线具有以下基本性质。

(1) 由于立体都有一定范围，所以截交线一定是封闭的平面图形。

(2) 截交线是截平面与立体表面的共有线。

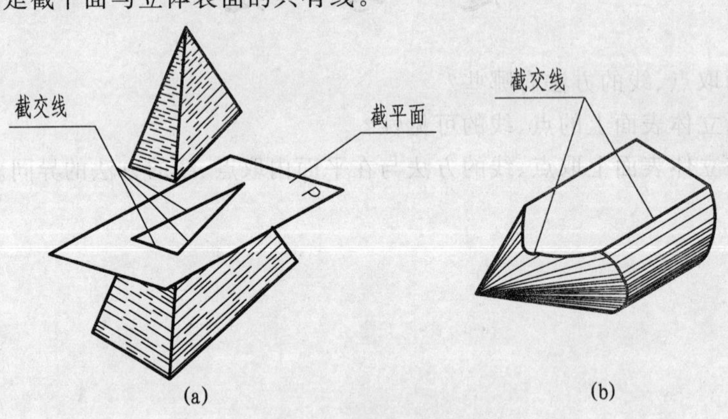

图8.1　截交线

8.1.1　平面与平面立体相交

平面立体的表面由若干平面图形组成，因此平面与平面立体相交的截交线为封闭的平面折线。截交线的求作方法可归纳为下述两种。

(1) 求出各棱线与截平面的交点，并判别其投影的可见性，然后依次连接，即得截交线的投影。

(2) 求出各棱面与截平面的交线，并判别其投影的可见性，即得截交线的投影。

当具体作图时，可根据已知条件，以作图简便为原则选择其中一种方法或两种方法结合使用。

1. 平面与棱锥体相交

例 8.1　求正垂面截切三棱锥的截交线。

分析　如图 8.2(a) 所示的三棱锥被正垂面截切，截交线的正面投影有积聚性。

作图步骤如下：

截平面与各棱线的交点 1′,2′,3′ 可直接作出，根据点的投影特性，即可在对应的棱线上求出交点的水平投影 1,2,3 及侧面投影 1″,2″,3″。分别连接各投影面的投影，完成截交线的水平投影及侧面投影，如图 8.2(b) 所示。

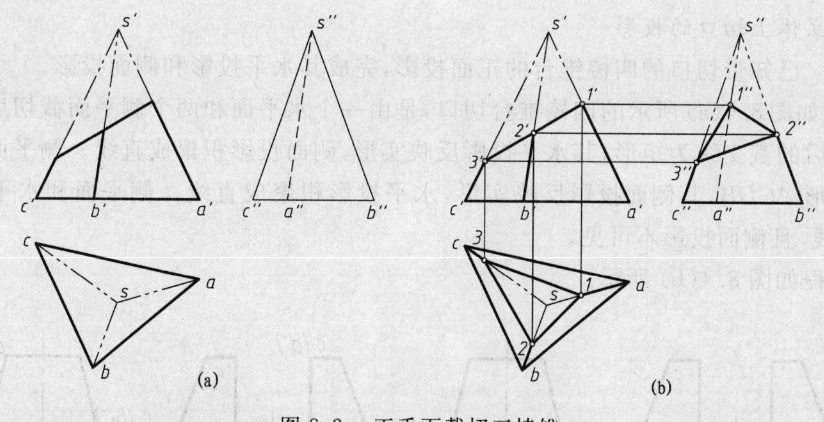

图 8.2　正垂面截切三棱锥

2. 平面与棱柱体相交

例 8.2　求正垂面截切四棱柱的截交线，并作出断面图的实形。

分析　如图 8.3(a) 所示的四棱柱被正垂面 P 截切。截交线的正面投影积聚成直线，与 P_V 重合。四棱柱的 4 个棱面为铅垂面，其水平投影有积聚性。

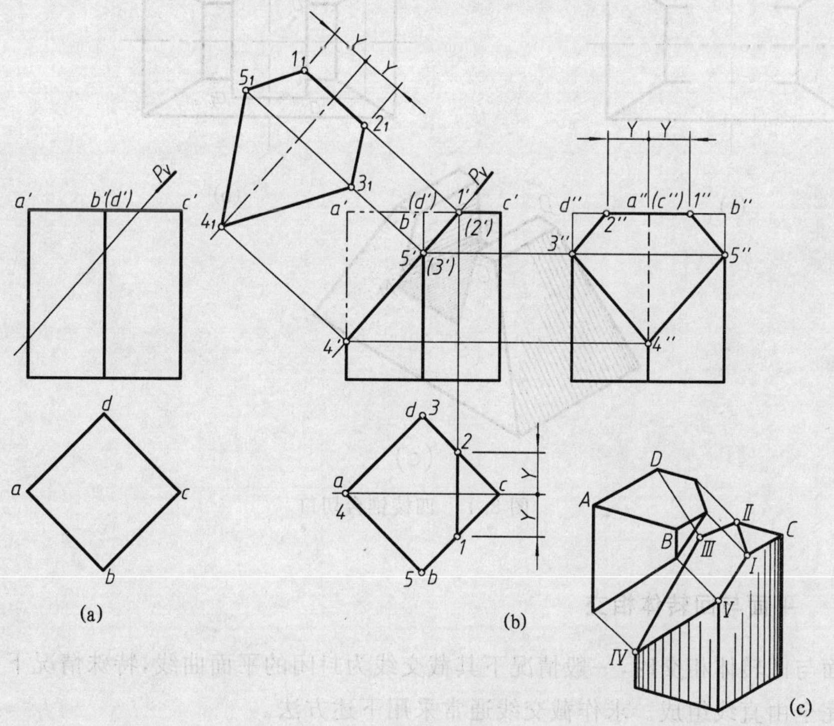

图 8.3　正垂面截切四棱柱

作图步骤如下:

(1) 平面 P 与顶面 $ABCD$ 的交线为正垂线 ⅠⅡ,则截交线的水平投影为1,2,3,4,5,根据截交线的正面投影和水平投影即可求出侧面投影。

从正面投影可看出,Ⅲ,Ⅳ,Ⅴ 以上的棱线已截去,与其对应的侧面投影也没有。C棱边的侧面投影为不可见,如图 8.3(b) 所示。

(2) 可用投影变换的方法作出截交线的真实形状。建立 H_1 面使其平行于 P 面,作出截交线在 H_1 面上的投影 $1_1-2_1-3_1-4_1-5_1$。图中是以断面的前、后对称轴线为基准作图的。

3. 平面立体上切口的投影

例 8.3 已知带切口的四棱锥台的正面投影,完成其水平投影和侧面投影。

分析 如图8.4(a)所示的四棱锥台切口,是由一个水平面和两个侧平面截切后形成的。水平面截切后的截交线为矩形,其水平投影反映实形,侧面投影积聚成直线。侧平面截切后的截交线为梯形 $ACDB$,其侧面投影反映实形,水平投影积聚成直线。侧平面和水平面的交线 AB 为正垂线,且侧面投影不可见。

作图过程如图 8.4(b) 所示。

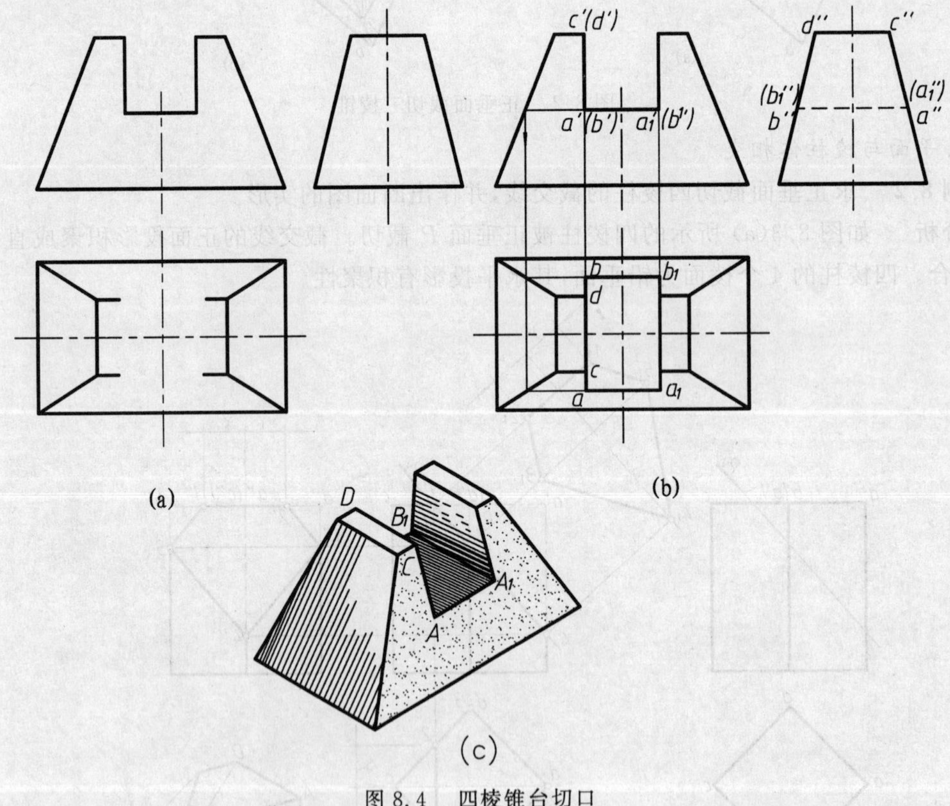

图 8.4 四棱锥台切口

8.1.2 平面与回转体相交

当平面与回转体相交时,一般情况下其截交线为封闭的平面曲线,特殊情况下可能由直线和曲线或完全由直线组成。求作截交线通常采用下述方法。

(1) 辅助线法。在回转体表面上取若干素线，求出它们与截平面的交点并光滑连接，即可得到平面与回转体的截交线，如图 8.5 所示。圆锥截交线上任意一点(如点 A)，既可看做是曲面上某条素线(如 SB)与平面 P 的交点，如图 8.5(a) 所示，又可看做是曲面上某个纬圆(如圆周 L)与平面 P 的交点，如图 8.5(b) 所示，因此，求作曲面立体截交线的问题，其本质同在曲面上取点一样。

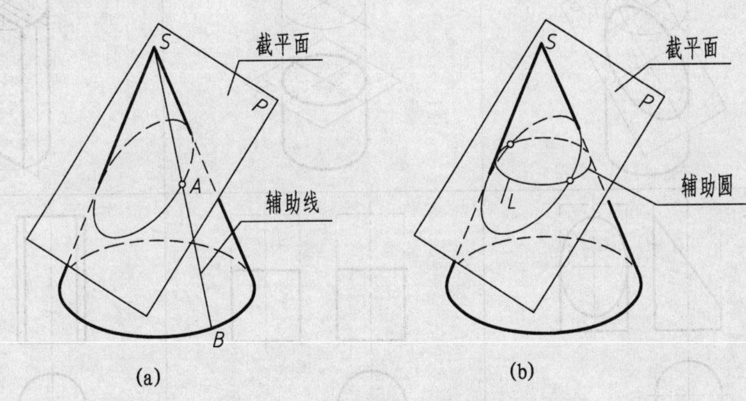

图 8.5　用辅助线法求截交线上的点

(2) 辅助平面法。运用三面共点的原理作一系列辅助平面，求出辅助平面分别与截平面和立体的交线，这两条线的交点即为所求截交线上的点，如图 8.6 所示。

必须注意，辅助平面的位置应在截平面与回转体相交范围之内且与回转体的交线的投影应是直线或圆。

若截交线是圆，则要决定圆的半径；若截交线的投影是椭圆，则要确定椭圆的长、短轴；若截交线为平面曲线，则要找出该曲线的特殊点：最高、最低、最前、最后、最左、最右点，以及轮廓素线上的点和可见性分界点。

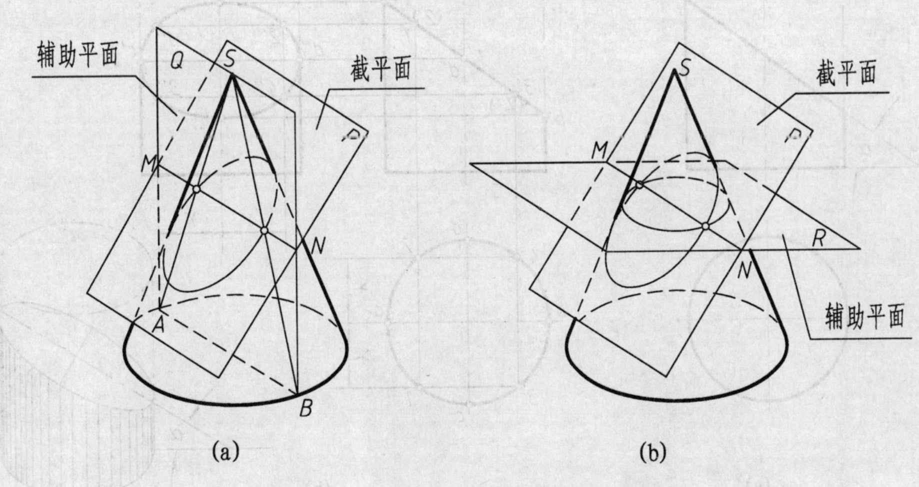

图 8.6　用辅助平面法求截交线上的点

1. 平面与圆柱体相交

由于截平面与圆柱的相对位置不同，其截交线有 3 种情况，见表 8.1。

表 8.1　平面与圆柱体的截交线

截平面位置	P 面倾斜于圆柱体轴线	P 面垂直于圆柱体轴线	P 面平行于圆柱体轴线
截交线	椭　圆	圆	矩　形
立体图	P	P	P
投影图			

例 8.4　求正垂面与圆柱体的截交线。

分析　图 8.7(a) 所示为轴线铅垂的圆柱被正垂面截切，其截交线为椭圆。如图8.7(b)所示，截交线的正面投影和水平投影已知，落在有积聚性的投影上。其侧面投影可按点的投影规律求得投影线上的点，然后光滑连接即为所求。

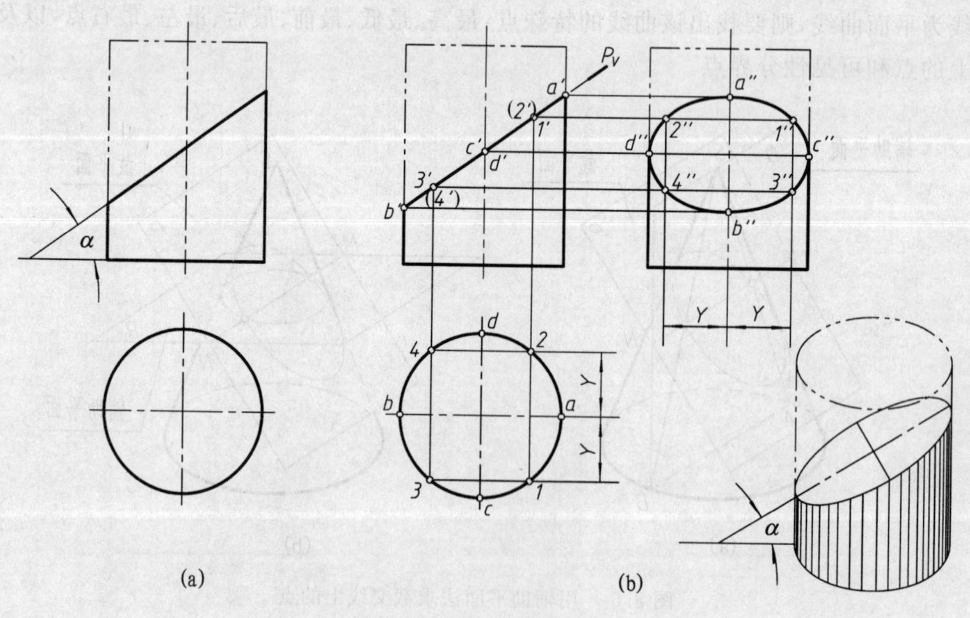

图 8.7　正垂面截切圆柱

作图步骤如下：

(1) 作出圆柱的侧面投影。

(2) 求特殊点。如图 8.7(b) 所示，可直接作出 A,B,C,D4 点的三面投影。A,B 两点是截交线上最高、最低点，$a''b''$ 则为截交线椭圆上的短轴。C,D 两点是截交线上最前、最后点，$c''d''$ 则为截交线椭圆侧面投影的长轴，也是侧面投影中圆柱转向轮廓素线的终止点。

(3) 求一般点。为使作图准确，可再求出若干一般点。可先在正面投影中取点如 $1',2'$，找出水平投影 1,2，然后确定其侧面投影 $1'',2''$，如图 8.7(b) 所示。

(4) 连线。光滑连接各点，即为所求截交线的投影。

例 8.5　作出圆柱切口的投影。

分析　如图 8.8(a) 所示，圆柱被一个水平面和两个侧平面截切，在正面投影中，3 个平面均积聚成直线；在水平投影中，两侧平面积聚为直线，水平面则反映实形且为圆的一部分；在侧面投影中，两侧平面反映实形，水平面积聚成直线，被圆柱遮挡部分为不可见。圆柱面上侧面轮廓被切去的部分不应画出。

图 8.8(b) 所示为空心圆柱切口，其截交线形状请读者自行分析。

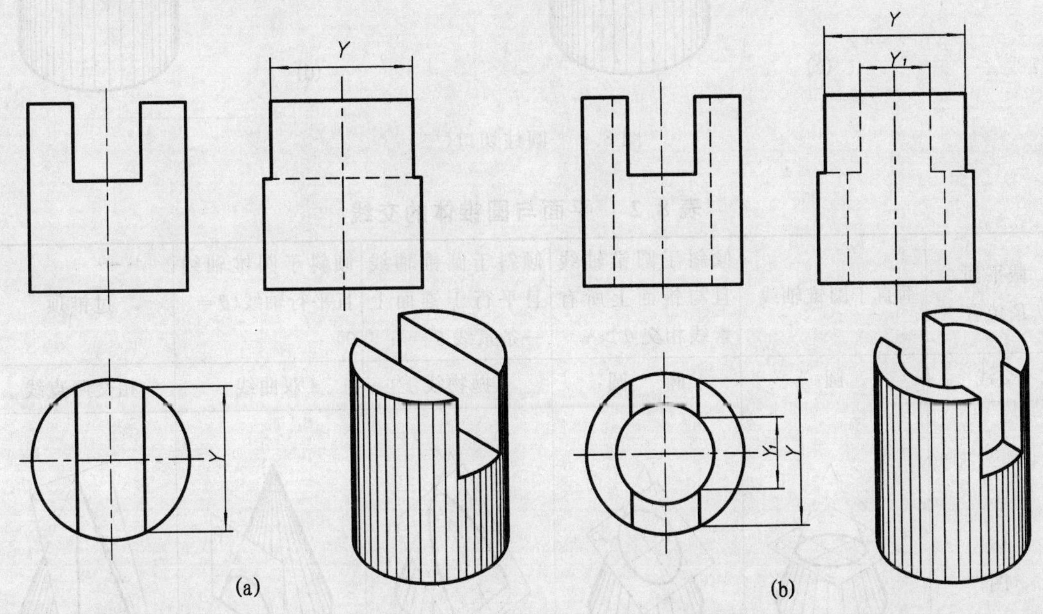

图 8.8　圆柱切口(一)

如图 8.9 所示为圆柱被平面截去左、右两部分，其投影形状请读者自行分析，并与图8.8所示切口圆柱进行比较。

2. 平面与圆锥体相交

根据截平面对圆锥体的相对位置不同，其截交线有 5 种情况，见表 8.2。

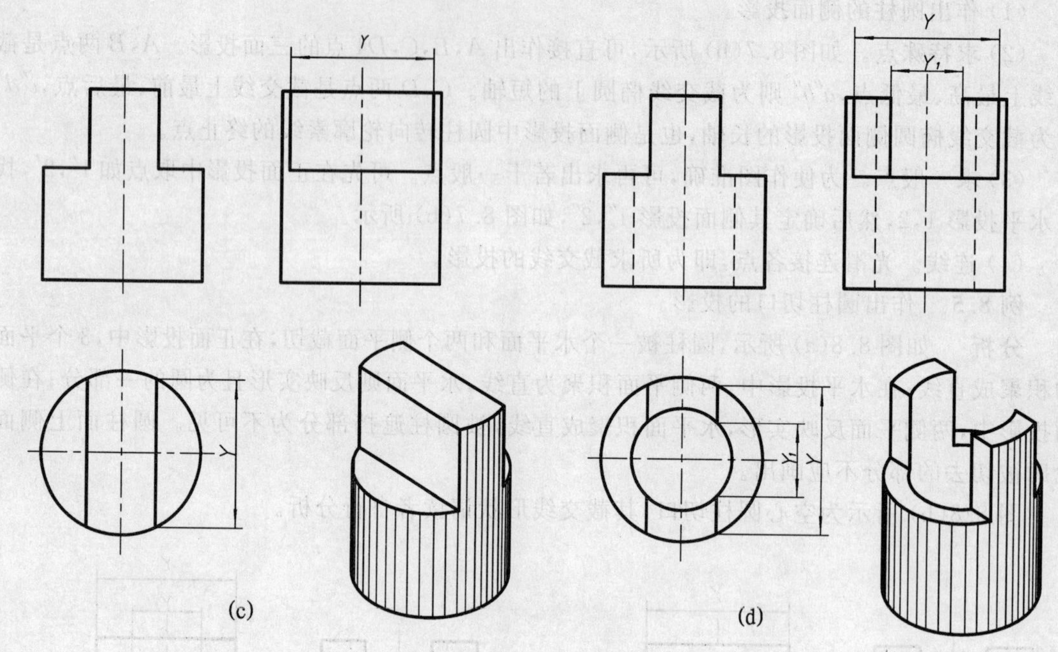

图 8.9　圆柱切口(二)

表 8.2　平面与圆锥体的交线

截平面 P 位置	垂直于圆锥轴线	倾斜于圆锥轴线且与锥面上所有素线相交 $\theta>\alpha$	倾斜于圆锥轴线且平行于锥面上一条素线 $\theta=\alpha$	倾斜于圆锥轴线且平行轴线($\theta=0$)	过锥顶
交线	圆	椭　圆	抛物线	双曲线	相交两直线
立体图					
投影图					

例 8.6　求作正垂面与圆锥体的截交线。

解　如图 8.10(a) 所示，由于正垂面与圆锥的所有素线都相交，因此截交线为一椭圆，其长轴为(AB)，短轴为(CD)，两者互相垂直平分。截交线的正面投影积聚成一直线段，水平投影和侧面投影仍为椭圆(不反映实形)。在作图时，应先找出长、短轴的端点，然后应用辅助水平面作出一系列中间点，把它们光滑连接即可。

作图步骤如下(见图 8.10(b)：

(1) 求特殊点。A,B 两点为最高、最低点，也是空间椭圆长轴两端点，在位于圆锥对 V 面的轮廓素线上，其三面投影可直接求得。C,D 两点为最前、最后点，也是空间椭圆短轴的两端点，且在一正垂线上，其正面投影 $c'(d')$ 位于 $a'b'$ 的中点处，其水平投影 a,b 和侧面投影 a'',b''，可用过 c' 的辅助水平面求得。Ⅰ,Ⅱ 两点为对 W 面轮廓素线上的点，其正面投影为 $1'$,($2'$)，侧面投影 $1''$,$2''$ 可直接作出，然后求得它们的水平投影 1,2。

(2) 求一般点。可用辅助平面法或辅助素线法求出若干中间点，如图中的 Ⅲ,Ⅳ 两点。

(3) 将各点的同面投影光滑连接。

应当指出，在此例中截交线(椭圆)的水平投影仍为椭圆，其长轴为 ab，短轴为 cd。截交线的侧面投影为椭圆，其长短轴方向视截切平面与底面的夹角而定。

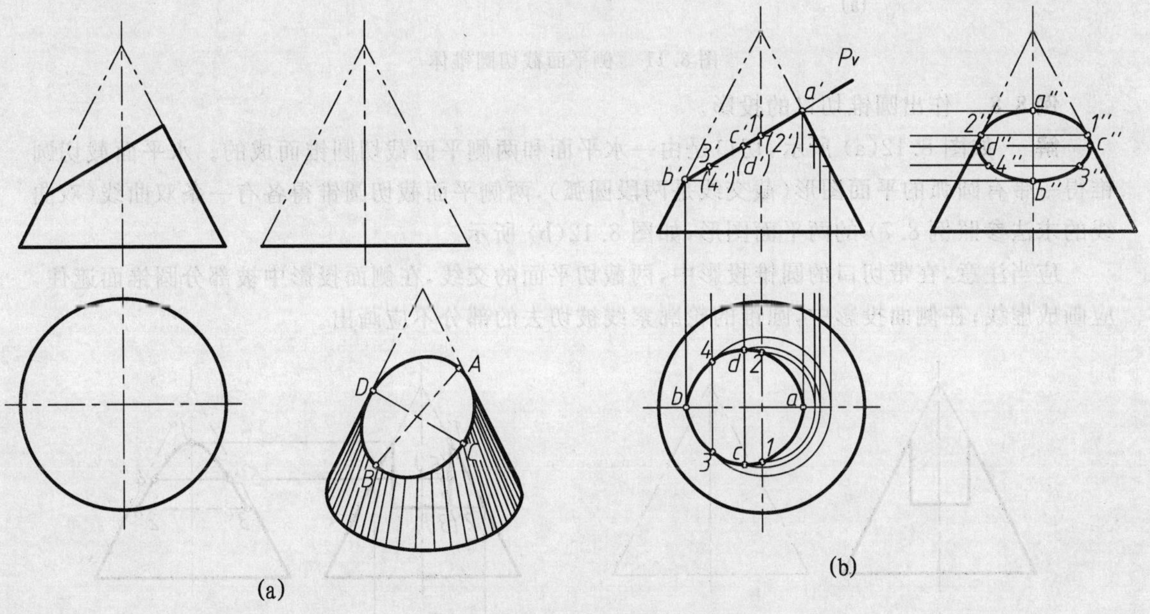

图 8.10　正垂面截切圆锥体

例 8.7　求作侧平面截切圆锥体的截交线。

解　如图 8.11 所示，截交线的正面投影和水平投影均积聚成一直线段，仅须求其侧面投影。作图时，先找出特殊点：离锥顶最近的点 A 为最高点，离锥顶最远的点 B、点 C 为最低点，也是最前、最后点。已知点 A 的正面投影在轮廓素线上，首先可直接作出 a,a''；最低的点 B、点 C 在底圆上，已知 b',c' 和 b,c，可求得侧面投影 b'',c''。其次在最高点和最低点之间，利用辅助水平面再找若干中间点，例如点 D、点 E 的侧面投影 d'',e''。最后依次光滑连接各点，即得双曲线的侧面投影，如图 8.11(b) 所示。

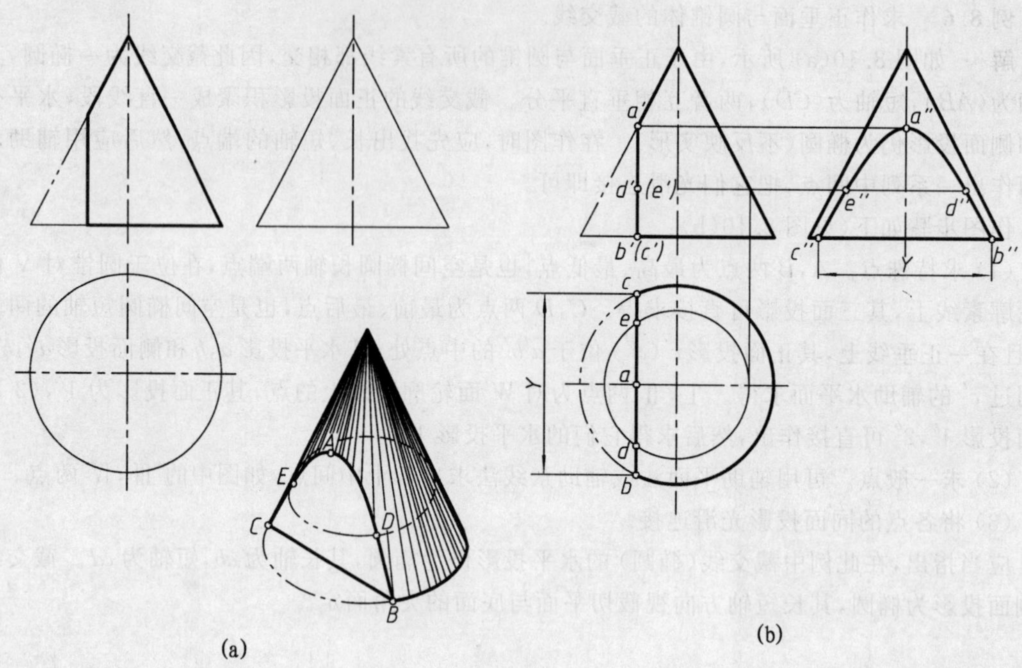

图 8.11　侧平面截切圆锥体

例 8.8　作出圆锥切口的投影。

解　如图 8.12(a) 所示,切口是由一水平面和两侧平面截切圆锥而成的。水平面截切圆锥得一带有圆弧的平面图形(截交线是两段圆弧),两侧平面截切圆锥得各有一条双曲线(双曲线的求法参照例 8.7) 的两平面图形,如图 8.12(b) 所示。

应当注意,在带切口的圆锥投影中,两截切平面的交线,在侧面投影中被部分圆锥面遮住,应画成虚线;在侧面投影中,圆锥的轮廓素线被切去的部分不应画出。

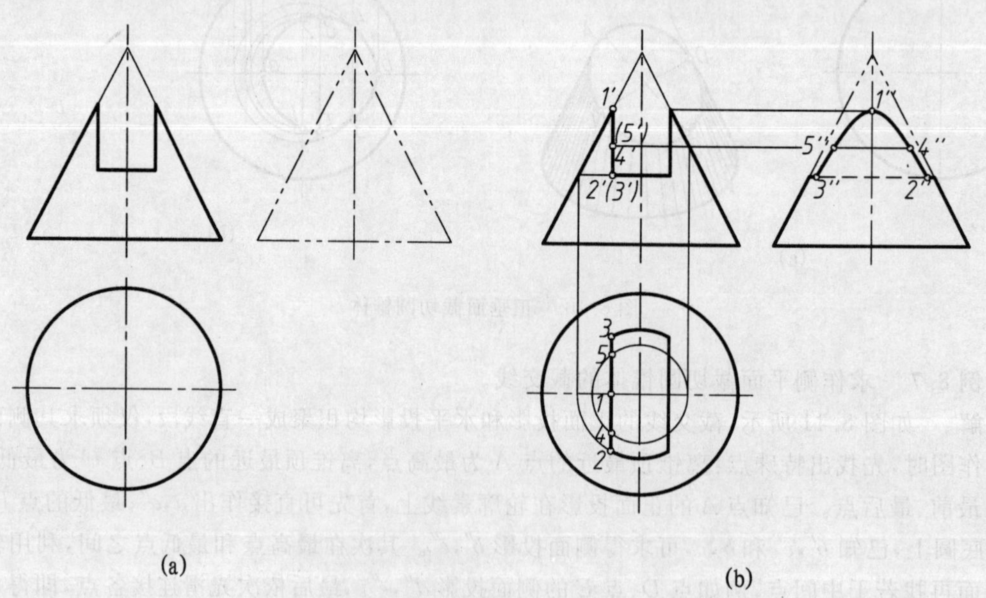

图 8.12　圆锥切口(一)

例 8.9　试作出圆锥切口的投影。

解　如图 8.13(a) 所示，切口是由一水平面和一个过锥顶的正垂面截切圆锥而成的。水平面截切圆锥得水平圆的一部分；过锥顶的正垂面截切圆锥得三角形平面图形。作图方法如图8.13(b) 所示。注意两截切平面的交线 AB 的水平投影被锥面遮挡，应画成虚线。在侧面投影中，圆锥的轮廓素线被切去部分不应画出。

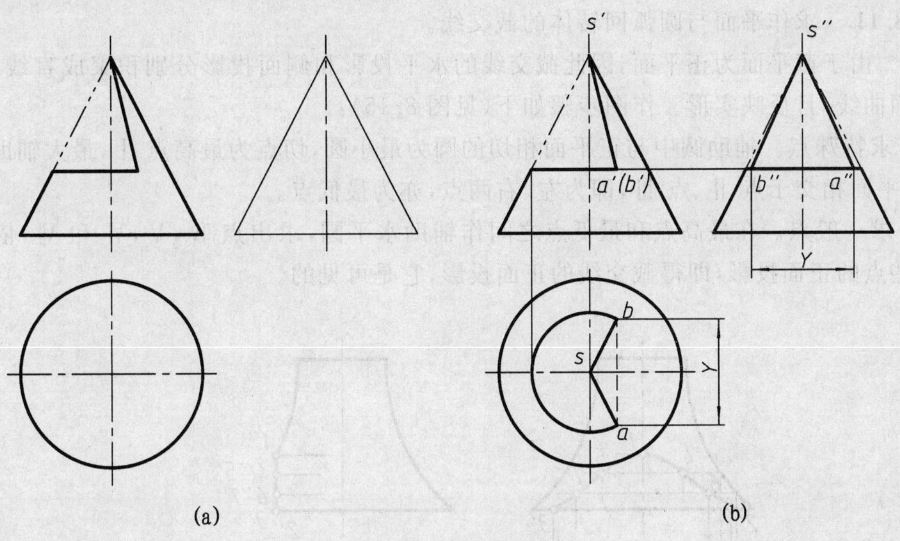

图 8.13　圆锥切口(二)

3. 平面与圆球体相交

平面与圆球体相交，无论截平面与圆球的相对位置如何，其截交线总是圆，但由于截平面对投影面的位置不同，所得截交线的投影也不同。

例 8.10　试作出平面截切球体的投影。

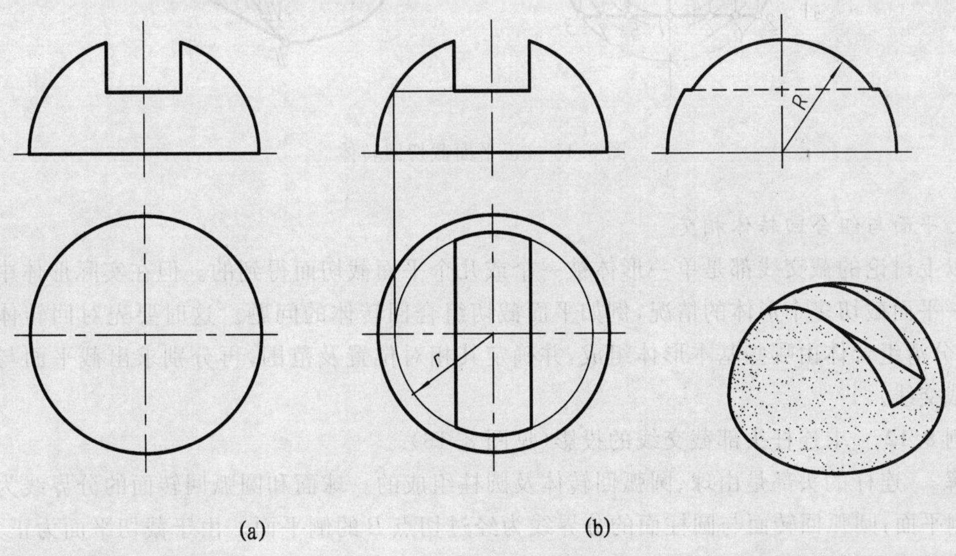

图 8.14　带切口的半球

解　如图 8.14 所示，切口由水平面与侧平面截切球体而成。水平面与球体相交，截交线

为一半径为 r 的水平圆;侧平面与球相交,截交线为半径 R 的侧平圆。因水平面、侧平面与球体均为部分相交,故截交线的相应投影仅在局部范围内出现。侧面投影中的虚线系水平面侧面投影的不可见部分,绘图时应予注意。

4. 平面与圆弧回转体相交

求作圆弧回转体的截交线只能应用辅助平面法。

例 8.11 求作平面与圆弧回转体的截交线。

解 由于截平面为正平面,因此截交线的水平投影和侧面投影分别积聚成直线;正面投影为平面曲线,且反映实形。作图步骤如下(见图 8.15):

(1) 求特殊点。辅助圆中与正平面相切的圆为最小圆,切点为最高点 Ⅰ,最大辅助圆即底圆,与正平面相交于点 Ⅱ、点 Ⅲ,即为左、右两点,亦为最低点。

(2) 求一般点。在最高点和最低点之间作辅助水平圆,求出点 Ⅳ,Ⅴ,Ⅵ 和 Ⅶ,依次光滑连接这些点的正面投影,即得截交线的正面投影,它是可见的。

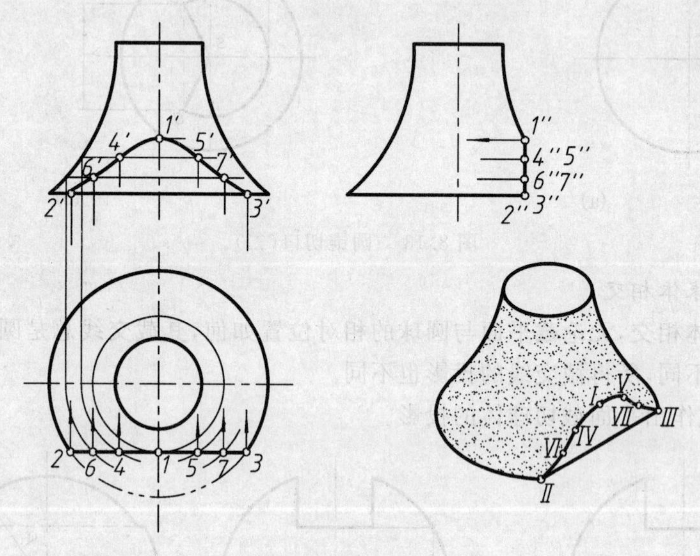

图 8.15 正平面截切回转体

5. 平面与组合回转体相交

以上讨论的截交线都是单一形体被一个或几个平面截切而得到的。但在实际形体中会遇到同一平面截切多个形体的情况,例如平面截切组合回转体的问题。这时要先对回转体进行分析,分清组合体由哪些基本形体组成,并确定其相对位置及范围,再分别求出截平面与各形体的截交线。

例 8.12 求连杆头部截交线的投影(见图 8.16)。

解 连杆的头部是由球、圆弧回转体及圆柱组成的。球面和圆弧回转面的分界线为经过 A 的侧平面;圆弧回转面与圆柱面的分界线为经过切点 B 的侧平面。由于截切平面为正平面,截交线的水平投影和侧面投影均重影为直线段,因而本题只须求作截交线的正面投影。

作图步骤:截切平面与球的截交线为半径等于 R 的圆,其正面投影反映实形,且画到分界线上的点 1′ 处为止。截切平面与圆弧回转体的截交线为一平面曲线,通过水平投影可直接得

到它的最右点 Ⅱ(2,2′,2″)，再用辅助侧平面在点 Ⅰ 和点 Ⅱ 之间求出若干一般点，如图8.16(a)所示，用辅助平面 P 得出点 Ⅲ(3,3′,3″)。然后依次光滑连接这些点的正面投影，即为所求。

由于平面与圆柱不相交，因此截交线是由上述圆弧和平面曲线组成的封闭图形。

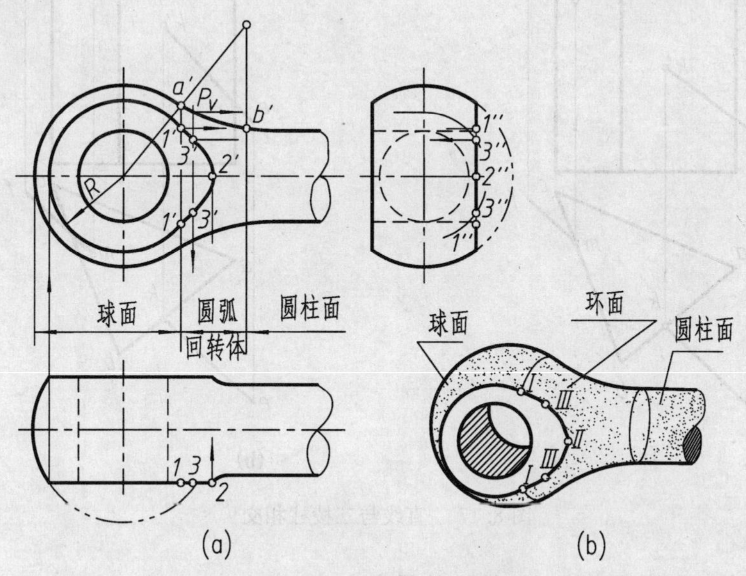

图8.16　连杆头截交线的投影

8.2　直线与立体相交

直线与立体表面相交，其交点称为贯穿点，如图8.17所示。贯穿点为立体与直线共有，因此求作贯穿点的方法与求线、面交点的方法类似。求得贯穿点后须判别其可见性，但直线贯穿在立体内的部分不必画出。

直线与立体相交，产生贯穿点。贯穿点的求作方法有下述两种。

1. 利用积聚性求贯穿点

当贯穿点所在的立体表面有积聚性时，可直接利用该立体表面的积聚性作图。

例8.13　求直线对三棱锥的贯穿点。

解　由于三棱柱的3个棱面都垂直于H面，其水平投影有积聚性，因此，直线 EF 对棱柱的贯穿点 K、点 M 的水平投影 k，m 可直接得到，再由投影 k，m 求得贯穿点的正面投影 k'，m'，如图8.17(a)所示。

关于直线的可见性，应利用重影点来判别，也可根据贯穿点所在表面的可见性来确定。若贯穿点所在的表面可见，则直线与立体重影的一段可见，否则不可见。

如图8.17(a)所示，因为点 K、点 M 所在棱面正面投影均为可见，所以其投影 k'，m' 亦可见。如图8.17(b)所示的直线对三棱柱的贯穿点请读者自行分析。

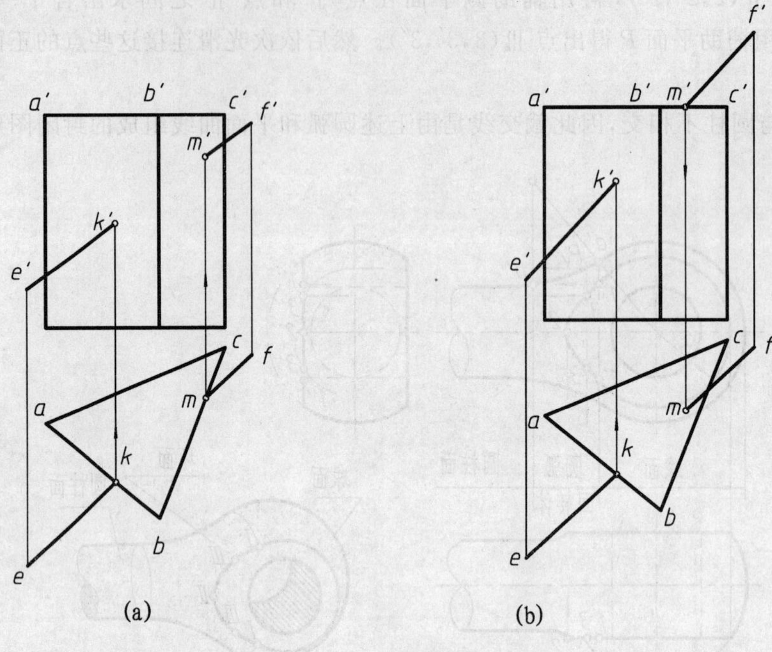

图 8.17　直线与三棱柱相交

例 8.14　求一般位置直线对三棱锥的贯穿点。

解　如图 8.18(a) 所示，直线 EF 为一般位置直线，三棱锥的 3 个棱面均为一般位置平面，求其贯穿点的方法与一般位置直线和一般位置平面相交求交点的方法相同。

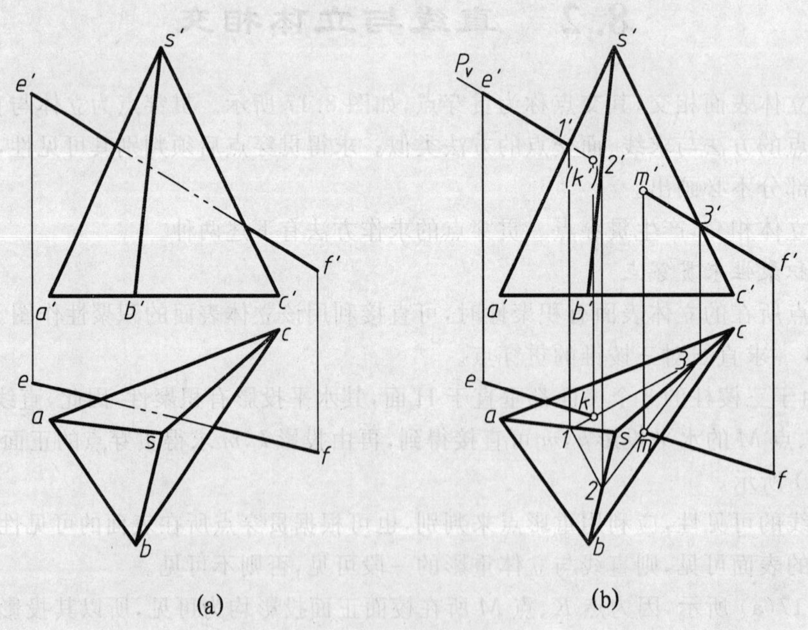

图 8.18　直线与三棱锥相交

作图步骤如下：

(1) 当求贯穿点时，先过包含直线的正面投影 $e'f'$ 作正垂面 P_V，即得截交线的正面投影 $1'$-$2'$-$3'$，并作出水平投影 1-2-3。投影 ef 与投影 △123 的交点 k，m，即为贯穿点的水平投影。向上作图求出贯穿点的正投影 k'，m'。

(2) 判别可见性。因为三棱锥的3个棱面的水平投影均可见，所以投影 k，m 可见；在正面投影中 SBC 棱面可见，则投影 m' 可见，SAC 棱面不可见，则投影 k' 为不可见。

(3) 完成投影图如图8.18所示。

例8.15　求直线对圆柱的贯穿点。

解　如图8.19所示圆柱的水平投影有积聚性，故直线 AB 的一端对圆柱的贯穿点 K 的水平投影 k 可直接得到，再由 k 求得其正面投影 k'。直线 AB 的另一端与圆柱顶面相交于 M，因圆柱顶面的正面投影有积聚性，故交点 M 的正面投影 m' 可以直接得到，再由 m' 求得其水平投影 m。因点 k 位于圆柱后底部表面上，正面投影 k' 不可见，故直线的正面投影上自 k' 到圆柱轮廓线的一段为不可见。

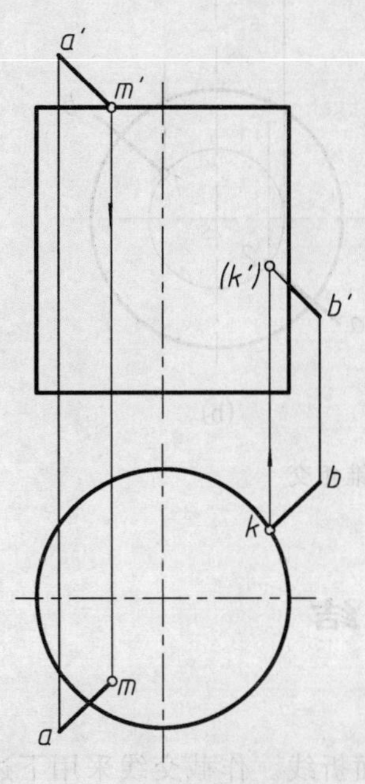

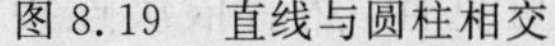

图8.19　直线与圆柱相交

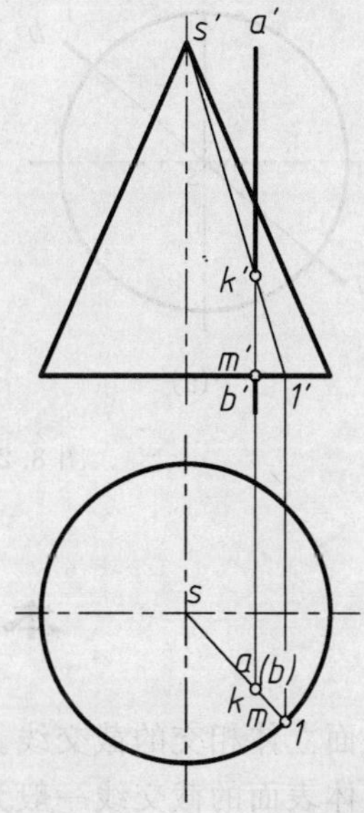

图8.20　直线与圆锥相交

例8.16　求直线对圆锥的贯穿点。

解　如图8.20所示，直线 AB 为铅垂线，水平投影积聚成点，贯穿点 k，m 也重合于此点。利用圆锥表面取点的素线法作图即可求出贯穿点 K 正投影 k'，m'，则积聚在圆锥底面上。因为直线 AB 由圆锥体前半个锥面上穿进，由底面穿出，所以 k'，m' 均为可见，且正面投影中 $a'k'$ 为粗实线。

2.用求线、面交点的方法求贯穿点

当立体的表面无积聚性时，求贯穿点的方法类似于求直线与一般位置平面相交求交点的方法。

例8.17　求直线对圆锥的贯穿点。

解　如图8.21(a)所示为水平线 AB 与圆锥相交，求贯穿点的步骤如下：

(1) 包含已知直线 AB 作辅助平面 P,如图 8.21(b) 所示。

(2) 求出辅助平面 P 与圆锥的截交线。

(3) 截交线与已知直线 AB 的交点 Ⅰ,Ⅱ 即为所求的贯穿点。

显然,当求直线对回转体的贯穿点时,应使所选用的辅助平面截切立体所得截交线的投影最简单(直线或圆),以便于作图。

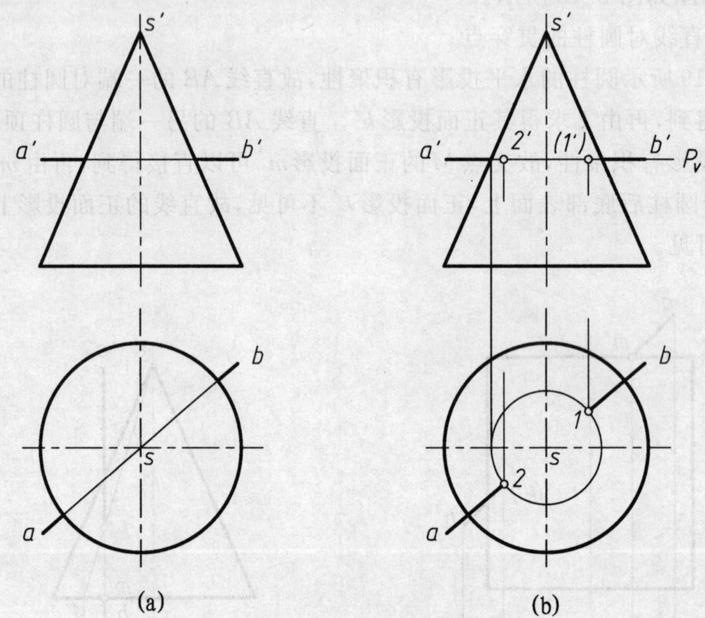

图 8.21　直线与圆锥相交

本 章 小 结

1. 作平面与平面立体相交的截交线。

平面与平面立体表面的截交线一般为封闭的平面折线。作截交线采用下述方法。

(1) 求出各棱线与截平面的交点,并判别其投影可见性,然后依次连接,即得截交线的投影。

(2) 求出各棱面与截平面的交线,并判别其投影可见性,即得截交线的投影。

2. 作平面与回转体相交的截交线。

平面与回转体相交,截交线一般为封闭的平面曲线。在特殊情况下截交线可能由直线和曲线或全由直线组成。求作截交线可采用辅助素线法或辅助平面法。具体步骤如下:(这里主要讨论平面与圆柱体、平面与圆锥体、平面与球体相交的截交线。)

(1) 分析立体形状及截平面与立体的相对位置,确定截交线的性质,投影特点和辅助面的选取。截交线为直线或圆,直接作图。

(2) 作图时,先作出特殊点,一般利用积聚性及面上取点、线方法作图。注意轮廓线上的共有点。

(3) 在特殊点之间选择适当的辅助面,求出一定数量的一般点。

(4) 判别可见性，然后光滑连接各点的同面投影。

(5) 补画轮廓素线。

3. 直线与立体相交。

直线与立体表面的交点称为贯穿点，贯穿点为直线与立体表面的共有点。求贯穿点可利用立体表面的积聚性直接作图，也可包含直线作辅助平面作图。

思　考　题

1. 平面与圆柱体相交其截交线有几种情况？分别是什么？
2. 平面与圆锥体相交其截交线有几种情况？分别是什么？
3. 平面与球体相交其截交线是什么？
4. 求作贯穿点的一般方法和步骤是什么？

第 9 章　立体与立体相交

【本章提要】

当两立体相交时，其表面所产生的交线称为相贯线，由于立体的形状、大小及相对位置不同，因此相贯线的形状也不同。相贯线可能由一些直线段组成，或由若干段平面曲线组成，也可能是空间曲线，如图 9.1 所示。相贯线具有以下特性：

(1) 相贯线由两立体相交部分表面上一系列共有点组成。

(2) 由于立体具有一定范围，所以相贯线一般都是封闭的。

本章主要讲述两立体相交时，求交线的基本原理和作图方法。

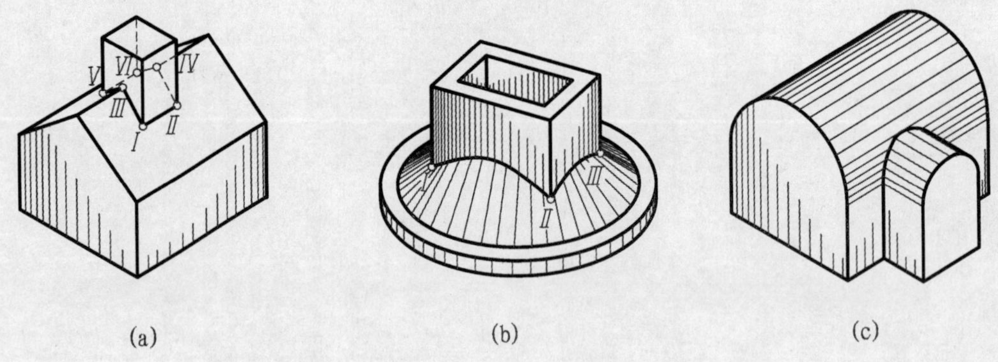

(a)　　(b)　　(c)

图 9.1　立体表面的相贯线

(a) 相贯线由直线段组成；(b) 相贯线由平面曲线组成；(c) 相贯线由空间曲线和直线组成

9.1　平面立体与平面立体相交

两平面立体的相贯线一般是封闭的空间折线，特殊情况是平面折线或不封闭折线。折线的各线段是两平面立体相应棱面的交线，折线的各顶点是一个平面立体的棱线(或底边线) 对另一平面立体的贯穿点，所以求作两平面立体的相贯线可归纳为以下两种：

(1) 求出两平面立体上相交棱面的交线。

(2) 求一平面立体的棱线对另一立体表面的贯穿点，并按空间关系依次连接。

例 9.1　已知三棱柱与三棱锥相交，求其表面交线。

解　如图 9.2(a) 所示，三棱柱棱线铅垂，其水平投影有积聚性，相贯线的水平投影落在三棱柱水平投影上。三棱锥的棱边 SA，SB，SC 完全贯穿到三棱柱中，形成两条封闭的相贯线。

作图步骤如下(见图 9.2(b))：

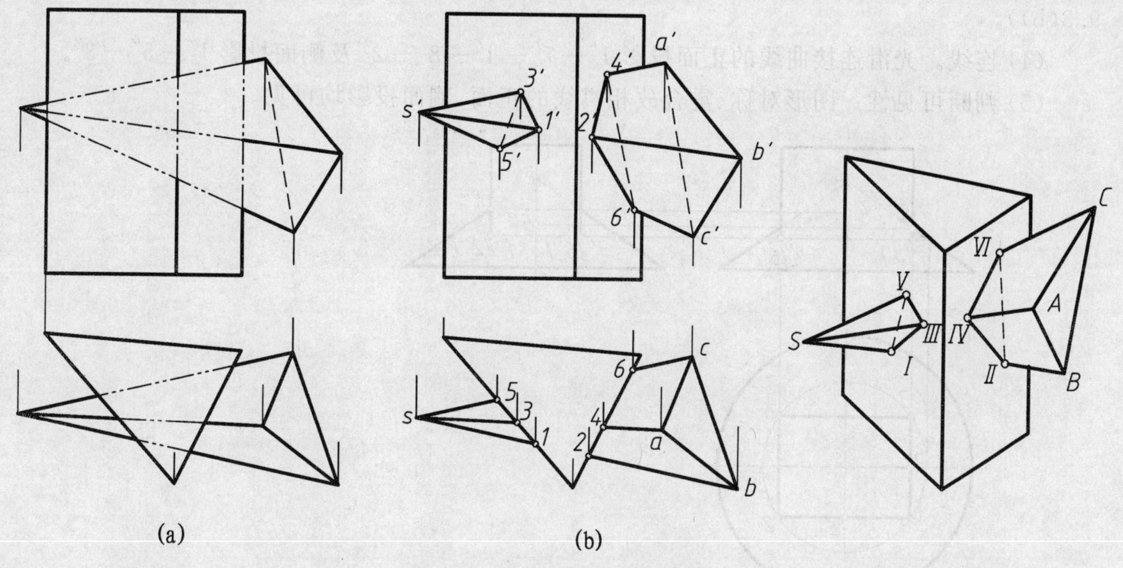

图 9.2　三棱椎与三棱柱相贯

(1) 求贯穿点。利用三棱柱的积聚性，直接求出三棱锥棱边的贯穿点的水平投影 1 ～ 6，且向上作图，完成其正面投影 1′ ～ 6′。

(2) 连线。判别在三棱柱同一侧面，同时在三棱锥同一侧面上的两点并连线完成投影 1′，3′，5′ 和 2′，4′，6′ 两条相贯线。

(3) 判别可见性。三棱柱左、右两侧面正面投影可见，三棱锥面的 *SAB*，*SBC* 正面投影可见，所以投影 1′3′1′5′，2′4′2′6′ 可见，投影 3′5′，4′6′ 不可见。

9.2　平面立体与曲面立体相交

当平面立体与曲面立体相交时，相贯线是若干的平面曲线组成的空间封闭线段。各段平面曲线实际上是平面立体上的一个棱面与曲面立体相交的截交线，而两条平面曲线的交点(相贯线上的结合点)是平面立体各棱线对曲面立体的贯穿点，因此，求作平面立体与曲面立体相交的相贯线可归纳为求截交线和贯穿点的问题。

例 9.2　完成四棱柱与圆锥相交的相贯线。

解　如图 9.3(a) 所示，四棱柱的棱线是铅垂线，水平投影积聚，即相贯线的水平投影已知，求作相贯线的正面投影和侧面投影。又四棱柱的 4 个棱面关于圆锥水平投影的中心线前、后、左、右对称，即前、后棱面的交线正面投影重合，左、右棱面的交线侧面投影重合。

作图步骤如下：

(1) 求贯穿点。可用纬圆作辅助线求出棱线与圆锥的贯穿点(最低点) Ⅰ，Ⅱ，Ⅲ，Ⅵ，根据水平投影 1′，2′，3′，6′ 作正面投影 1″，2″，3″，6″。

(2) 求相贯线的投影。相贯线正面投影的最高点 Ⅳ 是圆锥侧面投影的转向轮廓线与前棱面侧面投影的交点，即投影 4″，由投影 4″ 可求得投影 4′；相贯线侧面投影的最高点 Ⅴ 是圆锥正面投影的转向轮廓线与左棱面正面投影的交点即投影 5′，由 5′ 可求得 5″，如图 9.3(a) 所示。

(3) 求一般点。 同样用纬圆法求出两对称的一般点 Ⅶ，Ⅷ 的正面投影 7′，8′(见图

9.3(b))。

(4) 连线。光滑连接曲线的正面投影 $1'-7'-4'-8'-2'$ 及侧面投影 $1''-5''-3''$。

(5) 判断可见性。图形对称、重合故相贯线的正面、侧面投影均可见。

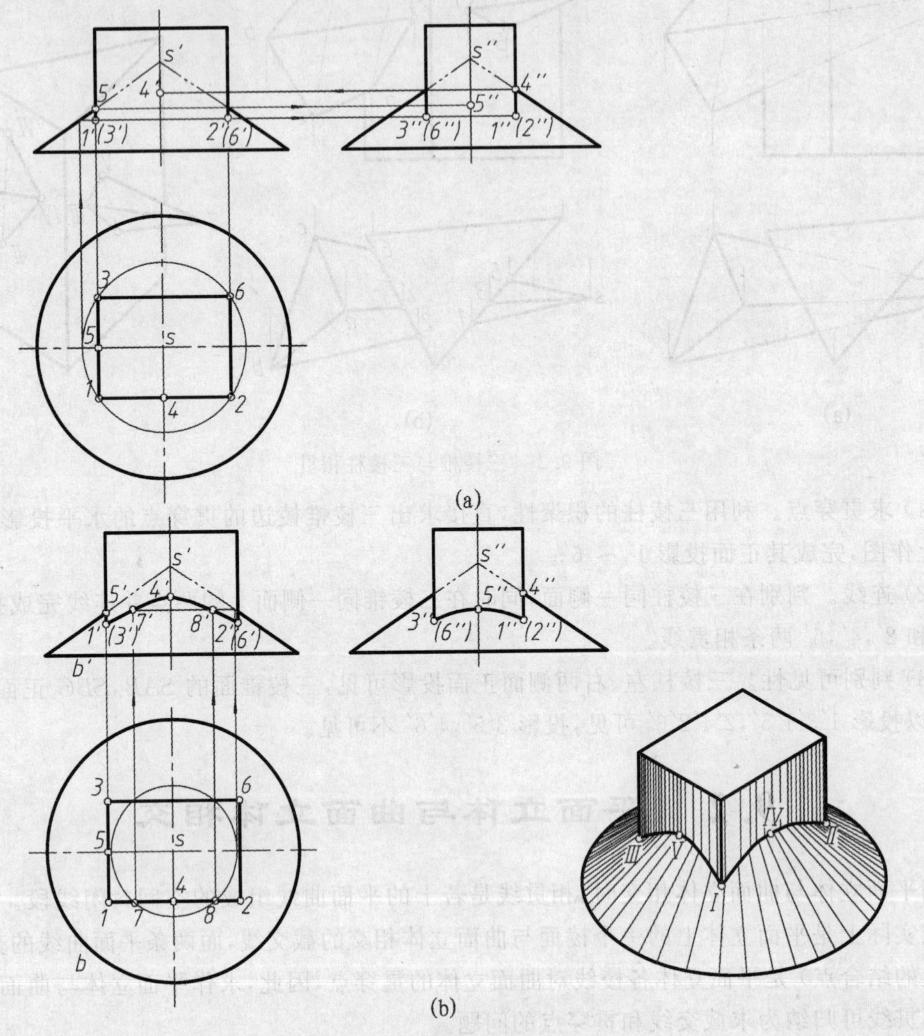

图 9.3　四棱柱与圆锥相交

例 9.3　求作四棱柱与圆柱的相贯线。

解　如图 9.4(a) 所示,四棱柱关于圆柱水平投影的中心线前、后、左、右对称,即相贯线也对称。圆柱的轴线是铅垂线,其相贯线的水平投影积聚在圆上(两段圆弧);相贯线的正面投影为前、后两平面截切圆柱,其截交线为两素线;上、下两平面截切圆柱截交线为圆,正面投影积聚成直线。

作图步骤如下:如图 9.4(b) 所示,由于相贯体前、后、左、右对称,前、后两平面截切圆柱得Ⅰ,Ⅱ 素线。正面投影为 $1'$,$2'$;上、下两平面截圆柱得圆弧投影 1,2,3,正面投影积聚成直线 $1'$,$2'$,$3'$。其相交线左、右对称,且正面投影可见。

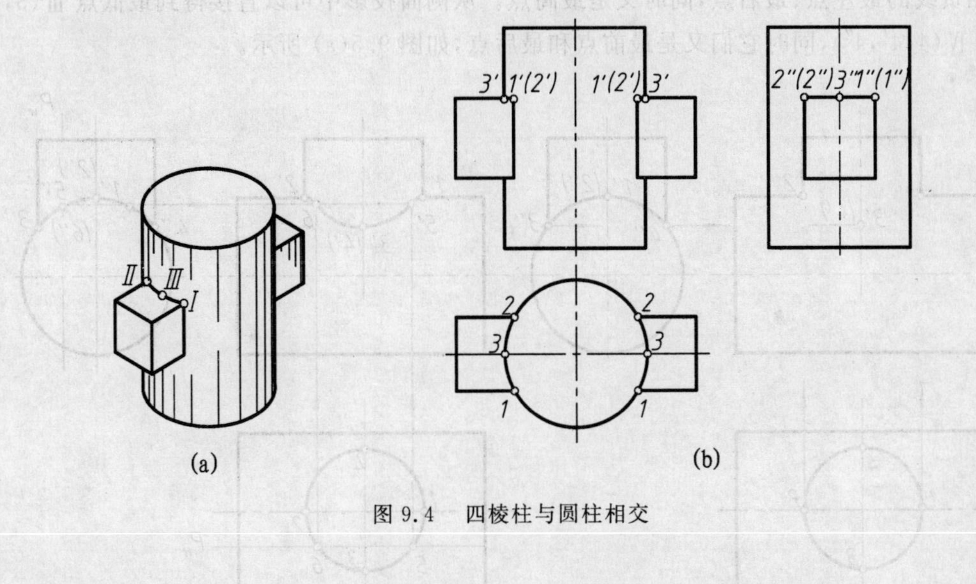

图 9.4　四棱柱与圆柱相交

9.3　曲面立体与曲面立体相交

两曲面立体的相贯线通常为封闭的空间曲线，特殊情况下为平面曲线或直线。相贯线的点为相交两曲面立体面所共有。因此，求作两曲面立体的相贯线可归纳为求出两立体表面上一系列共有的点。当求相贯线上的点时，一般先求出特殊点，如最高、最低点，最左、最右点，最前、最后点；投影的可见性分界点及回转体投影转向轮廓线上的终止点等；然后再求出若干一般点。

9.3.1　相贯线的作图方法

求两曲面立体表面相贯线上共有点的方法通常有下述两种。

1. *表面取点法*

当两曲面立体中的一个立体表面的投影有积聚性时，相贯线的该投影已知，其他投影可利用曲面立体表面取点的方法求出。

2. *辅助平面法*

相贯线是两立体表面共有点的集合，利用三面共点原理，选用适当位置的平面作为辅助面，即可求得共有点。如图 9.5(c) 所示，用正平面同时截切两圆柱，平面 P 与两圆柱的交线均为矩形，两矩形的交点为相贯线的点。

例 9.4　求作轴线正交的两圆柱的相贯线(见图 9.5(c))。

解　如图 9.5(a) 所示，这两圆柱相交的相贯线为前后、左右均对称的空间曲线，其水平投影积聚在直立圆柱的水平投影上，侧面投影积聚在水平圆柱的侧面投影上，因此，只须求作相贯线的正面投影。由于两圆柱轴线垂直正交，因而作图时可选用水平面、正平面或侧平面作为辅助平面。其作图步骤如下：

(1) 求特殊点。两圆柱在 V 面投影中可得到轮廓线的交点 Ⅰ(1,1′,1″) 和 Ⅱ(2,2′,2″)，它们为相贯线的最左点、最右点,同时又是最高点。从侧面投影中可以直接得到最低点 Ⅲ(3,3′,3″)和 Ⅳ(4,4′,4″),同时它们又是最前点和最后点,如图 9.5(a) 所示。

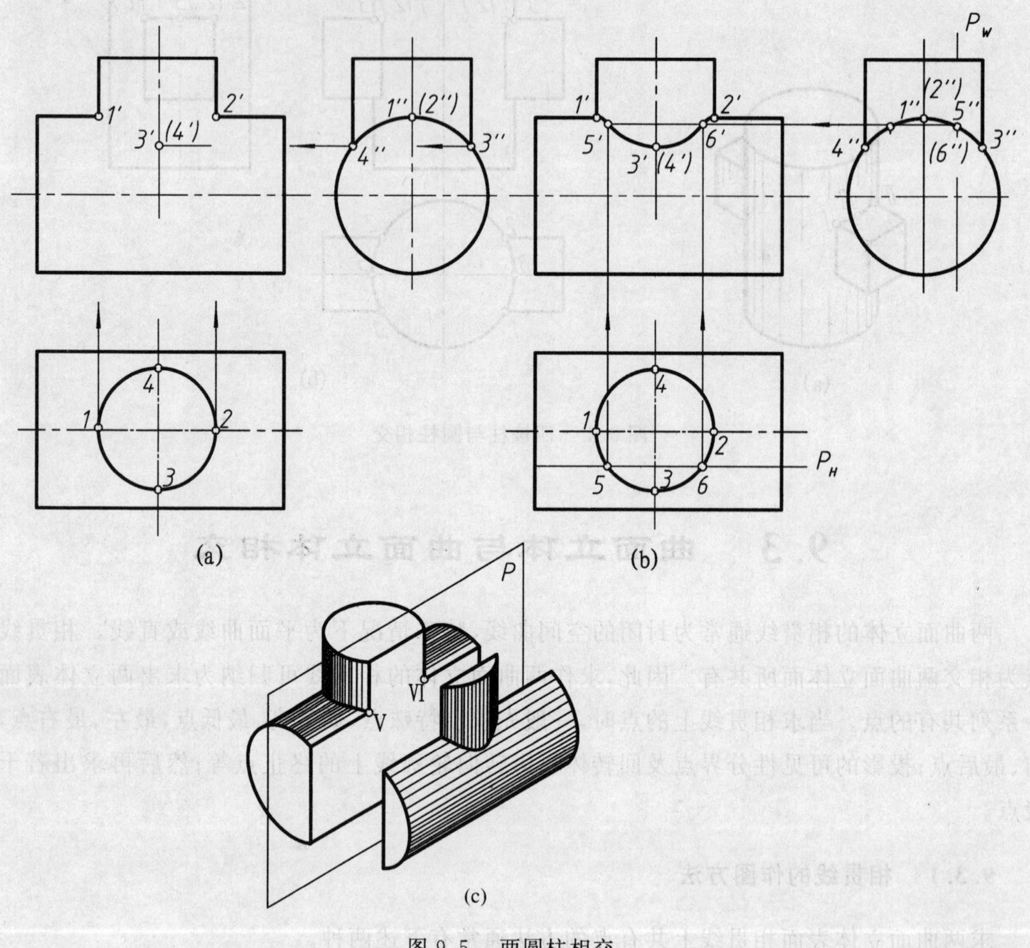

图 9.5　两圆柱相交

(2) 求一般点。作辅助平面 P,求得点 Ⅴ(5,5′,5″) 和 Ⅵ(6,6′,6″) 等,如图 9.5(b) 所示。

(3) 判别可见性。相贯线正面投影的可见和不可见部分重合,故画成粗实线。

(4) 连接。依次光滑连接各点的正面投影,即为所求。

如图 9.6(a) 所示,在圆柱上钻一圆柱形通孔,则相贯线仍应看成是直立圆柱与水平圆柱的交线,其形状和求法与图 9.5 所示相同,所不同的是要用虚线画出直立圆柱孔的轮廓素线。

图 9.6(b) 所示为在套筒上钻一圆柱孔的情况。其中钻孔与外圆柱面的相贯线为 B,钻孔与内圆柱面的相贯线为 A,其相贯线的性质、形状和求法均与图 9.6(a) 所示相同。因此,立体上相贯线可能有 3 种情况,即两立体外表面的相贯线、内表面相贯线以及内表面与外表面的相贯线。

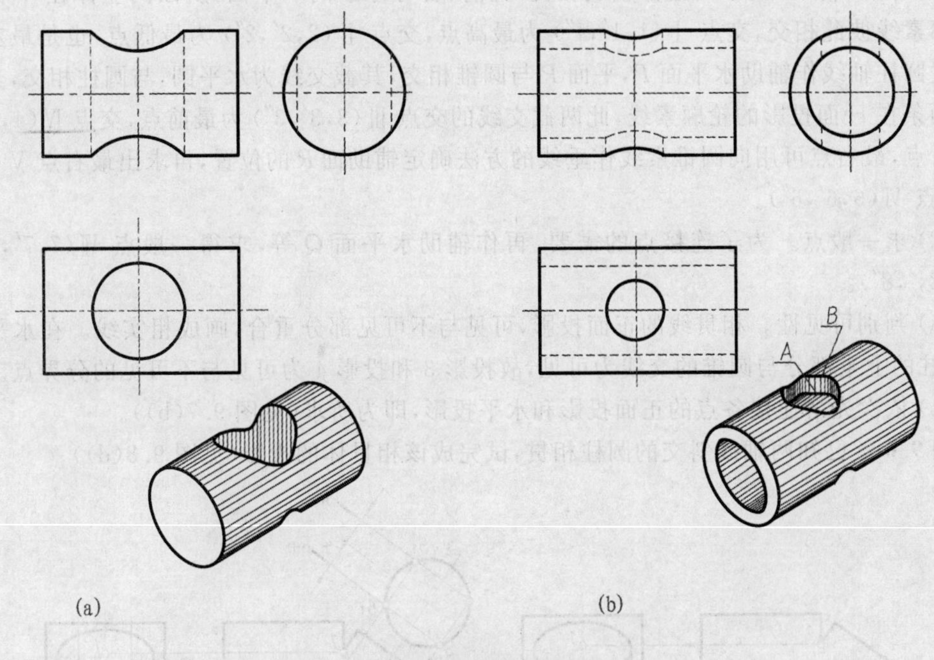

(a)　　(b)

图 9.6　两圆柱相贯线的常见情况

例 9.5　已知两轴线正交的圆柱与圆锥，完成该相贯体的投影。

解　如图 9.7(a) 所示，由于水平圆柱的侧面投影有积聚性，相贯线的侧面投影与它重合，因此，只须求作其水平投影及正面投影。此相贯线为前、后对称的空间曲线，故其正面投影的可见部分与不可见部分重合。又因圆锥轴线垂直于 H 面，所以可选取辅助水平面，水平面截圆柱得矩形，截圆锥得水平圆，两平面图形的交点为相贯线上的点。其作图步骤如下：

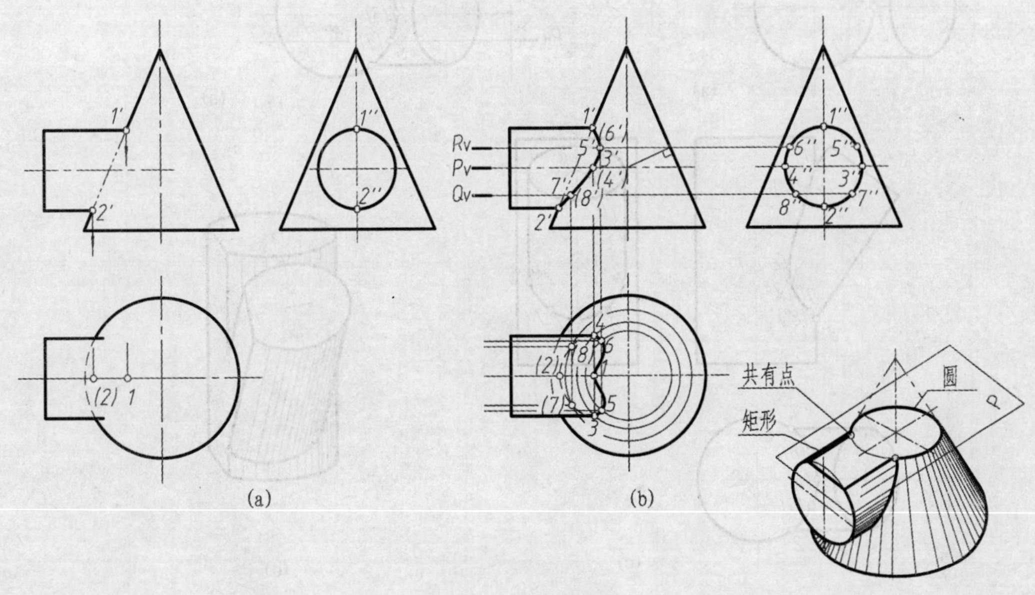

(a)　　(b)

图 9.7　圆柱与圆锥相交

(1) 求特殊点。由于两立体轴线相交,且前、后对称于同一平面,所以两立体在V面投影的轮廓素线彼此相交,交点Ⅰ(1,1′,1″)为最高点,交点Ⅱ(2,2′,2″)为最低点,也是最左点。然后过圆柱轴线作辅助水平面 P,平面 P 与圆锥相交,其截交线为水平圆,与圆柱相交,其截交线为两条在H面投影的轮廓素线,此两截交线的交点Ⅲ(3,3′,3″)为最前点,交点Ⅳ(4,4′,4″)为最后点,最右点可用向圆锥素线作垂线的方法确定辅助面 R 的位置,再求出最右点Ⅴ(5,5′,5″)和点Ⅵ(6,6′,6″)。

(2) 求一般点。为了连接点的需要,再作辅助水平面 Q 等,求得一般点Ⅶ(7,7′,7″)和Ⅷ(8,8,′,8″)。

(3) 判别可见性。相贯线的正面投影,可见与不可见部分重合,画成粗实线。在水平投影中,圆柱的上半部分与圆锥的交线为可见,故投影3和投影4为可见与不可见的分界点。

(4) 依次光滑连接各点的正面投影和水平投影,即为所求(见图9.7(b))。

例9.6 已知两轴线斜交的圆柱相贯,试完成该相贯体的投影(见图9.8(d))。

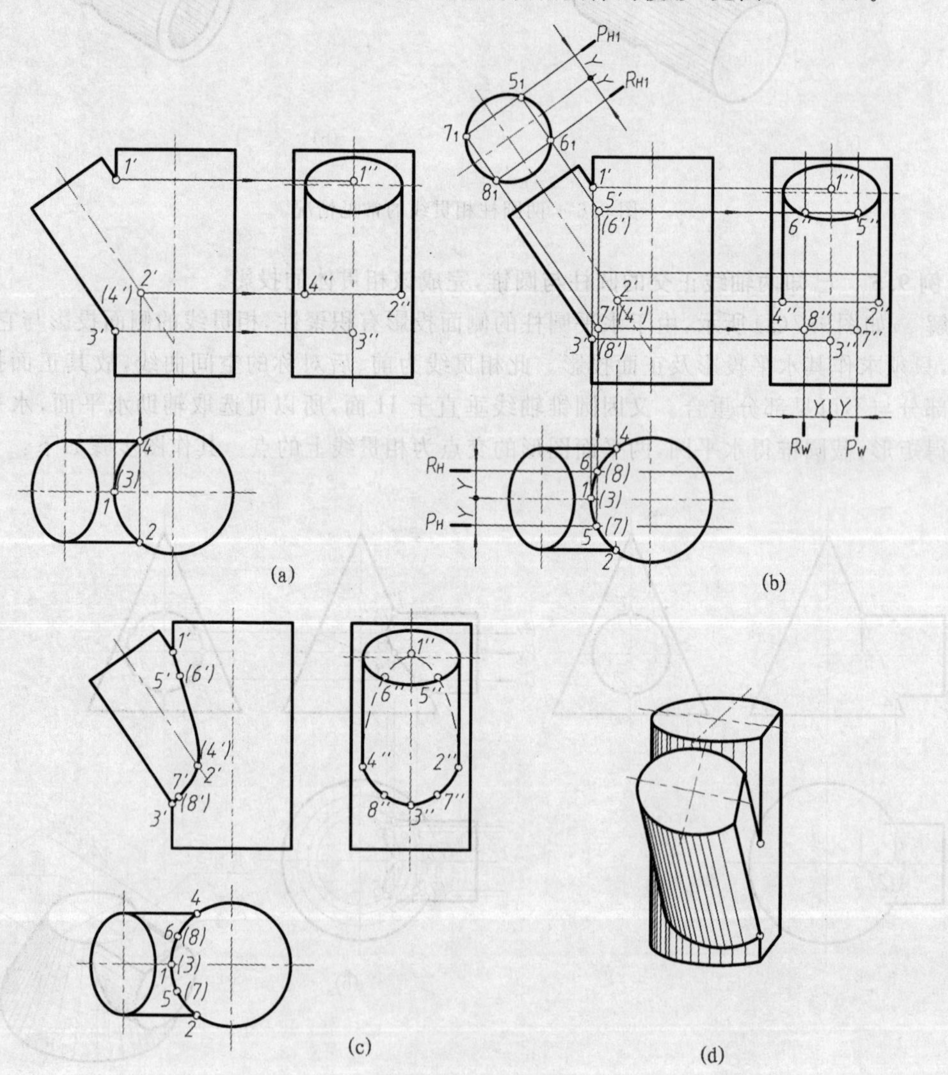

图9.8 二轴线斜交的圆柱

解　如图 9.8(a) 所示，此相贯线为前、后对称的空间曲线，由于直立大圆柱轴线是铅垂线，因此相贯线的水平投影与柱面的水平投影重合，须求出相贯线的正面投影和侧面投影。又因两圆柱轴线相交且均平行于 V 面，故用正平面作为辅助面(见图 9.8(d)) 可与两圆柱面相交得矩形截交线，其交点即为相贯线上的点。

作图步骤如下：

(1) 求特殊点(见图 9.8(a))。由于两圆柱的轴线同处在一个正平面上，因此正面投影中两外形素线的投影 1′,2′，即为相贯线的最高、最低点 Ⅰ,Ⅱ 的正面投影，据此可得投影 1,2 及 1″,2″。

由于最前、最后点是小圆柱的最前、最后两素线与大圆柱的交点，因此可利用大圆柱的水平投影的积聚性直接求得最前、最后点 Ⅲ,Ⅳ 的各面投影。

(2) 求一般点(见图 9.8(b))。在适当位置作正平面 $P(P_H,P_W)$。P_H 与圆的交点的投影 5,7，即得 P 面与大圆柱交得素线的水平投影，不能在已知的三投影中直接求得(小圆柱端面的水平投影、侧面投影是椭圆，不能用于作图)。为此可作垂直于小圆柱轴线的新投影面 H_1，则小圆柱面在 H_1 面上的投影便具有积聚性。用水平投影 P_H 至轴线的距离 Y，可作出 P 面的新投影 P_{H_1}，它与小圆柱面新投影的交点 5_1，7_1 就是 P 面与小圆柱面相交的两条素线的新投影。由此可作出这两条素线的正面投影，它们与已经作出的大圆柱面上素线的投影相交，便得出所求的点的投影 5′,7′。侧面投影 5″,7″ 在 P_W 上求得。

同理，采用与 P 面对称的辅助平面 R，可求得点 Ⅵ,Ⅷ。

(3) 连接。用曲线依次光滑地连接 Ⅰ－Ⅴ－Ⅱ－Ⅶ－Ⅲ－Ⅷ－Ⅳ－Ⅵ－Ⅰ 各点的同面投影。

(4) 判别可见性。因为相贯线前、后对称，所以正面投影中只须画出可见的部分 1′－5′－2′－7′－3′。对于侧面投影，因为小圆柱的左下半个圆柱面是可见的，右上半个圆柱面不可见，所以应将 2″－7″－3″－8″－4″ 画成粗实线，而将 4″－6″－1″－5″－2″ 画成虚线。投影 2″,4″ 就是相贯线侧面投影中可见与不可见部分的分界点(见图 9.8(c))。

例 9.7　求圆柱与半圆球的相贯线。

解　如图 9.9 所示，此相贯线为前、后对称的空间曲线。由于圆柱的轴线为铅垂线，相贯线的水平投影与圆柱面的水平投影重合，故须求正面投影和侧面投影。辅助平面可以任选一种或几种投影面的平行面。其作图步骤如下：

(1) 求特殊点。两立体前、后对称于同一平面，所以两立体正面投影的轮廓素线彼此相交，交点 Ⅰ(1,1′,1″) 为最低点，也是最左点；交点 Ⅱ(2,2′,2″) 为最高点，也是最右点。从水平投影可以得到点 Ⅲ 为最前点，点 Ⅳ 为最后点，过点 Ⅲ 和点 Ⅳ 作辅助侧平面，即得各点的投影。

(2) 求一般点。为了连接点的需要，再作辅助侧平面，求出一般点 Ⅴ(5,5′,5″) 和 Ⅵ(6,6′,6″) 等。

(3) 判别可见性。相贯线的正面投影，可见与不可见重合，画成粗实线。在侧面投影中，圆柱面的左半部分和圆球面的左半部分交线为可见，故投影 3″ 和投影 4″ 两点为可见与不可见的分界点。

(4) 连接。依次光滑连接各点的正面投影和侧面投影，即为所求(见图 9.9(b))。

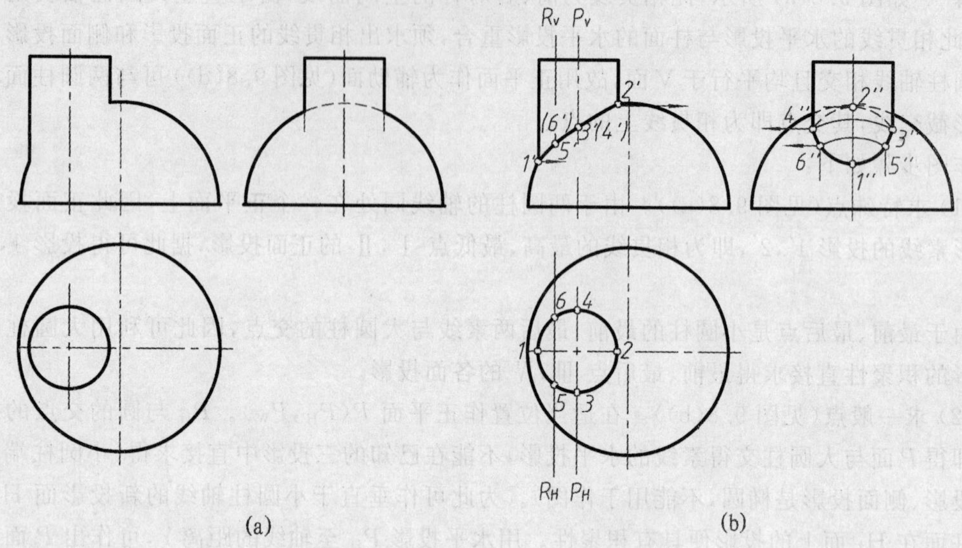

图 9.9　圆柱与半球相交

9.3.2　影响相贯线形状的因素

在特殊情况下，两曲面主体的相贯线可能为平面曲线或直线。

1. 相贯线为平面曲线

(1) 当回转体同轴相贯时，相贯线是圆；当回转面与球面相交且球心在回转轴上时相贯线是圆，如图 9.10 所示。

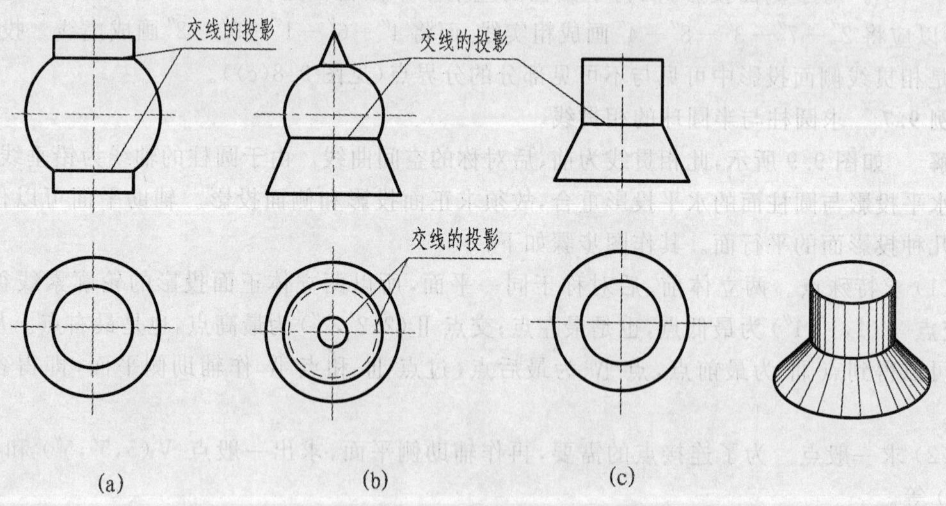

图 9.10　相贯线是圆

(2) 当两个二次曲面公切于一球面时，相贯线为平面曲线，若曲线所在平面与投影面垂直，则在该投影面上的投影为一直线，如图 9.11 所示。

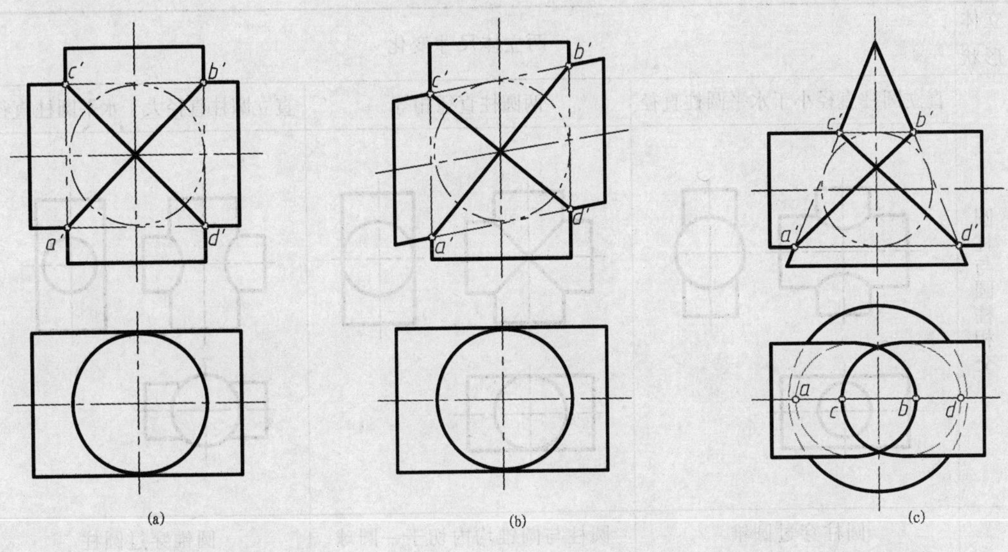

(a)　(b)　(c)

图 9.11　相贯线是椭圆

2. 相贯线是直线

两柱体轴线平行，或两椎体共顶时，相贯线为直线，如图 9.12 所示。

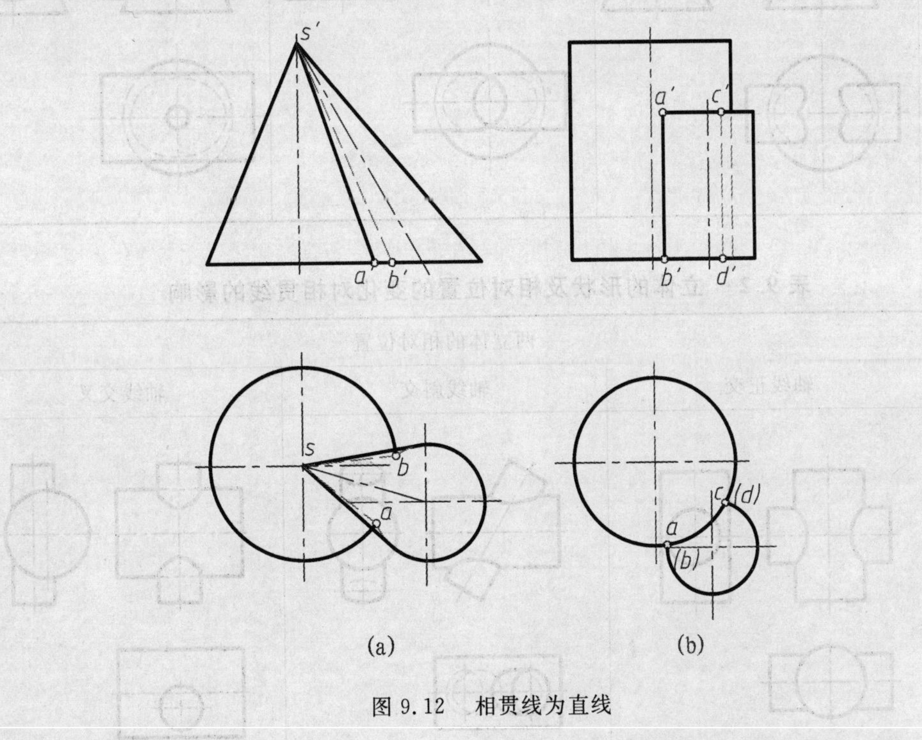

(a)　(b)

图 9.12　相贯线为直线

两相贯曲面立体的尺寸形状及其相对位置，对相贯线的影响见表 9.1、表 9.2。

表 9.1　立体的尺寸变化对相贯线的影响

相对位置	立体形状	两立体尺寸变化		
轴线正交	圆柱与圆柱相交	直立圆柱直径小于水平圆柱直径	两圆柱直径相等	直立圆柱直径大于水平圆柱直径
轴线正交	圆柱与圆锥相交	圆柱穿过圆锥	圆柱与圆锥均内切于一圆球	圆锥穿过圆柱

表 9.2　立体的形状及相对位置的变化对相贯线的影响

立体的形状	两立体的相对位置		
	轴线正交	轴线斜交	轴线交叉
圆柱与圆柱相交			

续 表

立体的形状	两立体的相对位置		
	轴线正交	轴线斜交	轴线交叉
圆柱与圆锥相交	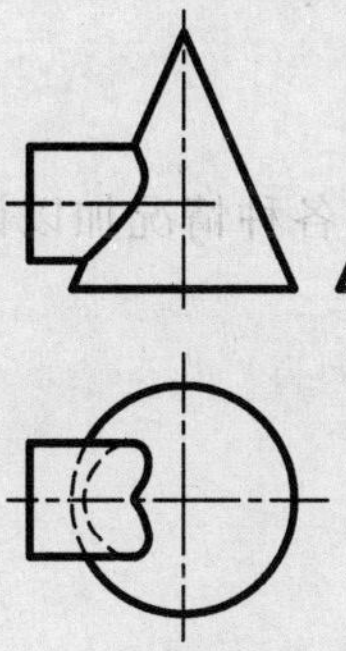	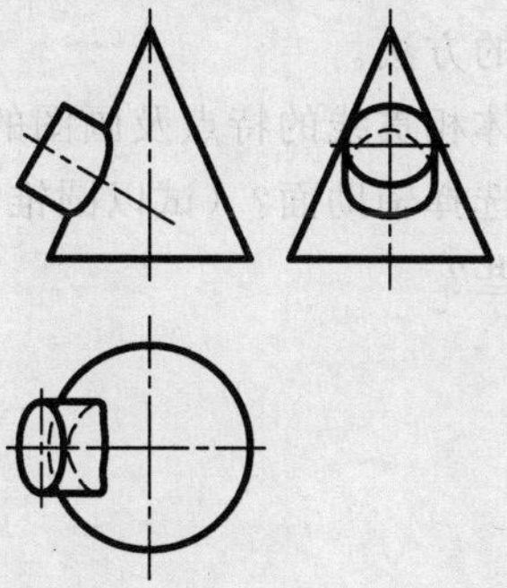	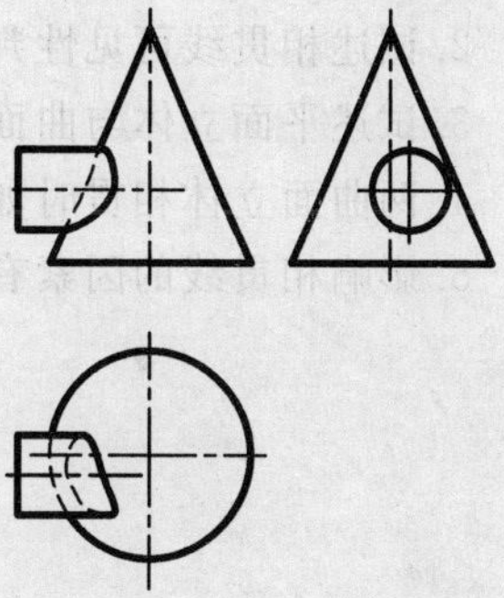

本 章 小 结

1. 平面立体与平面立体相交。

两平面立体相交时，相贯线一般为封闭的空间折线。作相贯线的方法如下：

(1) 求出两平面立体上棱面的交线。

(2) 求出一平面立体的棱线对另一立体表面的贯穿点，并按空间关系依次连接。

2. 平面立体与曲面立体相交。

当平面立体与曲面立体相交时，相贯线是若干的平面曲线组成的空间封闭线段。求作平面立体与曲面立体相交的相贯线，可归纳为求截交线和贯穿点的问题。

3. 曲面立体与曲面立体相交。

两曲面立体的相贯线通常为封闭的空间曲线，特殊情况下为平面曲线或直线。基本作图方法为：根据相贯线的性质，求作相贯线的投影，可利用曲面立体的积聚性，或采用辅助平面。辅助面一般选用平行平面。平行面与两立体相交之截交线应为圆或直线。求相贯线的作图步骤如下：

(1) 分析两立体的形状、大小、相对位置，以及确定相贯线的类型、投影与辅助面的选择。

(2) 作图时，首先做出特殊点(最高、最低、最前、最后、最左、最右、虚实分界点等)，并注意轮廓素线上的共有点。

(3) 在特殊点之间，选择适当的辅助面，求出一定数量的一般点。

(4) 判别可见性，以此光滑连接各点的同面投影。

(5) 补画轮廓素线。

4. 了解影响相贯线的因素，掌握两曲面立体相交相贯线的特殊情况。

(1) 两相交立体的几何形状。

(2) 两立体的相对位置。

(3) 两立体的尺寸大小。

思 考 题

1.试述相贯线的性质和选择辅助面的一般要求。

2.试述相贯线可见性判别的方法。

3.试述平面立体与曲面立体相贯线的特点及画图的方法和步骤。

4.两曲面立体相贯时如何选择辅助面?(试以圆锥与圆柱相贯的各种情况加以说明)。

5.影响相贯线的因素有哪些?

第 10 章　组　合　体

【本章提要】

任何机器零件,如果只考虑它们的形状、大小和表面相对位置,均可抽象地看成由柱、锥、球等基本几何体按一定的方式组合而成的组合体,为了便于分析,按形体的组合特点可将其组合方式分为叠加式、切割式和综合式。组合体的投影是以基本形体的投影为基础的。本章主要介绍组合体视图的画法和阅读,以及尺寸的基本方法。

10.1　组合体的视图表达

10.1.1　组合体的组合方式

一般机械零件都可以看做是由多个几何体组合而成。按形体的组合特点,可将其组合方式分为叠加式(两基本体表面重合或相交,见图 10.1(a))、切割式(一个基本体被平面或曲面截切产生不同形状的截交线或相贯线,见图 10.1(b))。在许多情况下组合体的组合方式并无严格界线,分析时应根据具体情况以便于作图、易于理解为原则。

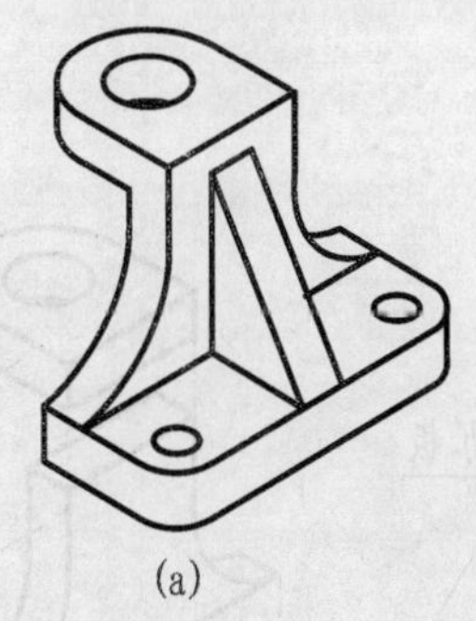
(a)

(b)

图 10.1　组合体的组合方法

10.1.2　组合体表面的相对位置关系

组合体表面的相对位置关系一般可区分为相切、相交、平齐和不平齐 4 种情况。

当两基本体表面相切时,在相切处两表面光滑过渡,没有分界线,如图 10.2(a) 所示。

当两基本体表面相交时,形体表面产生交线,视图中相交处应画出分界线,如图 10.2(b)

所示。

当两基本体表面平齐时,形体表面没有分界线,如图 10.2(c) 所示;当两基本体表面不平齐时,则在形体表面应画出分界线,如图 10.2(d) 所示。

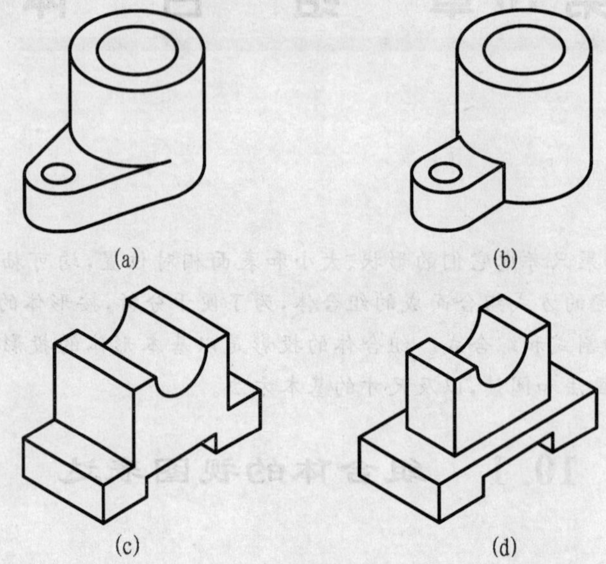

图 10.2　组合体表面的相对位置

10.1.3　组合体视图的画法

要画组合体视图,可采用对组合体进行形体分析的方法,就是把组合体分解成若干基本形体。分析基本形体的形状、组合方式、相对位置及表面连接关系,从而有分析、有步骤地进行作图。

例 10.1　画出如图 10.3(a) 所示支架的三视图。

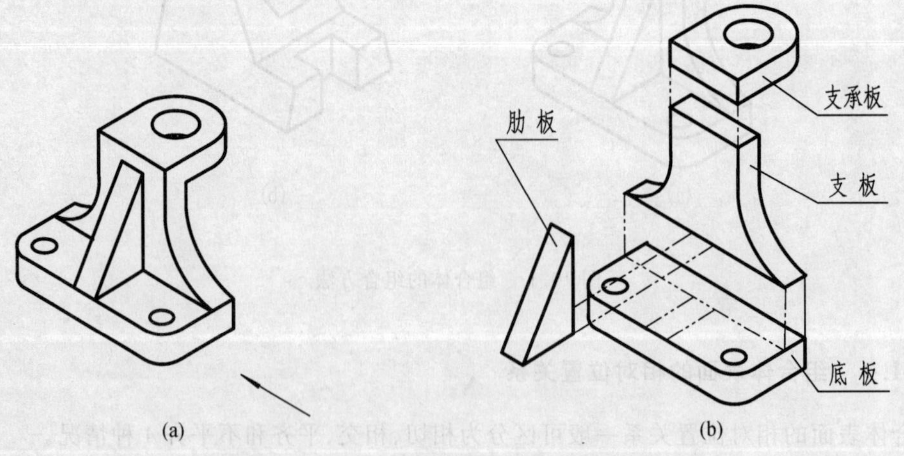

图 10.3　支架

(1) 形体分析。图 10.3(a) 所示支架是以叠加为主的组合体。用形体分析的方法，我们可以把支架拆分为支承板、支板、肋板和底板 4 个基本形体，如图 10.3(b) 所示。

支承板和支板的两侧表面上各有两处平面与圆柱面相切，而支承板与支板叠加后有 3 处表面的相对位置相互平齐。

(2) 视图选择。画组合体视图时，一般应使其处于自然安放位置，尽量选择反映组合体形状特征的视图作为主视图，并尽量减少组合体投影中的虚线以使视图清晰。

图 10.3(a) 箭头所示方向所得视图可清晰表达组合体中各基本形体的相对位置和组成方式，可作为主视图。

主视图确定后，其他视图的选择也就确定了，其原则是用最少数量的视图把形体表达完整、清楚。

(3) 绘图方法和步骤。视图选定后，即可根据所表达组合体的大小及复杂程度确定画图比例及所需图幅尺寸。具体步骤如下：

1) 在布置好视图位置的图幅上，用细实线绘制各视图的底稿。画底稿时，可先画出各基本形体的定位轴线、对称中心线或最大形体的轮廓线等。然后由大形体到小形体，由主要形状到细部形状，逐个画出各基本形体的三面视图。

2) 对每个基本形体，应从具有形状特征的视图开始画起，并且要 3 个视图联系起来画。底稿画完后，要检查各形体之间的相对位置及各表面之间的过渡关系，仔细检查有无错误、漏线和多画线条，擦去作图线和多余图线，并按规定线型加深。

具体作图过程如图 10.4 所示。

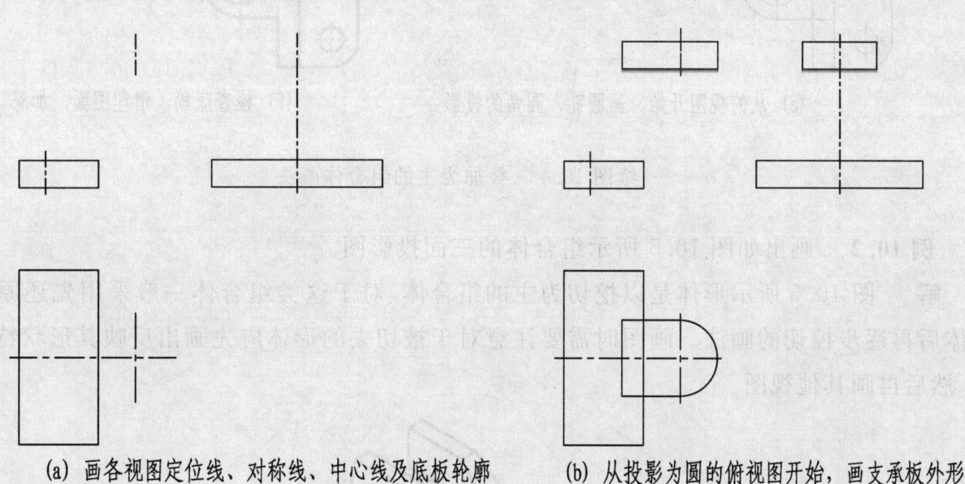

(a) 画各视图定位线、对称线、中心线及底板轮廓　　(b) 从投影为圆的俯视图开始，画支承板外形

图 10.4　叠加为主的组合体画法

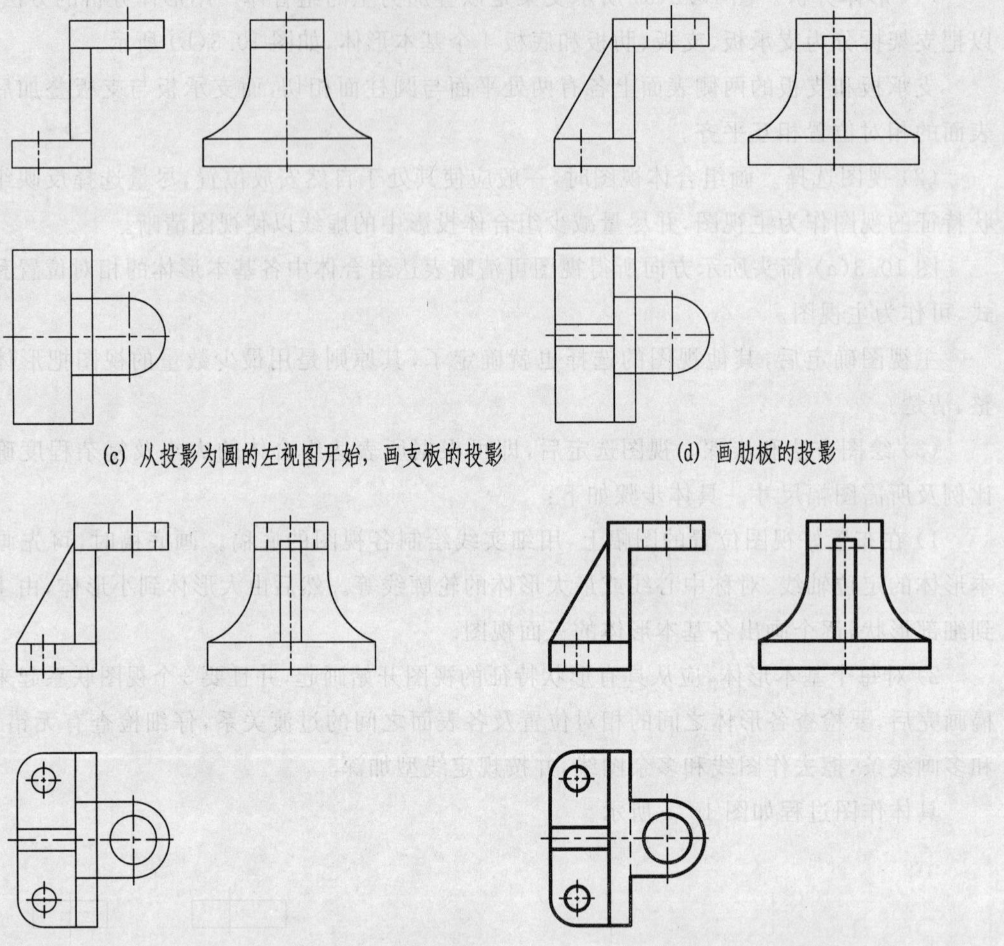

(c) 从投影为圆的左视图开始，画支板的投影　　(d) 画肋板的投影

(e) 从俯视图开始，画圆孔、圆角的投影　　(f) 检查底稿，清理图面，加深

续图 10.4　叠加为主的组合体画法

例 10.2　画出如图 10.5 所示组合体的三面投影图。

解　图 10.5 所示形体是以挖切为主的组合体，对于这类组合体一般采用先还原成基本形体后再逐步挖切的画法。画图时需要注意对于被切去的形体应先画出反映其形状特征的视图，然后再画其他视图。

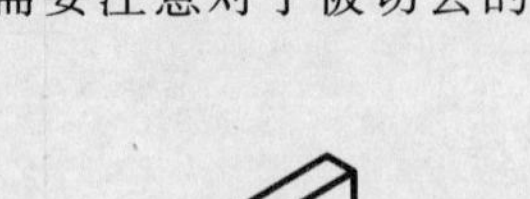

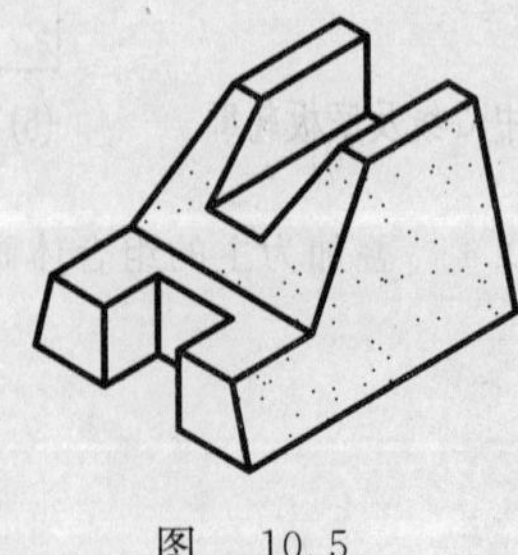

图　10.5

具体步骤如图 10.6 所示。

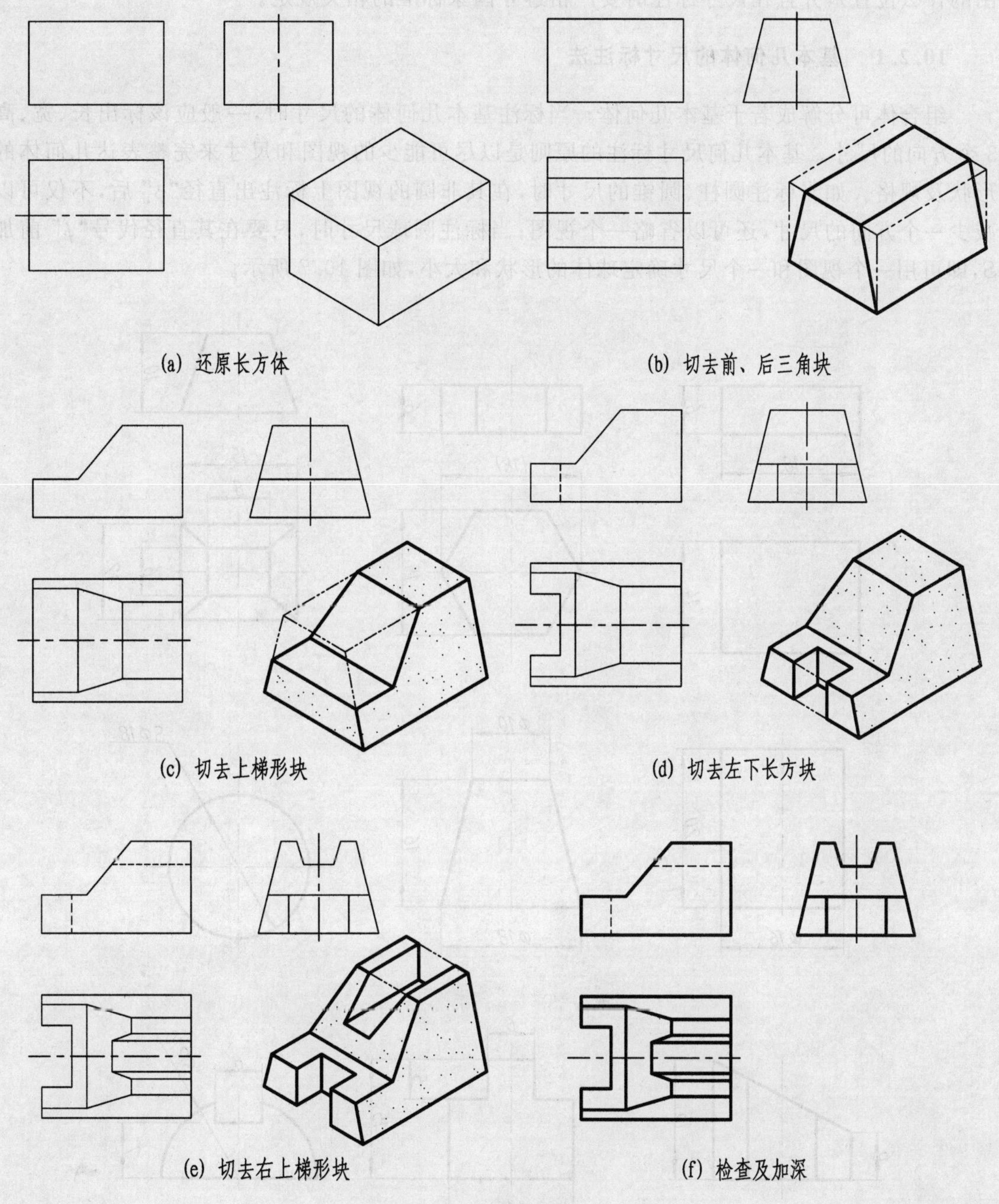

图10.6　挖切式组合体画法

10.2　组合体的尺寸标注

组合体的视图主要用于表达其形状及各部分的相互关系，而组合体的真实大小及各部分的相对位置关系则由视图上所标注的尺寸数值来确定。尺寸标注是形体视图表达中的重要内容之一。因此，尺寸标注应做到完整(哪些尺寸应该标注)、清晰、合理(这些尺寸应标注在投影图的什么位置),并且在尺寸标注时要严格遵守国家标准的相关规定。

10.2.1 基本几何体的尺寸标注法

组合体可分解成若干基本几何体。当标注基本几何体的尺寸时,一般应该标出长、宽、高3个方向的尺寸。基本几何尺寸标注的原则是以尽可能少的视图和尺寸来完整表达几何体的形状及规格。如当标注圆柱、圆锥的尺寸时,在其非圆的视图上标注出直径“ϕ”后,不仅可以减少一个方向的尺寸,还可以省略一个视图;当标注圆球尺寸时,只要在其直径代号“ϕ”前加S,即可用一个视图和一个尺寸确定球体的形状和大小,如图10.7所示。

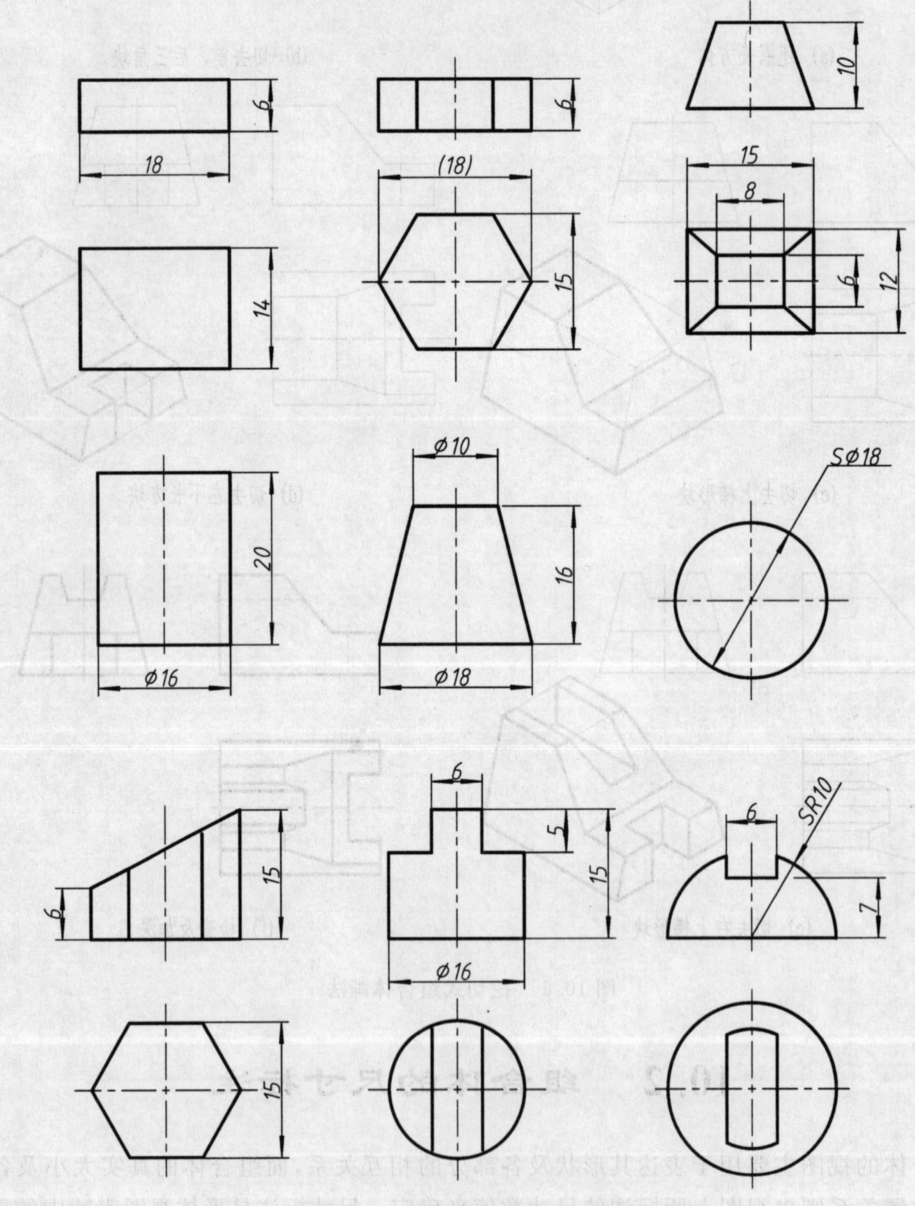

图10.7 基本形体的尺寸标注

10.2.2　组合体的尺寸标注

在组合体的投影图中，应标注以下3种尺寸。

(1) 定形尺寸。它是确定各基本几何体的形状大小的尺寸。

(2) 定位尺寸。它是确定各几何体之间相对位置的尺寸。

(3) 总体尺寸。它是确定组合体在某方向(长、宽、高)上总的尺寸。

当标注定位尺寸时，必须在组合体长、宽、高3个方向上选取尺寸基准，以便确定各基本形体间的相对位置。所谓尺寸基准，即标注尺寸的起点，一般可选用组合体上的底面、顶面、重要端面、对称面或回转体轴线等作为尺寸基准。

现以如图10.8所示支架为例，说明组合体视图上标注尺寸的方法和步骤。

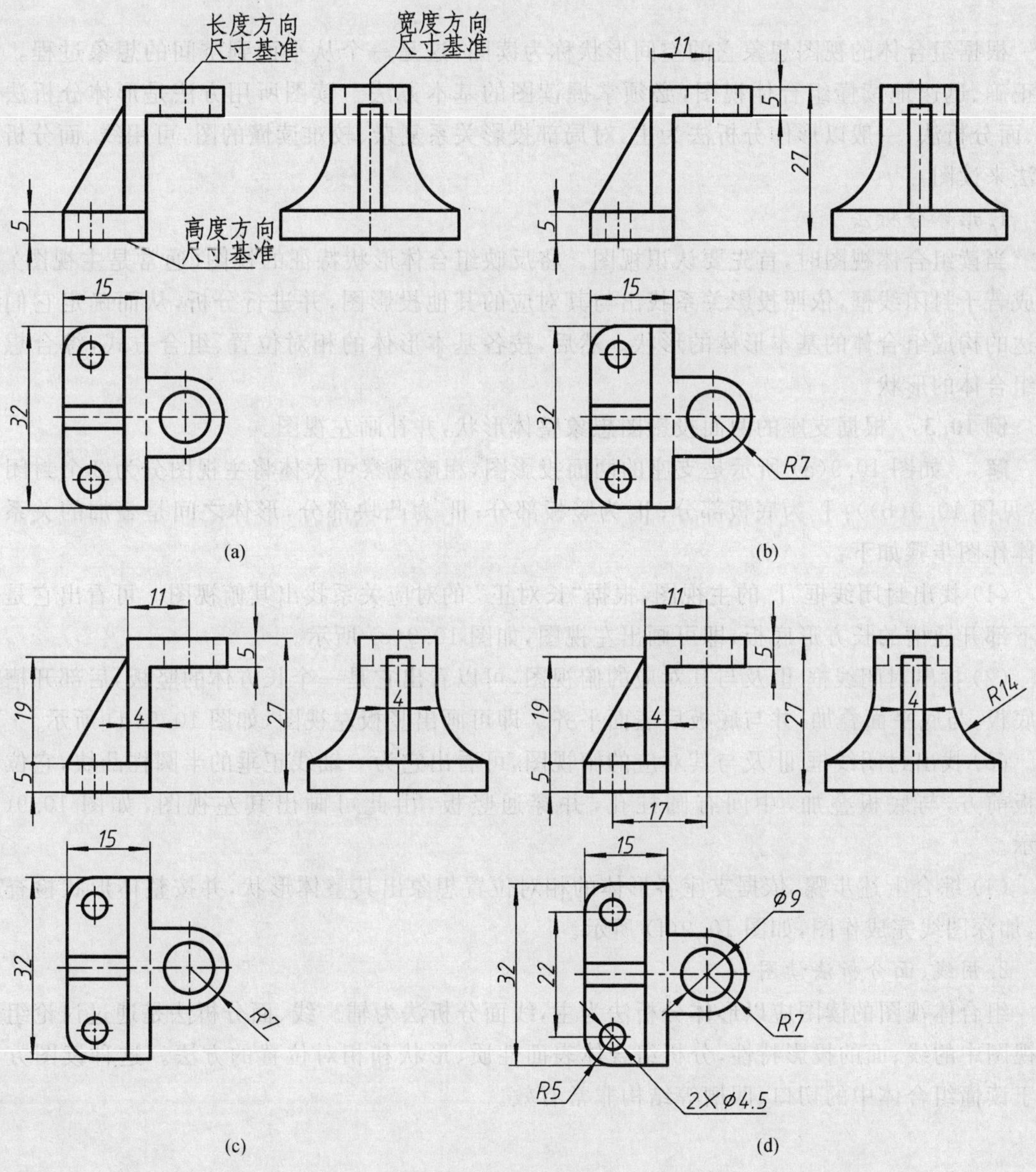

图10.8　组合体的尺寸标注方法和步骤

(1) 选定尺寸基准标注出底板的定形、定位尺寸。如图 10.8(a) 所示,尺寸应标注在形体最清晰的视图上。

(2) 标注出支撑板的定形、定位尺寸,圆弧半径(例 $R7$) 应标注在表示圆弧实形的视图上,如图 10.8(b) 所示

(3) 标注出支撑板、支板的定形尺寸。当标注尺寸时,注意避免尺寸的重复标注,如图 10.8(c) 所示。

(4) 标注出圆孔、圆角尺寸。调整尺寸配置使尺寸标注清晰,易于查找,并作全面检查,如图 10.8(d) 所示。

10.3 组合体视图的阅读

根据组合体的视图想象它的空间形状称为读图,这是一个从平面到空间的想象过程。要能正确、迅速地读懂组合体视图,必须掌握读图的基本方法。读图所用方法是形体分析法和线、面分析法,一般以形体分析法为主,对局部投影关系复杂、较难读懂的图,可用线、面分析的方法来读图。

1. 形体分析法

当读组合体视图时,首先要认识视图。将反映组合体形状特征的视图(通常是主视图) 分解成若干封闭线框,依照投影关系找出与其对应的其他投影图,并进行分析,从而确定它们所表达的构成组合体的基本形体的形状。然后,按各基本形体的相对位置、组合方式,综合想象出组合体的形状。

例 10.3 根据支座的两面投影图想象整体形状,并补画左视图。

解 如图 10.9(a) 所示是支座的两面投影图,粗略观察可大体将主视图分为 3 个封闭线框(见图 10.9(b)):Ⅰ 为底板部分;Ⅱ 为竖板部分;Ⅲ 为凸块部分,形体之间是叠加的关系。具体作图步骤如下:

(1) 找出封闭线框 Ⅰ 的主视图,根据“长对正”的对应关系找出其俯视图。可看出它是一个下部开通槽的长方形底板,即可画出左视图,如图 10.9(c) 所示。

(2) 找出封闭线框 Ⅱ 及与其对应的俯视图,可以看出它是一个长方体的竖板,后部开槽穿通底板,与底平面叠加,并与底板后表面平齐。即可画出竖板左视图,如图 10.9(d) 所示。

(3) 找出封闭线框 Ⅲ 及与其对应的俯视图,可看出它为一轴线正垂的半圆柱凸块,它位于竖板前方,与底板叠加,中间有圆柱孔,并穿通竖板,由此可画出其左视图,如图 10.9(e) 所示。

(4) 综合上述步骤,依据支座各形体的相对位置想象出其整体形状,并按整体形状检查底稿,加深图线完成作图,如图 10.9(f) 所示。

2. 用线、面分析法读图

组合体视图的读图应以形体分析法为主,线面分析法为辅。线、面分析法是通过讨论组合体视图中的线、面的投影特性,分析组合体表面性质、形状和相对位置的方法。这种读图方法对于读懂组合体中的切口、凹槽等结构非常有效。

图 10.9　由支座的两面视图补画左视图

例 10.4　已知压块的主视图、左视图，补画其俯视图。

解　如图10.10(a)所示，压块的两上视图主体形状均可看做是矩形，因此，基本形体为长方体被若干平面截切，得到的是以挖切为主的组合体。具体分析作图步骤如下：

(1) 依据形体主视图、左视图，可看出其主体为长方体切出斜面，且斜面侧垂，可先作出俯视图的矩形框，如图 10.10(b) 所示。

(2) 依据正面投影 P' 及侧面投影 P'' 判断，P 为水平面，其水平投影反映实形，即可作出其水平投影，如图 10.10(c) 所示。

(3) 同作图步骤(2) 一样可完成水平面 Q 的水平投影,如图 10.10(d) 所示。

(4) 平面 R 为正垂面,侧面投影是一个梯形封闭线框,可作出其水平投影,如图 10.10(e) 所示。

(5) 从主视图中下部线框及左视图可看出长方体下部开通槽,完成通槽的水平投影,如图 10.10(f) 所示。

(6) 综合想象其整体形状,并检查底稿,加深图线,完成作图,如图 10.10(g) 所示。

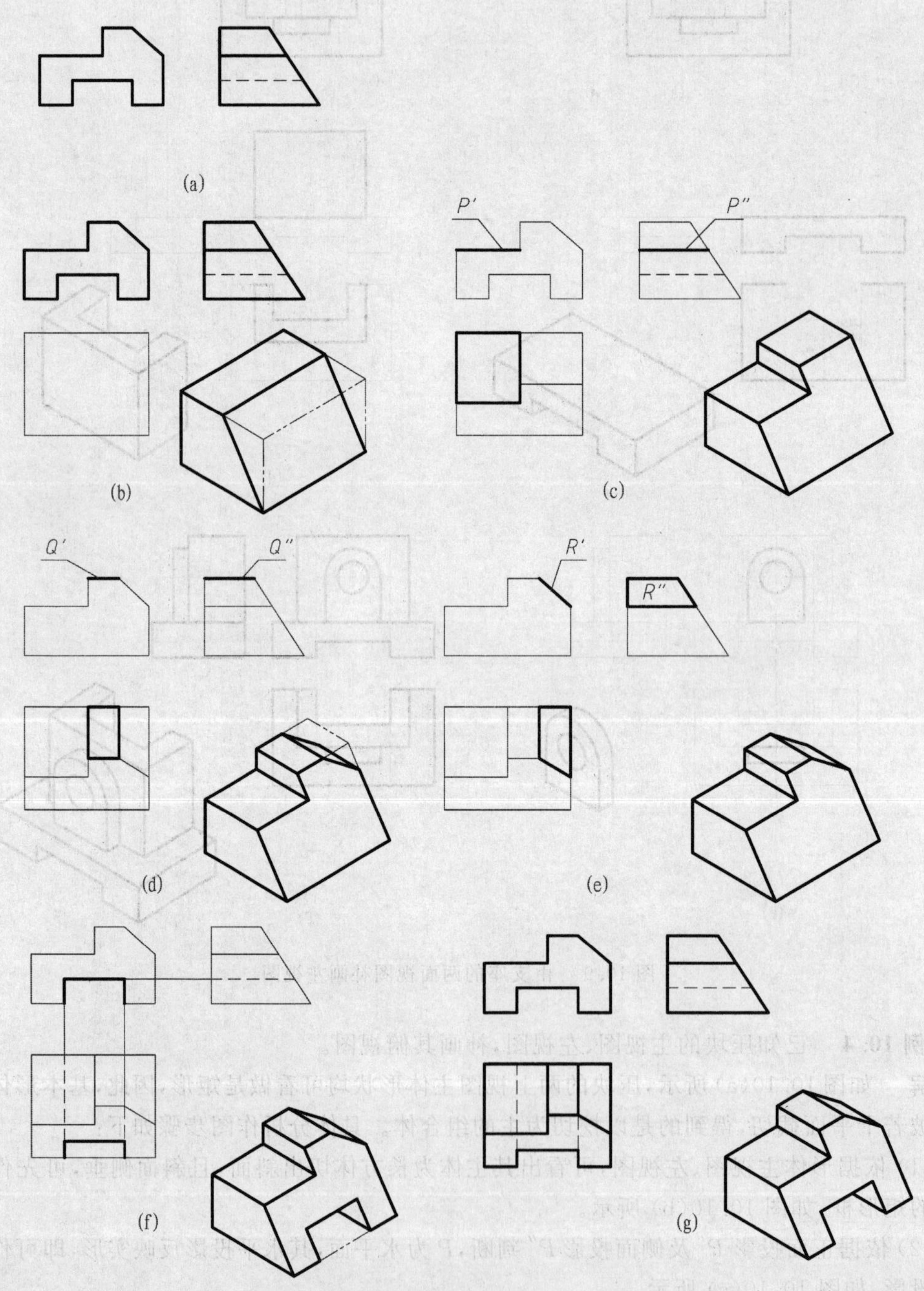

图 10.10　由压块的主、左视图补画俯视图

本章小结

1.用形体分析法，绘制和阅读组合体的视图。

2.用线面分析法，绘制和阅读组合体的视图。

这里要注意组合体画图和读图的最基本方法，都是形体分析法，只有当组合体比较复杂、形体不完整时，才辅以线面分析法，以便确定由于截切或相互贯穿，而产生的各种交线的投影方位。要特别注意的是，形体分析法，仅仅是一种帮助分析组合体形体特征的思考方法，以便认识它的构成，从而简化画图和读图的过程。然而，组合体本身实为一个不可分割的整体。因此，在画图和读图的过程中，对于参加组合的基本形体各表面之间的不同相对位置——相交、相切、平行、平齐等的各种处理，应有清醒的认识，并熟练掌握用形体分析法和线面分析法绘制和阅读组合体的视图。完成“二求三”作图练习。

3.组合体的尺寸标注，同样要运用形体分析法，即以基本形体的尺寸标注作为基础，以利化繁为简。任一组合体，只要注出各组成的基本形体的定形尺寸和定位尺寸，再加上组合体的总体尺寸就可以了。

本章只是对组合体的尺寸标注进行了一般的分析和研究，为以后学习机器零件的尺寸标注打下必要的基础。

思考题

1.组合体表面的相对位置关系有几种？

2.什么是形体分析法？什么是线面分析法？

3.用形体分析法和线面分析法完成“二求三”作图练习。

4.组合体的尺寸分哪几类？

第11章 轴测投影

【本章提要】

轴测投影图是一种能同时反映出物体长、宽、高3个方向尺度的单面投影图，有立体感，直观性好，图形逼真，容易看懂，因此在工程中常被用做辅助图样。本章主要介绍正等轴测图和斜二等轴测图的特性和基本画法。熟悉基本体和组合体轴测图的作图方法和步骤。

11.1 基本知识

组合体中所讲述的视图是物体在相互垂直的2个或3个投影面上的多面正投影。它的优点是能够正确、完整、准确地表示物体的形状和大小，而且作图简便，度量性好，因而在工程实践中得到广泛应用，但缺乏立体感。轴测投影则是一种能同时反映出物体长、宽、高3个方向尺度的单面投影图，这种图形富有立体感，直观性好，图形逼真，容易看懂，因此在工程中常被用做辅助图样。

11.1.1 轴测投影的形成

如图11.1所示，轴测投影是将物体连同其参考直角坐标系，沿不平行于任一坐标面的方向，用平行投影法将其投射在单一投影面上所得到的具有立体感的图形。其中，平面P称为轴测投影面，S称为轴测投射方向，直角坐标轴OX，OY及OZ的轴测投影O_1X_1，O_1Y_1，O_1Z_1称为轴测轴。

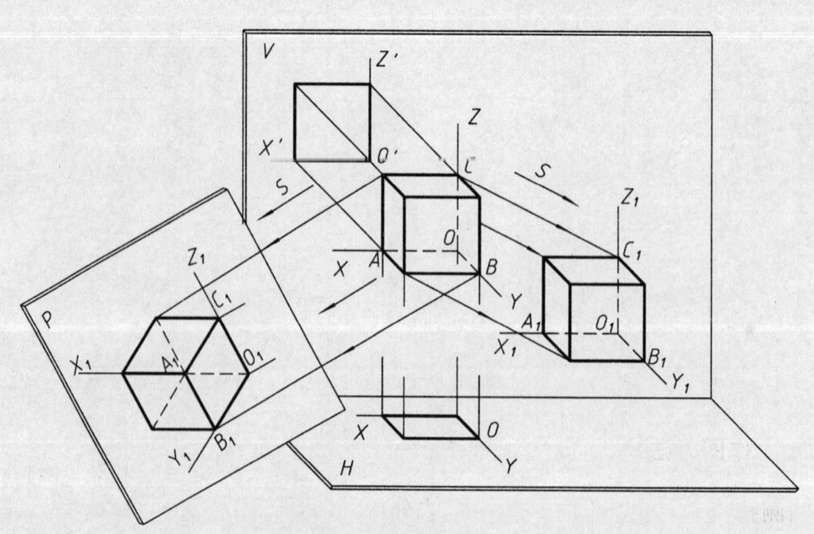

图11.1 轴测投影的形成

11.1.2　轴间角和轴向伸缩因数

1. 轴间角

如图11.1所示，轴测轴之间的夹角$\angle X_1O_1Y_1$，$\angle Y_1O_1Z_1$，$\angle Z_1O_1X_1$称为轴间角，其中任何一个轴间角不能为零，3个轴间角之和为360°。

2. 轴向伸缩因数

如图11.1所示，轴测轴上的单位长度与相应投影轴上的单位长度之比称为轴向伸缩因数。p，q，r分别称为OX轴，OY轴，OZ轴上的伸缩因数。

$$p=O_1A_1/OA;\quad q=O_1B_1/OB;\quad r=O_1C_1/OC$$

根据投射线与投影面的关系，轴测投影可分两种：用正投影法得到的轴测投影叫正轴测投影；用斜投影法得到的轴测投影叫斜轴测投影。

本章将重点介绍正轴测投影中的正等轴测投影（正等轴测图）和斜轴测投影中的斜二等轴测投影（斜二轴测图）的画法。

11.2　正等轴测投影

如图11.2所示，若使物体的3个坐标轴与轴测投影面P的倾角相等，投射方向S与轴测投影面垂直（即投射方向与3个坐标轴的夹角相等），经轴测投影后，轴测轴之间的夹角必然相等，均为120°，且O_1Z_1与水平方向垂直。3个轴测轴的轴向伸缩因数也相等，$p=q=r=0.82$，称为正等轴测投影。为了作图方便，通常采用简化的伸缩因数，即$p=q=r=1$。作图时沿轴向按实长量取，这样画出的轴测投影沿各轴向的长度均放大到原长的1.22倍。

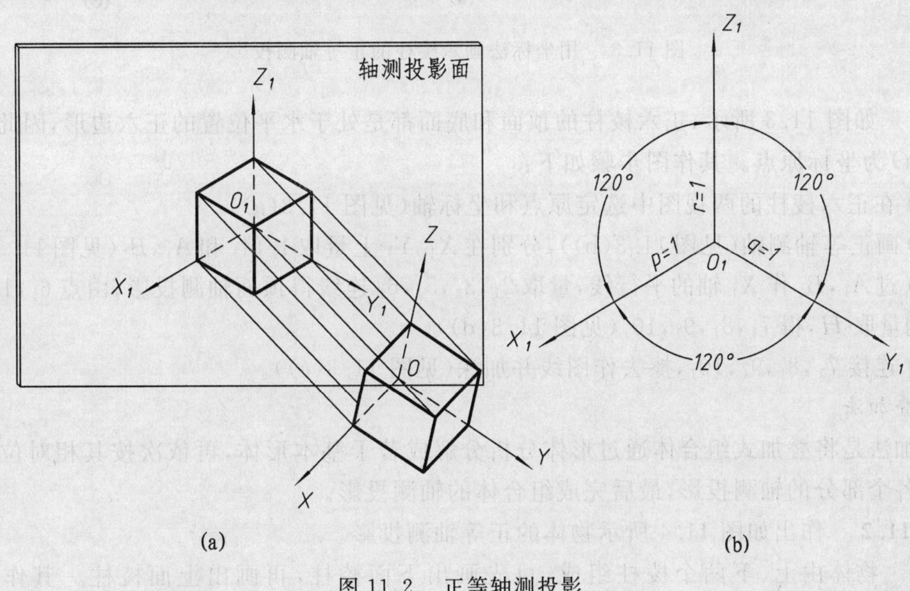

图11.2　正等轴测投影

11.2.1　作图方法

当画轴测投影时，首先对物体进行形体分析，在视图中选定直角坐标系，确定坐标轴，按轴测轴方向及轴向伸缩因数作出形体上各点及主要轮廓线的轴测投影,最后将形体上各点的轴测投影作相应的连线,即得形体的轴测投影。

画图时应先画形体上的主要表面,后画次要表面;先画顶面,后画底面;先画前面,后画后面;先画左面,后画右面。这样可以避免多画不必要的图线。

当画轴测投影时,常用的基本方法是坐标法。但在实际作图时,还应根据形体的特点灵活采用其他作图方法。现在举例说明不同形状特点的平面立体的轴测投影作图方法。

1. 坐标法

坐标法是根据形体表面上各顶点的空间坐标,画出它们的轴测投影,然后依次连接各顶点的轴测投影,即得形体的轴测投影。

例 11.1 作出正六棱柱的正等轴测投影(见图 11.3)。

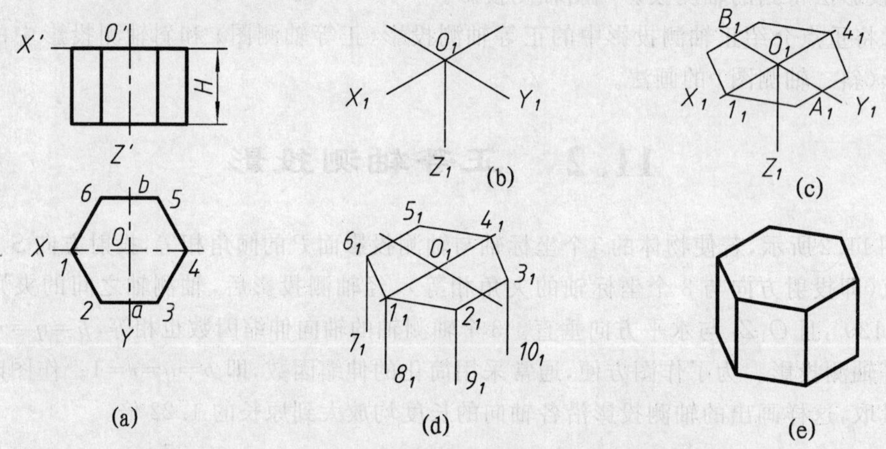

图 11.3 用坐标法画六棱柱的正等轴测投影

解 如图 11.3 所示,正六棱柱的顶面和底面都是处于水平位置的正六边形,因此取顶面的中心 O 为坐标原点。其作图步骤如下:

(1) 在正六棱柱的两视图中选定原点和坐标轴(见图 11.3(a))。

(2) 画正等轴测轴(见图 11.3(b)),分别在 X_1,Y_1 上量取 1_1,4_1 和 A_1,B_1(见图 11.3(c))。

(3) 过 A_1,B_1 作 X_1 轴的平行线,量取 2_1,3_1,5_1,6_1 连线得顶面轴测投影;由点 6_1,1_1,2_1,3_1 沿 Z_1 轴量取 H,得 7_1,8_1,9_1,10_1(见图 11.3(d))。

(4) 连接 7_1,8_1,9_1,10_1,擦去作图线并加深(见图 11.3(e))。

2. 叠加法

叠加法是将叠加式组合体通过形体分析分解成若干基本形体,再依次按其相对位置逐个地画出各个部分的轴测投影,最后完成组合体的轴测投影。

例 11.2 作出如图 11.4 所示物体的正等轴测投影。

解 物体由上、下两个棱柱组成,可先画出下面棱柱,再画出上面棱柱。其作图步骤如下:

(1) 在投影图中选定坐标系(见图 11.4(a))。

(2) 画正等轴测轴(见图 11.4(b)),根据下面棱柱的尺寸 a,b,c,作出棱柱的正等轴测投影(见图 11.4(c))。

(3) 在棱柱顶面作出上面棱柱底的水平投影(见图 11.4(d))。

(4) 根据上面棱柱的高度画出棱柱的正等轴测投影(见图 11.4(e))。

(5) 擦去多余图线并加深(见图 11.4(f))。

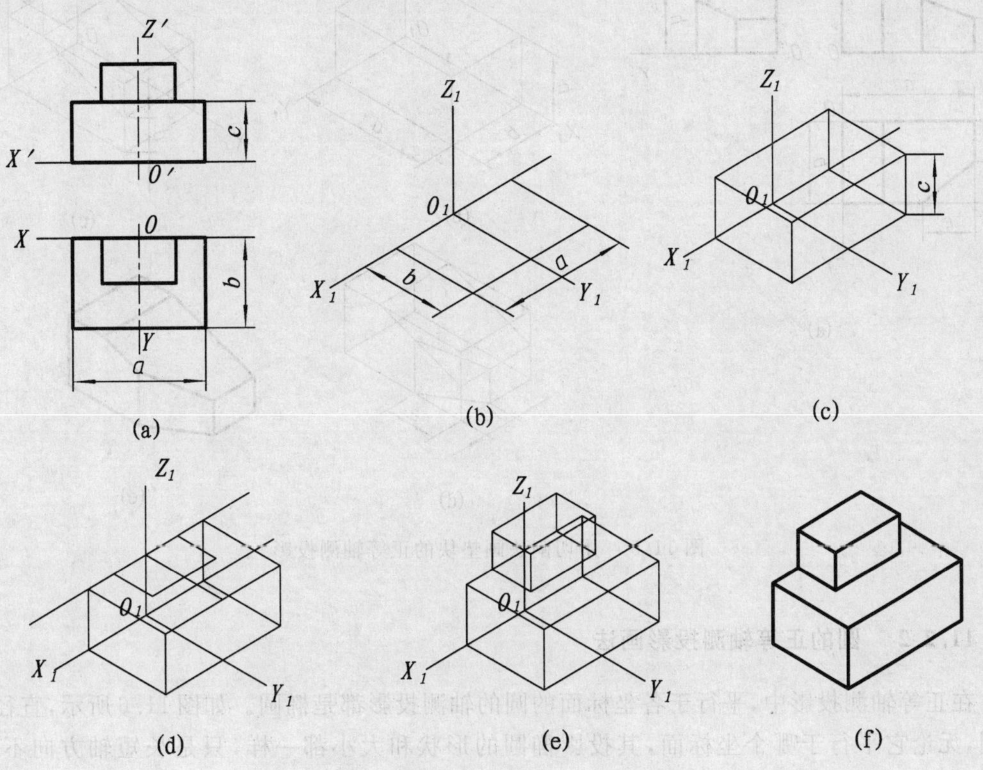

图 11.4　用叠加法画物体的正等轴测投影

3. 切割法

有些形体是由基本形体切割若干部分得到的。当画这种形体的轴测投影时，应以坐标法为基础，先画出基本形体的轴测投影，然后按形体分析的方法切去应该去掉的部分，从而得到所需的轴测投影，这种方法称为切割法。

例 11.3　作出垫块的正等轴测投影(见图 11.5)。

解　可以把垫块看成一个长方体，先用正垂面切去左上角，再用铅垂面切去左前角。其作图步骤如下：

(1) 在投影图中确定直角坐标系(见图 11.5(a))。

(2) 画轴测轴，按尺寸 a，b，h 画出尚未切割时的长方体的正等轴测投影(见图 11.5(b))。

(3) 根据三视图中尺寸 c 和 d，画出长方体在左上角被正垂面切割掉的三棱柱后的垫块的正等轴测投影(见图 11.5(c))。

(4) 根据三视图中尺寸 e 和 f，画出左前角被铅垂面切割掉的三棱柱后的垫块的正等轴测投影(见图 11.5(d))。

(5) 擦去多余作图线并加深(见图 11.5(e))。

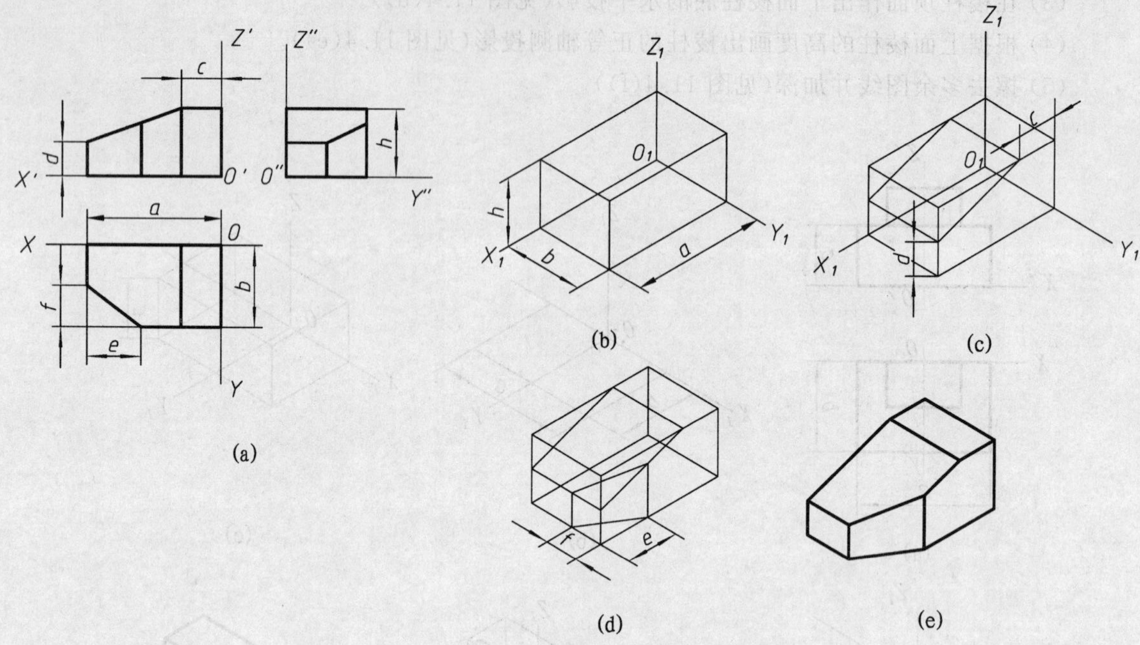

图 11.5　用切割法画垫块的正等轴测投影

11.2.2　圆的正等轴测投影画法

在正等轴测投影中,平行于各坐标面的圆的轴测投影都是椭圆。如图11.6所示,直径为d的圆,无论它平行于哪个坐标面,其投影椭圆的形状和大小都一样,只是长短轴方向不同而已。椭圆长轴方向与该坐标平面相垂直的坐标轴的轴测轴垂直,短轴则平行于这条轴测轴。

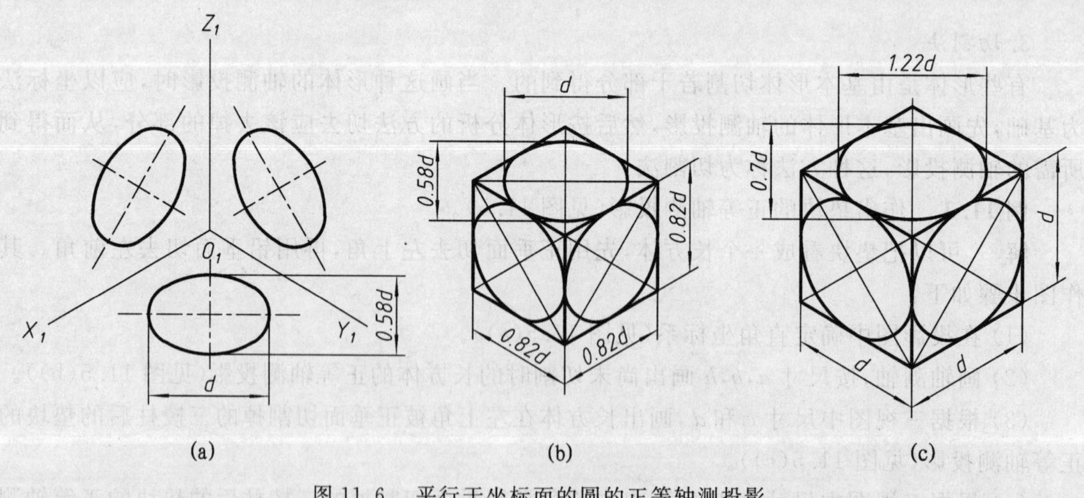

图 11.6　平行于坐标面的圆的正等轴测投影

1. 平行弦法

在一般情况下,圆的正等轴测投影为椭圆,可以用坐标法作出圆上一系列点的正等轴测投影，然后光滑连接，即得圆的正等轴测投影。为了作图方便，这些点就选择在平行于坐标轴的若干条平行弦上，因此，这种画法称为平行弦法。用平行弦法画水平面上圆的正等轴测投影的步骤如图 11.7 所示。

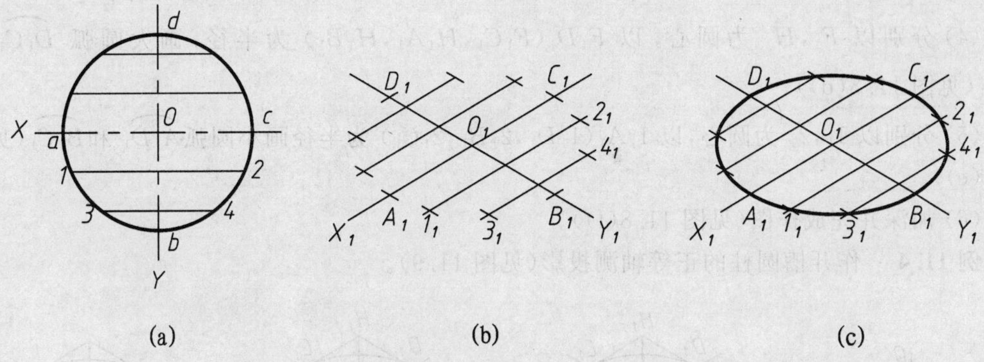

图 11.7　用平行弦法作圆的正等轴测投影

(1) 画出轴测轴 X_1，Y_1，并在其上按圆的半径定出 A_1，B_1，C_1，D_1 4 点(见图 11.7(b))。

(2) 作出椭圆上不在轴测轴上各点(见图 11.7(a))。作一系列平行于 OX 轴的平行弦，然后按其坐标，相应地作出这些平行弦的轴测投影(见图 11.7(b))。

(3) 依次光滑连接各点轴测投影，即得椭圆(见图 11.7(c))。

2. 近似画法

为了作图简便，通常采用菱形法近似画椭圆。当用菱形法画椭圆时，首先根据该圆所平行的坐标面确定长、短轴的方向，然后按照圆的直径作出椭圆的外切菱形并确定 4 段圆弧的圆心和半径，最后画出 4 段圆弧并使其光滑连接，即得近似椭圆。

如图 11.8 所示为平行丁 XOY 坐标面的圆的正等轴测投影的作图过程。可把圆看成是 4 边平行于坐标轴的正方形的内切圆，而正方形的轴测投影是菱形，其内切圆的轴测投影则为椭圆。椭圆近似画法的作图步骤如下：

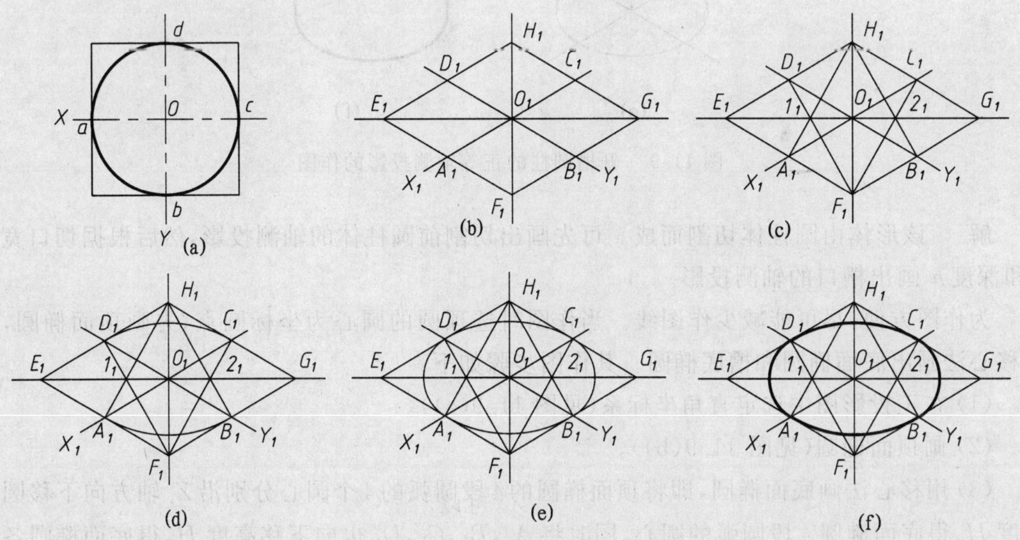

图 11.8　正等轴测投影中椭圆的近似画法

(1) 过圆心 O 作坐标轴和圆的外切正方形,切点为 a,b,c,d(见图 11.8(a))。

(2) 画轴测轴和切点 A_1,B_1,C_1,D_1,过点 A_1,C_1 作 Y_1 轴的平行线,过点 B_1,D_1 作 X_1 轴的平行线,即得菱形 $E_1F_1G_1H_1$,并连接菱形对角线 E_1G_1,F_1H_1(见图 11.8(b))。

(3) 连接 F_1D_1,F_1C_1 与 E_1G_1 交于 1_1,2_1,则 F_1,H_1,1_1,2_1 为 4 个圆心(见图 11.8(c))。

(4) 分别以 F_1,H_1 为圆心,以 F_1D_1(F_1C_1,H_1A_1,H_1B_1)为半径,画大圆弧 $\overset{\frown}{D_1C_1}$ 和 $\overset{\frown}{A_1B_1}$(见图 11.8(d))。

(5) 分别以 1_1,2_1 为圆心,以 1_1A_1(1_1D_1,2_1B_1,2_1C_1)为半径画小圆弧 $\overset{\frown}{A_1D_1}$ 和 $\overset{\frown}{B_1C_1}$(见图 11.8(e))。

(6) 加深并完成作图(见图 11.8(f))。

例 11.4 作开槽圆柱的正等轴测投影(见图 11.9)。

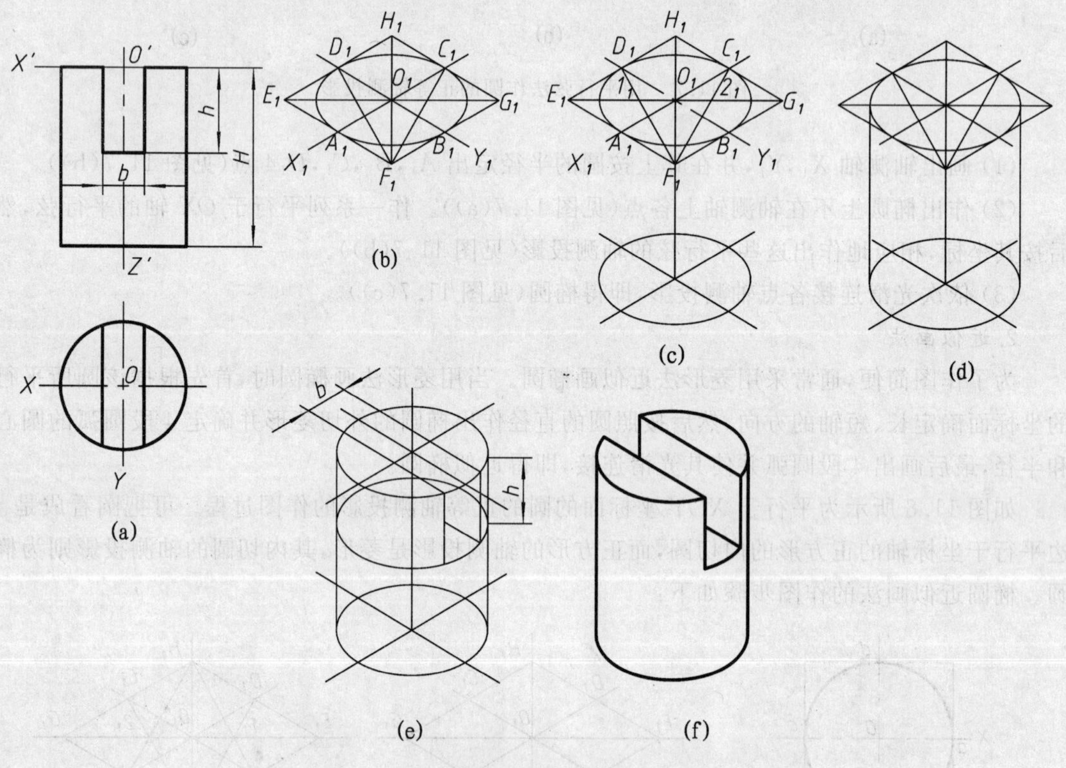

图 11.9　开槽圆柱的正等轴测投影的作图

解　该形体由圆柱体切割而成。可先画出切割前圆柱体的轴测投影,然后根据切口宽度 b 和深度 h 画出槽口的轴测投影。

为作图方便,尽可能减少作图线。当作图时选顶圆的圆心为坐标圆点,先画顶面椭圆,再用移心法画出底面椭圆和槽底椭圆。其作图步骤如下:

(1) 在正投影图中选定直角坐标系(见图 11.9(a))。

(2) 画顶面椭圆(见图 11.9(b))。

(3) 用移心法画底面椭圆,即将顶面椭圆的 4 段圆弧的 4 个圆心分别沿 Z_1 轴方向下移圆柱高度 H,得底面椭圆 4 段圆弧的圆心,同时将 A_1,B_1,C_1,D_1 也向下移高度 H,得底面椭圆各连接点(见图 11.9(c))。

(4) 作两椭圆公切线,完成圆柱体的轴测投影(见图 11.9(d))。

(5) 由 h 定出槽口底面的中心,用移心法画出槽口椭圆的可见部分,注意此段椭圆由两段圆弧组成。根据宽度 b 画出槽口(见图 11.9(e))。

(6) 擦去多余图线,加深,即完成开槽圆柱的正等轴测投影(见图 11.9(f))。

11.2.3　组合体的正等轴测投影

在机件上经常会遇到由 1/4 圆弧构成的圆角轮廓,在轴测投影上它是 1/4 椭圆弧,可以应用如图 11.10 所示的简化画法作图。如图 11.10 所示带圆角的长方体底板,其正等轴测投影的作图步骤如下:

(1) 作长方体的正等轴测投影(见图 11.10(b))。

(2) 由角顶沿两边分别量取半径 R 得到点 1,2。过 1,2 两点分别作直线垂直于圆角的两边,这两垂线的交点 O 即为圆弧的圆心(见图 11.10(c))。

(3) 以 O 为圆心,以 $O_1(O_2)$ 为半径画弧 $\overset{\frown}{12}$,即是半径为 R 的圆角的轴测投影。由图上可以看出,轴测图上锐角处与钝角处的作图方法完全相同,只是半径不一样(见图 11.10(d))。

(4) 用移心法得底板下面圆角的圆心 O_1。以 O_1 为圆心,以 $O_1 1_1(O_1 2_1)$ 为半径画弧与两边相切,即得底板下面的圆弧。在小圆弧处作两圆弧的公切线(见图 11.10(e))。

(5) 擦去多余图线并加深(见图 11.10(f))。

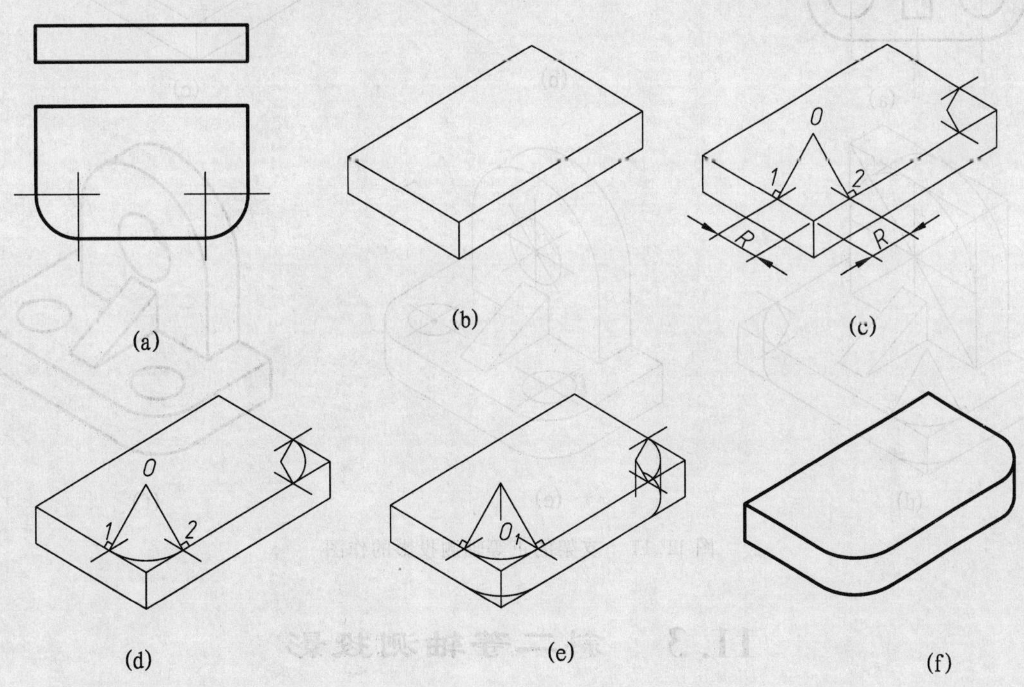

图 11.10　正等轴测投影中底板的画法

例 11.5　作支架的正等轴测投影(见图 11.11)。

解　该支架由底板、竖板和筋板叠加而成。可先画出底板的正等轴测投影，然后画出竖板的正等轴测投影，再画出筋板的正等轴测投影，最后完成两板上圆孔的正等轴测投影。其作图步骤如下：

(1) 在投影图上选定坐标轴(见图 11.11(a))。

(2) 画轴测轴，定出底板和竖板的位置(见图 11.11(b))。

(3) 画底板、竖板的主要轮廓(见图 11.11(c))。

(4) 画筋板和圆角(见图 11.11(d))。

(5) 画圆孔(见图 11.11(e))。

(6) 擦去作图线并加深(见图 11.11(f))。

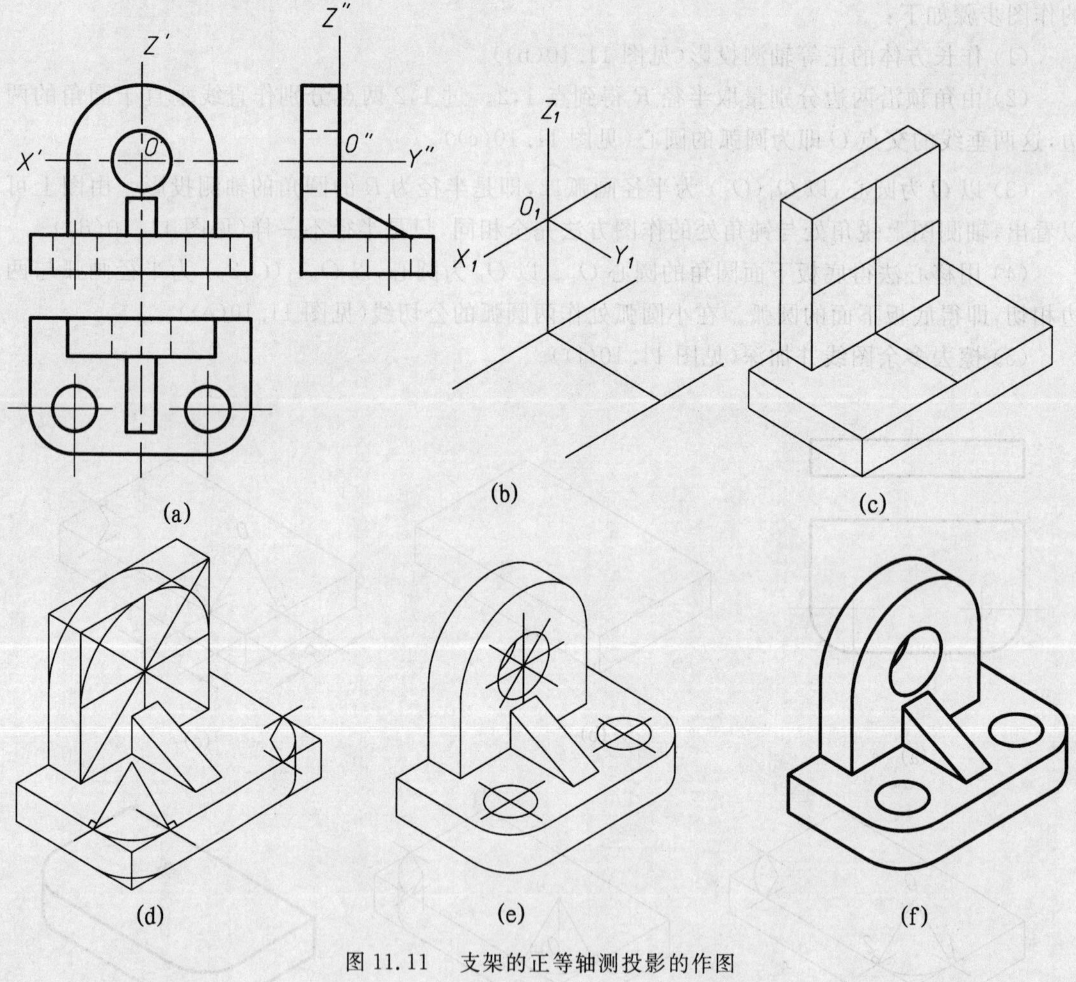

图 11.11　支架的正等轴测投影的作图

11.3　斜二等轴测投影

斜二等轴测投影的特点是投射线与轴测投影面倾斜，轴测投影面与直角坐标系中的一个坐标面平行，即两个直角坐标轴和轴测投影面平行，因此，它们的轴向伸缩因数均为 1，这就是“斜二等”的含义。

如果让坐标面 XOZ 平行于轴测投影面，则该坐标面上的轴测投影反映实形，取 O_1Z_1 轴与水平方向垂直，此时 OX，OZ 轴上的轴向伸缩因数为1，轴间角为90°。如图11.12所示，为了作图简便，又富有立体感，常选用 $\angle X_1O_1Y_1=\angle Y_1O_1Z_1=135°$，$OY$ 轴的轴向伸缩因数为0.5，即 $p=r=1, q=0.5$。

斜二等轴测投影的基本作图方法仍是坐标法，现举例说明。

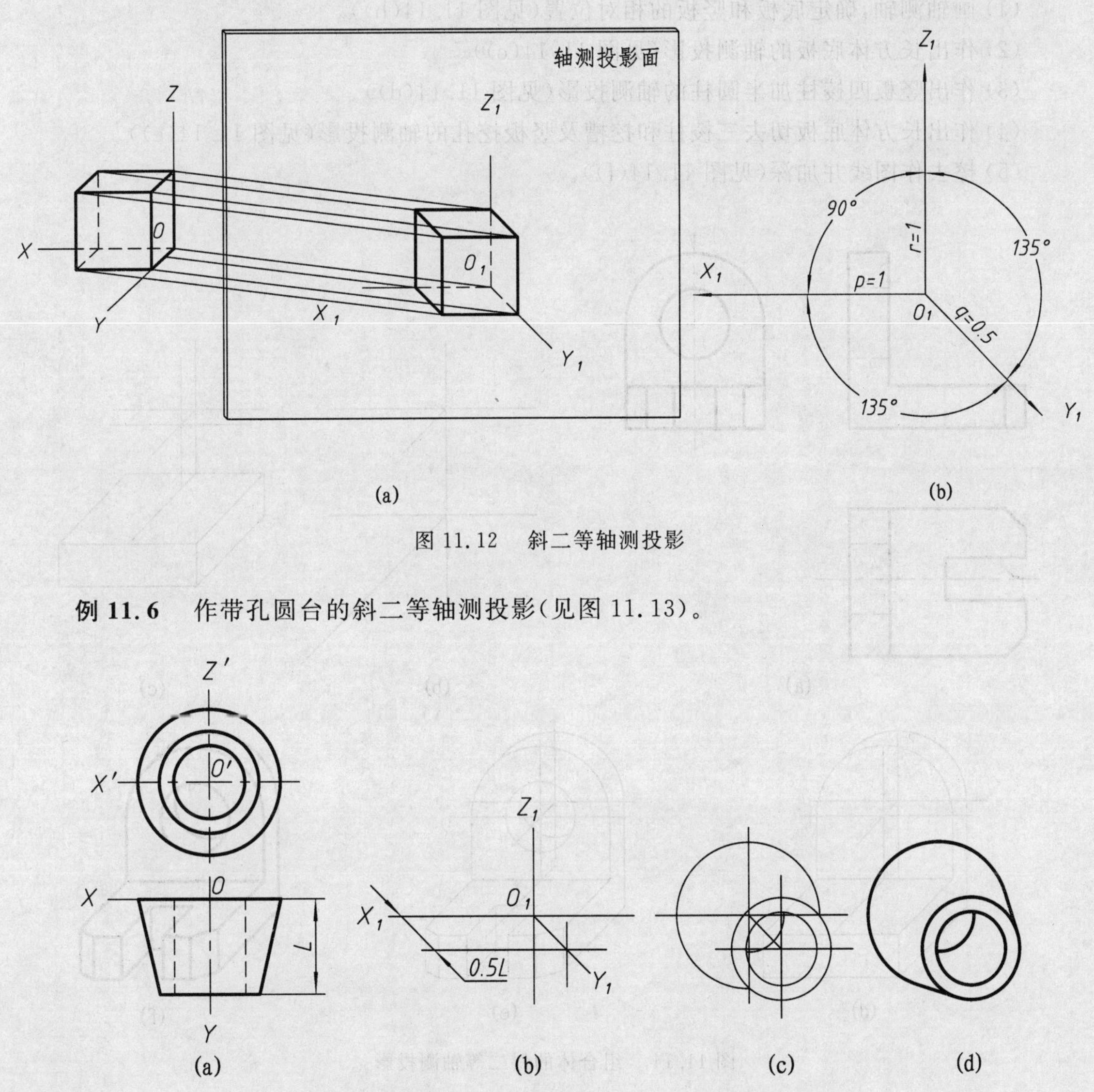

图11.12 斜二等轴测投影

例11.6 作带孔圆台的斜二等轴测投影(见图11.13)。

图11.13 带孔圆台的斜二等轴测投影

解 为了作图简便，当在视图上选择坐标轴时，使带孔圆台前、后底面平行于 XOZ 坐标面。画图时，先确定前、后底面中心的位置，画出反映其实形的圆，然后用公切线连接前、后底面上两个大圆即可，并注意区分可见性，其作图方法如下：

(1) 在投影图中选定坐标轴(见图11.13(a))。

(2) 画轴测轴，并在 Y_1 轴上定出各端面圆的圆心位置(见图11.13(b))。

(3) 画出前、后底面上的圆(见图 11.13(c))。

(4) 画前、后圆的公切线,判别可见性并加深(见图 11.13(d))。

例 11.7 作组合体的斜二等轴测投影(见图 11.14)。

解 该组合体由底板和竖板叠加而成。底板可看成是一个长方体切割掉两个三棱柱和一个四棱柱而形成的;竖板可看成四棱柱加半圆柱挖孔。其作图方法如下:

(1) 画轴测轴,确定底板和竖板的相对位置(见图 11.14(b))。

(2) 作出长方体底板的轴测投影(见图 11.14(c))。

(3) 作出竖板四棱柱加半圆柱的轴测投影(见图 11.14(d))。

(4) 作出长方体底板切去三棱柱和挖槽及竖板挖孔的轴测投影(见图 11.14(e))。

(5) 擦去作图线并加深(见图 11.14(f))。

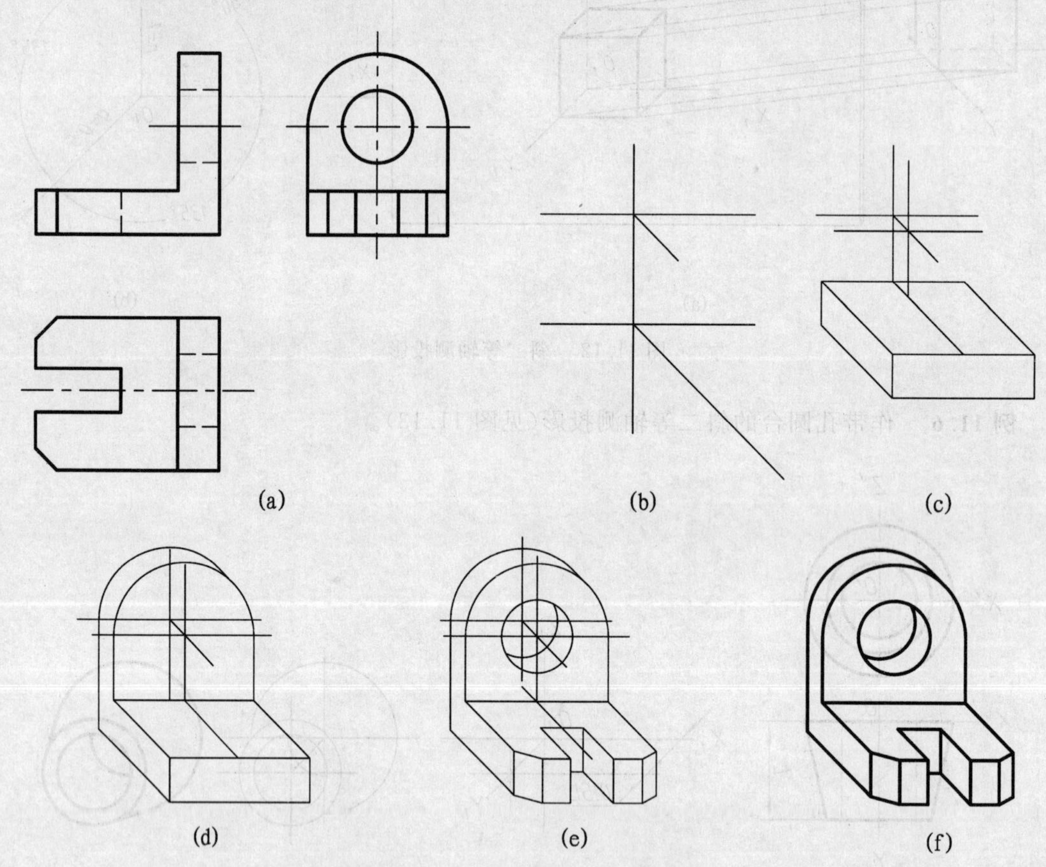

图 11.14 组合体的斜二等轴测投影

本章小结

1. 了解轴测图的基本术语。

2. 正等轴测投影的作图方法包括坐标法、叠加法、切割法。

3. 圆的正等轴测投影的画法有平行弦法、椭圆近似画法。

4.组合体的正等轴测投影关键是轴测轴的选择。

5.斜二等轴测投影中优先画出平行于V面的各平面的形状(原形)。

思　考　题

1.轴测图是如何形成的?它与多面正投影有何区别?

2.轴测投影的主要参数是什么?说出各种轴测投影的这些参数。

3.试叙述正等轴测投影的作图方法。

4.试叙述斜二等轴测投影的作图方法。

第 12 章 工程形体的表达方法

【本章提要】

前几章介绍了正投影法和三视图的知识，它们是工程制图的理论基础。当工程形体的结构、形状比较复杂时，仅用三视图就难以将其结构正确、完整、清晰地表达出来。因此，国家标准《技术制图与机械制图》规定了表达工程形体内、外结构形状的各种画法。

本章主要研究工程制图中形体的各种表达方法——视图（基本视图、向视图、局部视图和斜视图）、剖视图、断面图等。在画图时，应对工程形体的结构形状进行分析，选用合适的画法。

12.1 视 图

12.1.1 基本视图

对于形状比较复杂的工程形体，为了便于清晰地表达其上、下、前、后、左、右的形状，根据国家标准规定，可以在原有 3 个投影面的基础上，再增设 3 个投影面，构成一个正六面体，这 6 个投影面称为基本投影面。物体向基本投影面投射时所得到的视图称为基本视图。6 个基本视图的投射方向如图 12.1 所示。

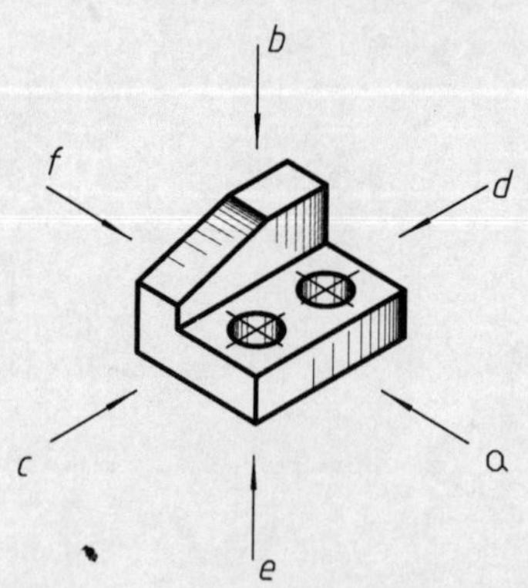

图 12.1 6 个基本视图的投射方向

除了前面已介绍过的从前向后投射得到的主视图（a 方向）、从上向下投射得到的俯视图（b 方向）、从左向右投射得到的左视图（c 方向）外，还有从右向左投射得到的右视图（d 方向）；从下向上投射得到的仰视图（e 方向）；从后向前投射得到的后视图（f 方向）。当投影面如图 12.2(a)所示展开时，6 个基本视图的配置关系如图 12.2(b)所示，此时一律不标注视图名称。

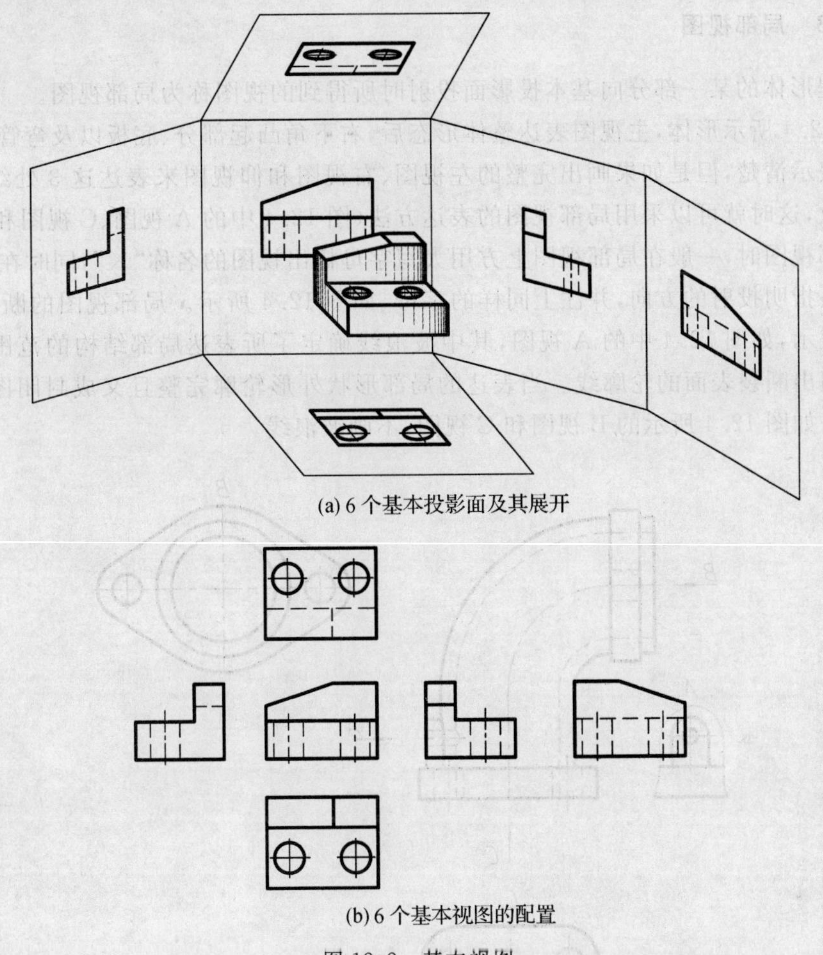

(a) 6 个基本投影面及其展开

(b) 6 个基本视图的配置

图 12.2　基本视图

12.1.2　向视图

向视图是可以自由配置的视图。

有时为了合理利用图幅，各视图不能按规定的位置关系配置时可自由配置，但应在视图上方用大写字母（如 A,B,C 等）标注该视图的名称“×”，并在相应视图附近用箭头指明投射方向，注上同样字母，如图 12.3 所示。

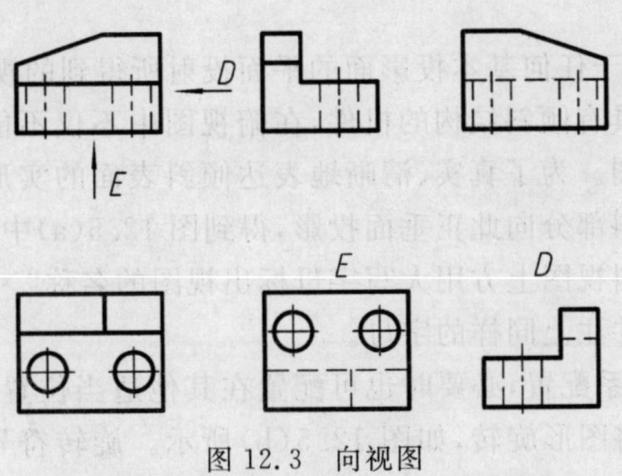

图 12.3　向视图

12.1.3 局部视图

将工程形体的某一部分向基本投影面投射时所得到的视图称为局部视图。

如图 12.4 所示形体，主视图表达整体形态后，右下角凸起部分、底板以及弯管顶部竖板的形状仍未表示清楚，但是如果画出完整的左视图、右视图和仰视图来表达这 3 处结构，则有些繁琐和低效，这时就可以采用局部视图的表达方法(图 12.4 中的 A 视图、C 视图和 B 视图)。

画局部视图时，一般在局部视图上方用大写字母标出视图的名称“×”，同时在相应的视图附近用箭头指明投射的方向，并注上同样的字母，如图 12.4 所示。局部视图的断裂边界一般以波浪线表示，如图 12.4 中的 A 视图，其中波浪线确定了所表达局部结构的范围，要注意波浪线不应超出断裂表面的轮廓线。当表达的局部形状外形轮廓完整且又成封闭图形时，局部视图的画法如图 12.4 所示的 B 视图和 C 视图，不画波浪线。

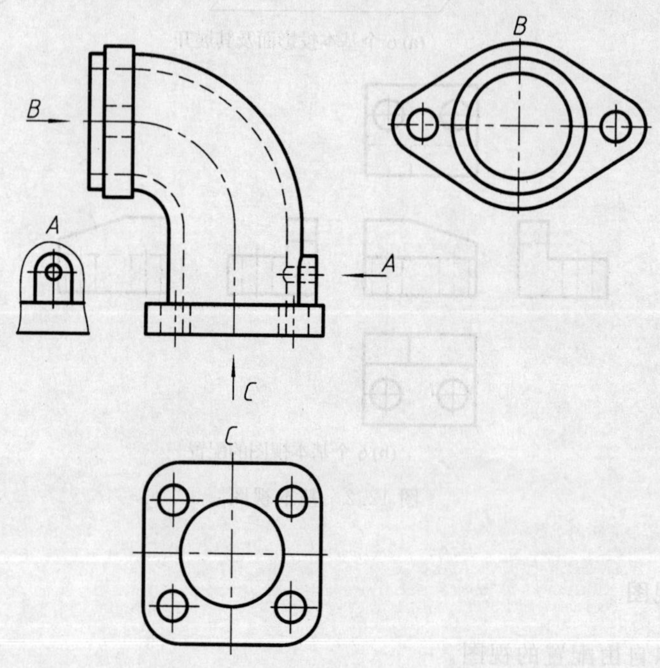

图 12.4　局部视图

12.1.4 斜视图

将工程形体向不平行于任何基本投影面的平面投射所得到的视图称为斜视图。

对于图 12.5 所示的具有倾斜结构的机件，在俯视图中不仅不能反映倾斜部分的实形，而且画图麻烦，也不方便看图。为了真实、清晰地表达倾斜表面的实形，可设置一个平行于倾斜结构表面的正垂面，将倾斜部分向此正垂面投影，得到图 12.5(a)中的 A 视图。

画斜视图时，必须在斜视图上方用大写字母标出视图的名称“×”，同时在相应的视图附近用箭头指明投射的方向，并注上同样的字母。

斜视图一般按投影关系配置，必要时也可配置在其他适当位置，为了绘图和看图方便，在不致于引起误解时，允许将图形旋转，如图 12.5(b)所示。旋转符号“⌒”表示该视图的旋转方向，它由一个半径与字高相等的半圆及箭头构成，表示该视图名称的大写字母应靠近旋转符号的箭头一端，也允许将旋转角度标注在字母之后。

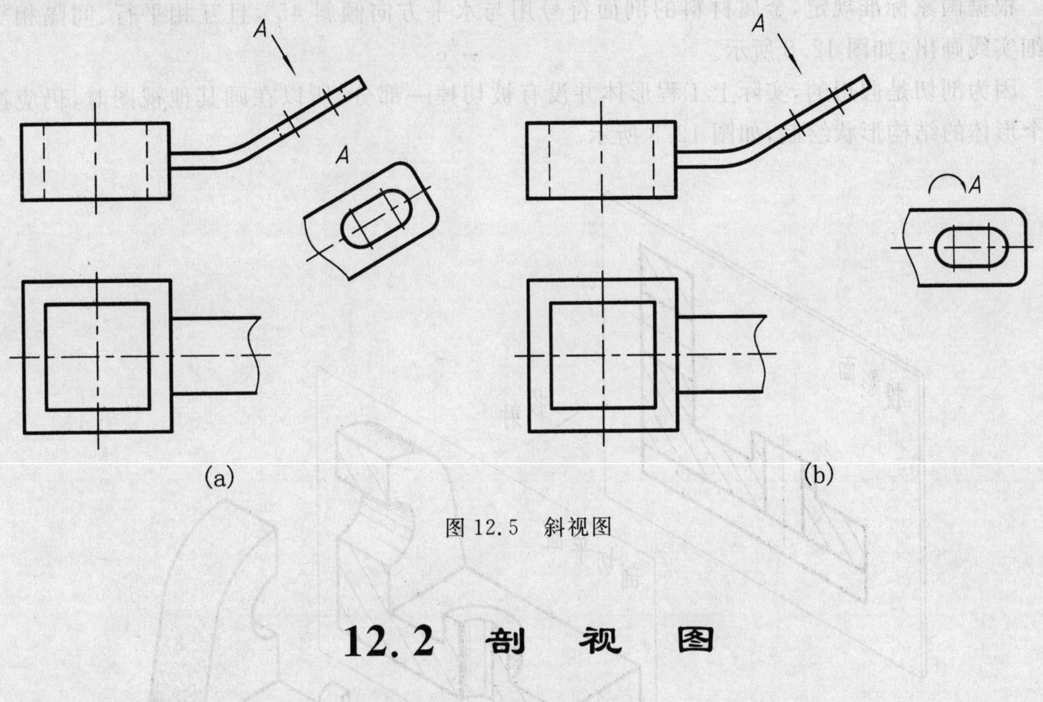

图 12.5　斜视图

12.2　剖　视　图

12.2.1　基本概念

当工程形体的内部结构比较复杂时，采用视图画法就会在图形中出现很多虚线，不便于画图，而且看图时也很难了解其内部的真实结构，如图 12.6 所示。

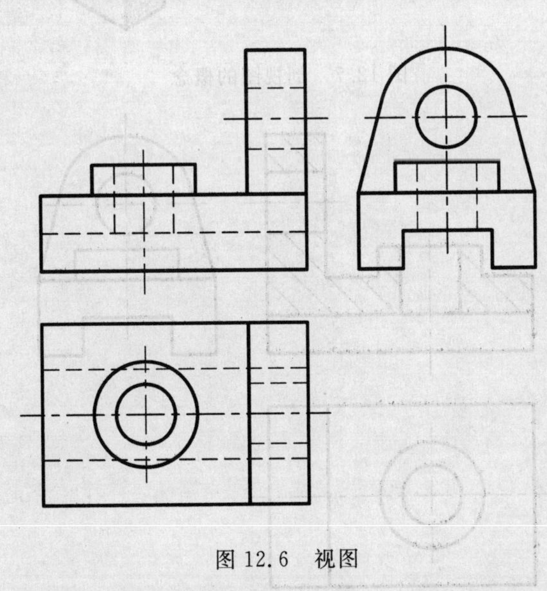

图 12.6　视图

为此，我们假想用剖切面在适当的位置将机件剖开，把剖切面与观察者之间的部分拿走，而将其余部分向投影面进行投射时得到的图形称为剖视图，如图 12.7 所示。剖视图中，被剖切到的实体部分应画上剖面符号，不同的材料采用不同的剖面符号。

根据国家标准规定，金属材料的剖面符号用与水平方向倾斜 45°，且互相平行、间隔相等的细实线画出，如图 12.8 所示。

因为剖切是假想的，实际上工程形体并没有被切掉一部分，所以在画其他视图时，仍应按整个形体的结构形状绘制，如图 12.8 所示。

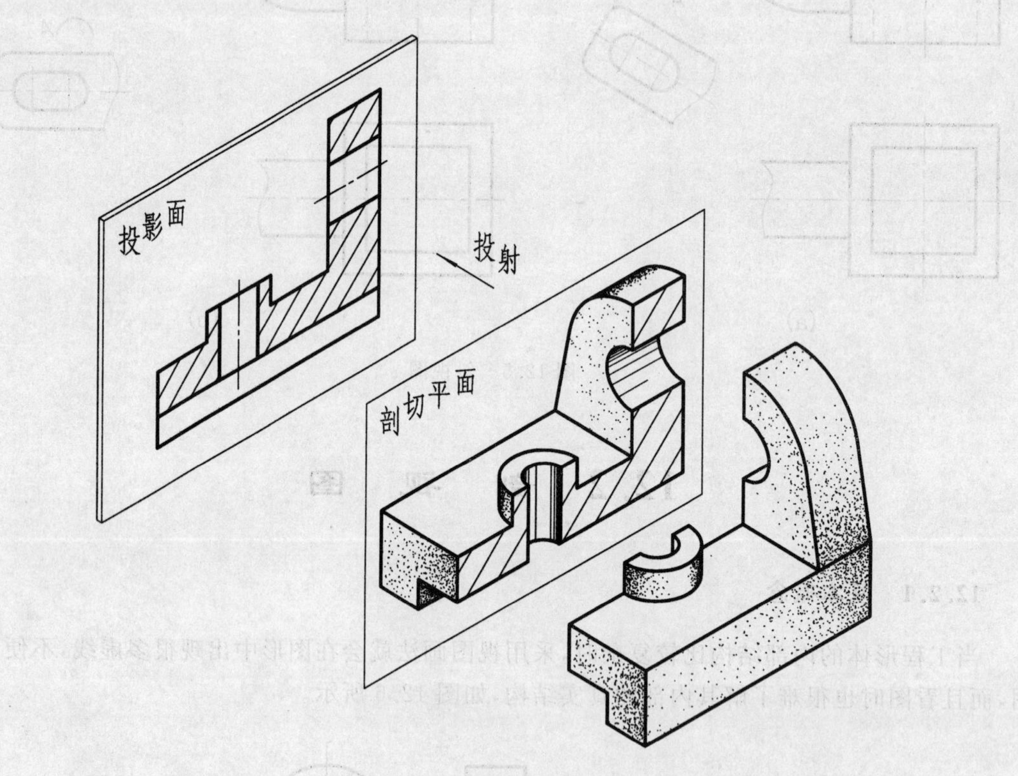

图 12.7　剖视图的概念

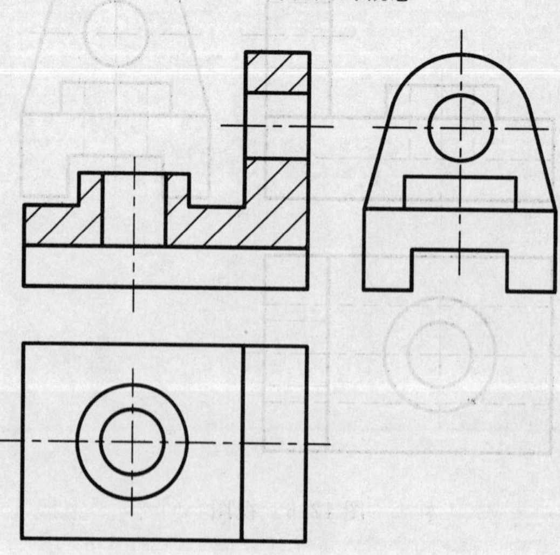

图 12.8　剖视图

12.2.2　剖视图的画法

画剖视图时，首先要确定剖切面的位置。剖切面一般应选取投影面的平行面或垂直面，并尽量与工程形体的内孔、槽等结构的轴线或对称面重合。这样，在剖视图上就可以反映出被剖切形体内部的真实形状。

剖切面位置确定后，在相应的剖视图中画出工程形体与剖切面接触到的实体部分(称为剖面区域)，然后画出剖面区域后面的可见部分的投影(必要时可画出不可见部分的投影)。剖面区域内需要画上规定的剖面符号。

剖视图一般应按视图的投影关系配置，也可根据需要配置在其他适当的位置，但要作出相应的标注。

12.2.3　剖视图的标注

为了便于看图，在剖视图上通常要标注 3 项内容：剖切符号、箭头和剖视图名称。

(1)剖切符号：表示剖切位置，在剖切面的起、止、转折处画上短的粗实线并尽可能不与图形的轮廓线相交。

(2)箭头：表示投射方向，画在剖切符号的起、止两端。

(3) 剖视图的名称：在剖视图的上方用大写字母标出剖视图的名称，形式为“×—×”，并在剖切符号的起、止两端和转折处注上相同字母。若一张图样上同时出现了几个剖视图，其名称必须按字母顺序排列，不能重复。

对于下述情形，可简化或省略标注。

(1) 当剖视图按基本视图的投影关系配置，中间又无其他图形隔开时，可省略箭头，如图 12.9 中的 A－A 剖视图所示。

(2) 当单一剖切平面通过工程形体的对称平面或基本对称平面，且剖视图按基本视图的投影关系配置，中间又无其他图形隔开时，可省略标注，如图 12.8 所示。

(3) 当单一剖切平面的剖切位置明显时，局部剖视图的标注可省略，见图 12.13。

采用剖视图时，可以在工程形体的同一视图上或同时在它的几个视图上作出若干处剖视，彼此之间相互独立，相互不受影响。采用剖视画法后，若工程形体被剖到的内部结构已表达清楚，则在相应视图上的虚线表达可以省略，如图 12.8 所示。

12.2.4　剖视图的种类

1. 全剖视图

用剖切面完全地剖开工程形体所得到的剖视图称为全剖视图(见图 12.8 和图 12.9)，它主要适用于表达外形简单而内部形状较为复杂的形体。

2. 半剖视图

当工程形体具有对称平面时，在垂直于对称平面的投影面上投射所得到的图形，可以用对称中心线(细点画线)为界，一半画成剖视图，另一半画成视图(省略虚线)，这种剖视图称为半剖视图，如图 12.10 所示。半剖视图表达的优点是在一个视图上既能保留工程形体的外部形状，又可表达它的内部结构。

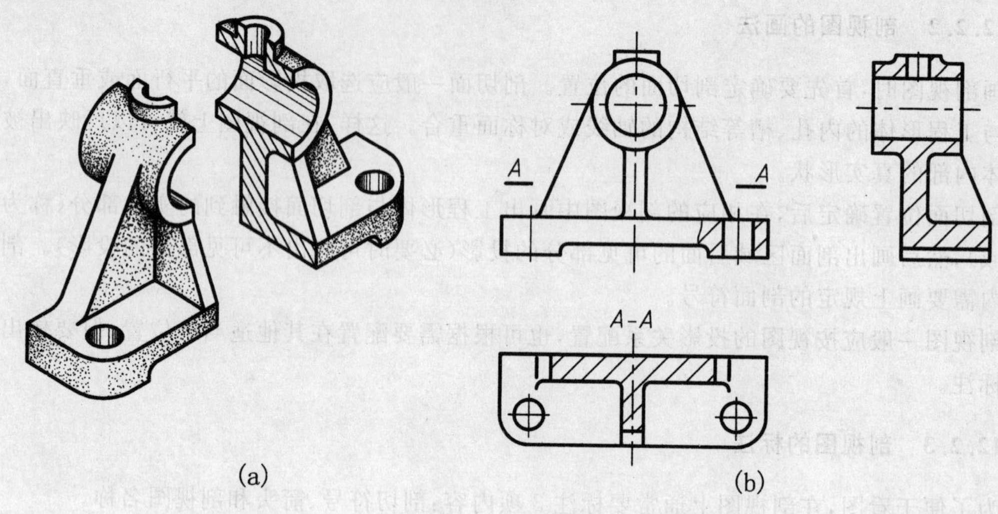

图 12.9　全剖视图

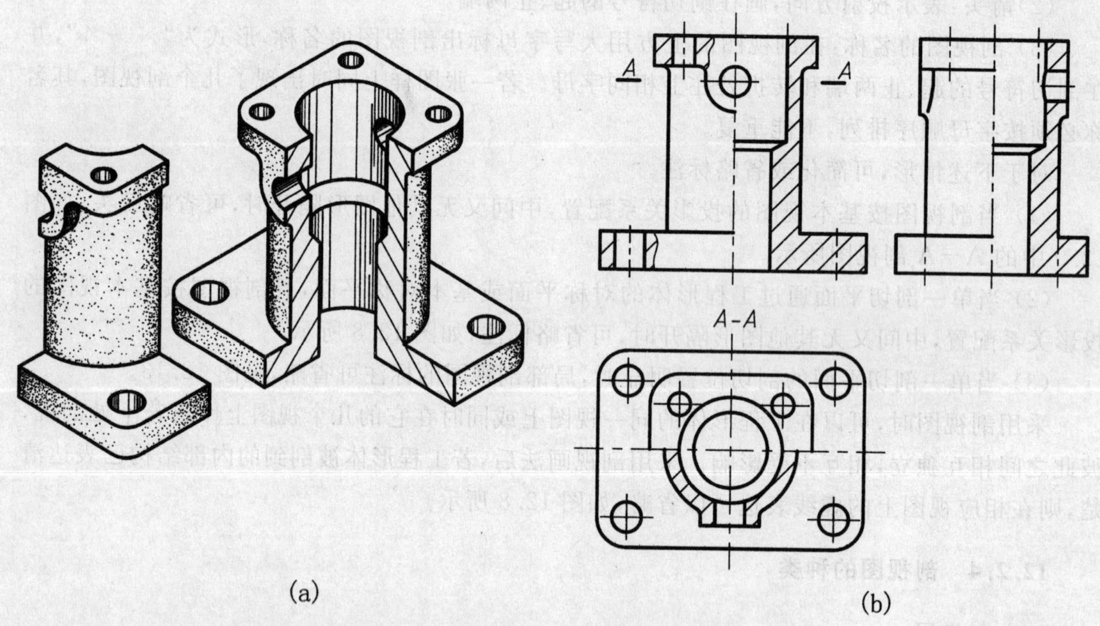

图 12.10　半剖视图

当对工程形体进行剖切时，其肋板剖切的画法规定如图 12.11 所示。

当工程形体的形状接近于对称，且其不对称部分已另有图形表达清楚时，也可画成半剖视图(见图 12.11，图 12.12)。

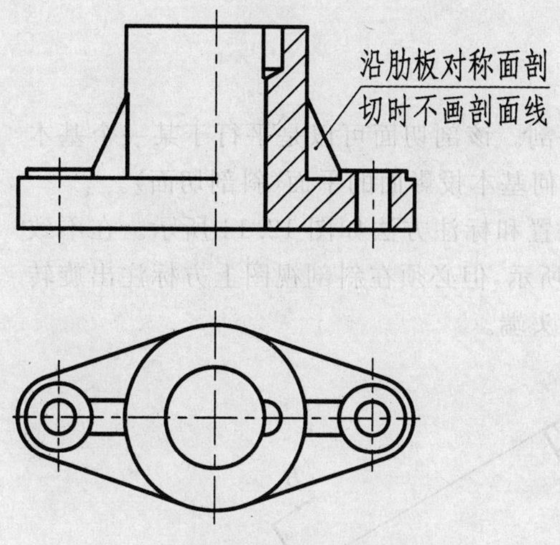

图 12.11　半剖视图及肋板的剖切规定

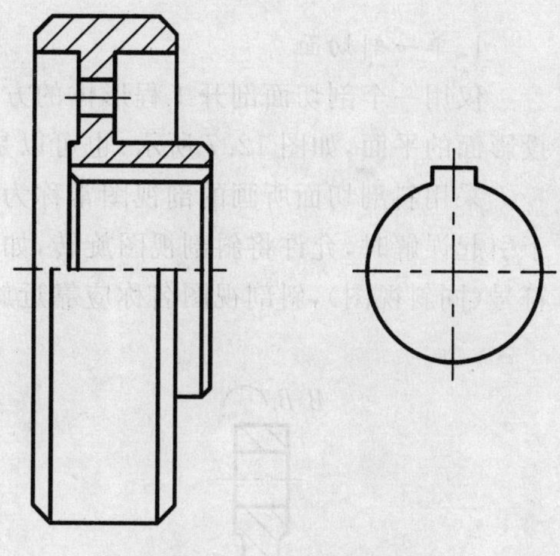

图 12.12　半剖视图

3.局部剖视图

用剖切面局部地剖开工程形体所得到的剖视图或用剖切面剖开工程形体仅画出部分的剖视图，称为局部剖视图，如图 12.13 所示。

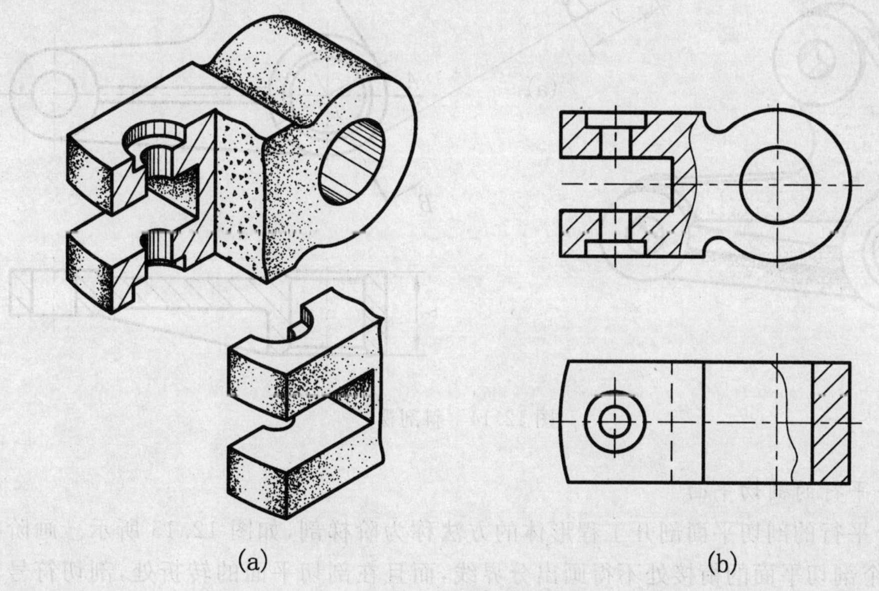

图 12.13　局部剖视图

局部剖视图用波浪线与视图分界。波浪线不应和图样上其他图线重合，也不能超出形体的轮廓范围。局部剖视图是一种比较灵活的表达方法，但在一个视图中，局部剖视图的数量不宜过多，以免使图形过于破碎。

12.2.5 剖切面的种类

1.单一剖切面

仅用一个剖切面剖开工程形体的方法，称为单一剖。该剖切面可以是平行于某一个基本投影面的平面，如图12.7所示；也可以是不平行于任何基本投影面的平面(斜剖切面)。

采用斜剖切面所画的剖视图常称为斜剖视，其配置和标注方法如图12.14所示。在不致于引起误解时，允许将斜剖视图旋转，如图12.14(b)所示，但必须在斜剖视图上方标注出旋转符号(同斜视图)，斜剖视图名称应靠近旋转符号的箭头端。

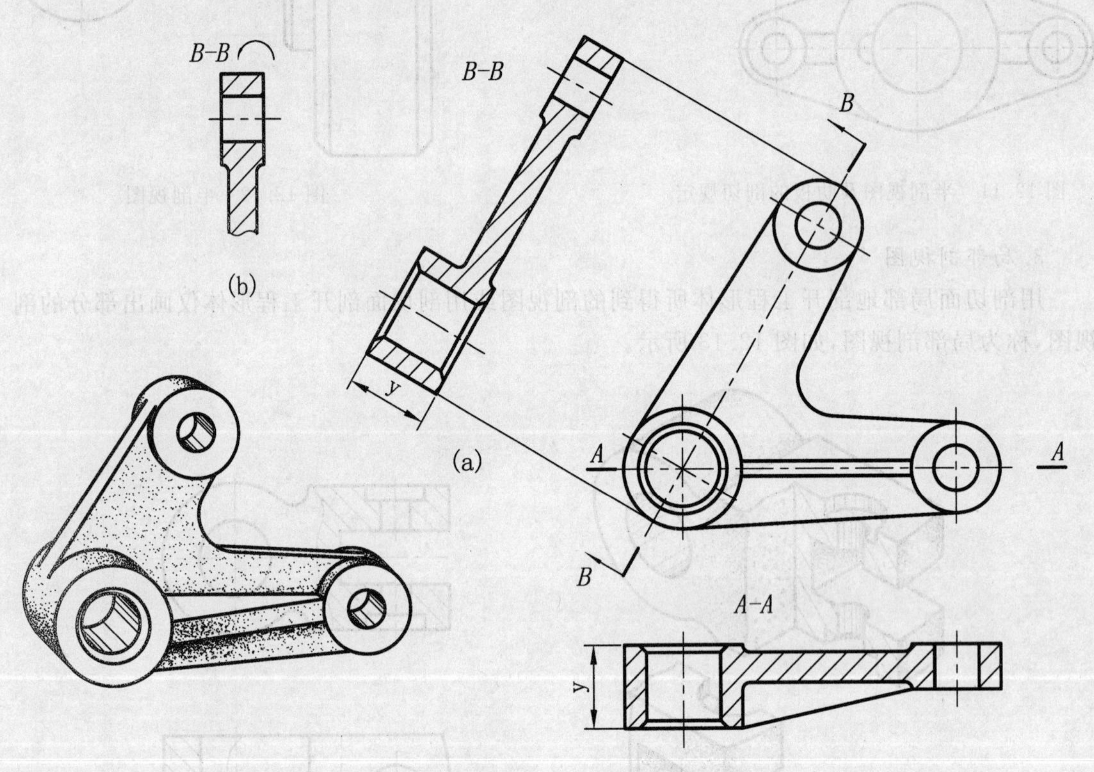

图12.14 斜剖视

2.几个平行的剖切平面

用几个平行的剖切平面剖开工程形体的方法称为阶梯剖，如图12.15所示。画阶梯剖视图时，在两个剖切平面的衔接处不得画出分界线，而且在剖切平面的转折处，剖切符号不应与工程形体的轮廓线重合。

3.几个相交的剖切平面(交线垂直于某一投影面)

相交的剖切平面有下述3种情况。

(1)两相交的剖切平面剖开工程形体，这种方法称为旋转剖，如图12.16和图12.17所示。采用此方法画剖视图时，先假想按剖切位置剖开工程形体，然后将剖切平面剖开的结构及其有关部分旋转到与选定的投影面平行后再进行投射，在剖切平面后的其他结构一般仍按原来的位置投射，例如图12.17中的小孔位置。

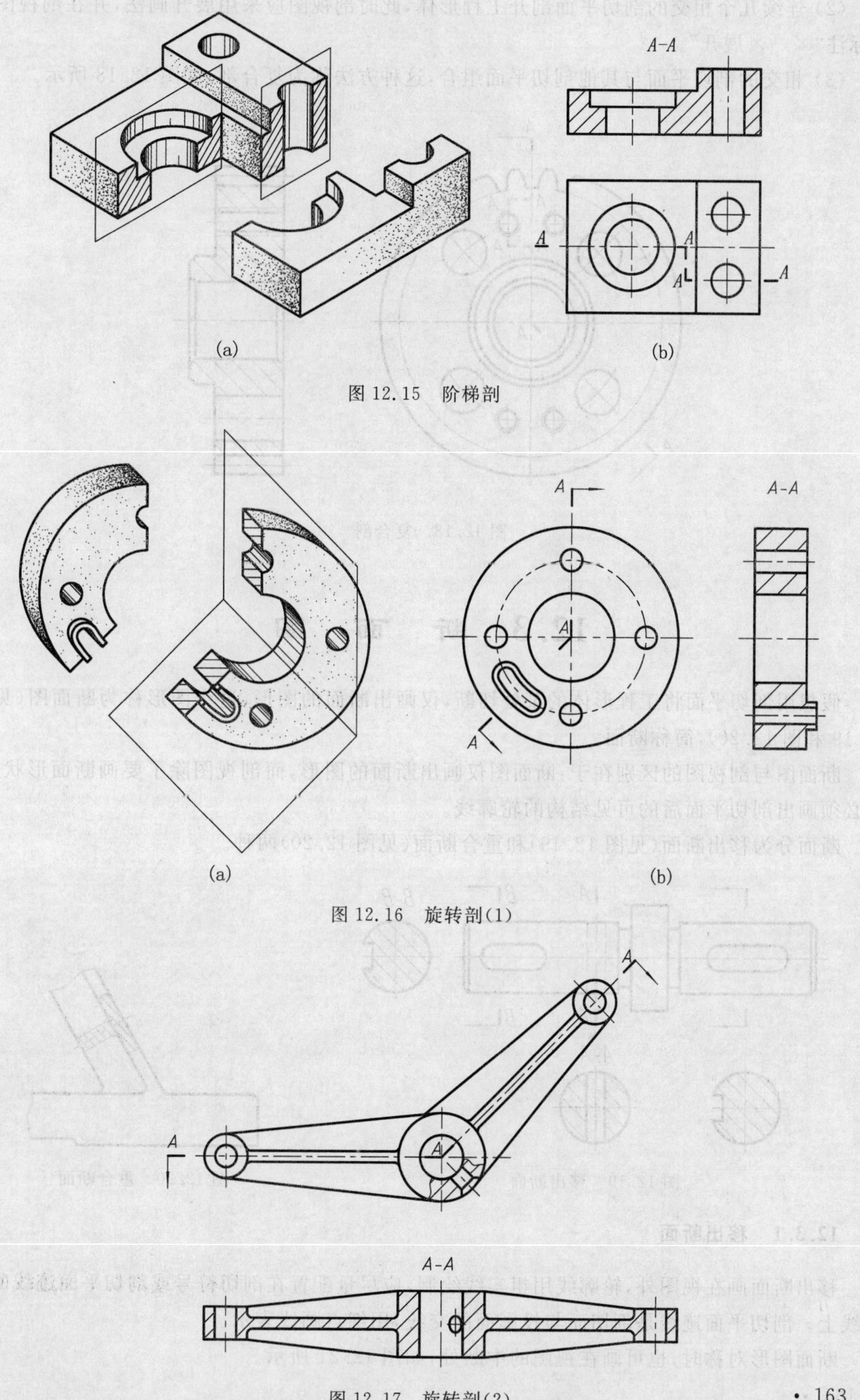

图 12.15　阶梯剖

图 12.16　旋转剖(1)

图 12.17　旋转剖(2)

(2) 连续几个相交的剖切平面剖开工程形体,此时剖视图应采用展开画法,并在剖视图上方标注"×—×展开"。

(3) 相交的剖切平面与其他剖切平面组合,这种方法称为复合剖,如图 12.18 所示。

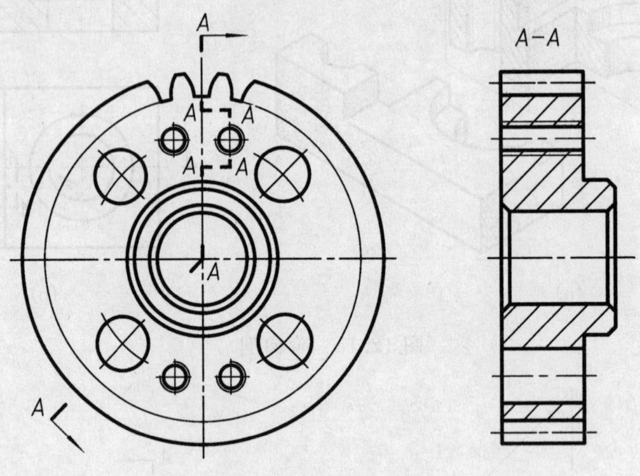

图 12.18 复合剖

12.3 断 面 图

假想用剖切平面将工程形体的某处切断,仅画出断面的图形,这个图形称为断面图(见图 12.19 和图 12.20),简称断面。

断面图与剖视图的区别在于:断面图仅画出断面的图形,而剖视图除了要画断面形状外,还必须画出剖切平面后的可见结构的轮廓线。

断面分为移出断面(见图 12.19)和重合断面(见图 12.20)两种。

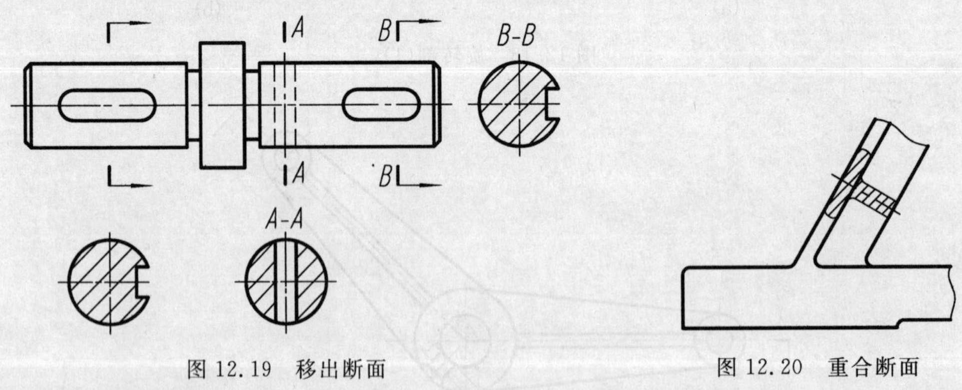

图 12.19 移出断面

图 12.20 重合断面

12.3.1 移出断面

移出断面画在视图外,轮廓线用粗实线绘制,应尽量配置在剖切符号或剖切平面迹线的延长线上。剖切平面迹线是剖切面与投影面的交线,用细点画线表示。

断面图形对称时,也可画在视图的中断处,如图 12.21 所示。

必要时可将移出断面配置在其他适当位置，如图 12.19 中的 B—B 断面。

用两个以上相交平面剖切工程形体得到的移出断面，中间应用波浪线断开，如图 12.22 所示。

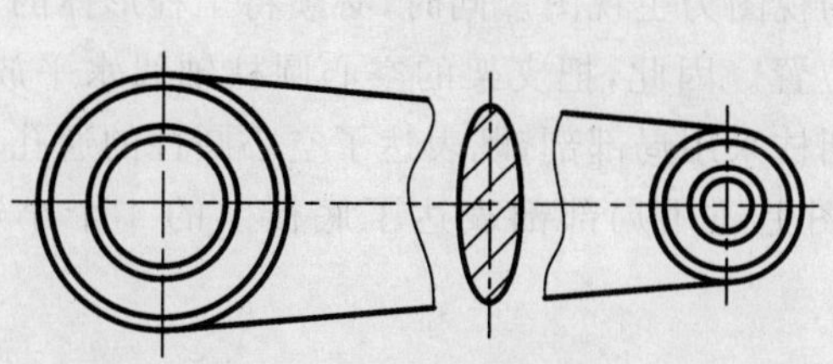

图 12.21　移出断面（上、下对称）

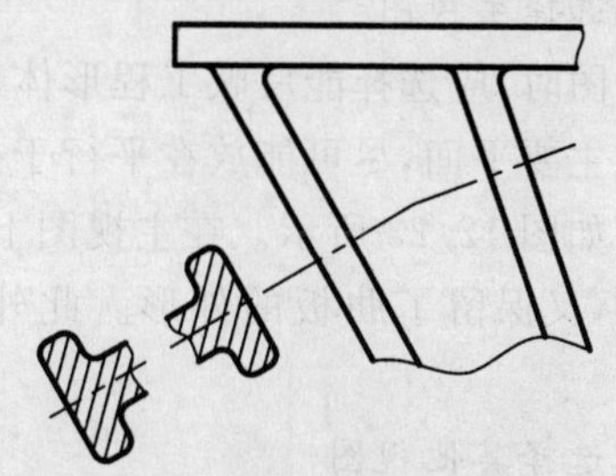

图 12.22　移出断面（两相交剖切平面）

当剖切平面通过回转面形成的孔或凹坑的轴线时，这些结构按剖视绘制，如图 12.19 中的 A—A 断面。

移出断面一般用剖切符号表示剖切位置，用箭头表示投射方向，并注上字母，在断面图的上方用同样的字母标出相应的名称"×—×"，如图 12.19 所示。配置在剖切符号延长线上的不对称移出断面可省略字母，剖切平面迹线上的对称移出断面以及配置在视图中断处的移出断面均可省略标注。

12.3.2　重合断面

画在视图内的断面图称为重合断面，如图 12.20 所示。重合断面的轮廓用细实线绘制。当视图中的轮廓线与重合断面的图线重合时，视图中的轮廓线仍应连续画出，不可中断。

12.2 节中讲述的几种剖切面同样适用于断面图。

12.4　综合举例

在介绍了表达工程形体的各种图样画法之后，现以支架零件为例说明其综合应用的方法，如图 12.23 所示。

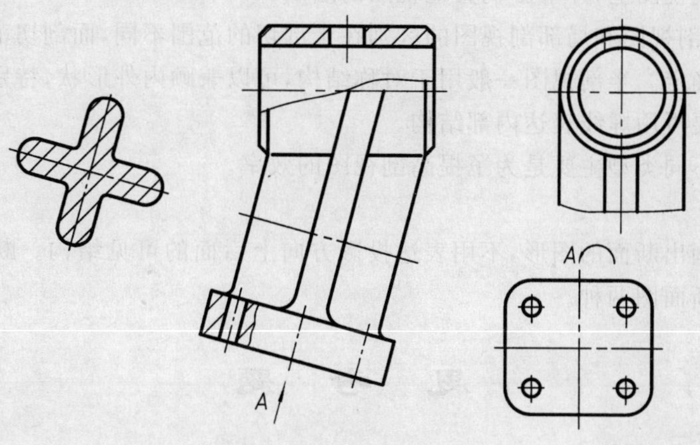

图 12.23　支架视图方案

1.形体分析

支架是由下部倾斜底板、上部空心圆柱和中间截面为十字形的肋板3部分组成。支架前后对称,倾斜底板上有4个通孔。

2.选择主视图

画图时,应选择能反映工程形体形状特征的视图为主视图。同时,必须将工程形体的主要轴线或主要平面,尽可能放在平行于投影面的位置。因此,把支架的空心圆柱轴线水平放置,主视图如图12.23所示。在主视图上,对空心圆柱采用局部剖,既表达了空心圆柱的通孔和小孔结构,又保留了肋板的外形。此外,在主视图上还用局部剖表达了底板上的4个小通孔结构。

3.选择其他视图

因为支架的倾斜底板在俯、左视图中的投影均不反映其实形,故采用A向斜视图表达倾斜底板的实形,同时为了便于绘图和看图清晰,将A向斜视图旋转后画出。再用局部视图和移出断面表达出十字形肋板的形状。

上述视图方案能够完整、清晰地表达出支架的结构和形状,如图12.23所示。

本章小结

本章根据国家标准GB/T 4458.1—2002“机械制图 图样画法 视图”中的规定,介绍了视图、剖视图和断面图的画法、用途和标注规则。

1.基本视图、向视图、局部视图和斜视图

首先要理解它们的基本概念。6个基本视图是在三视图的基础上扩展而来的;向视图是未按照展开位置放置的视图,必须作出标注;局部视图只需投射工程形体的某一局部,方式灵活;而斜视图一般用于表达工程形体上的倾斜结构。规定6个基本视图和其他视图方法的目的,是为了表达不同复杂程度和不同形状特点的工程形体。

2.剖视图

剖视图的提出是为了表达工程形体内部形状。剖切平面的类型、位置和投影方向的选择,必须有利于清晰表达内部结构形状的真实情况。因为工程形体是假想被剖开的,剖切后得到的图形只反映在剖视图上,并不影响其他视图的绘制。

全剖视图、半剖视图和局部剖视图的区别在于剖切的范围不同,而剖切范围要根据对内部结构表达的需要确定。半剖视图一般用于对称结构,可以兼顾内外形状,特别要注意的是画外形的那半视图不要再用虚线表达内部结构。

剖切平面的不同类型主要是为了提高剖视图的效率。

3.断面图。

断面图只需画出断面的图形,不用表达投影方向上后面的可见结构。断面图主要分为移出断面图和重合断面图两种。

思考题

1.基本投影面展开后,6个基本视图的位置关系是怎样的?

2. 图样中在什么情况下采用局部视图和斜视图？怎样配置和标注？

3. 肋板被剖切时在剖视图中如何处理？

4. 有哪几种剖切平面的类型？各自如何标注？

5. 移出断面图与重合断面图的区别是什么？

参考文献

[1] 孙根正,王永平.工程制图基础.3版.北京:高等教育出版社,2010.

[2] 叶军,雷蕾.机械制图.4版.西安:西北工业大学出版社,2013.

[3] 臧宏琦,王永平,蔡旭鹏,等.机械制图.3版.西安:西北工业大学出版社,2010.

[4] 臧宏琦,刘援越,贺红州.建筑工程制图.西安:西北工业大学出版社,2010.

[5] 唐克中,朱同钧.画法几何及工程制图.4版.北京:高等教育出版社,2008.

[6] 西北工业大学工程制图教研室.画法几何及机械制图.5版.西安:陕西科学技术出版社,1998.

[7] 仝基斌,晏群.机械制图.北京:机械工业出版社,2008.

[8] 刘朝儒,吴志军,高政一,等.机械制图.5版.北京:清华大学出版社,2007.

[9] 朱冬梅,胥北澜,何建英.画法几何及机械制图.6版.北京:高等教育出版社,2008.

[10] 行淑敏,穆亚平.园林工程制图.西安:西北工业大学出版社,1997.

[11] 中国纺织大学工程图学教研室,等.画法几何及工程制图.4版.上海:上海科学技术出版社,1997.

[12] 华中理工大学等院校.画法几何及机械制图.4版.北京:高等教育出版社,1989.

[13] 李学京.机械制图国家标准应用指南.北京:中国标准出版社,2008.

[14] 李学京.机械制图国家标准应用图册.北京:中国标准出版社,2008.

[15] 中国标准出版社第三编辑室.技术产品文件标准汇编:技术制图卷.2版.北京:中国标准出版社,2009.

[16] 中国标准出版社第三编辑室.技术产品文件标准汇编:机械制图卷.2版.北京:中国标准出版社,2009.

[17] 杨振宽.机械产品设计常用标准手册.北京:中国标准出版社,2010.

高等学校网络教育规划教材

画法几何与机械制图习题集

（上）

藏宏琦　刘援越　叶　军　编

西北工业大学出版社

图书在版编目(CIP)数据

画法几何与机械制图. 上/臧宏琦,刘援越,叶军编. —西安:西北工业大学出版社,2014.8
ISBN 978-7-5612-4071-7

Ⅰ.①画… Ⅱ.①臧… ②刘… ③叶… Ⅲ.①画法几何—高等学校—教材②机械制图—高等学校—教材 Ⅳ.①TH126

中国版本图书馆 CIP 数据核字(2014)第 188357 号

出版发行:西北工业大学出版社
通信地址:西安市友谊西路 127 号 邮编:710072
电　　话:(029)88493844 88491757
网　　址:www.nwpup.com
印 刷 者:兴平市博闻印务有限公司
开　　本:787 mm×1 092 mm 1/16
印　　张:21.75
字　　数:393 千字
版　　次:2014 年 9 月第 1 版 2014 年 9 月第 1 次印刷
定　　价:48.00 元(套)

前　言

本书是笔者在总结了多年的网络课程教学经验的基础上，由西北工业大学网络教育学院规划编写的。本书配有《画法几何与机械制图习题集》。

本书针对工程制图具有设计和制造领域各专业技术基础课程的性质，以及网络教育面向应用型工程技术人才培养的目标，充分考虑成人业余学习的特点，在内容选取方面遵照国家课程指导大纲的要求，以课程培养目标为导向，以拓宽面向、深度适中、注重空间想象与表达能力和绘图实践能力培养为基本原则。内容体系力求层次分明，内容连贯，包括：制图的基本知识；正投影的基本知识；点、线、面的投影；立体及立体的截交与相贯；组合体的绘制；轴测投影；工程形体的图样表达方法等。通过本教材的学习，使学生掌握工程制图的基本知识和分析、解决工程问题的基本技能，提高学生的基本素质、工程意识及实践能力。

在配套的习题集中给出了相应的训练练习，编排顺序与教材一致。

习题集的编者依次为：臧宏琦编写绪论、第 1 章，第 6～10 章，刘援越编写第 2～5 章、第 11 章，叶军编写第 12 章。

在本书的编写过程中参考了国内同类著作，特向有关作者表示感谢。

全书由臧宏琦统稿，西北工业大学孙根正教授对本书提出了许多宝贵意见，在此谨致谢意。

由于经验和水平有限，书中难免有些疏漏与不足，恳请读者批评指正。

编　者

2014 年 5 月于西安

目　录

作业一 字体、线型练习

1. 目的

(1) 掌握国家标准规定的字体书写方法和图线画法。

(2) 初步掌握草图画法。

2. 内容

(1) 按国家标准的规定做字体书写练习和线型练习。第1，2题做在作业本上。

(2) 线型练习，按照所给图形以1:1比例绘制A4铅笔图一张。

(3) 做草图练习，将第4题做在作业本上。

3. 要求

(1) 字体练习，注意做到：字体工整、笔画清楚、间隔均匀、排列整齐。

(2) 线型练习要按国家标准规定画线，注意图线均匀，图面布置合理。

(3) 草图练习要注意：比例正确，图面工整，画线用力均匀，横平竖直，曲线光顺。

4. 步骤

做线型练习和草图练习时应按以下步骤：

(1) 确定绘图比例。

(2) 做幅面布置。

(3) 画出中心线和定位线。

(4) 画底稿。

(5) 检查加深。

第 1 章	制图的基本知识	班级		学号		姓名	

班级 学号 姓名

1-1 按国家标准（GB/T 14691-1993）的规定做字体书写练习。

0123456789 0123456789

铸造圆角其余机械制图基准长宽高字体

第1章 制图的基本知识

班级 学号 姓名

1-2 按国家标准（GB/T 14691-1993）的规定做字体书写练习。

ABCDEFGHIJKLMNOPQRSTUVWXYZ RRØØ

西北工业大学网络学院校核审图格式例

班级　学号　姓名

1-3 线型练习。

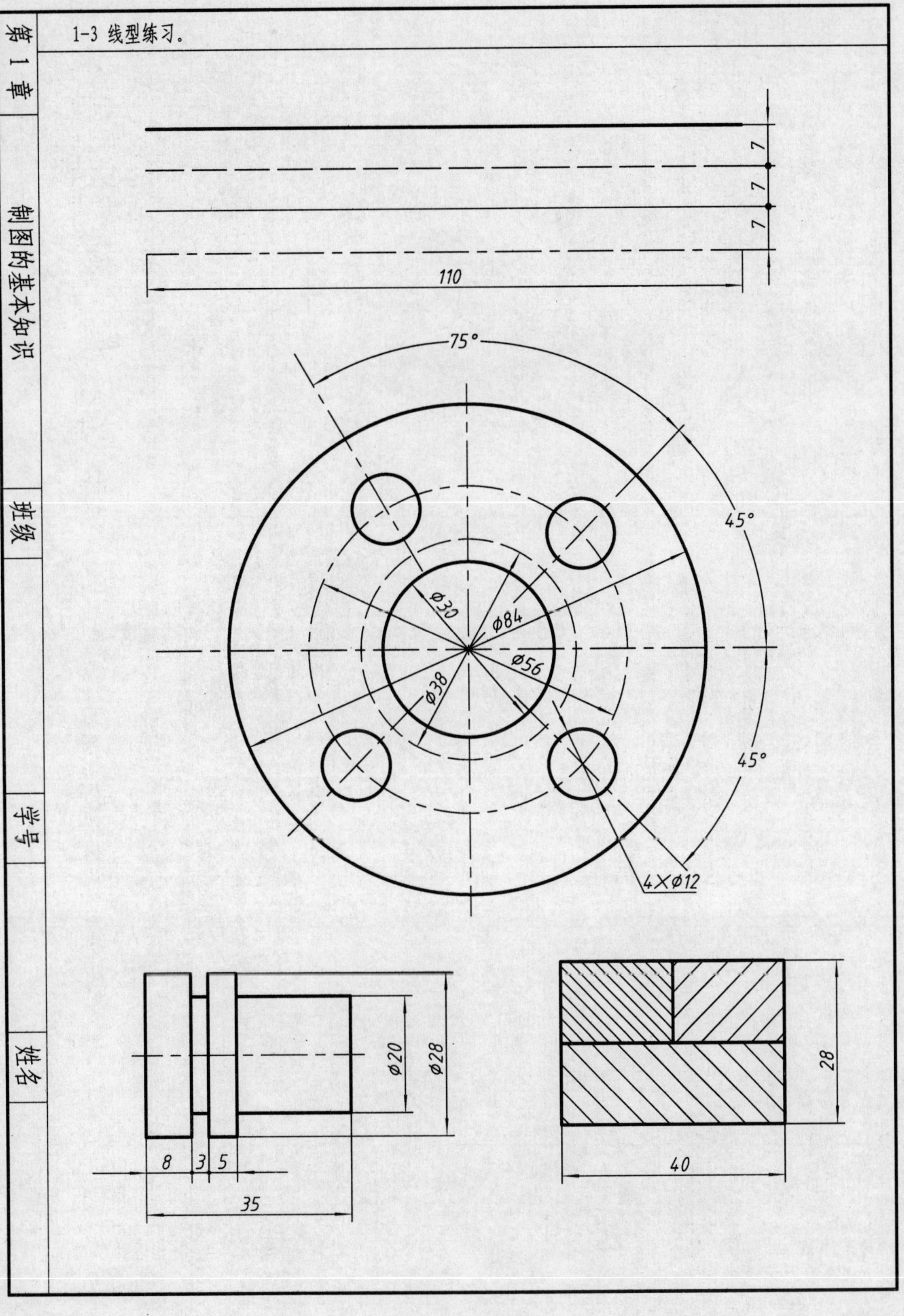

1-4 按给出的图样徒手绘制草图。

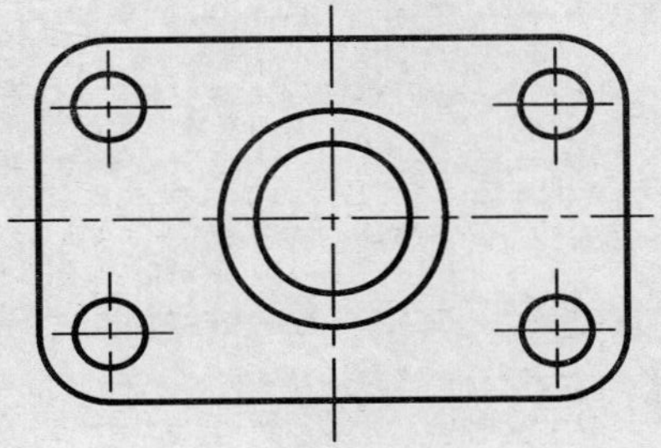

(a)

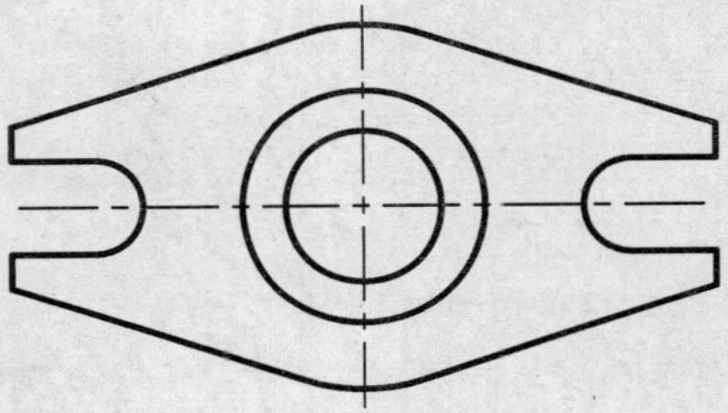

(b)

第 1 章	制图的基本知识	班级		学号		姓名	

作业二　圆弧连接

1. 目的

（1） 继续熟悉绘图工具和仪器的使用方法。

（2） 学习平面图形的作图方法与步骤以及平面图形的尺寸标注。

（3） 掌握圆弧连接的作图方法。

2. 内容

按照所给图形，以1:1比例绘制A3铅笔图一张并标注尺寸。

3. 要求

（1） 学习图面布置，计算所画图形所占位置(包括标注尺寸所占的位置)，用底稿线画出欲占位置范围，注意图面布置要均匀，争取合理美观。

（2） 按照圆弧连接的作图方法，求出各连接弧的圆心 、公切点，连接要准确，过渡要光滑。

（3） 尺寸数字大小要一致，均为3.5号字，尺寸箭头按要求正确画出。

4. 步骤

（1） 绘图前应对所画图形仔细分析研究，以确定正确的作图步骤。

（2） 画出图形的中心线以及已知线段的底稿。

（3） 求出各连接弧的圆心、公切点(用底稿线标出)，画出连接弧的底稿。

（4） 加深前应认真检查底稿，然后按先大圆弧后小圆弧最后直线的顺序，并从左到右，从上到下，依次加深图形。

（5） 标注尺寸，打格书写仿宋字。

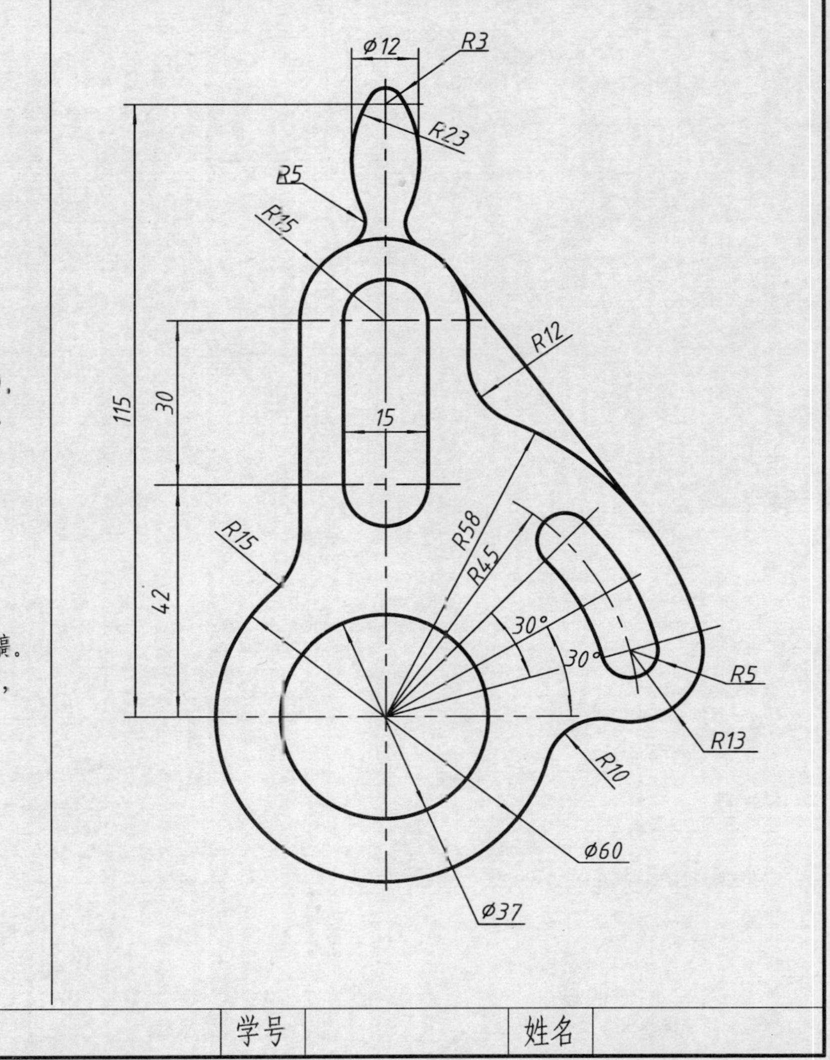

第 1 章	制图的基本知识	班级		学号		姓名	

2-1 找出与立体图对应的三面投影图，并将其编号填入圆圈内。

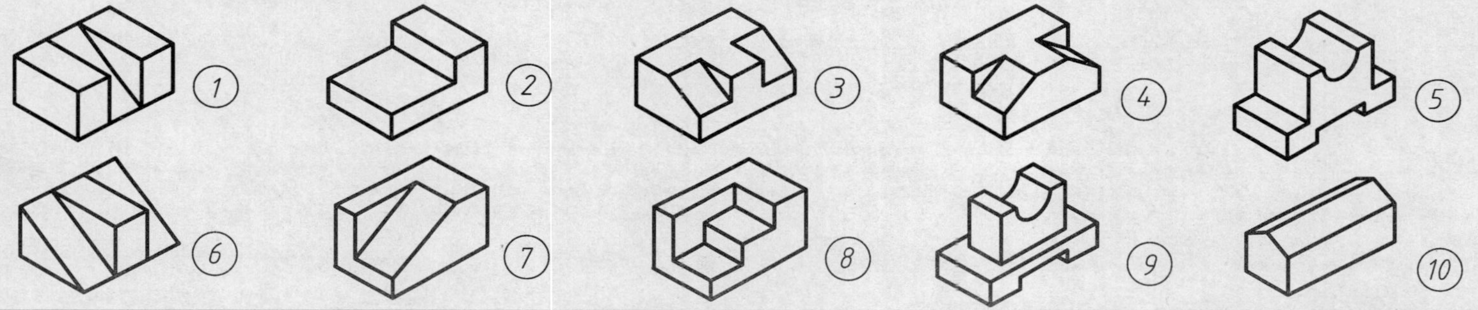

①　②　③　④　⑤

⑥　⑦　⑧　⑨　⑩

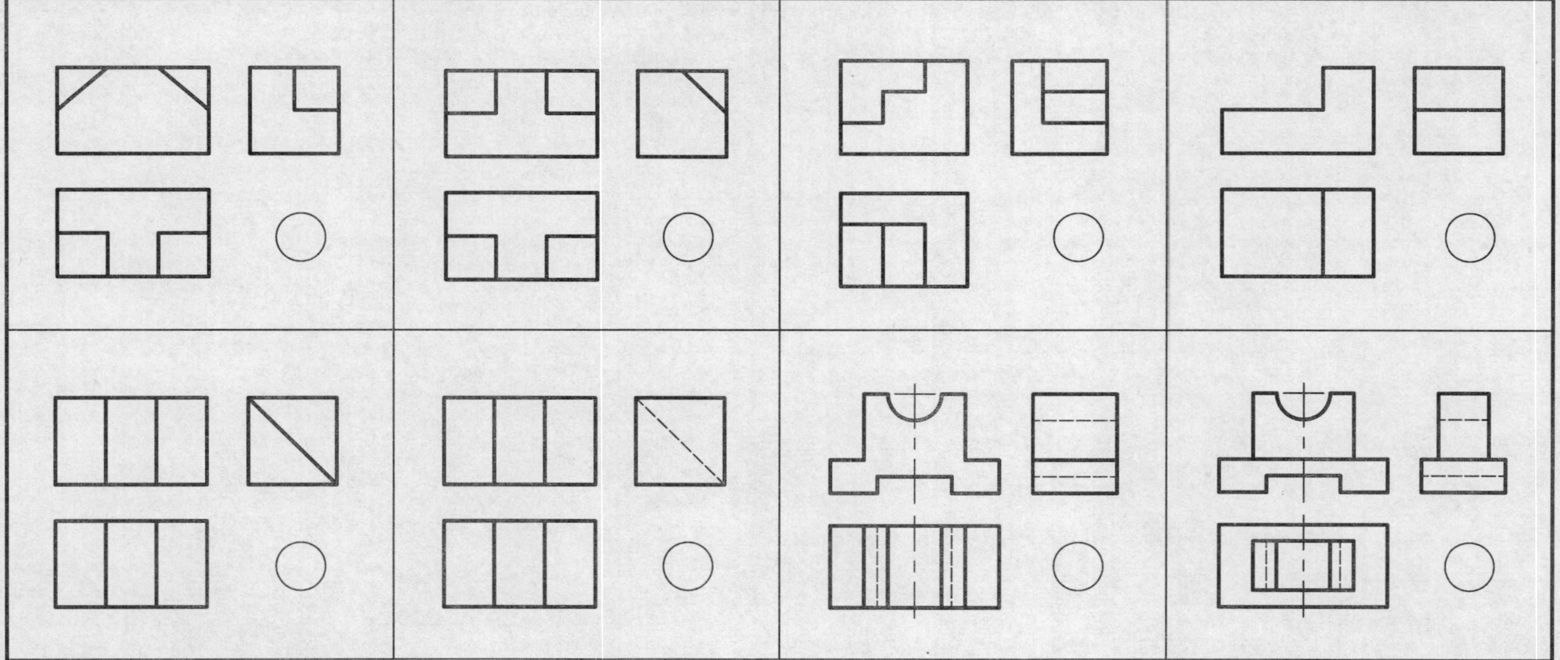

第 2 章	投影的基本知识	班级		学号		姓名	

2-2 补画物体的第三投影。

2-3 根据立体图，画出物体的三面投影图（尺寸直接由立体图量取）。

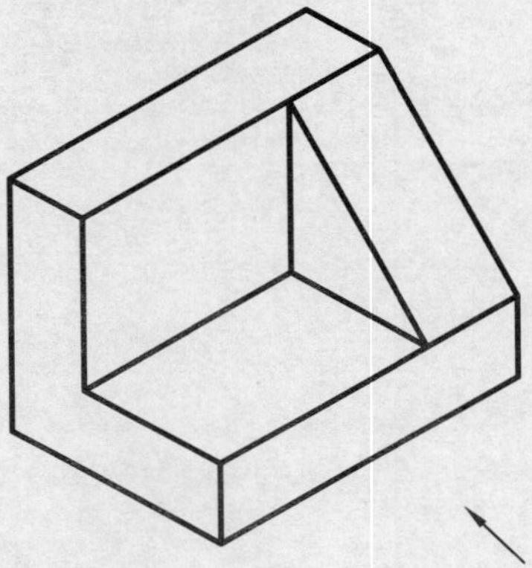

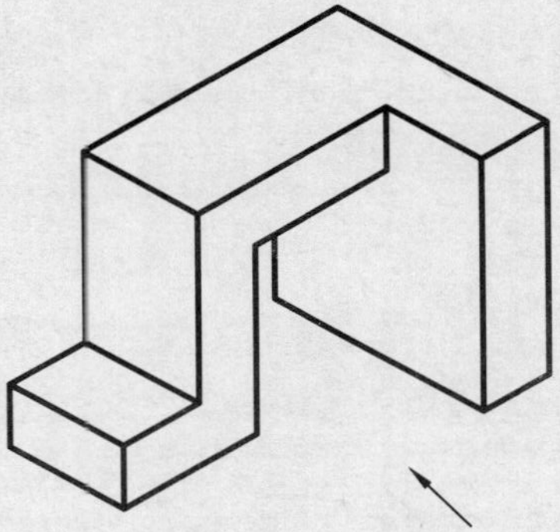

第 2 章	投影的基本知识	班级		学号		姓名	

3-1 已知各点的两面投影，求作第三投影。

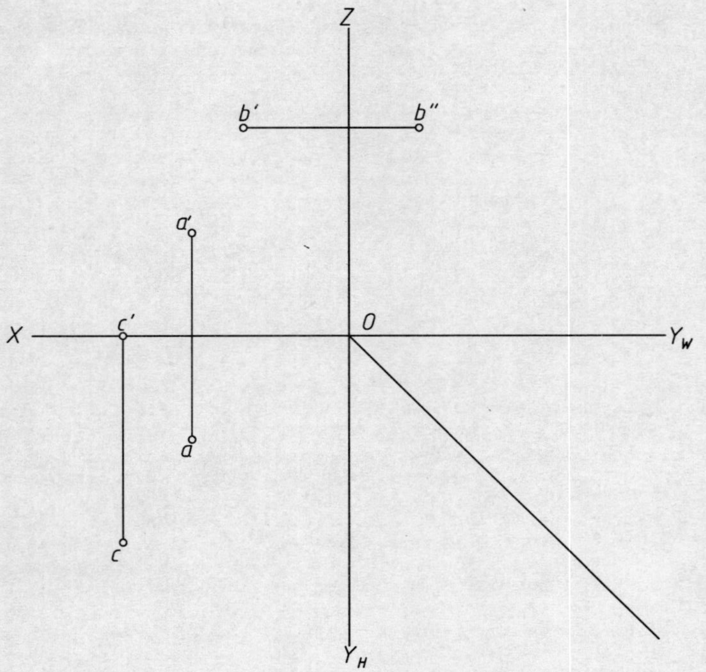

3-2 已知立体上各点的两面投影，完成第三面投影。

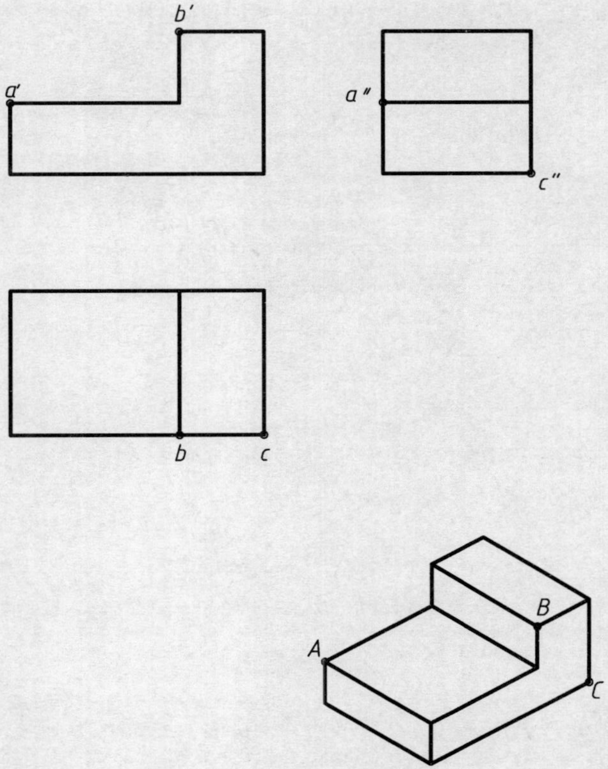

3-3 已知A(30, 20, 10)，B(15, 10, 25)两点坐标，求作A, B两点的三面投影图和立体图。

3-4 已知点B在点A正右方15mm，点C在点A正后方10mm，点D在点A正下方20mm，求作B, C, D的投影。

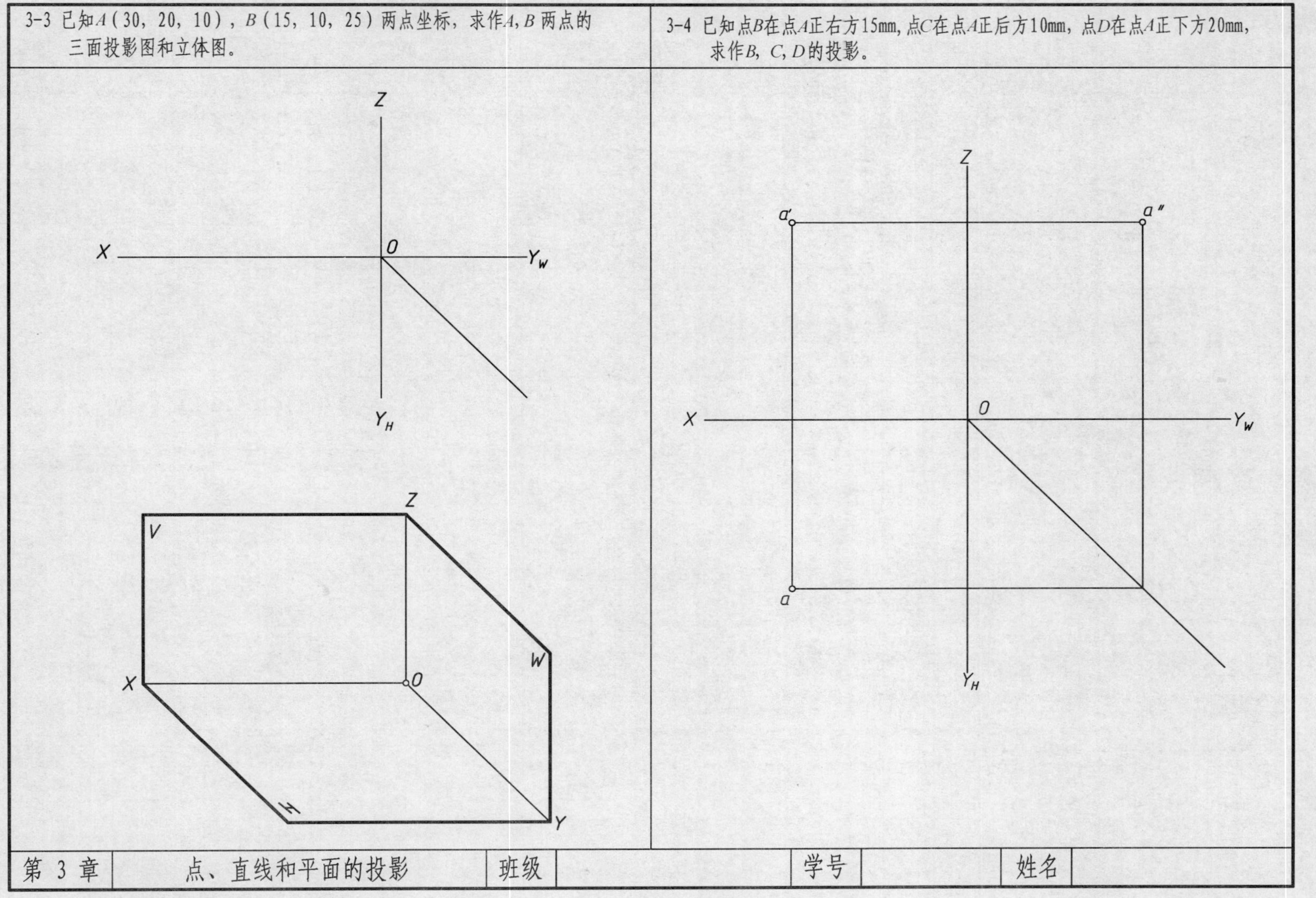

第 3 章	点、直线和平面的投影	班级		学号		姓名	

3-5 已知下列各直线的两面投影，求作第三投影，并在横线上写出该直线对投影面的相对位置。

(a)

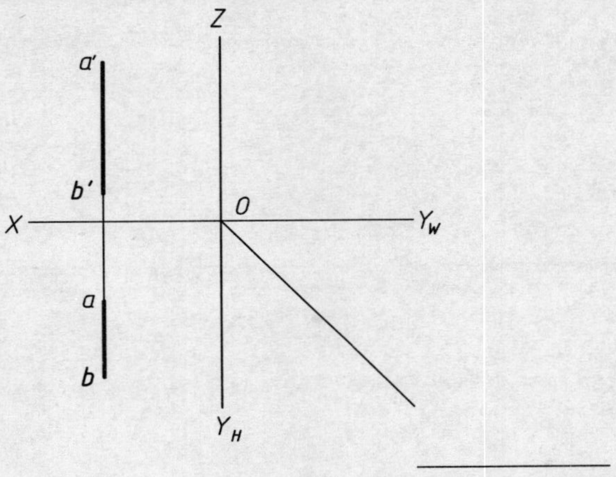

Z a′ b′ X O Y_W a b Y_H

______

(b)

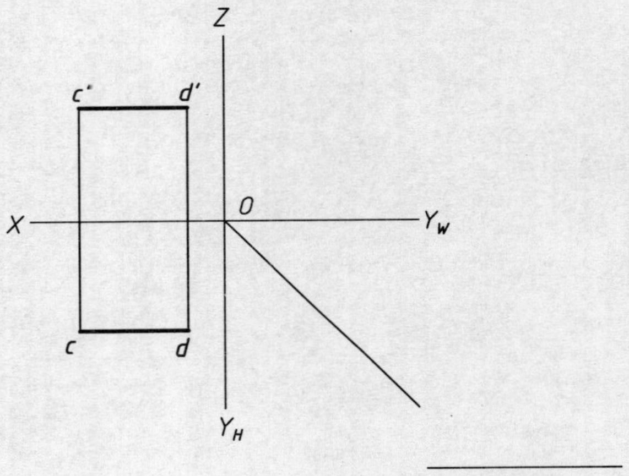

Z c′ d′ X O Y_W c d Y_H

______

(c)

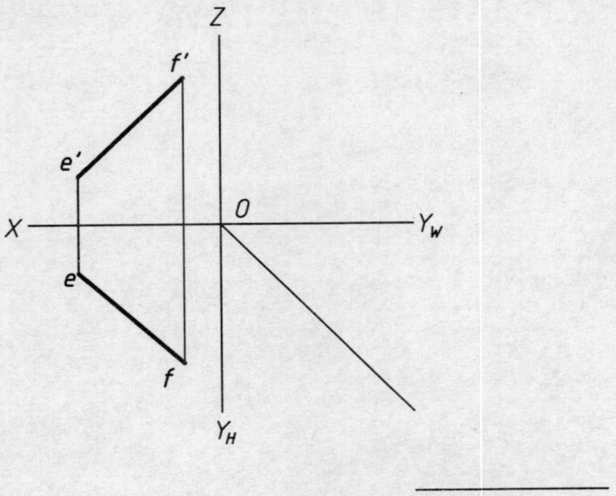

Z f′ e′ X O Y_W e f Y_H

______

(d)

h′ g′ X O Y_W g h Y_H

______

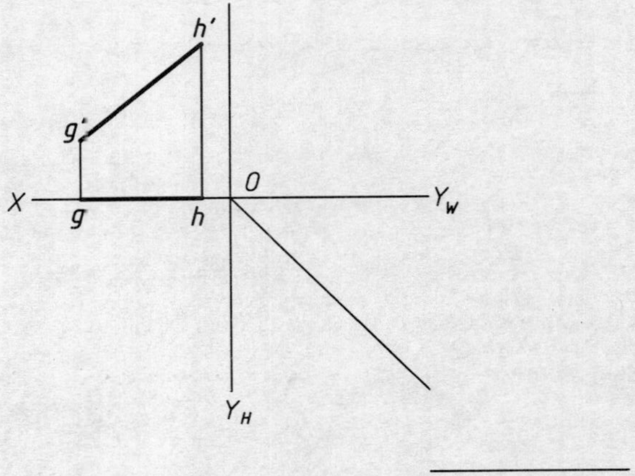

第 3 章	点、直线和平面的投影	班级		学号		姓名	

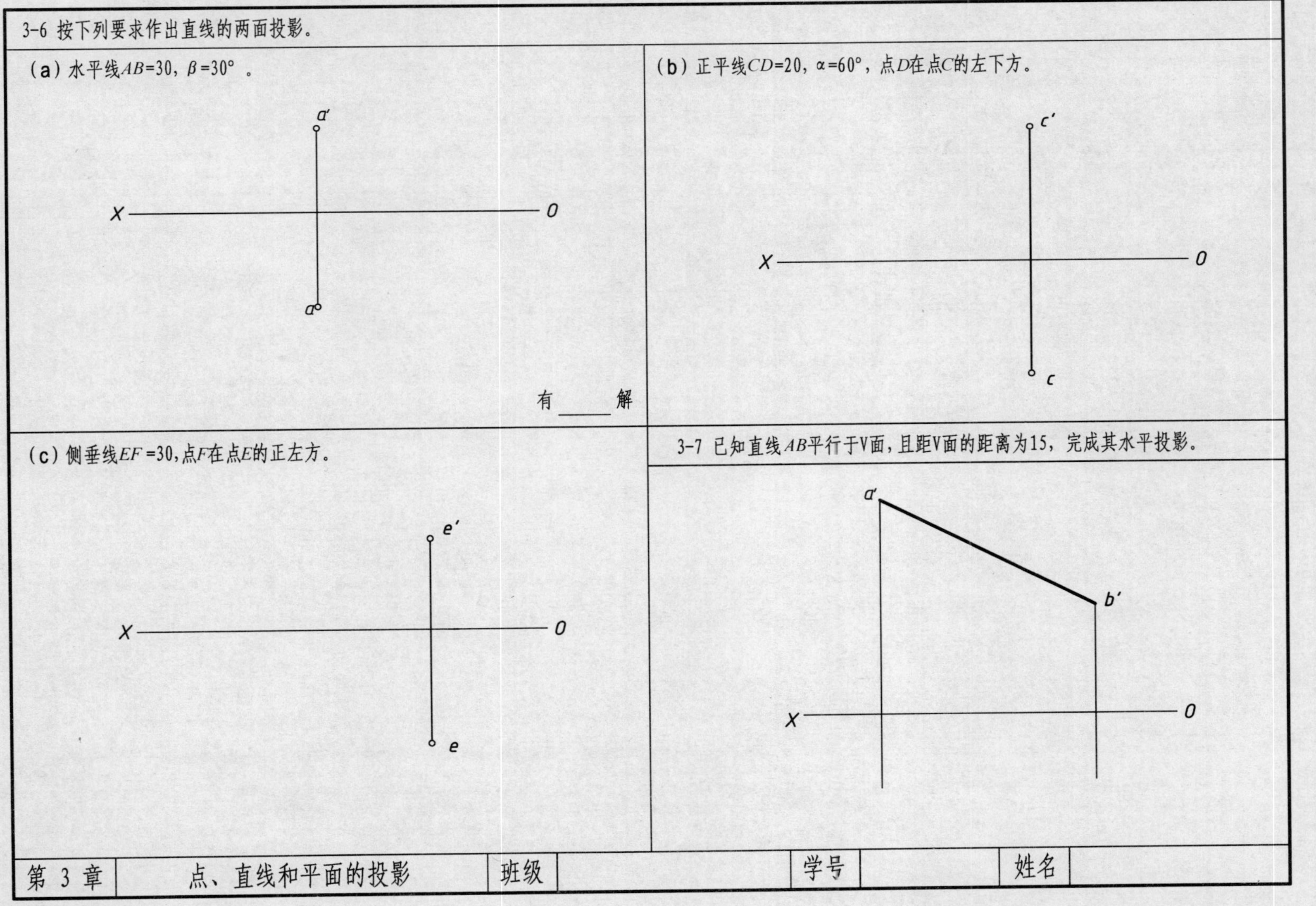
3-6 按下列要求作出直线的两面投影。
(a) 水平线AB=30，β=30°。
a′
X
O
a
有____解
(b) 正平线CD=20，α=60°，点D在点C的左下方。
c′
X
O
c
(c) 侧垂线EF=30，点F在点E的正左方。
e′
X
O
e
3-7 已知直线AB平行于V面，且距V面的距离为15，完成其水平投影。
a′
b′
X
O
第 3 章
点、直线和平面的投影
班级
学号
姓名

3-8 判断下列各点是否在已知直线AB上。

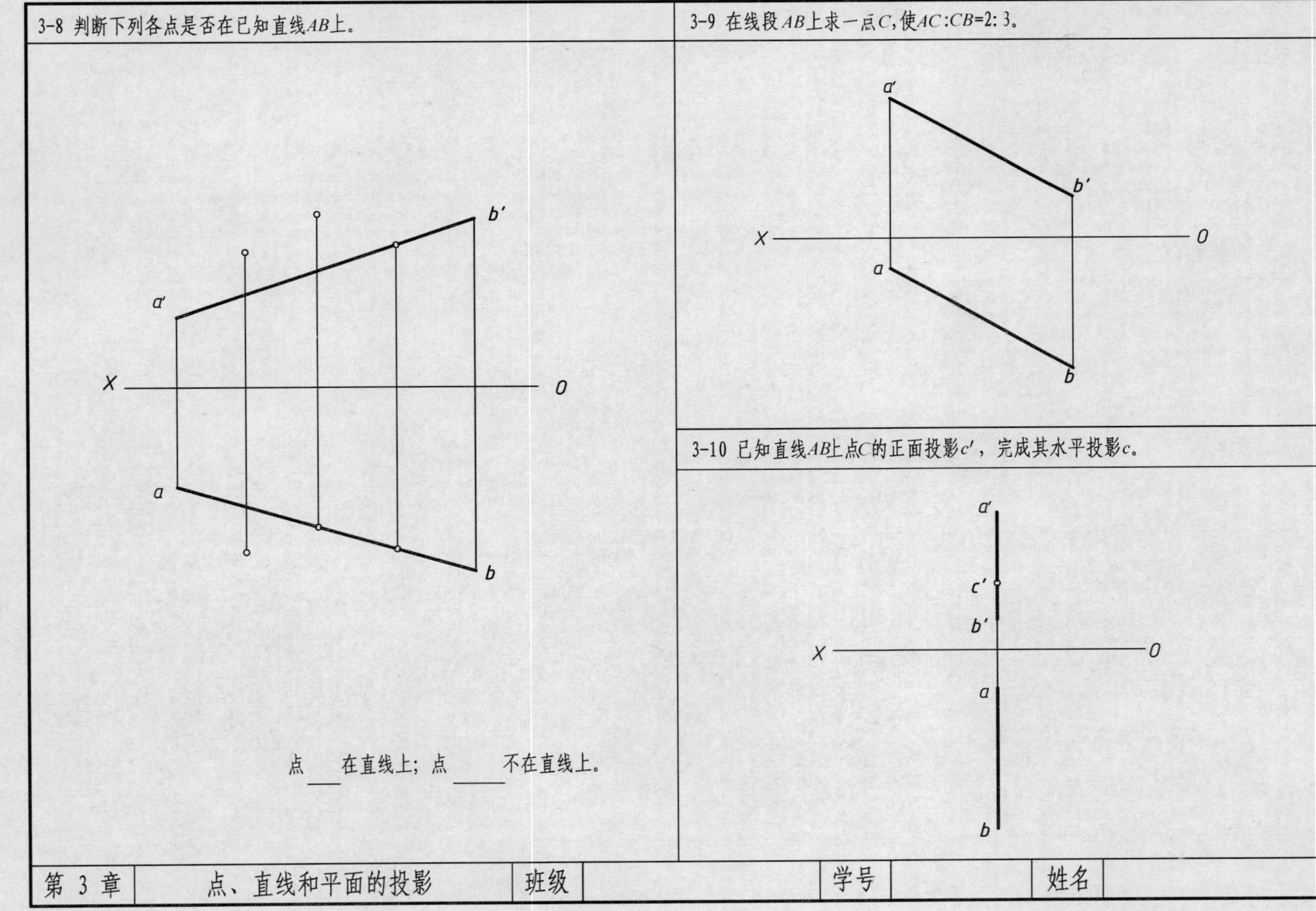

点____在直线上；点_____不在直线上。

3-9 在线段AB上求一点C,使$AC:CB$=2: 3。

3-10 已知直线AB上点C的正面投影c'，完成其水平投影c。

第 3 章	点、直线和平面的投影	班级		学号		姓名	

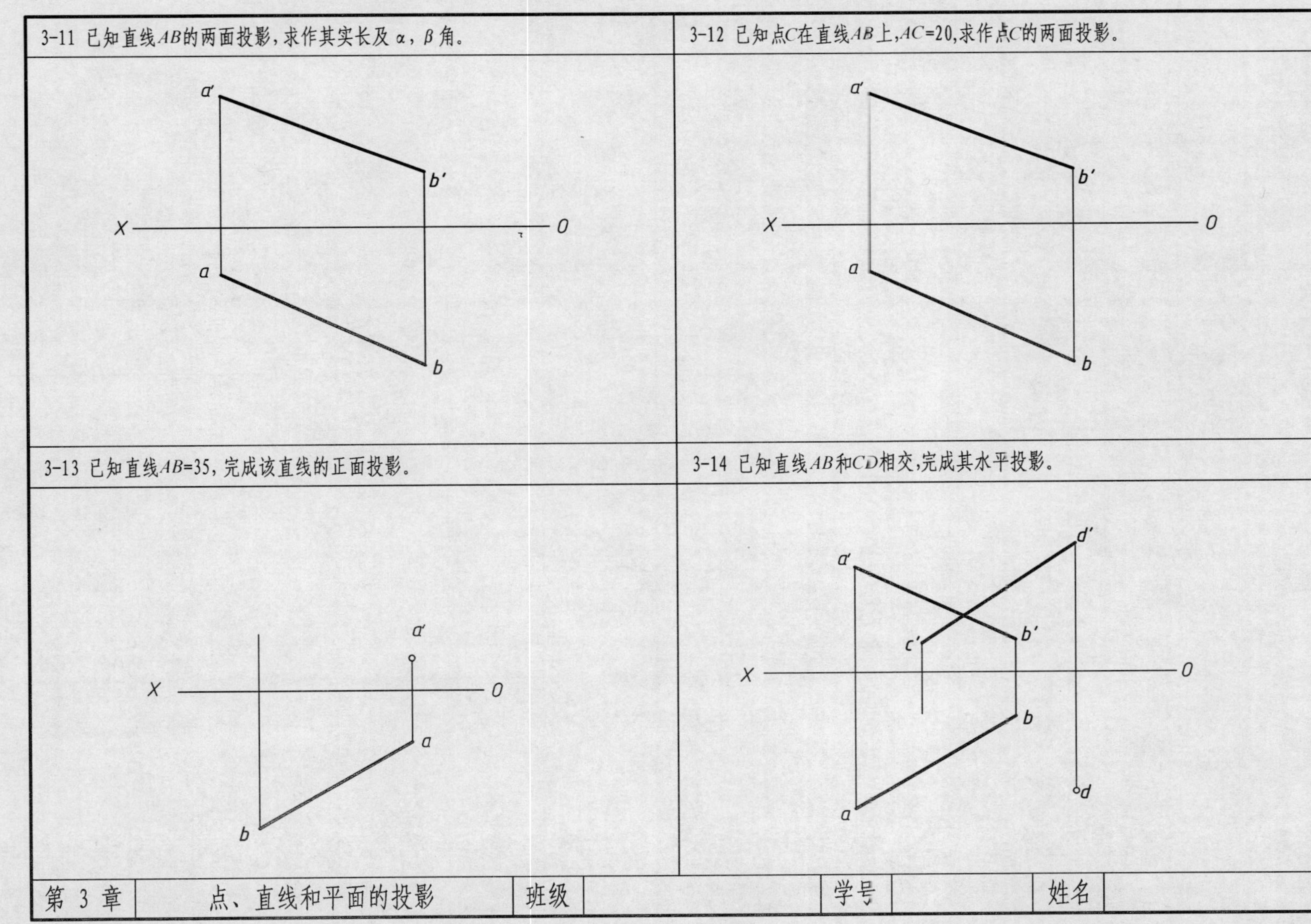
3-11 已知直线AB的两面投影，求作其实长及 α，β 角。
a'
b'
X
O
a
b
3-12 已知点C在直线AB上，AC=20，求作点C的两面投影。
a'
b'
X
O
a
b
3-13 已知直线AB=35，完成该直线的正面投影。
a'
X
O
a
b
3-14 已知直线AB和CD相交，完成其水平投影。
d'
a'
b'
c'
X
O
b
d
a
第 3 章
点、直线和平面的投影
班级
学号
姓名

3-15 判断两直线的相对位置并写在横线上。

(a)

a′ c′ b′ d′ X O d b c a

______

(b)

g′ f′ e′ h′ X O g f (h) e

______

(c)

k′ m′ l′ n′ X O n k m l

______

(d)

c′ Z a′ d′ b′ X O Y_W d a b c Y_H

______

第 3 章	点、直线和平面的投影	班级		学号		姓名	

3-16 标出重影点，并判别可见性。

(a)

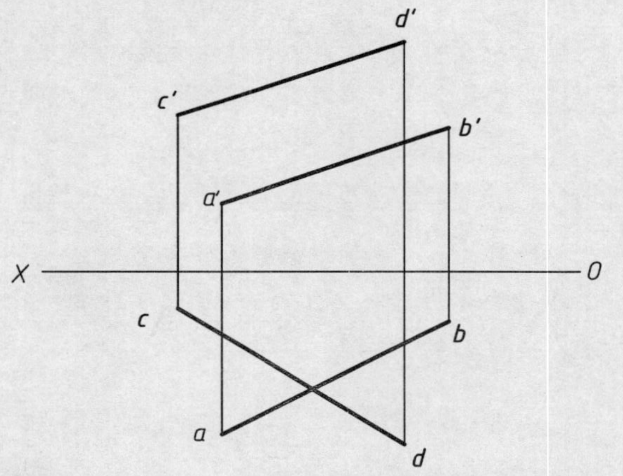

c′ d′ a′ b′ X O c b a d

(b)

a′ d′ c′ b′ X O a d b c

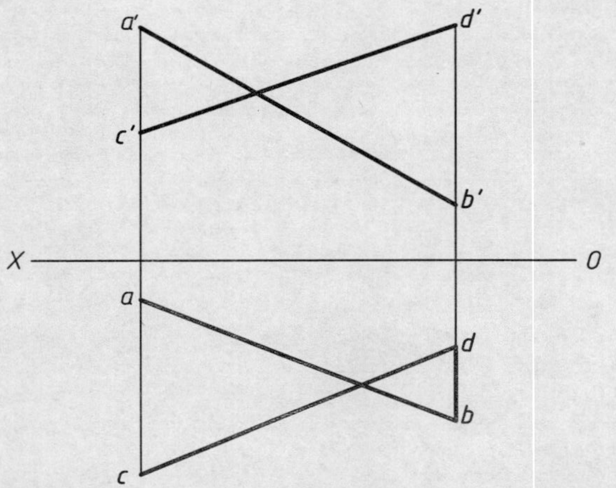

3-17 作水平线MN与H面相距40，并与直线AB,CD相交。

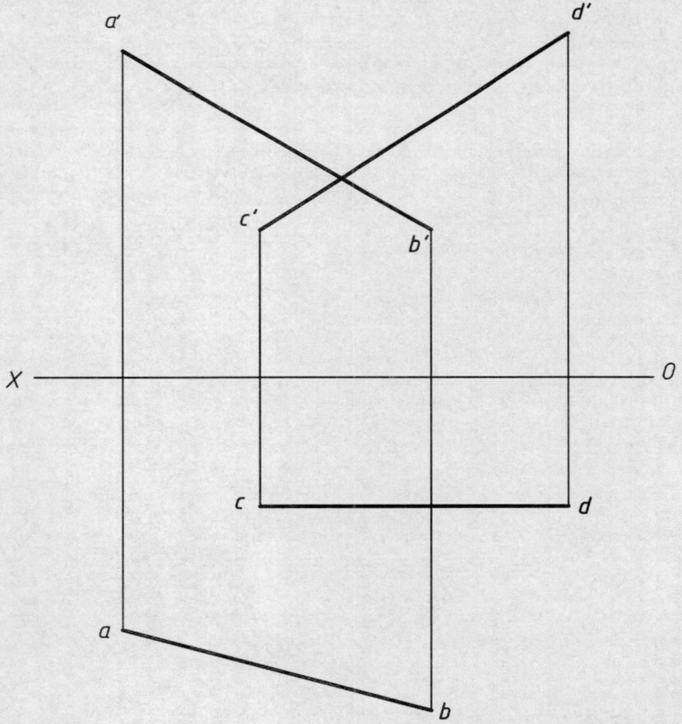

a′ d′ c′ b′ X O c d a b

第 3 章	点、直线和平面的投影	班级		学号		姓名	

3-18 过点C作水平线CD的投影,CD与AB相交于D。

3-19 求作两交叉直线的公垂线的投影。

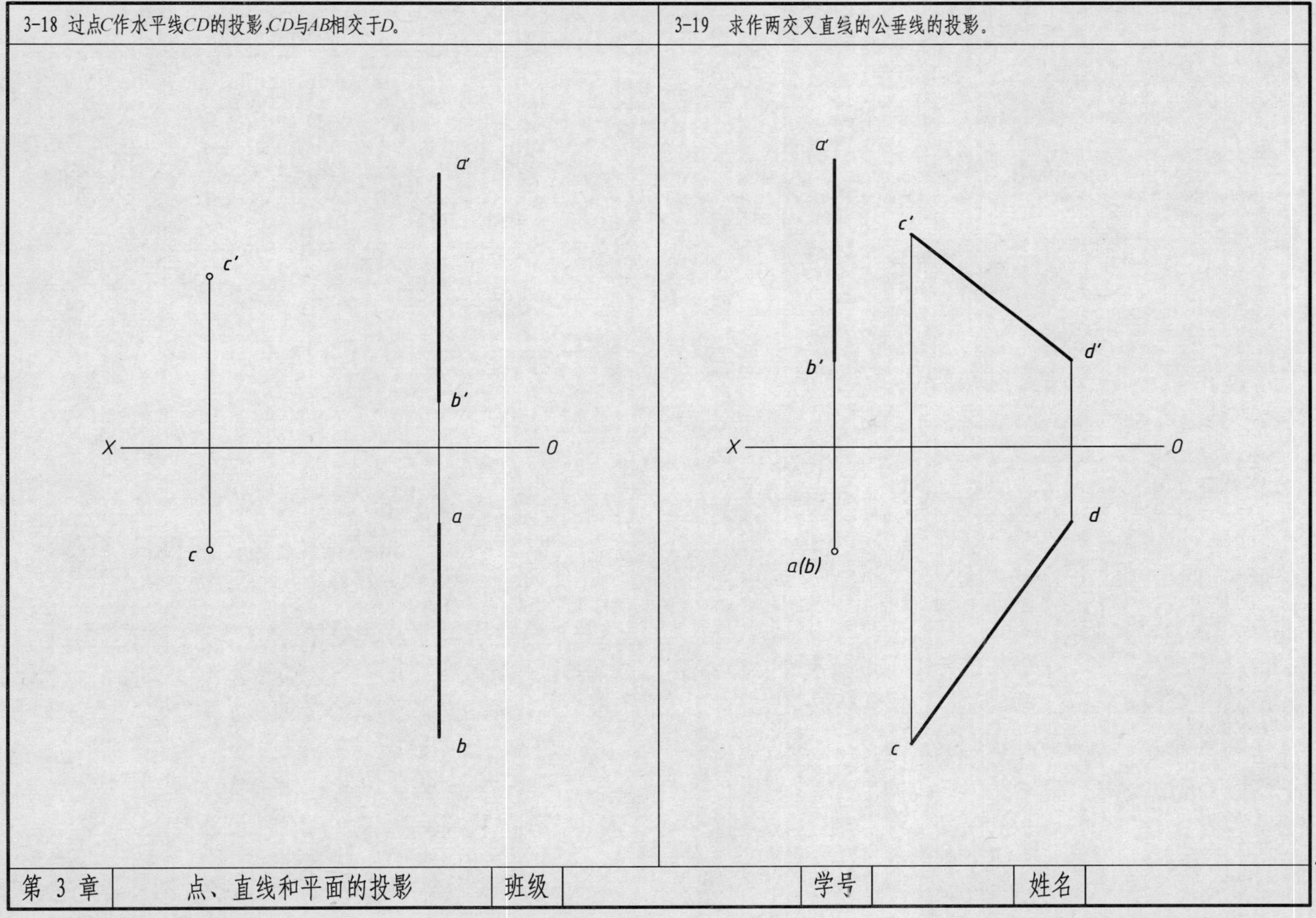

第 3 章	点、直线和平面的投影	班级		学号		姓名	

3-20 过点E作一直线EF，使其与直线AB,CD都相交。

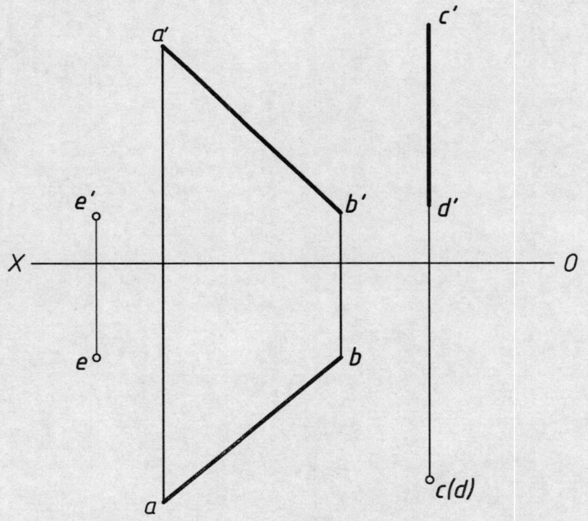

3-21 作直线GH平行于直线AB,且与直线CD,EF都相交。

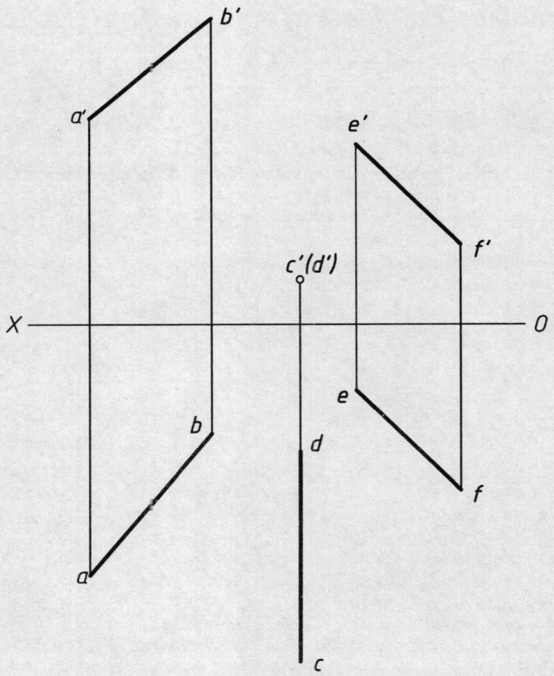

第 3 章	点、直线和平面的投影	班级		学号		姓名	

3-22 完成平面的第三投影，并说明各平面为何种位置平面。

(a)

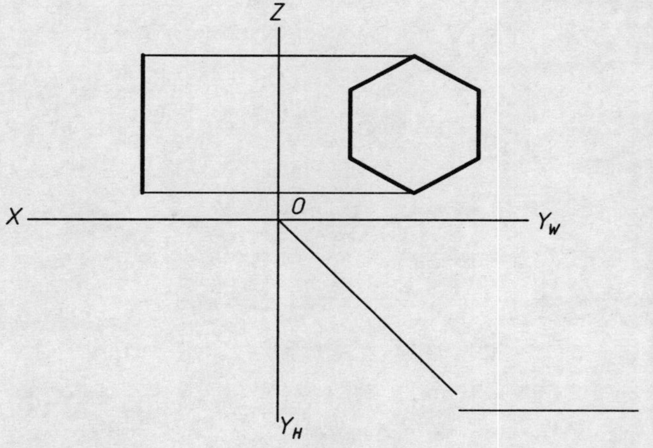

Z O X Y_W Y_H

(b)

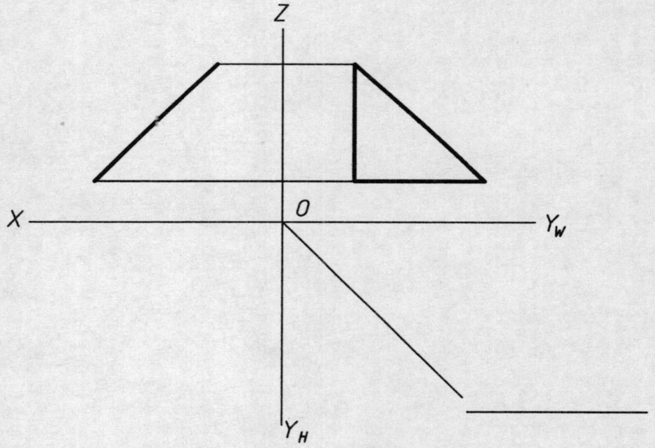

Z O X Y_W Y_H

(c)

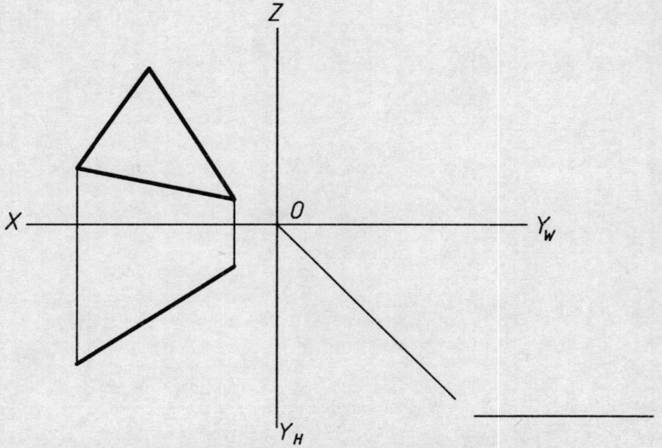

Z O X Y_W Y_H

(d)

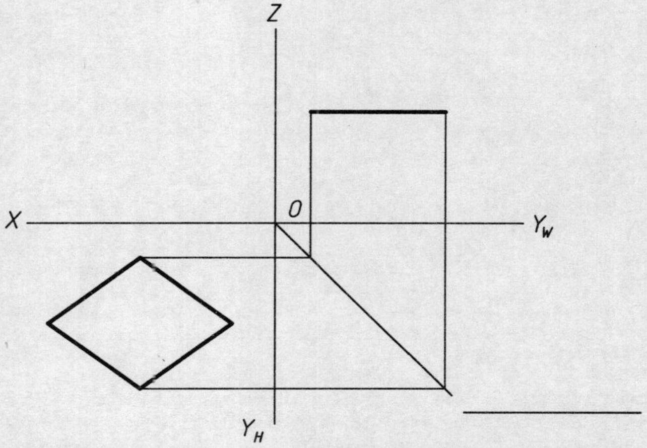

Z O X Y_W Y_H

第 3 章	点、直线和平面的投影	班级		学号		姓名	

3-23 在立体图上标出带字母的平面并说明是何种位置平面。

3-24 已知平面内点K的一个投影，求它的另一投影。

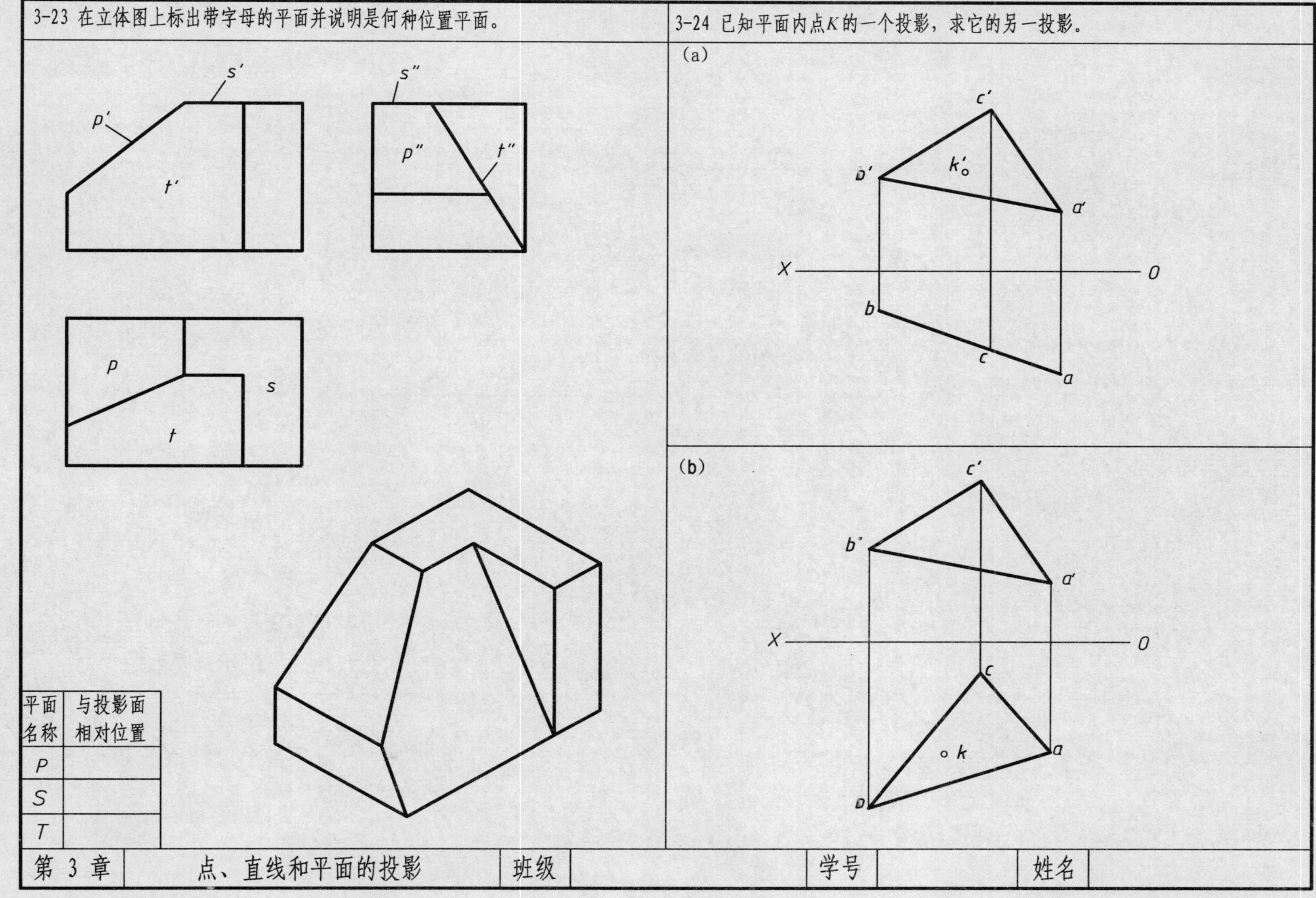

平面名称	与投影面相对位置
P	
S	
T	

第 3 章	点、直线和平面的投影	班级		学号		姓名	

3-25 完成下列所示平面的水平投影。

3-26 已知平面 $ABCD$ 的 AB 边平行于V面，试补全 $ABCD$ 的投影。

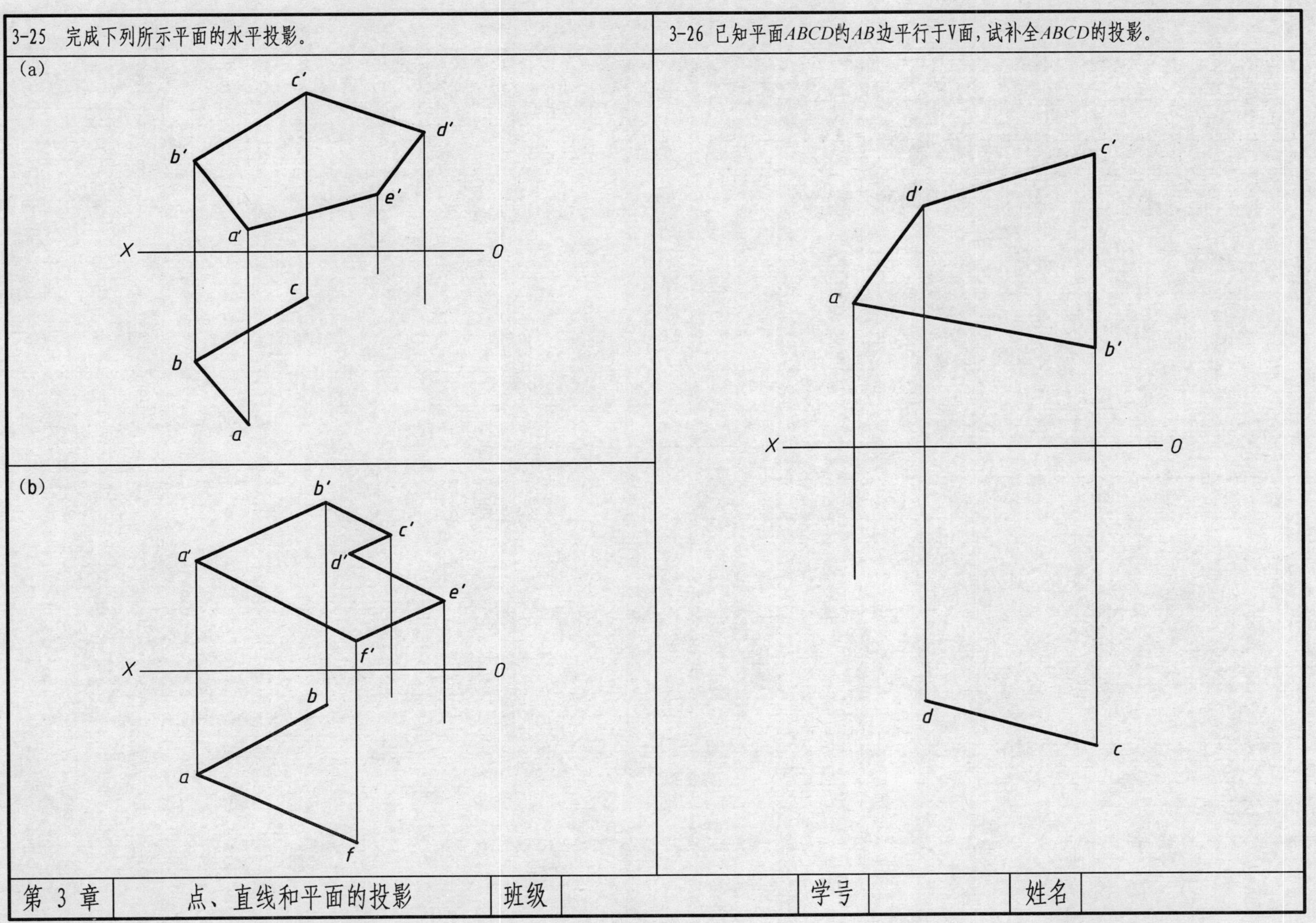

第 3 章	点、直线和平面的投影	班级		学号		姓名	

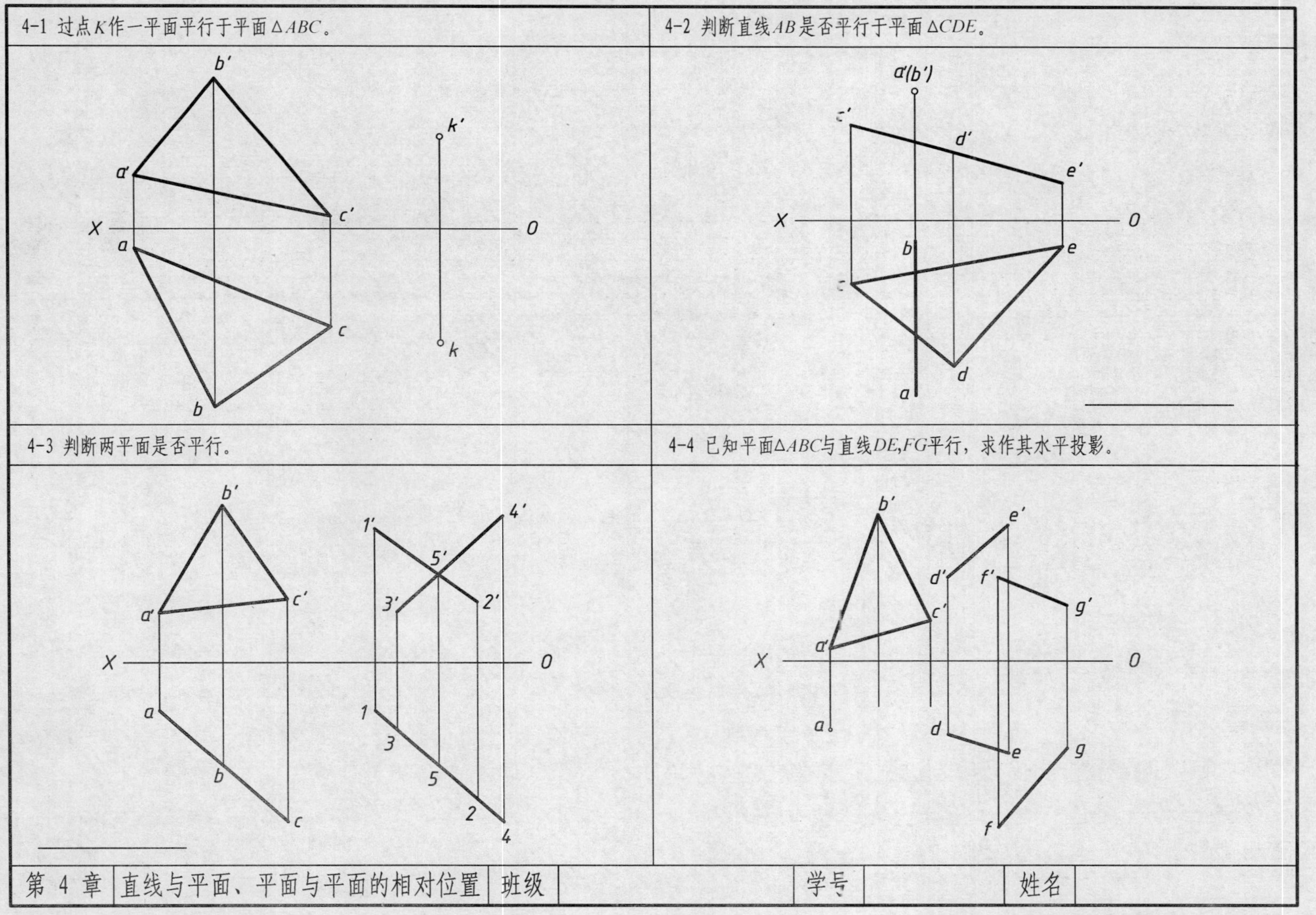
4-1 过点K作一平面平行于平面$\triangle ABC$。

4-2 判断直线AB是否平行于平面$\triangle CDE$。

4-3 判断两平面是否平行。

4-4 已知平面$\triangle ABC$与直线DE,FG平行，求作其水平投影。

第 4 章	直线与平面、平面与平面的相对位置	班级		学号		姓名	

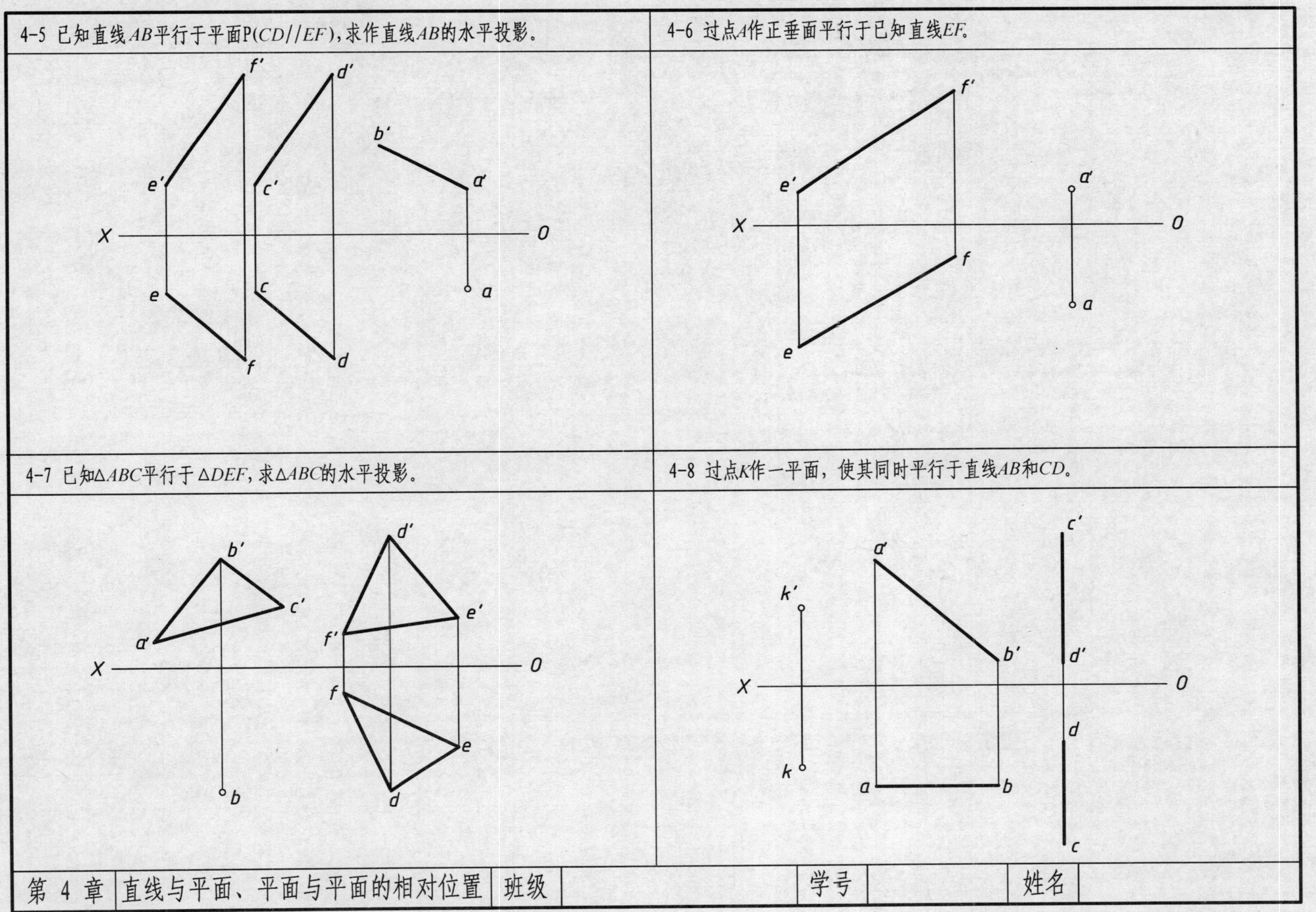
4-5 已知直线AB平行于平面P($CD//EF$)，求作直线AB的水平投影。
4-6 过点A作正垂面平行于已知直线EF。
4-7 已知$\triangle ABC$平行于$\triangle DEF$，求$\triangle ABC$的水平投影。
4-8 过点K作一平面，使其同时平行于直线AB和CD。
X
O
a'
b'
c'
d'
e'
f'
k'
a
b
c
d
e
f
k
第 4 章
直线与平面、平面与平面的相对位置
班级
学号
姓名

4-9 求作直线与平面的交点，并判别可见性。

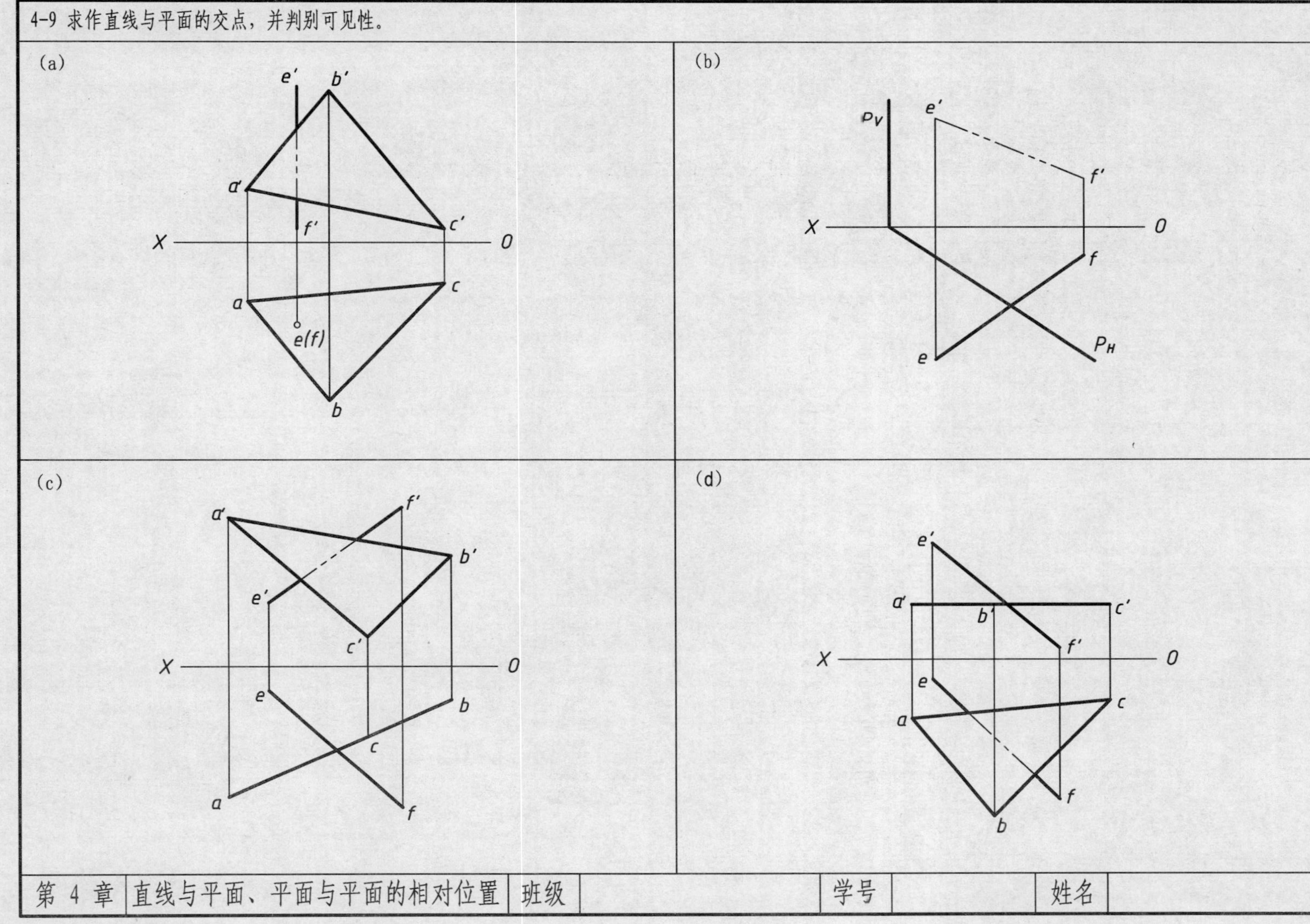

第 4 章	直线与平面、平面与平面的相对位置	班级		学号		姓名	

4-10 求作平面与平面的交线，并判别可见性。

(a)

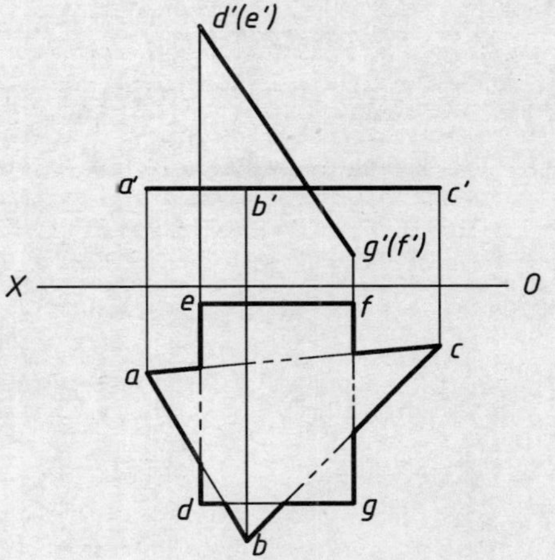

(b)

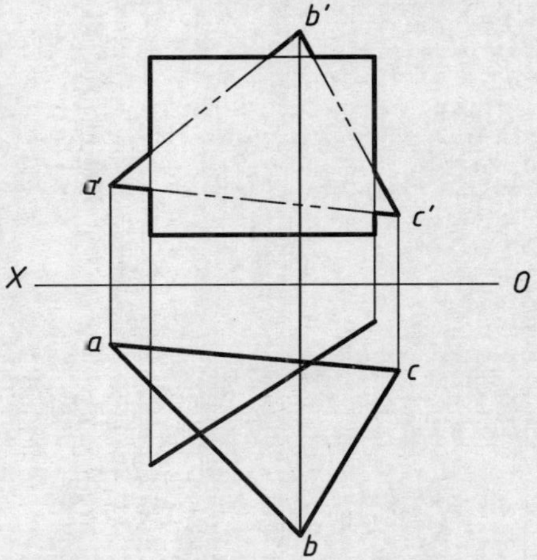

(e)

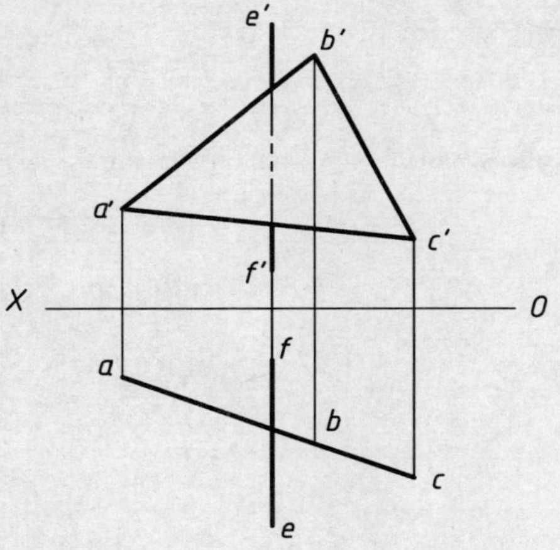

(f)

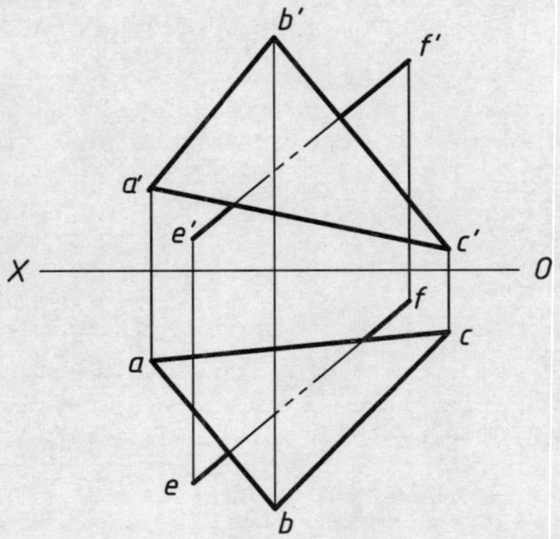

4-11 过点K作一直线，使其与AB, CD均相交。

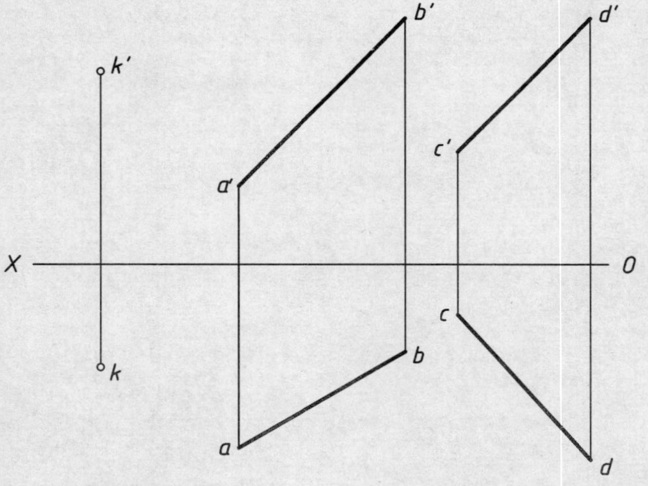

4-12 过点K作一直线，同时平行于平面$\triangle EFG$和由AB, CD两平行直线所确定的平面。

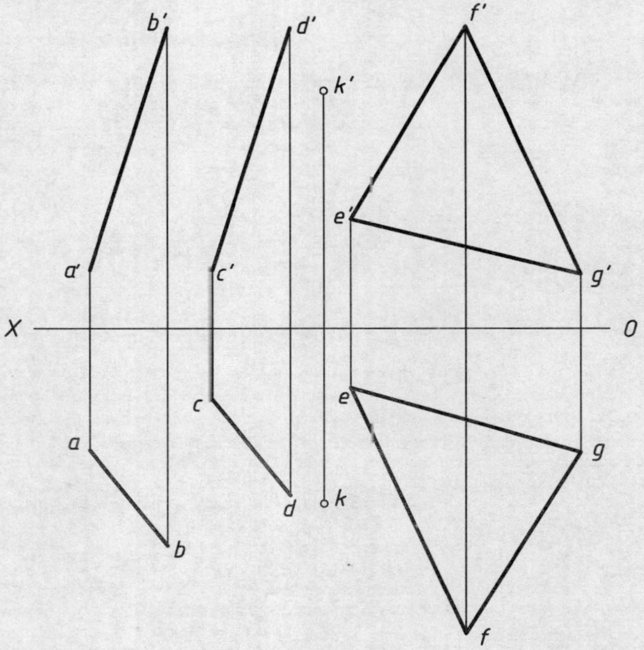

第 4 章	直线与平面、平面与平面的相对位置	班级		学号		姓名	

4-13 判别下列直线与平面是否垂直。

(a)

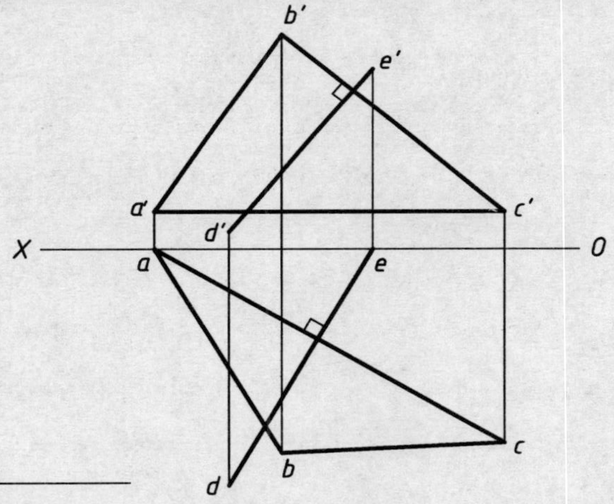

b′ e′ a′ c′ d′ X a e O d b c

______

(b)

d′ c′ b′ a′ e′ X a e O c d b

______

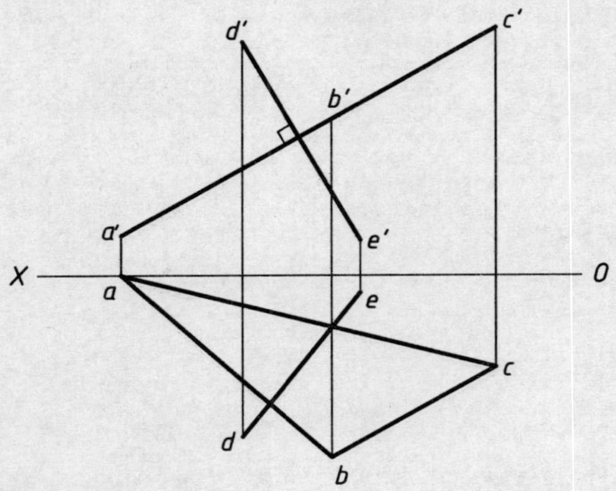

4-14 判别下列平面与平面是否垂直。

(a)

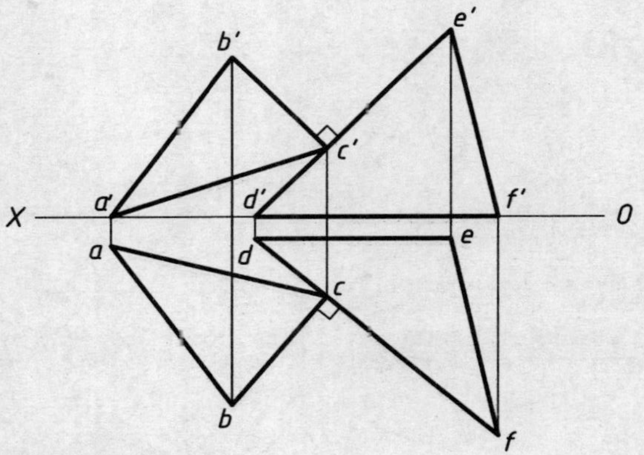

e′ b′ c′ a′ d′ f′ X O a e d c b f

______

(b)

b′ d′ e′ c′ a′ f′ X O a e d b c f

______

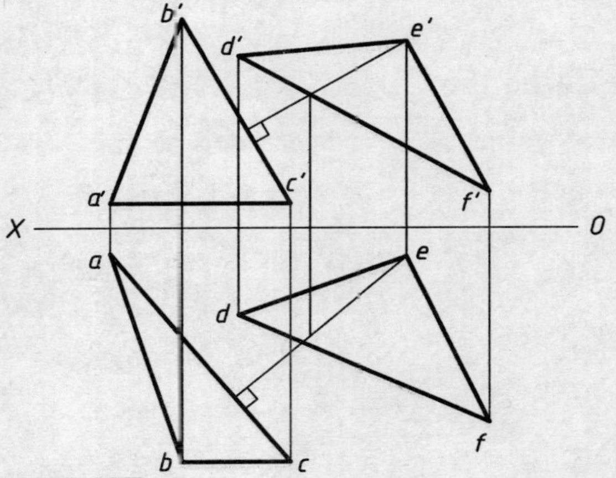

第 4 章	直线与平面、平面与平面的相对位置	班级		学号		姓名	

4-15 求点K至直线AB的距离(投影和实长)。

a' b' k' X O a b k

4-16 求点K至平面$\triangle ABC$的距离(投影和实长)。

k' b' a' c' X O b c a k

第 4 章	直线与平面、平面与平面的相对位置	班级		学号		姓名	

5-1 已知直线AB的两面投影，用换面法，求作其实长及α角。

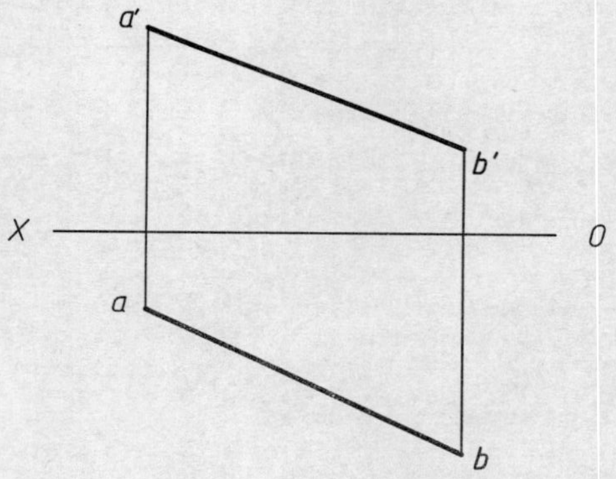

a'

b'

X

O

a

b

5-2 已知直线AB的实长为40 mm，用换面法，求作直线AB的水平投影及β角。

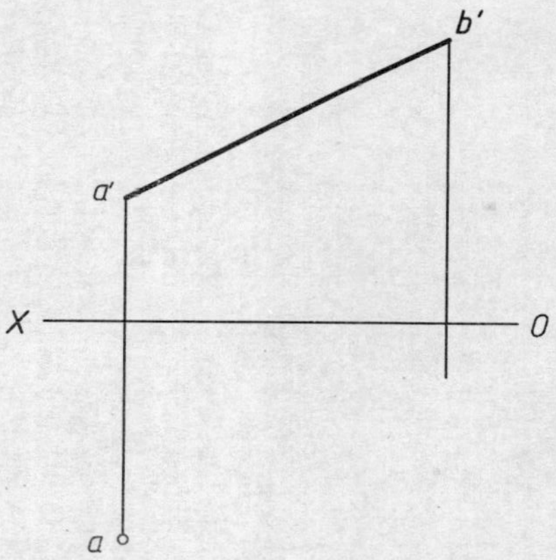

b'

a'

X

O

a

第 5 章	投影变换	班级		学号		姓名	

5-3 已知点C在直线AB上,线段AC=15mm,试用换面法求点C的两面投影。

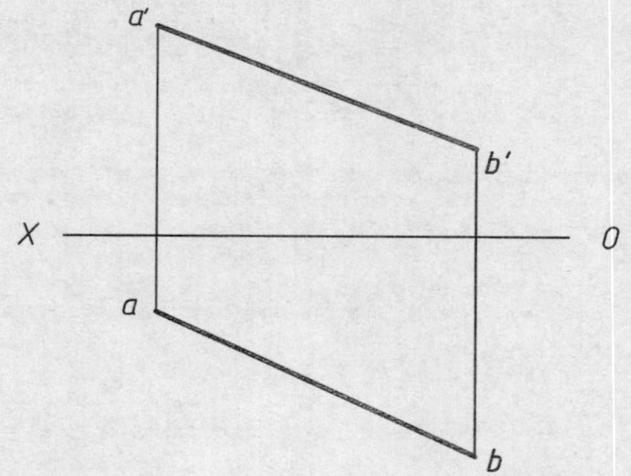

a′
b′
X
O
a
b

5-4 用换面法求点K到直线AB的距离。

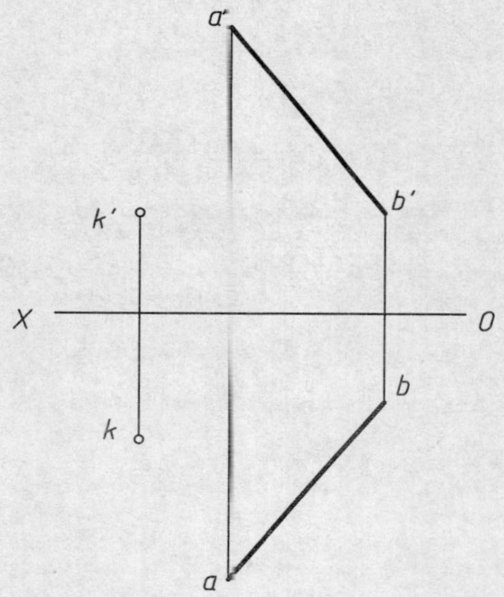

a′
b′
k′
X
O
b
k
a

第 5 章	投影变换	班级		学号		姓名	

5-5 已知直线AB与CD平行且相距20,用换面法，求作直线AB的正面投影。

5-6 用换面法，求平面$\triangle ABC$的α角和β角。

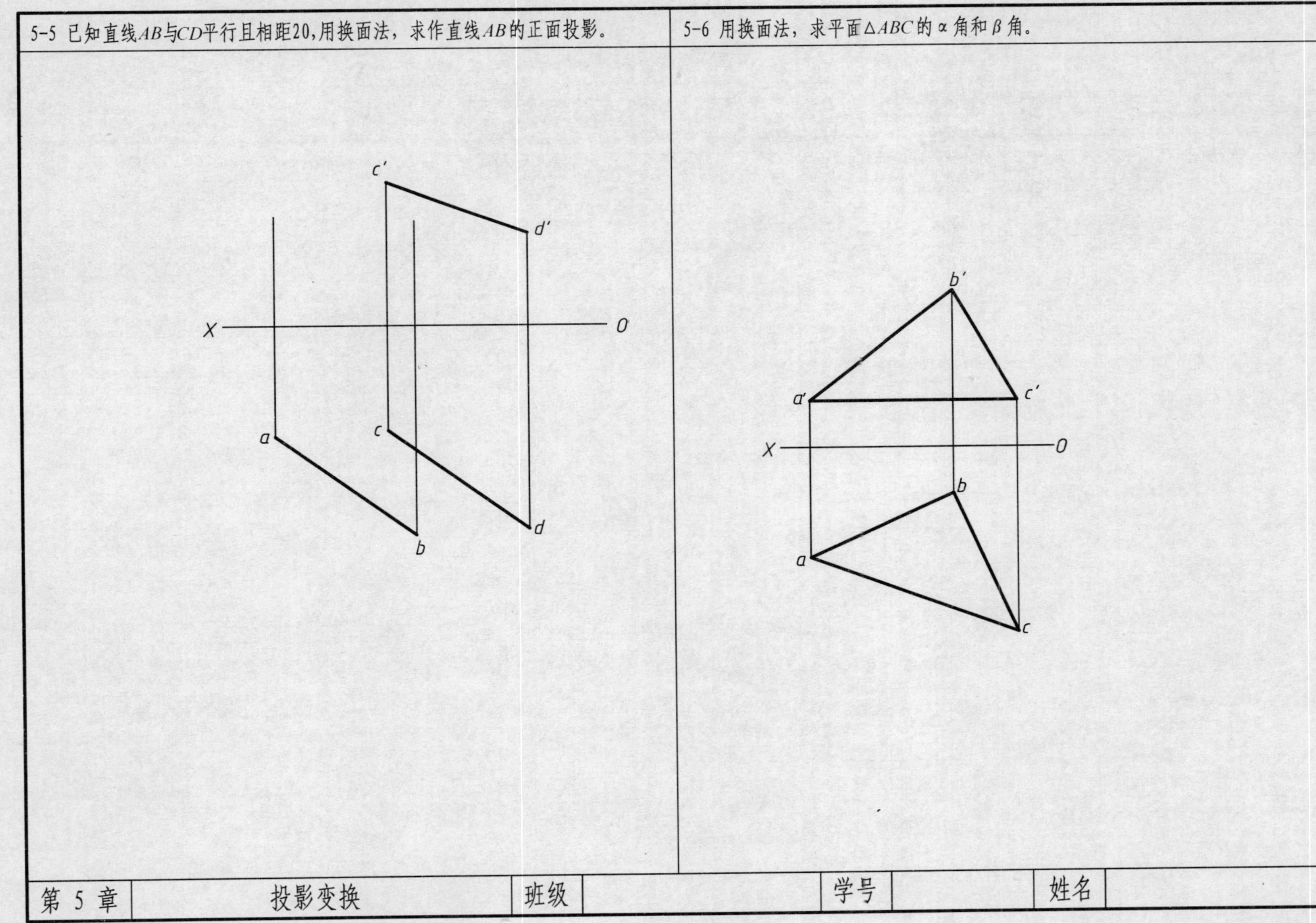

第 5 章	投影变换	班级		学号		姓名	

5-7 用换面法求 $\triangle ABC$ 的实形。

(a)

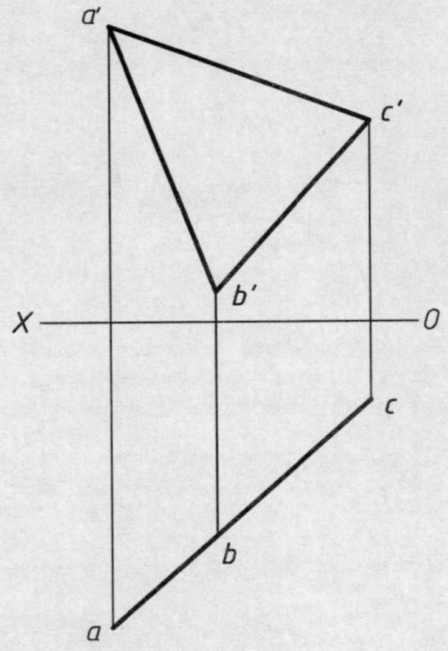

a′ b′ c′ X O a b c

(b)

a′ b′ c′ X O a b c

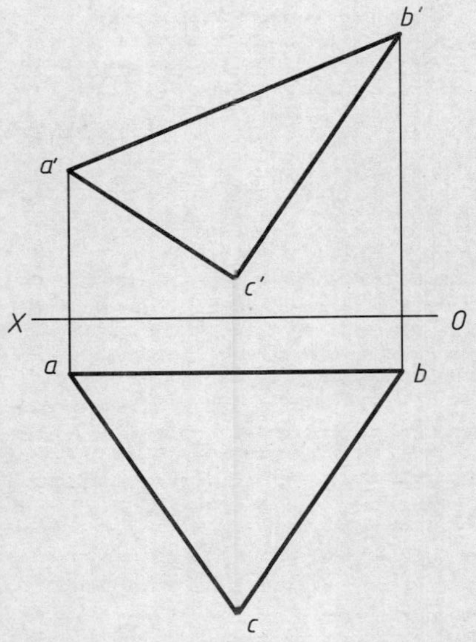

第 5 章	投影变换	班级		学号		姓名	

5-8 已知点 D 和 $\triangle ABC$ 的投影，用换面法求点 D 到 $\triangle ABC$ 的距离。

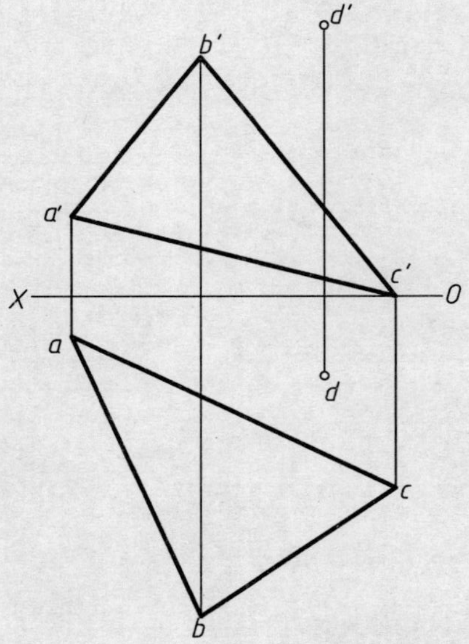

5-9 已知两相交平面 ABC，ABD 的投影，求该两面夹角的实形。

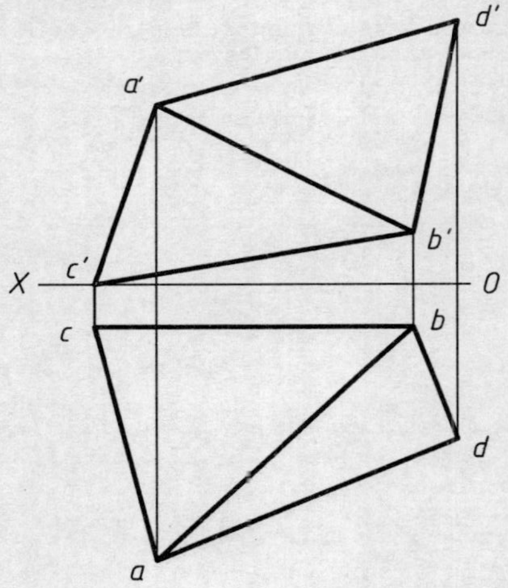

第 5 章	投影变换	班级		学号		姓名	

7-1 已知棱柱体表面上点A,B的正面投影，求作其余两面投影。

7-2 已知棱锥体表面上直线AB,BC的正面投影，求作其余两面投影。

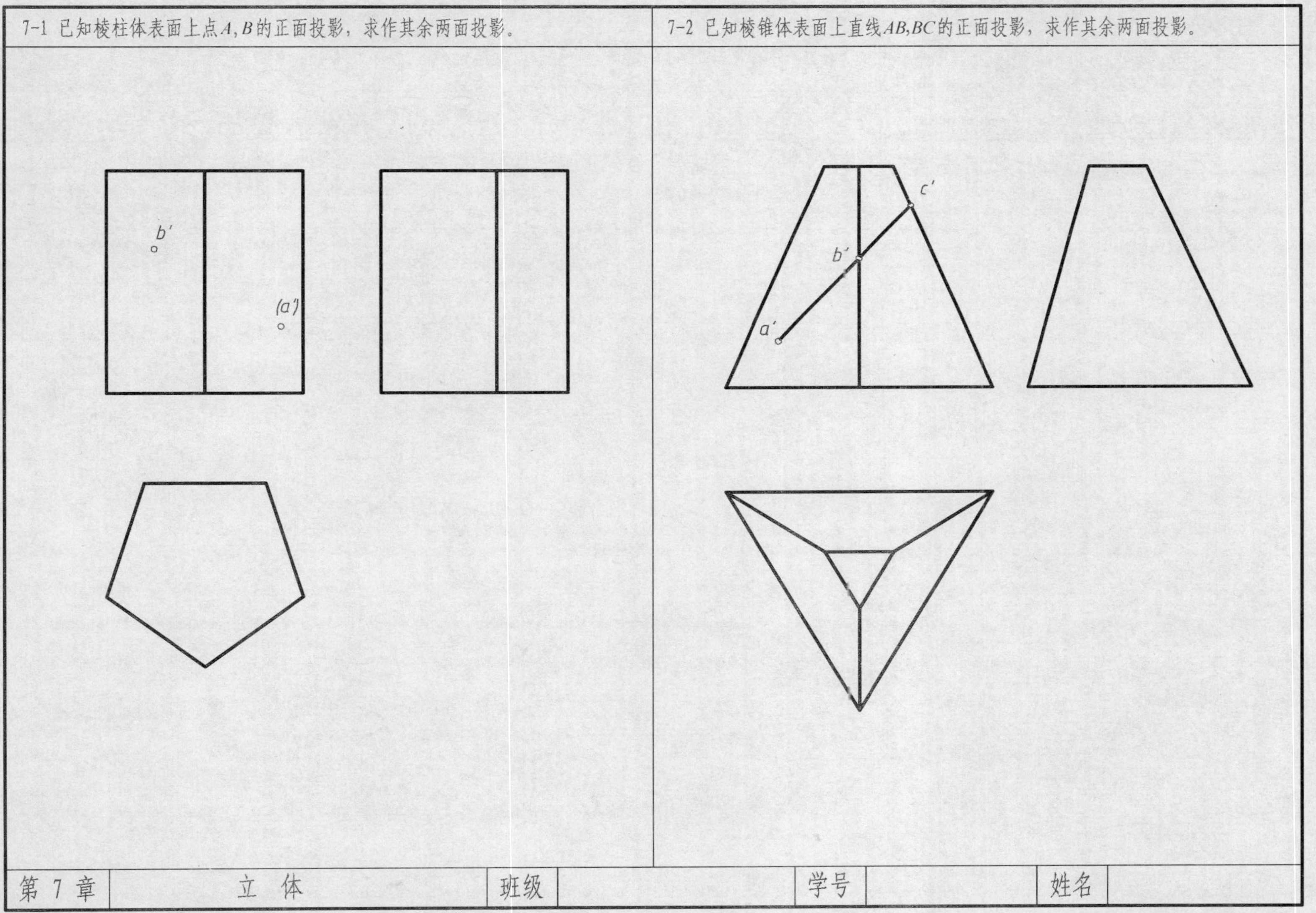

第 7 章	立　体	班级		学号		姓名	

7-3 已知回转体表面上线段 KM 和点 A, B, C 的一个投影，求作其余投影，并判别可见性。

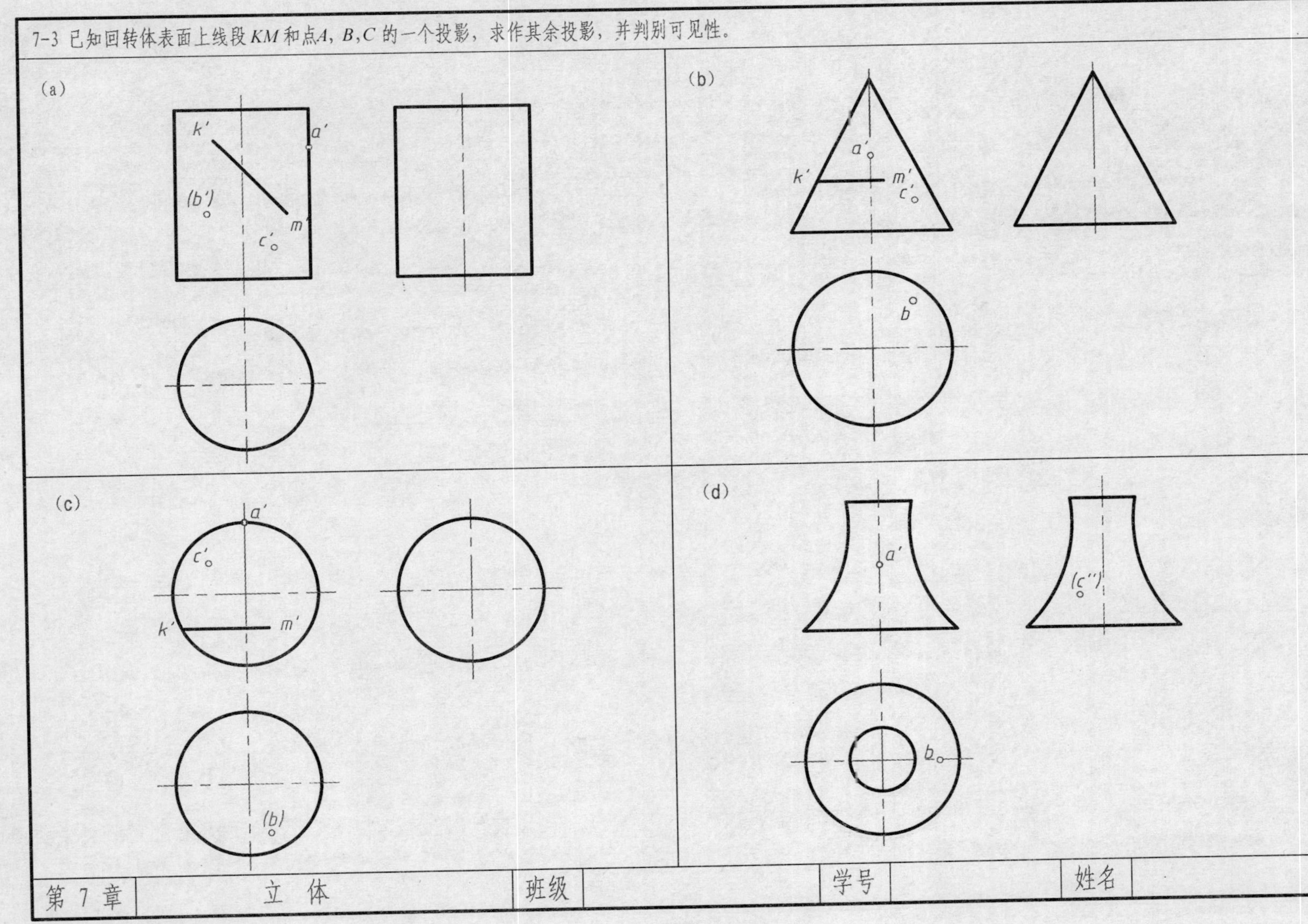

第 7 章	立　体	班级		学号		姓名	

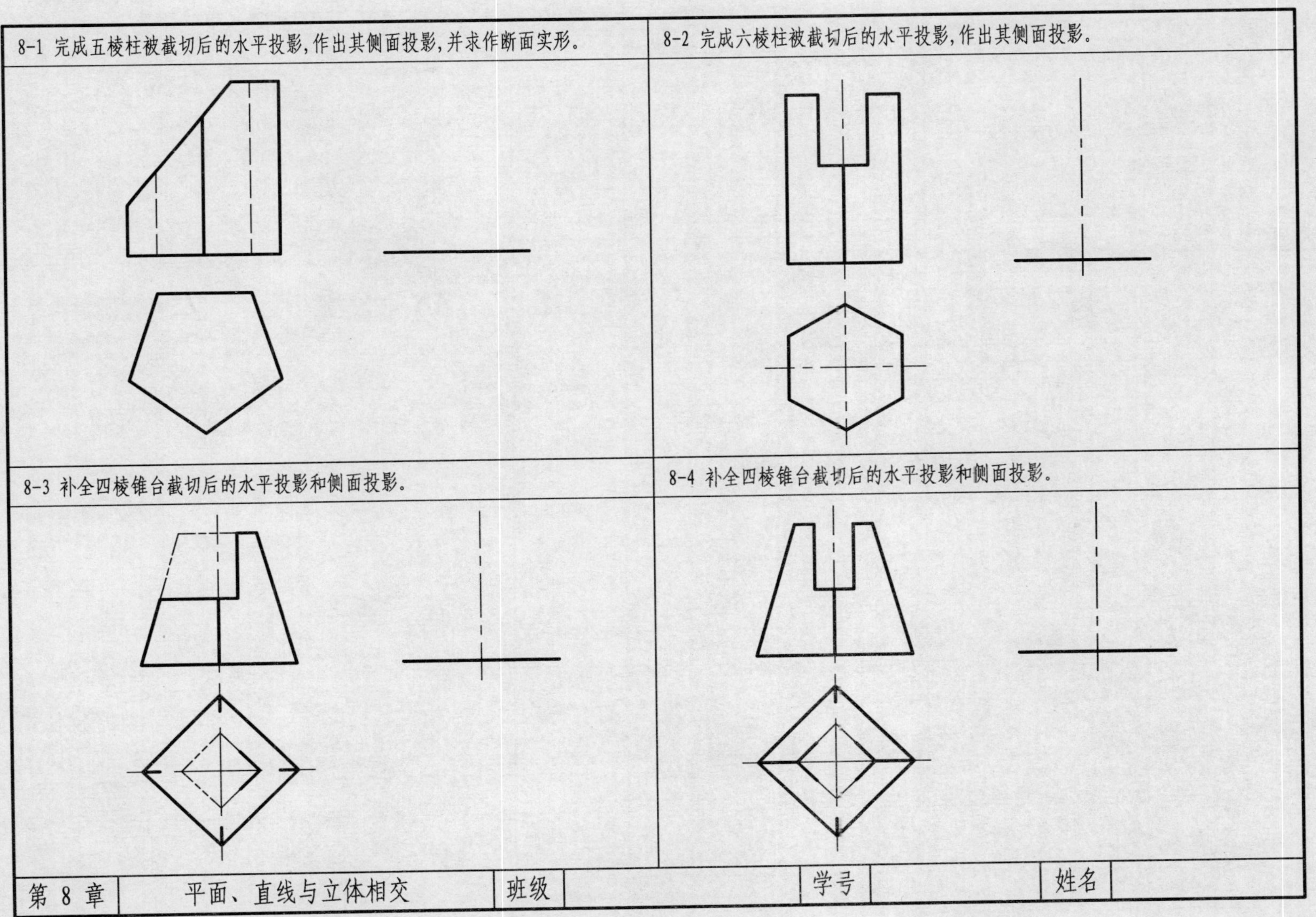
8-1 完成五棱柱被截切后的水平投影,作出其侧面投影,并求作断面实形。
8-2 完成六棱柱被截切后的水平投影,作出其侧面投影。
8-3 补全四棱锥台截切后的水平投影和侧面投影。
8-4 补全四棱锥台截切后的水平投影和侧面投影。
第 8 章
平面、直线与立体相交
班级
学号
姓名

8-5 完成带切口圆柱的水平投影，求作其侧面投影。

8-6 完成穿方孔（通孔）圆柱的水平投影，求作其侧面投影。

8-7 完成圆柱被截切后的水平投影，求作其侧面投影。

8-8 完成带切口圆柱的水平投影，求作其侧面投影。

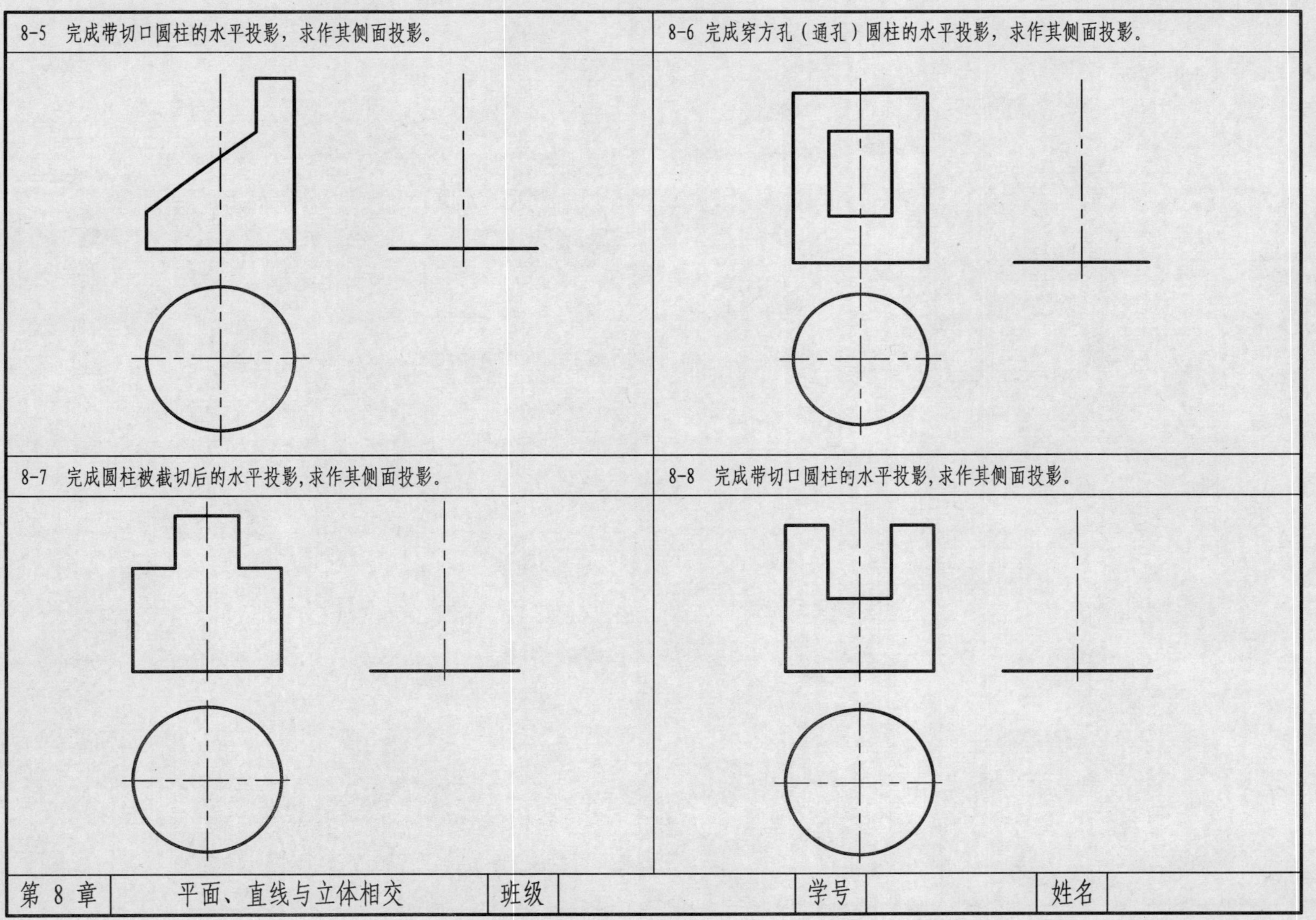

第 8 章	平面、直线与立体相交	班级		学号		姓名	

8-9 完成穿方孔（通孔）圆锥的水平投影，求作其侧面投影。

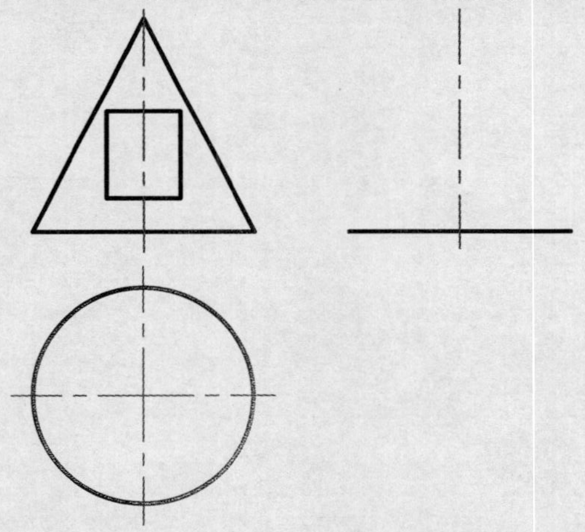

8-10 完成带缺口圆锥的水平投影，求作其侧面投影。

8-11 完成带缺口半球的水平投影和侧面投影。

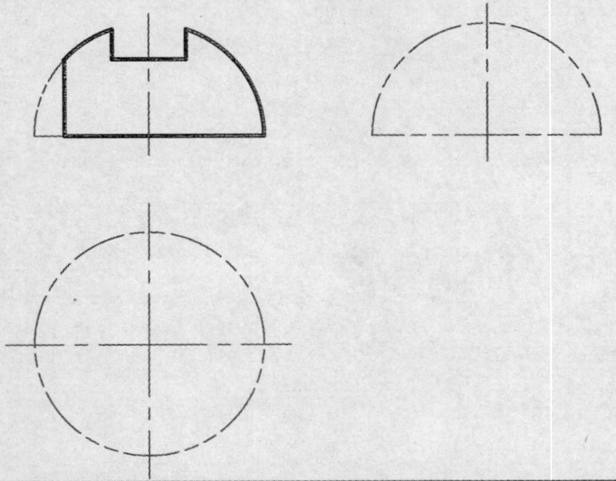

8-12 完成半球被截切后的正面投影和侧面投影。

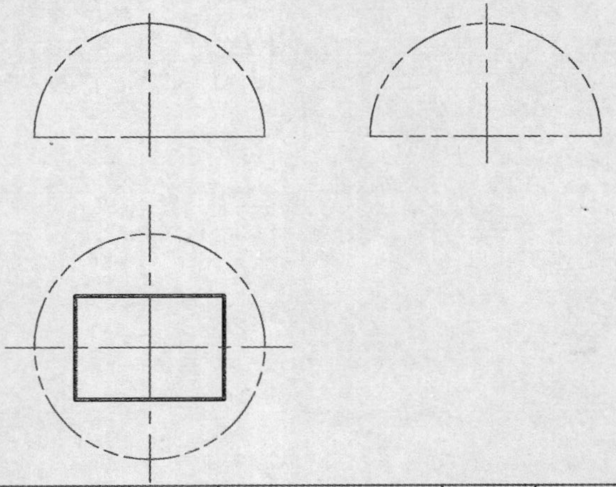

第 8 章	平面、直线与立体相交	班级		学号		姓名	

8-13 求直线与三棱柱相交的贯穿点，并判别可见性。

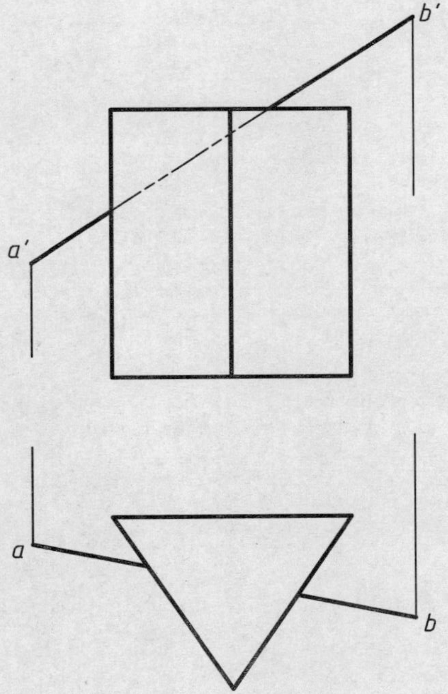

8-14 求直线与三棱锥相交的贯穿点，并判别可见性。

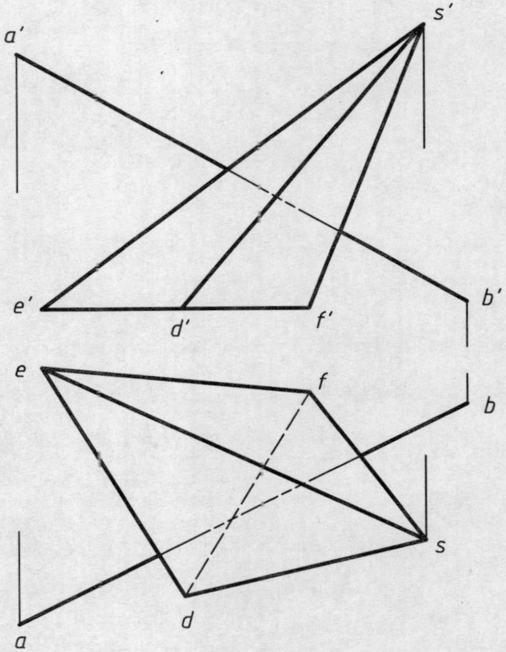

第 8 章	平面、直线与立体相交	班级		学号		姓名	

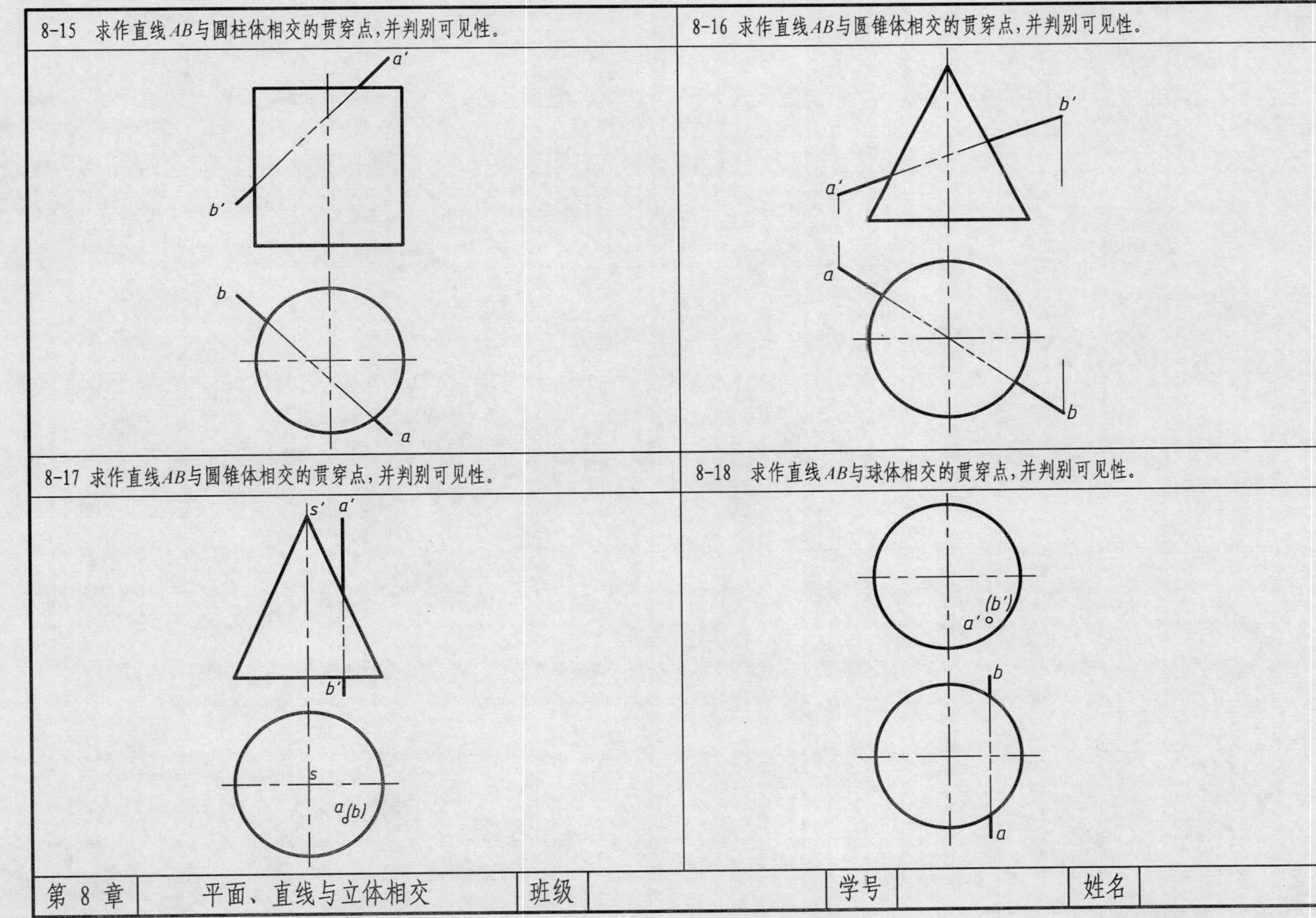
8-15　求作直线AB与圆柱体相交的贯穿点,并判别可见性。
a′
b′
b
a
8-16 求作直线AB与圆锥体相交的贯穿点,并判别可见性。
b′
a′
a
b
8-17 求作直线AB与圆锥体相交的贯穿点,并判别可见性。
s′
a′
b′
s
a(b)
8-18　求作直线AB与球体相交的贯穿点,并判别可见性。
(b′)
a′
b
a
第 8 章
平面、直线与立体相交
班级
学号
姓名

9-1 求作相贯体的正面投影。

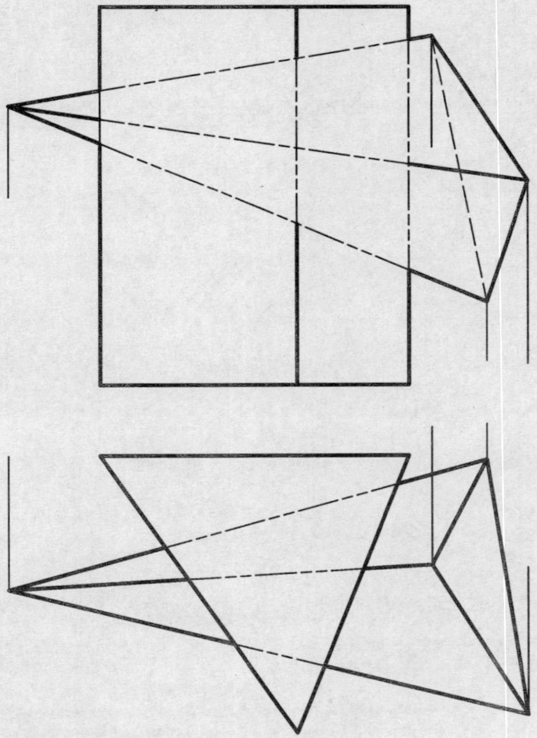

9-2 求作相贯体的正面投影。

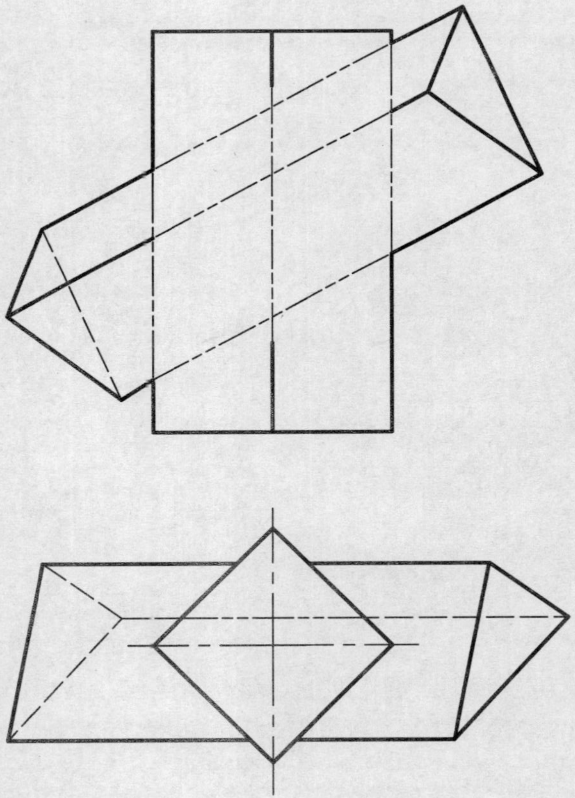

第 9 章	立体与立体相交	班级		学号		姓名	

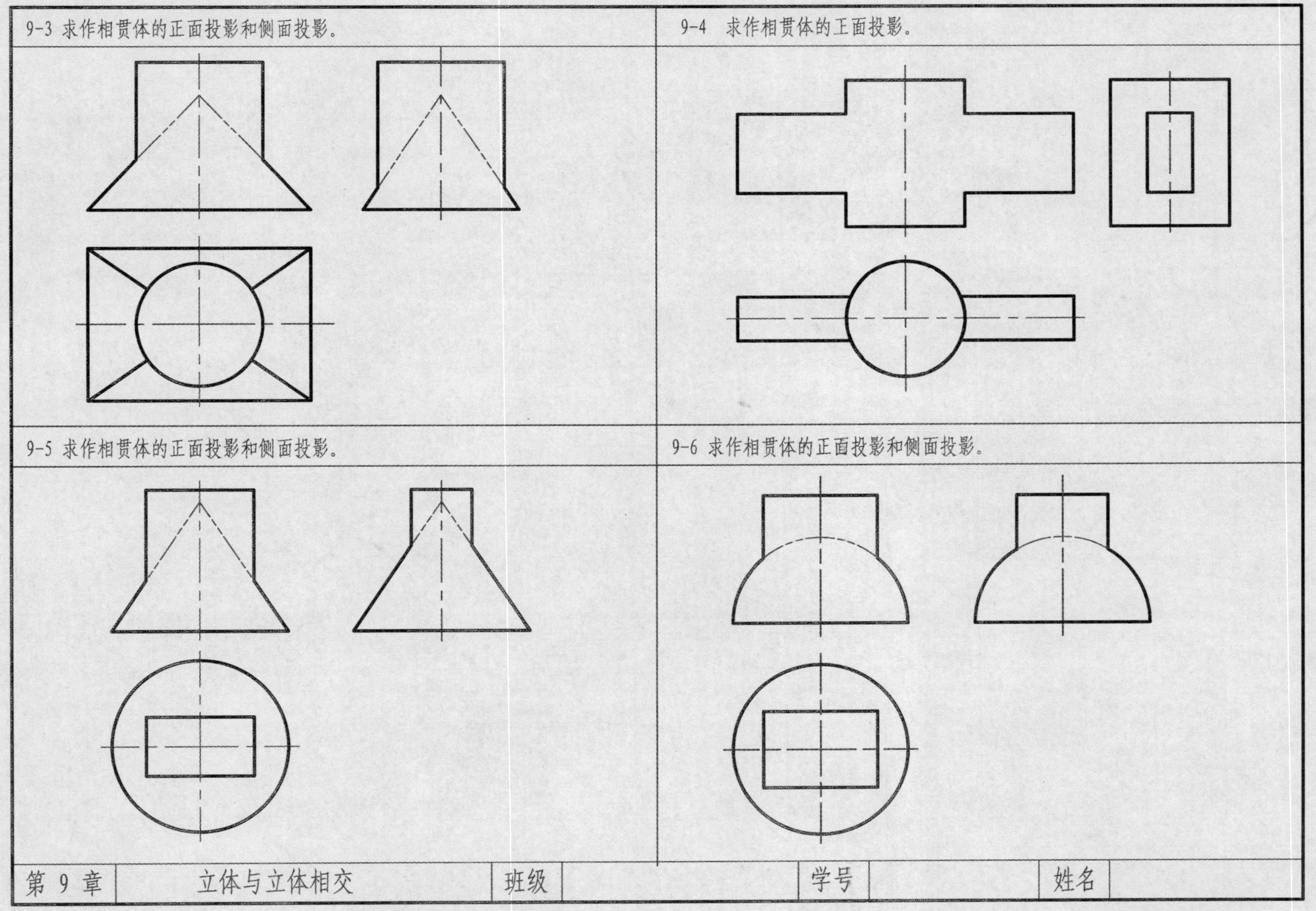

9-3 求作相贯体的正面投影和侧面投影。

9-4 求作相贯体的工面投影。

9-5 求作相贯体的正面投影和侧面投影。

9-6 求作相贯体的正面投影和侧面投影。

第 9 章	立体与立体相交	班级		学号		姓名	

9-7 求作正交两圆柱的相贯线。

9-8 求作圆锥穿孔后的相贯线，并标出特殊点。

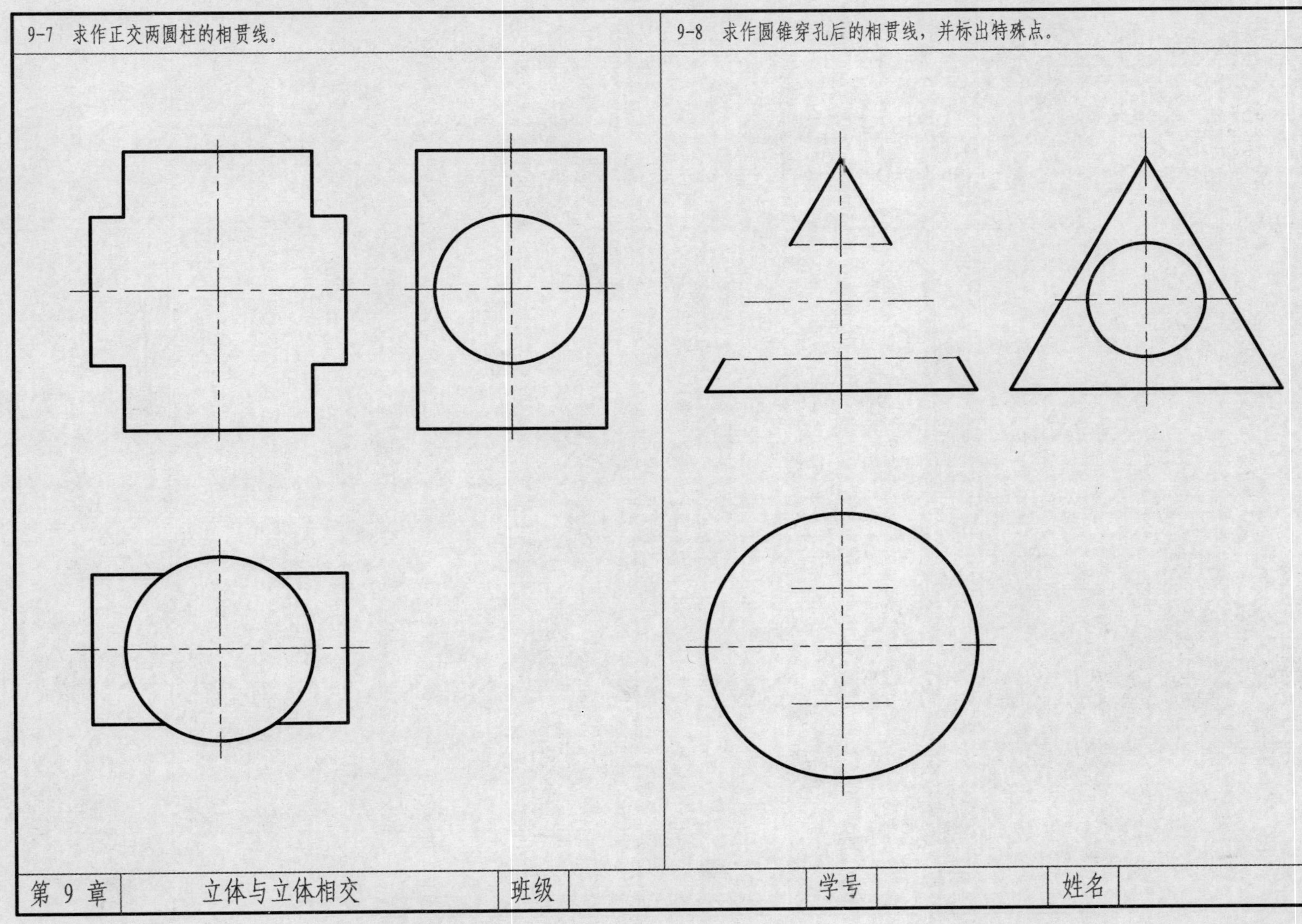

第 9 章	立体与立体相交	班级		学号		姓名	

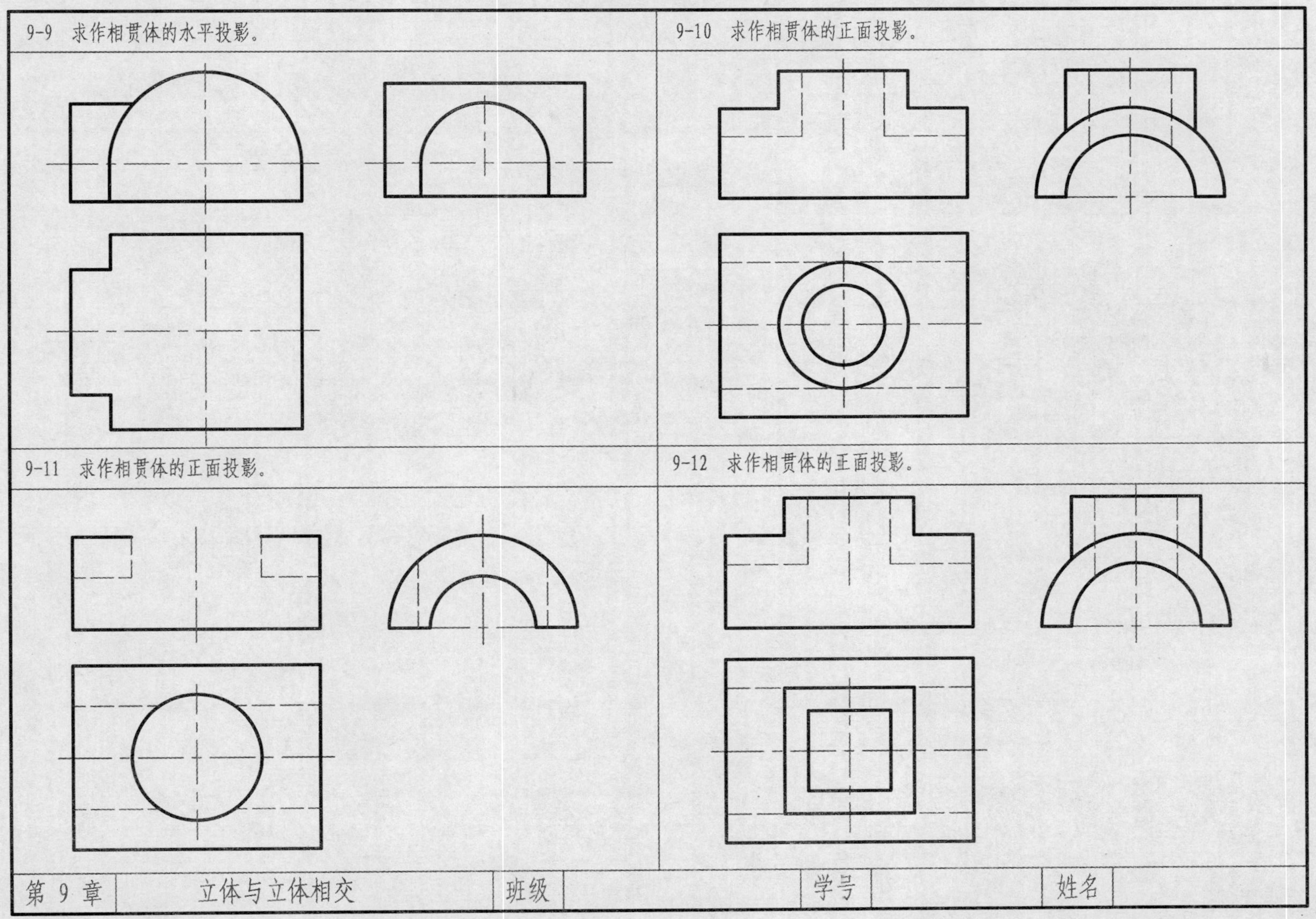

9-9　求作相贯体的水平投影。

9-10　求作相贯体的正面投影。

9-11　求作相贯体的正面投影。

9-12　求作相贯体的正面投影。

第 9 章	立体与立体相交	班级		学号		姓名	

9-13 求作圆柱切割圆锥体后的水平投影。

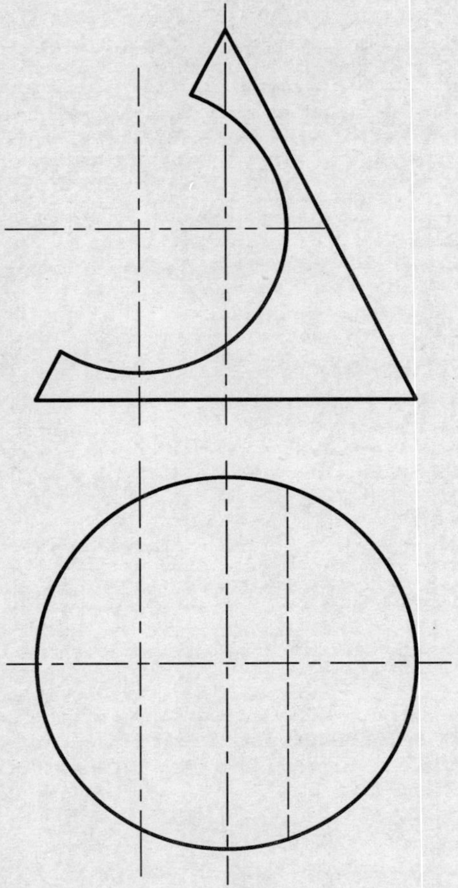

9-14 求作柱、球相贯的相贯线。

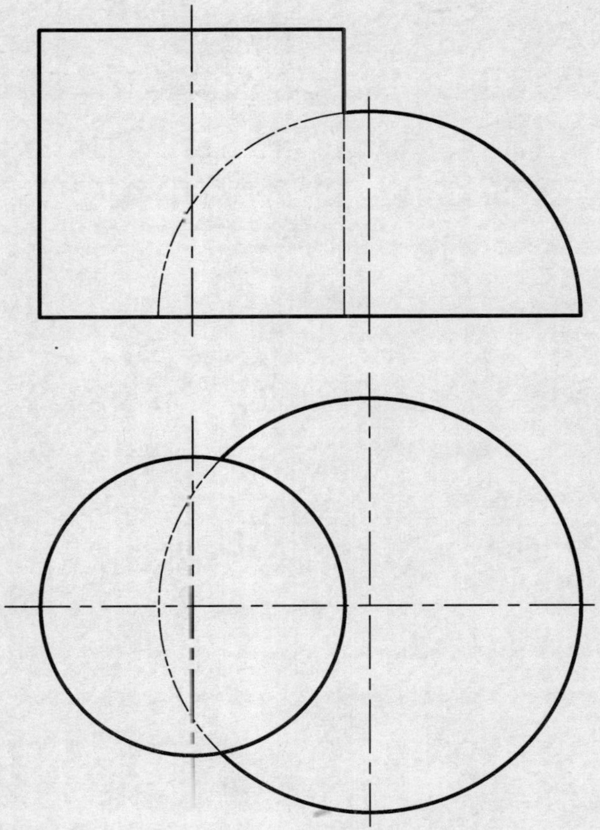

第 9 章	立体与立体相交	班级		学号		姓名	

9-15 求同轴回转体的相贯线。

9-16 求圆锥与圆球相贯的相贯线。

9-17 求圆柱与圆球相贯的相贯线。

9-18 求圆柱与圆柱相贯的相贯线。

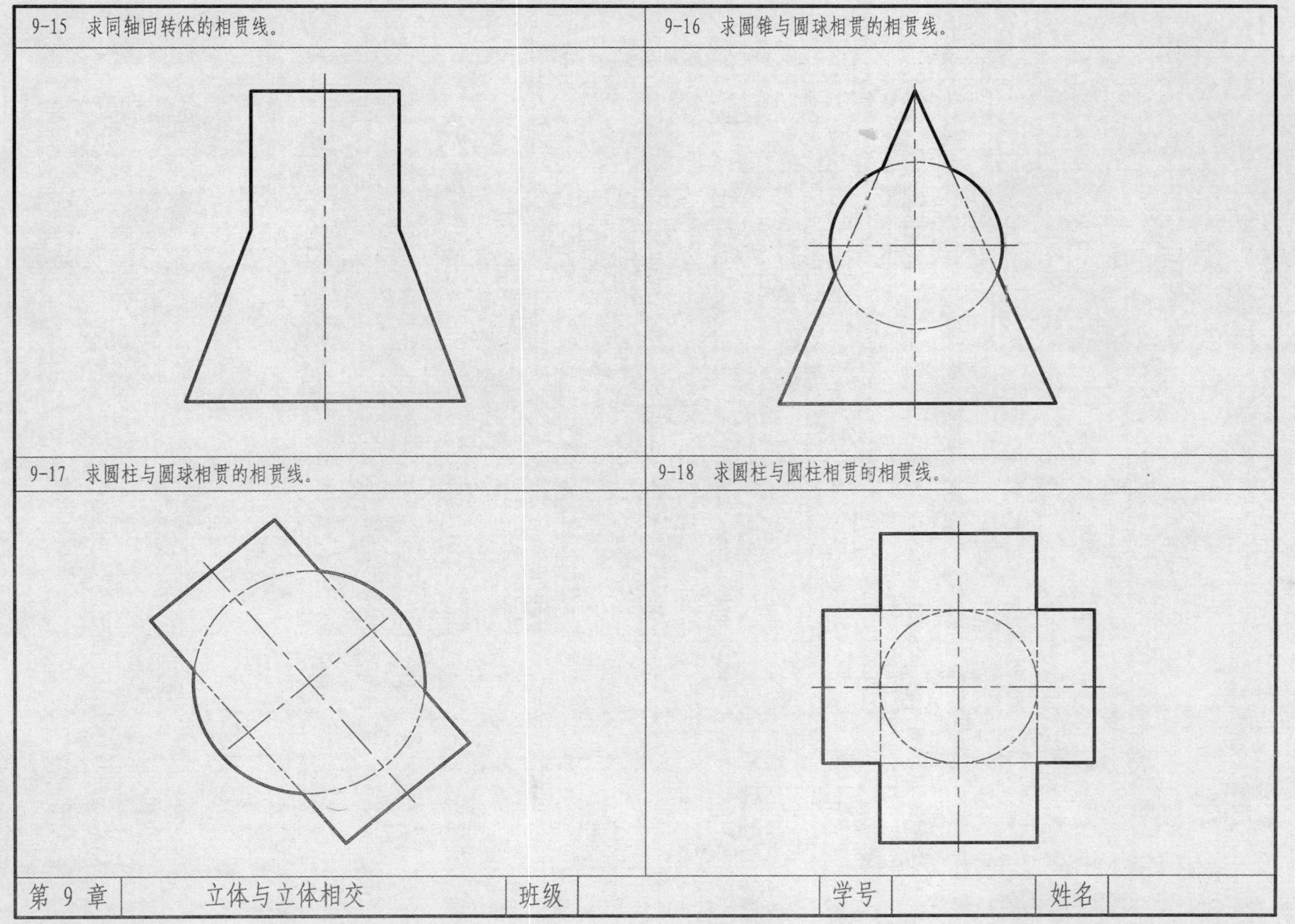

第 9 章	立体与立体相交	班级		学号		姓名	

9-19 求圆柱与圆柱相贯的相贯线。

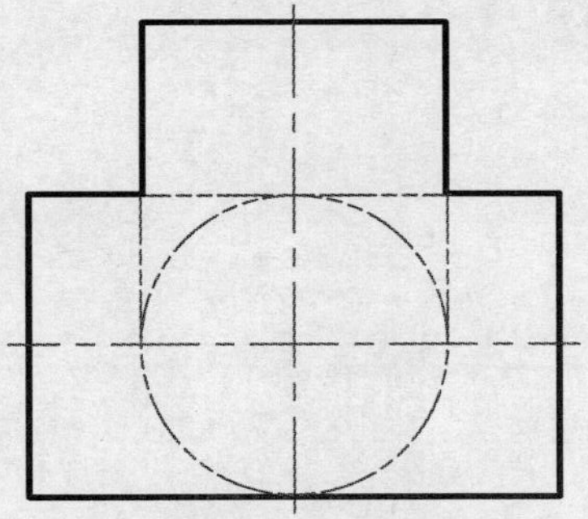

9-20 求圆柱与圆台相贯的相贯线。

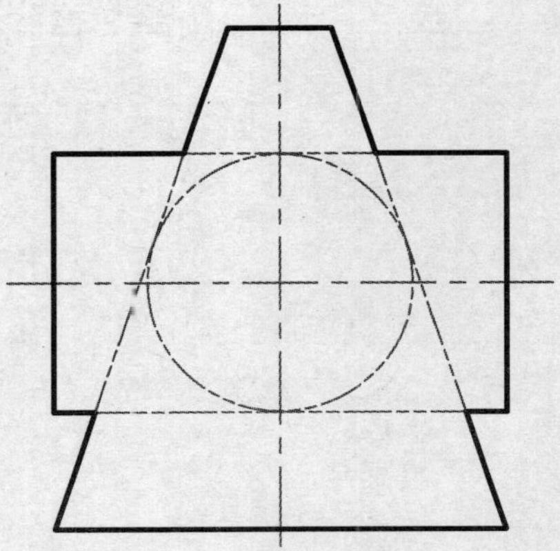

9-21 求圆柱与圆柱相贯的相贯线。

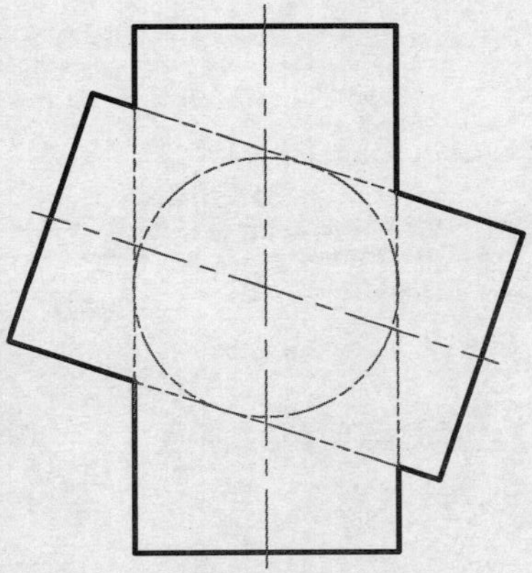

9-22 求圆柱与圆台相贯的相贯线。

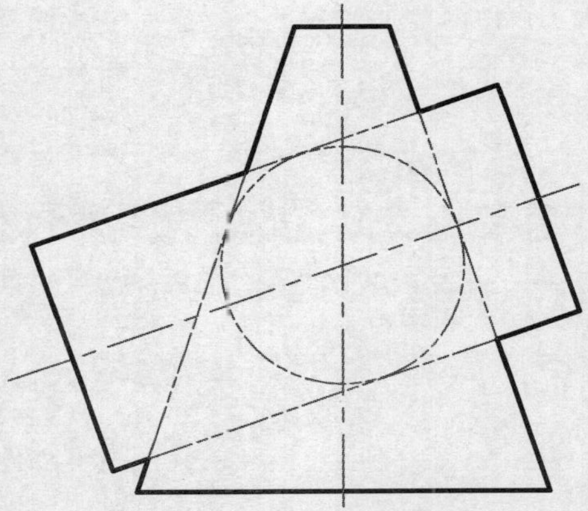

第 9 章	立体与立体相交	班级		学号		姓名	

10-1　根据轴测图补画左视图中所缺的线条。

(a)

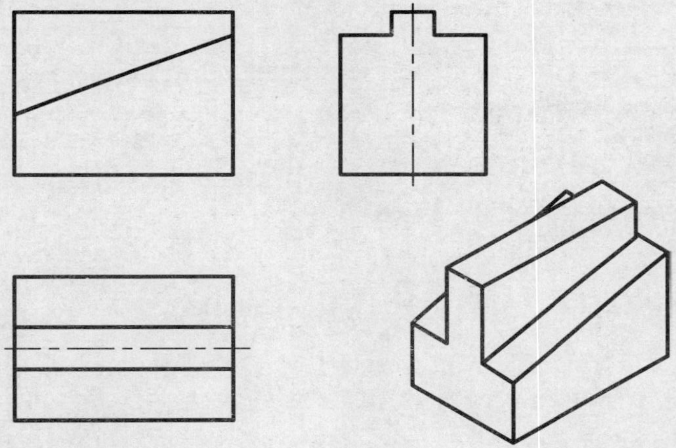

(b)

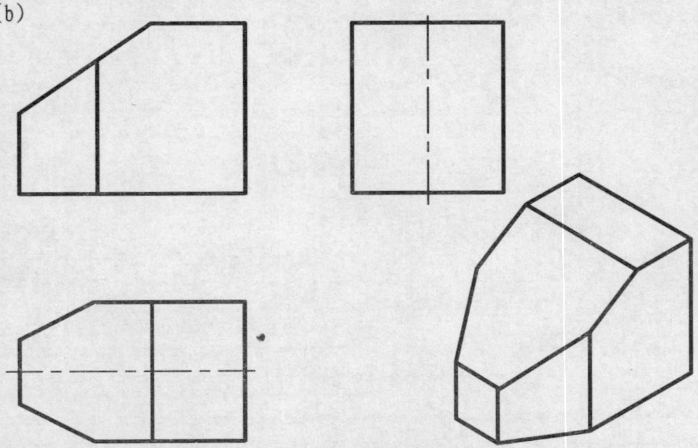

10-2　根据轴测图补画俯视图中所缺的线条。

(a)

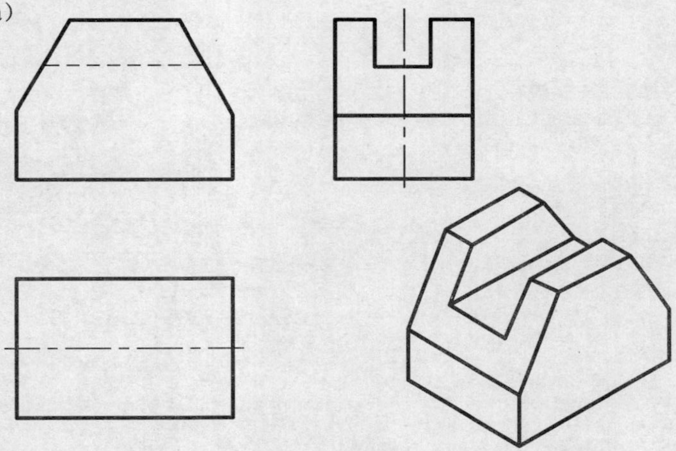

(b)

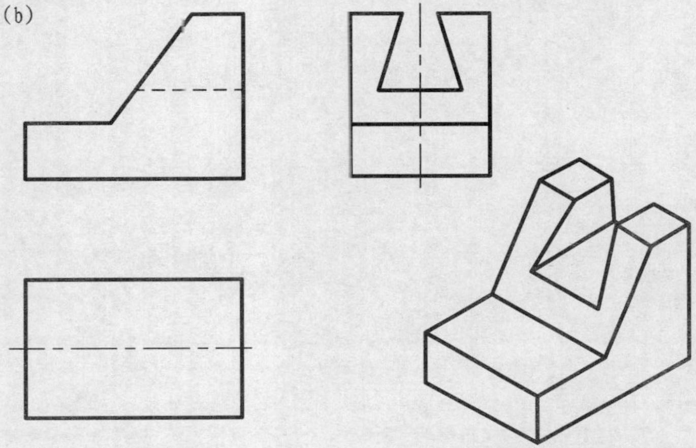

第 10 章	组合体	班级		学号		姓名	

10-3　根据轴测图上所注尺寸，用 1:1画出组合体的三视图。

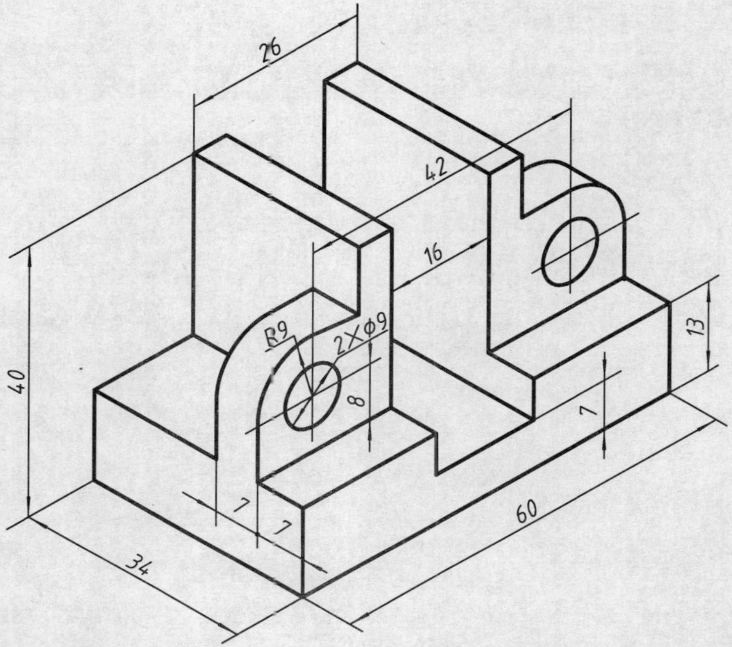

26
42
16
R9
2×φ9
8
40
13
7
7
7
60
34

第 10 章	组合体	班级		学号		姓名	

10-4 根据轴测图上所注尺寸，用 1:1画出物体的三视图。

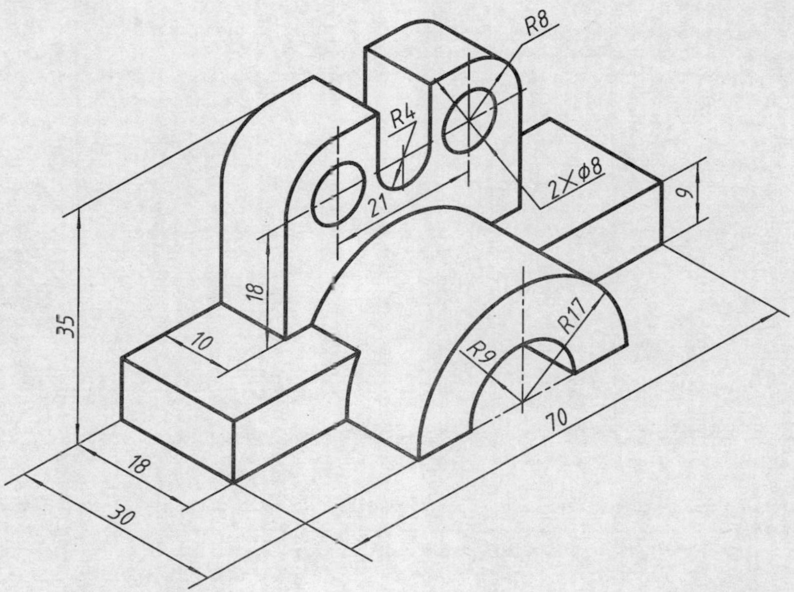

第 10 章	组合体	班级		学号		姓名	

10-5　根据轴测图上所注尺寸，用 1:1徒手画出物体的三视图。

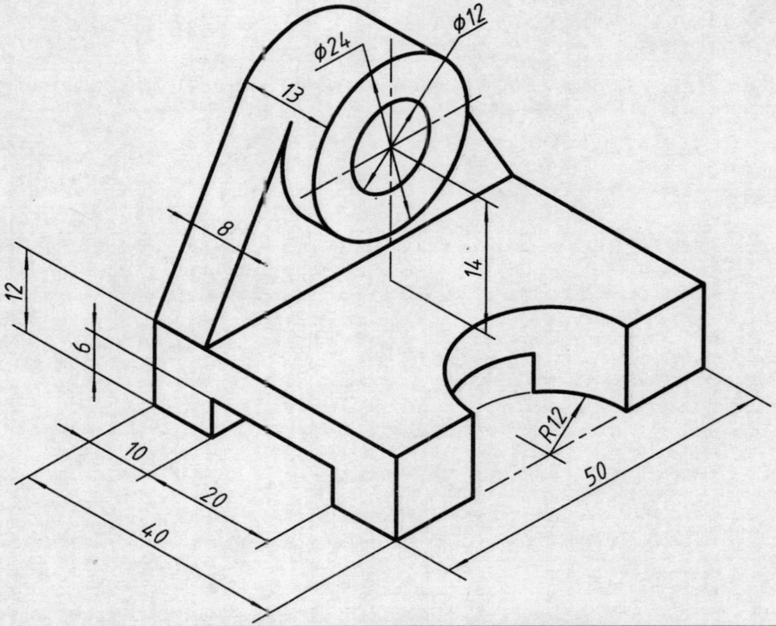

第 10 章	组合体	班级		学号		姓名	

10-6　根据轴测图上所注尺寸，用 1:1徒手画出物体的三视图。

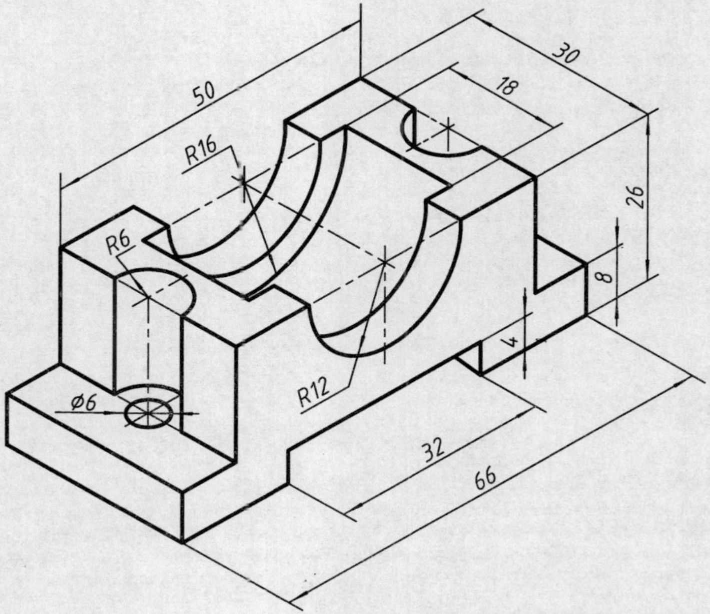

第 10 章	组合体	班级		学号		姓名	

10-7　补画组合体的第三视图。

(a) 补左视图。

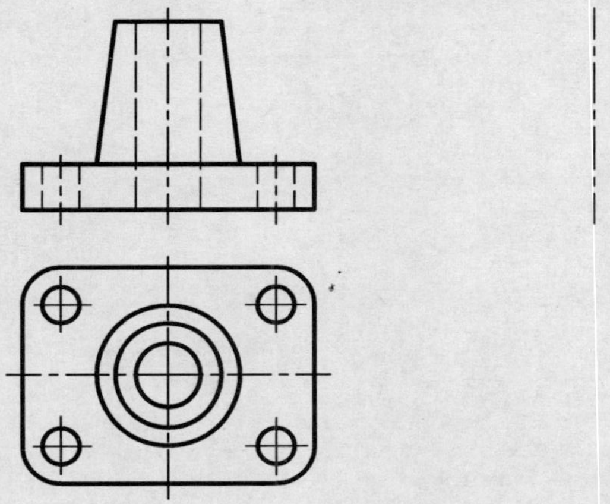

(b) 补左视图。

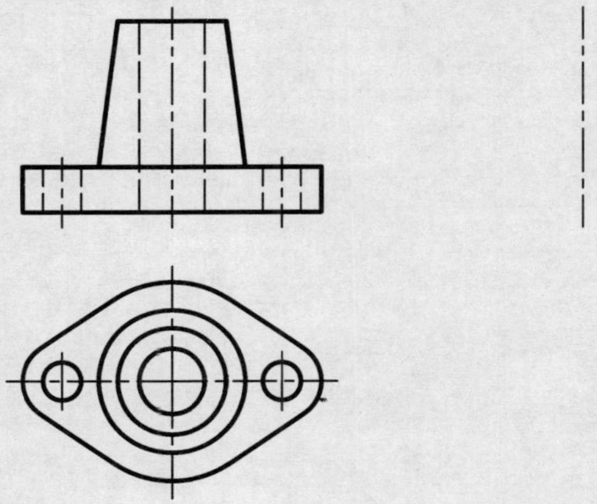

(c) 补左视图。

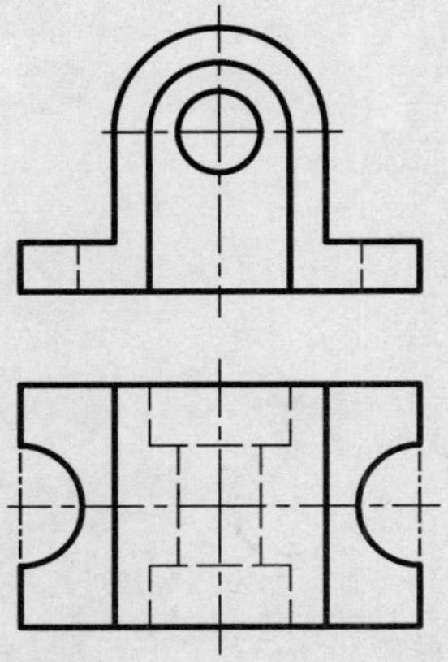

(d) 补左视图。

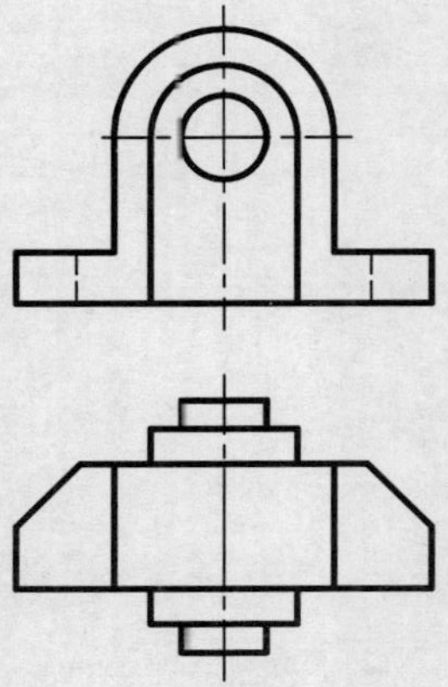

第 10 章	组合体	班级		学号		姓名	

10-8　补画组合体的第三视图。

(a)补俯视图。

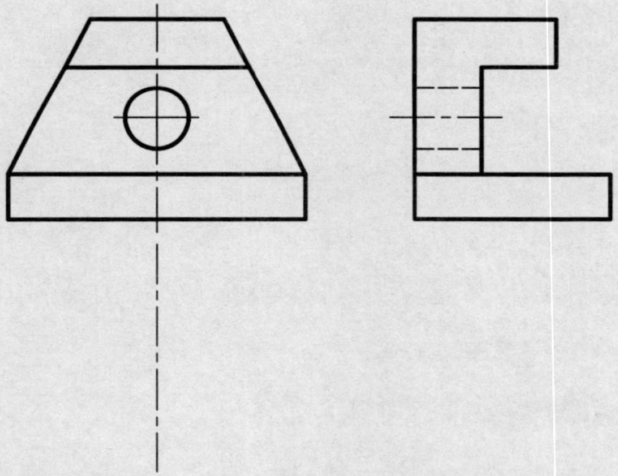

(b)补俯视图。

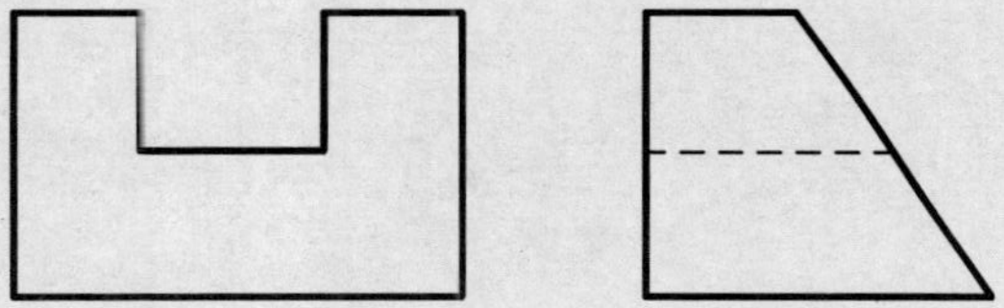

(c)补俯视图。

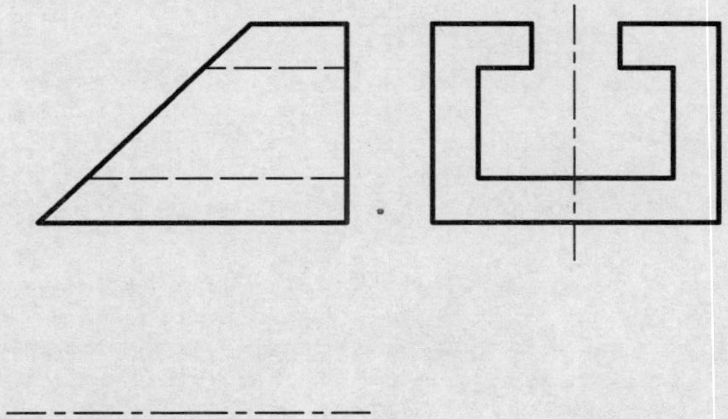

(d)补俯视图。

第 10 章	组合体	班级		学号		姓名	

10-9 补画组合体的第三视图。

(a) 补左视图。

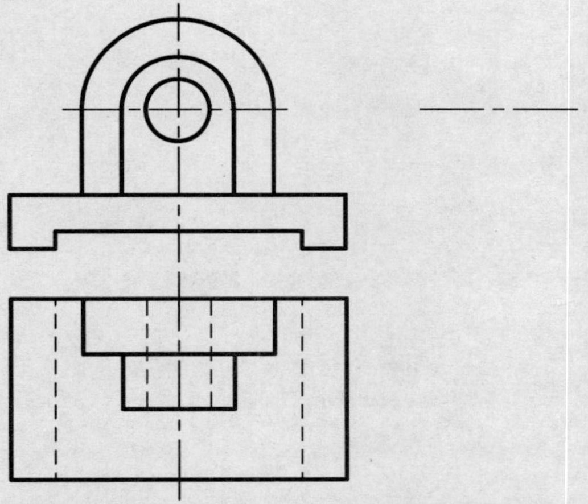

(b) 补左视图。

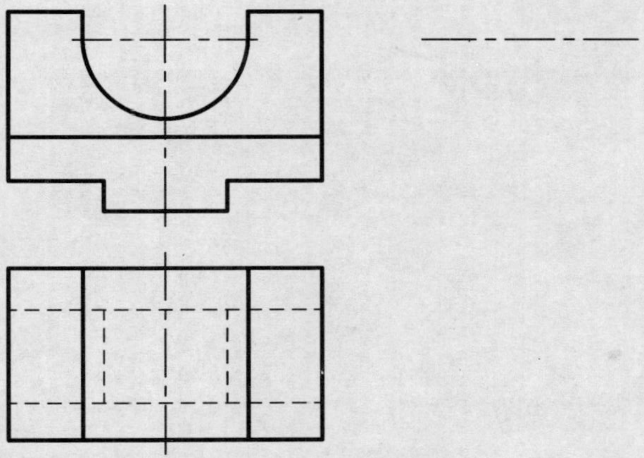

(c) 补左视图。

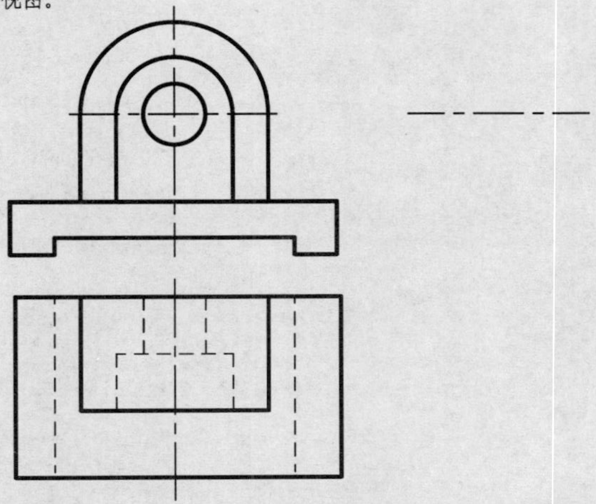

(d) 补左视图。

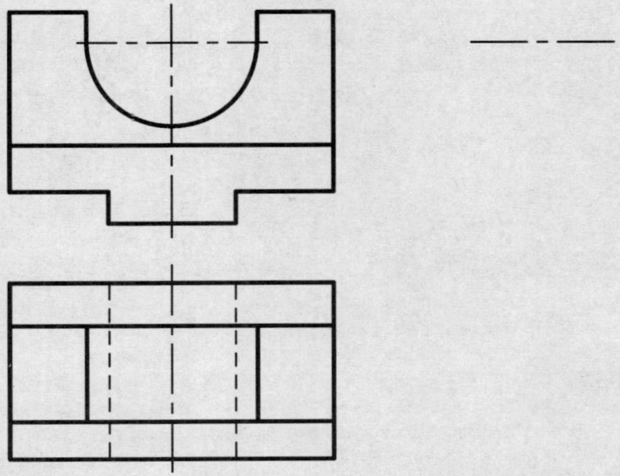

第 10 章	组合体	班级		学号		姓名	

10-10　补画组合体的第三视图。

(a) 补俯视图。

(b) 补左视图。

(c) 补左视图。

(d) 补俯视图。

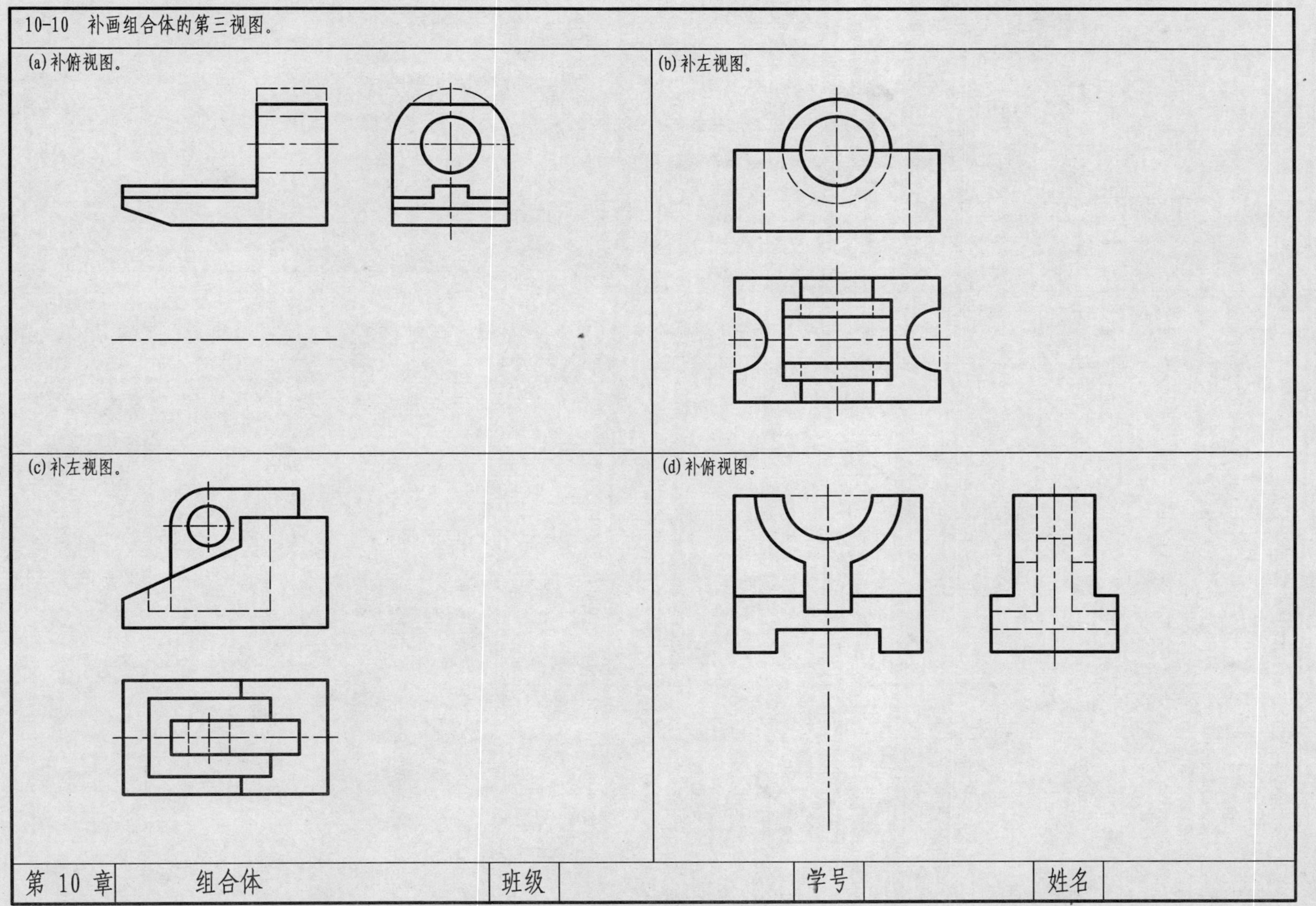

第 10 章	组合体	班级		学号		姓名	

10-11 补画组合体的第三视图。

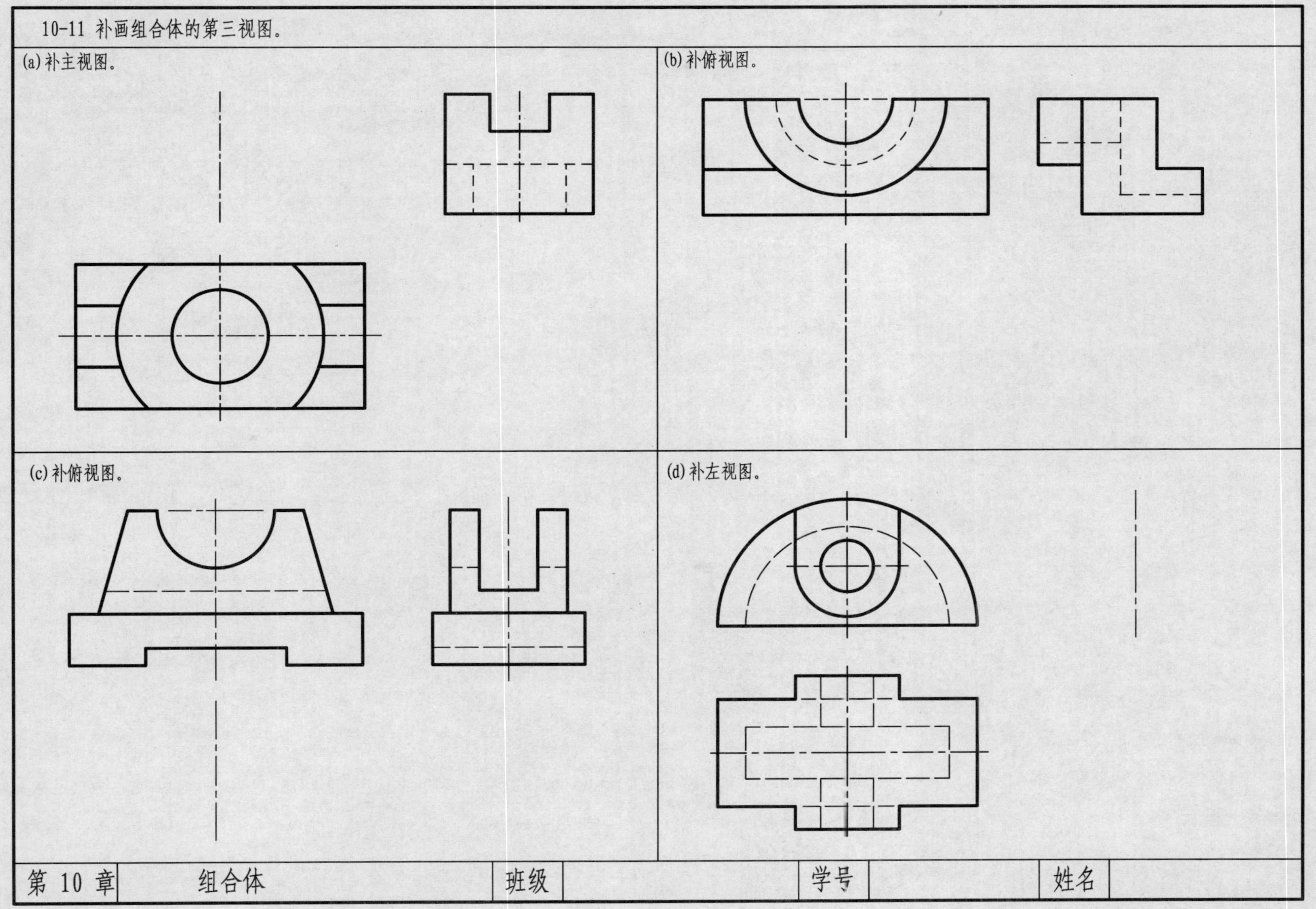

第 10 章	组合体	班级		学号		姓名	

10-12 根据形体的两个视图,想像物体的形状,补画第三视图。

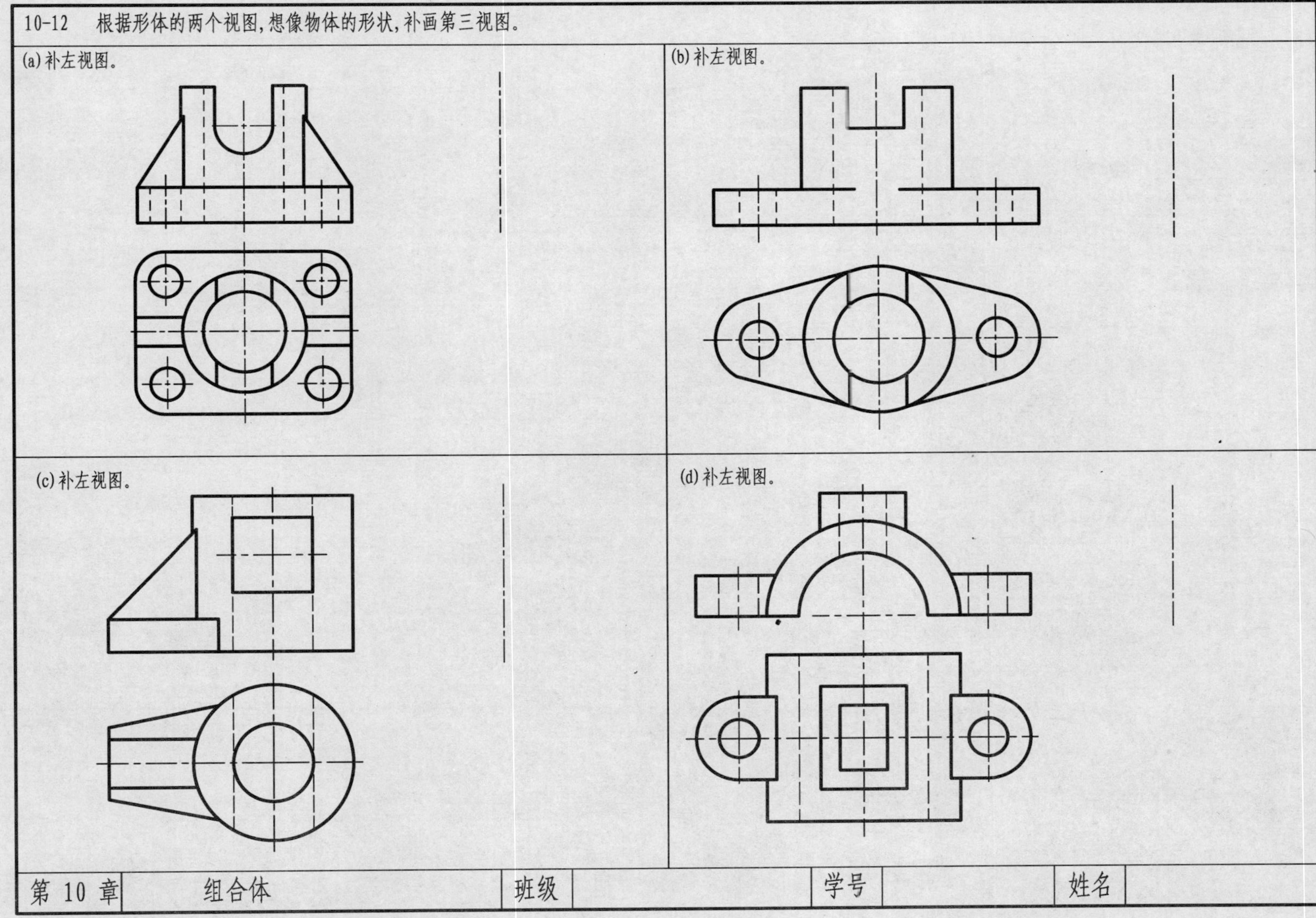

10-13　标注组合体的尺寸(其数值按1:1在图上量取，以mm为单位取整数)。

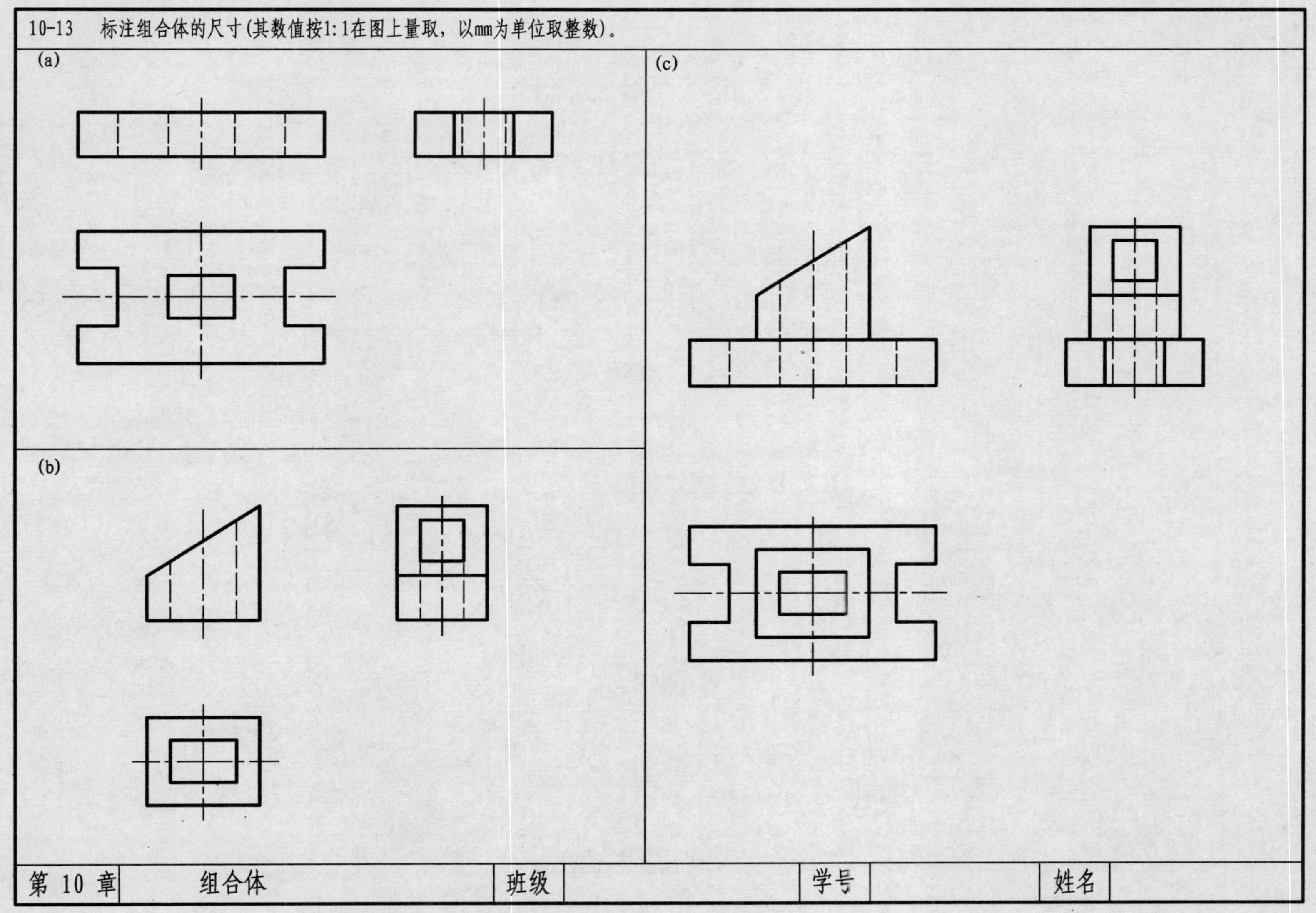

第 10 章	组合体	班级		学号		姓名	

10-14 标注组合体的尺寸(其数值按1:1在图上量取，以mm为单位取整数).

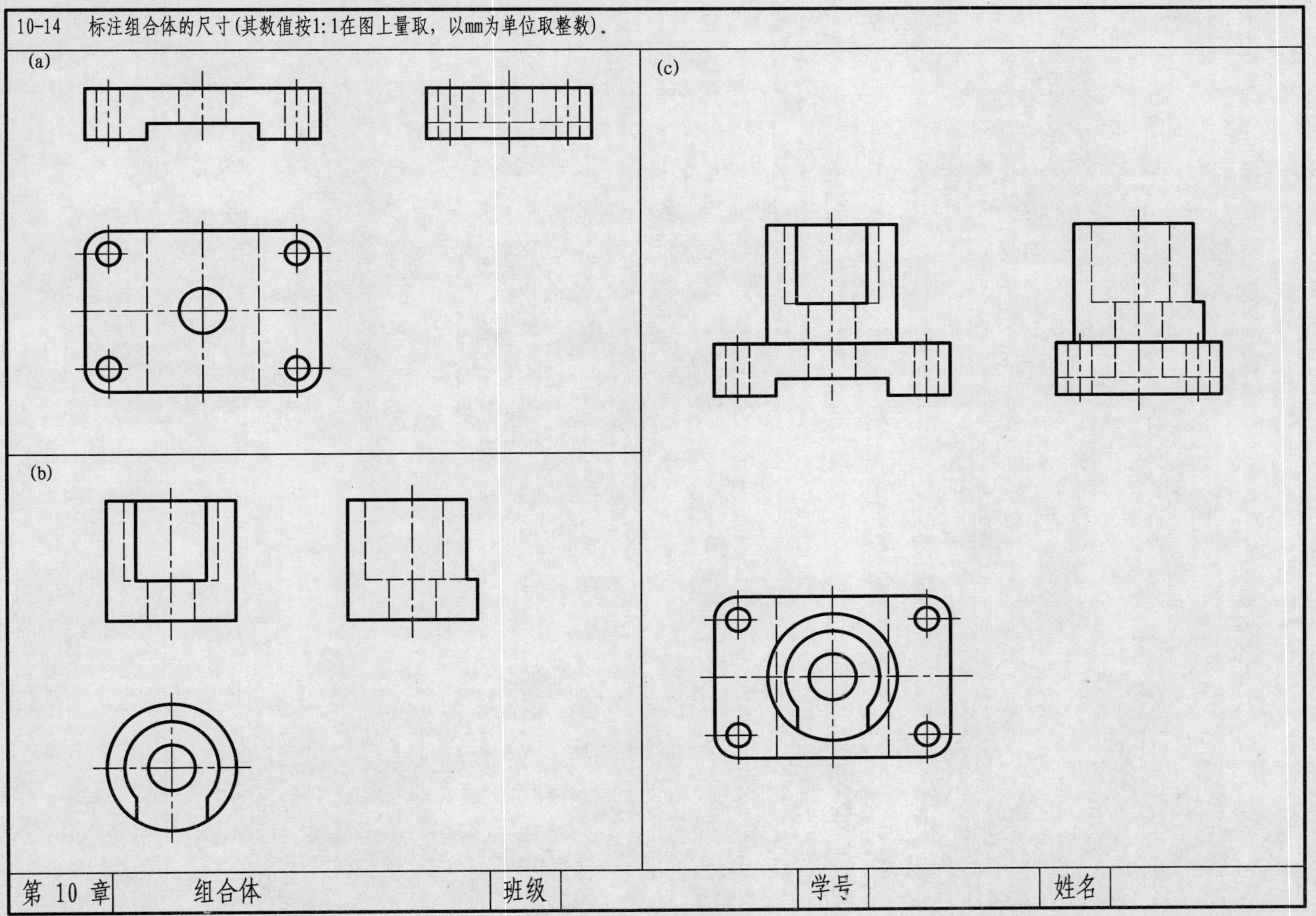

第 10 章	组合体	班级		学号		姓名	

11-1 根据给定的两个视图，画出其正等轴测图。

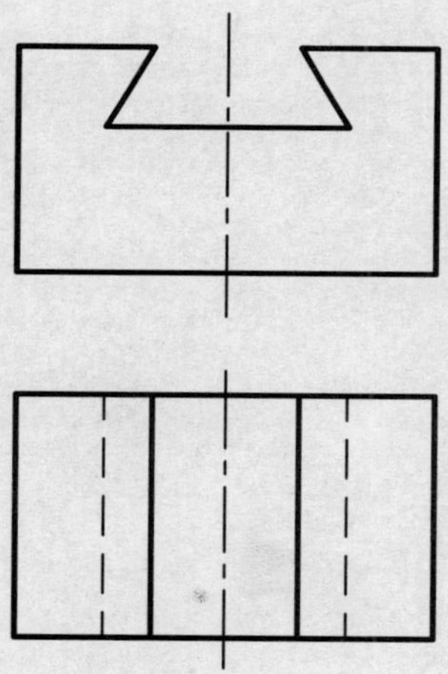

11-2 根据给定的两个视图，画出其正等轴测图。

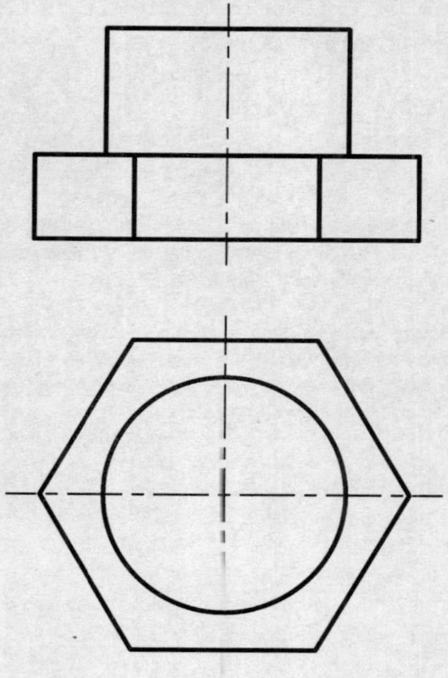

第 11 章	轴测投影	班级		学号		姓名	

11-3 根据所给视图，画出其正等轴测图。

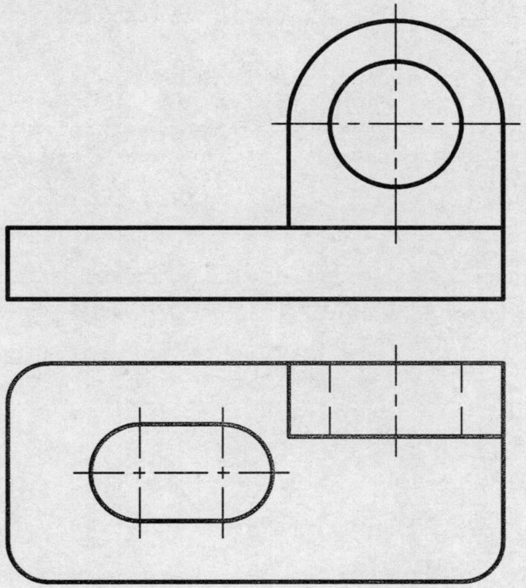

11-4 根据所给视图，画出其正等轴测图。

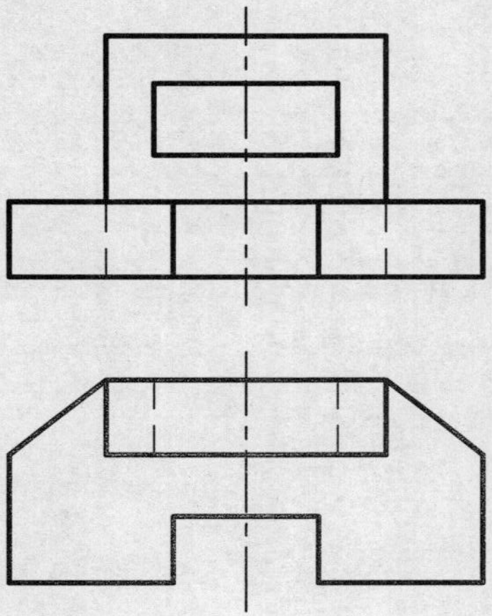

第 11 章	轴测投影	班级		学号		姓名	

11-5 根据所给视图，画出斜二等轴测图。

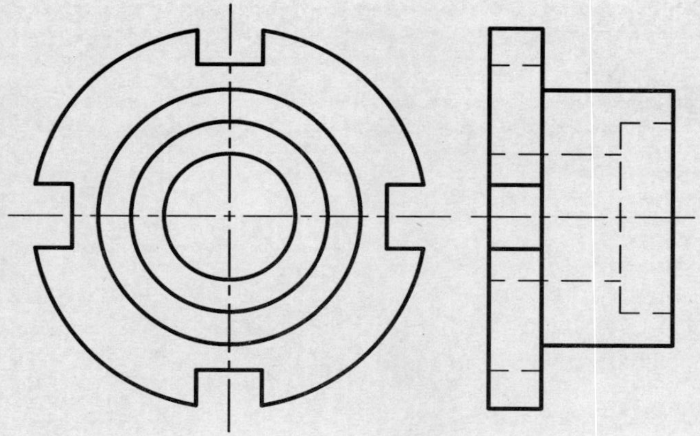

第 11 章	轴测投影	班级		学号		姓名	

12-1 看懂所给视图，按照基本视图的配置关系补画出仰视图和右视图。

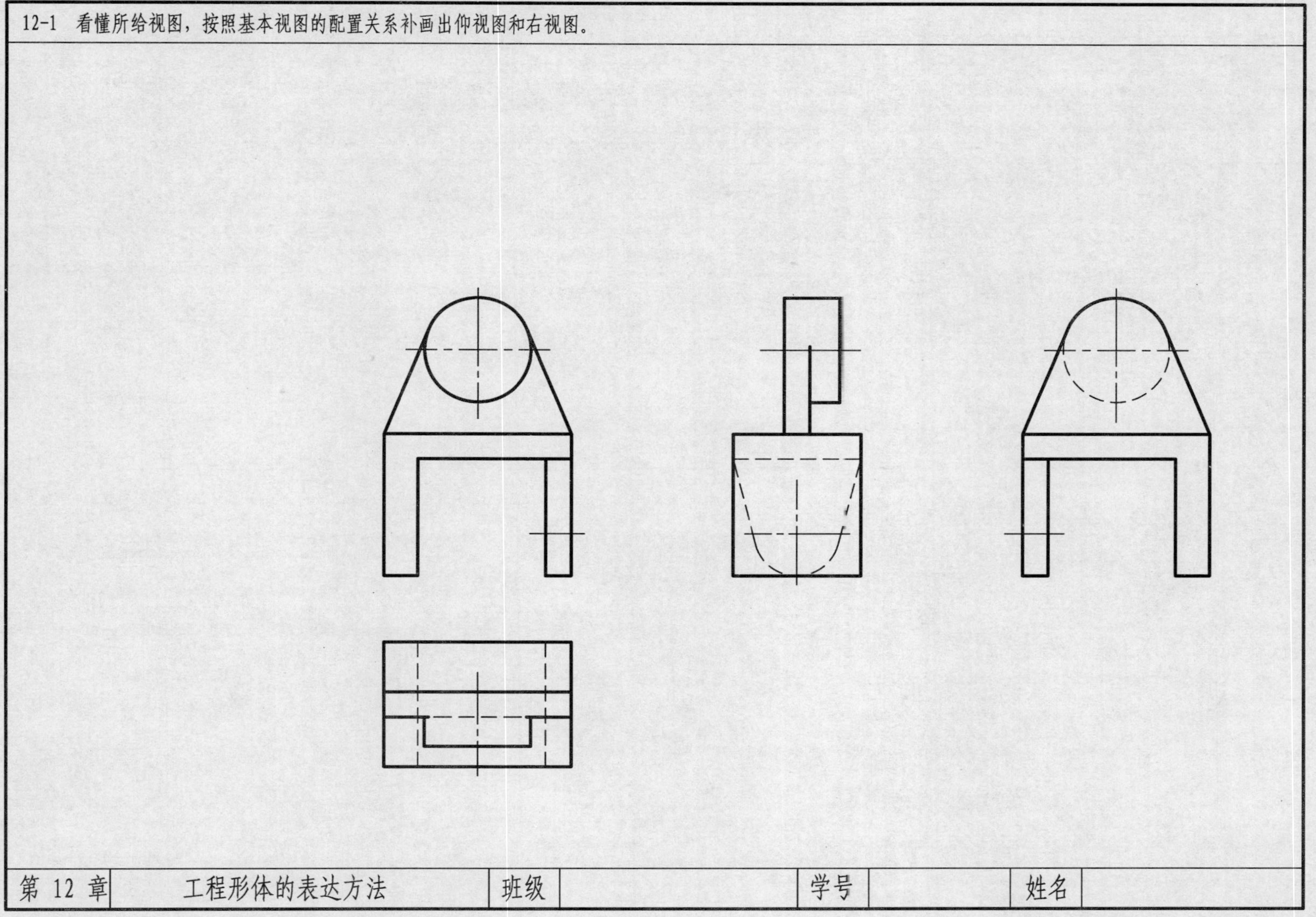

第 12 章	工程形体的表达方法	班级		学号		姓名	

12-2 根据所给两视图，参照轴测图补画A向局部视图。

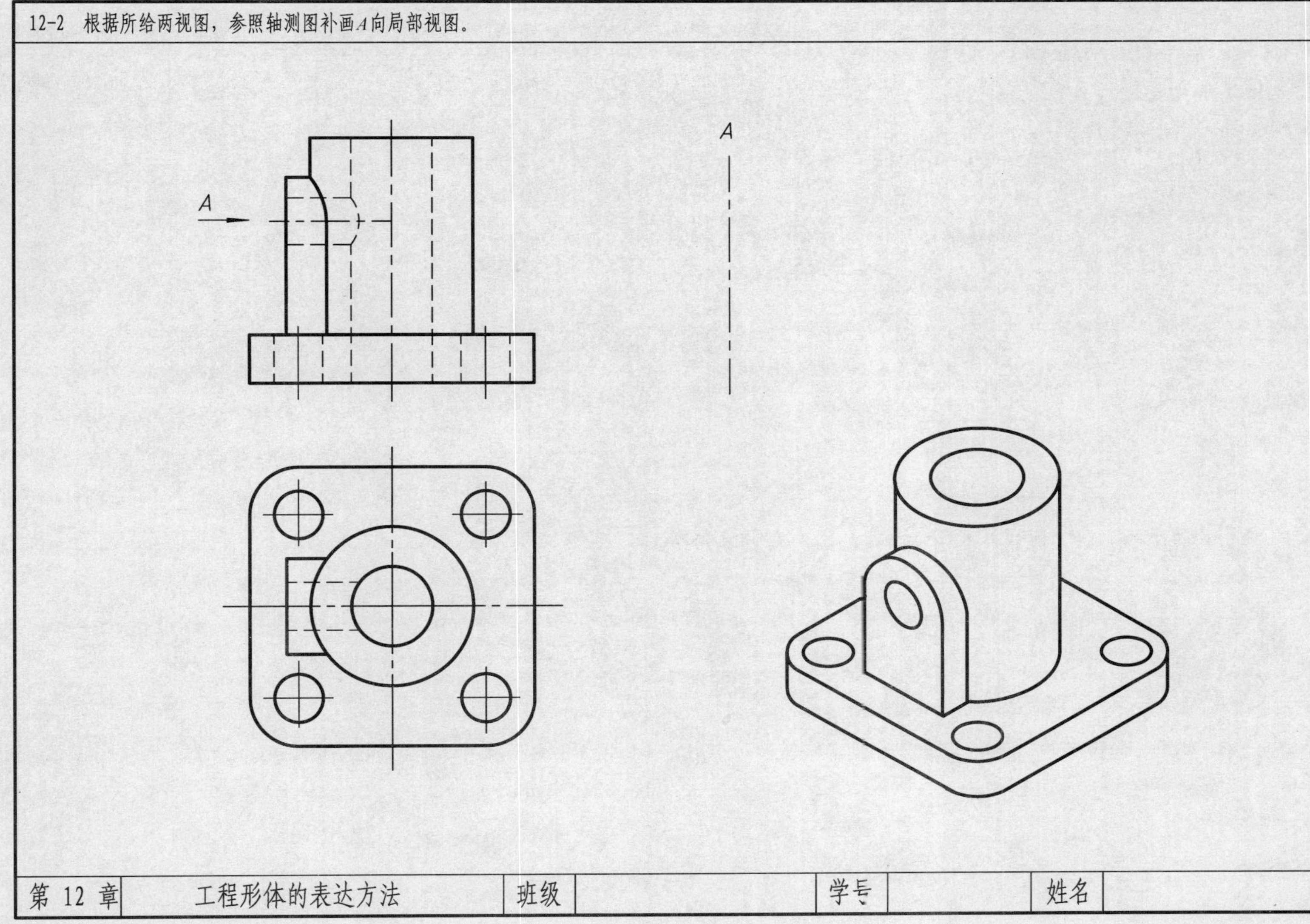

第 12 章	工程形体的表达方法	班级		学号		姓名	

12-3　根据所给两视图，参照轴测图补画B向斜视图。

12-4　根据所给两视图和A向斜视图，补全俯视图。

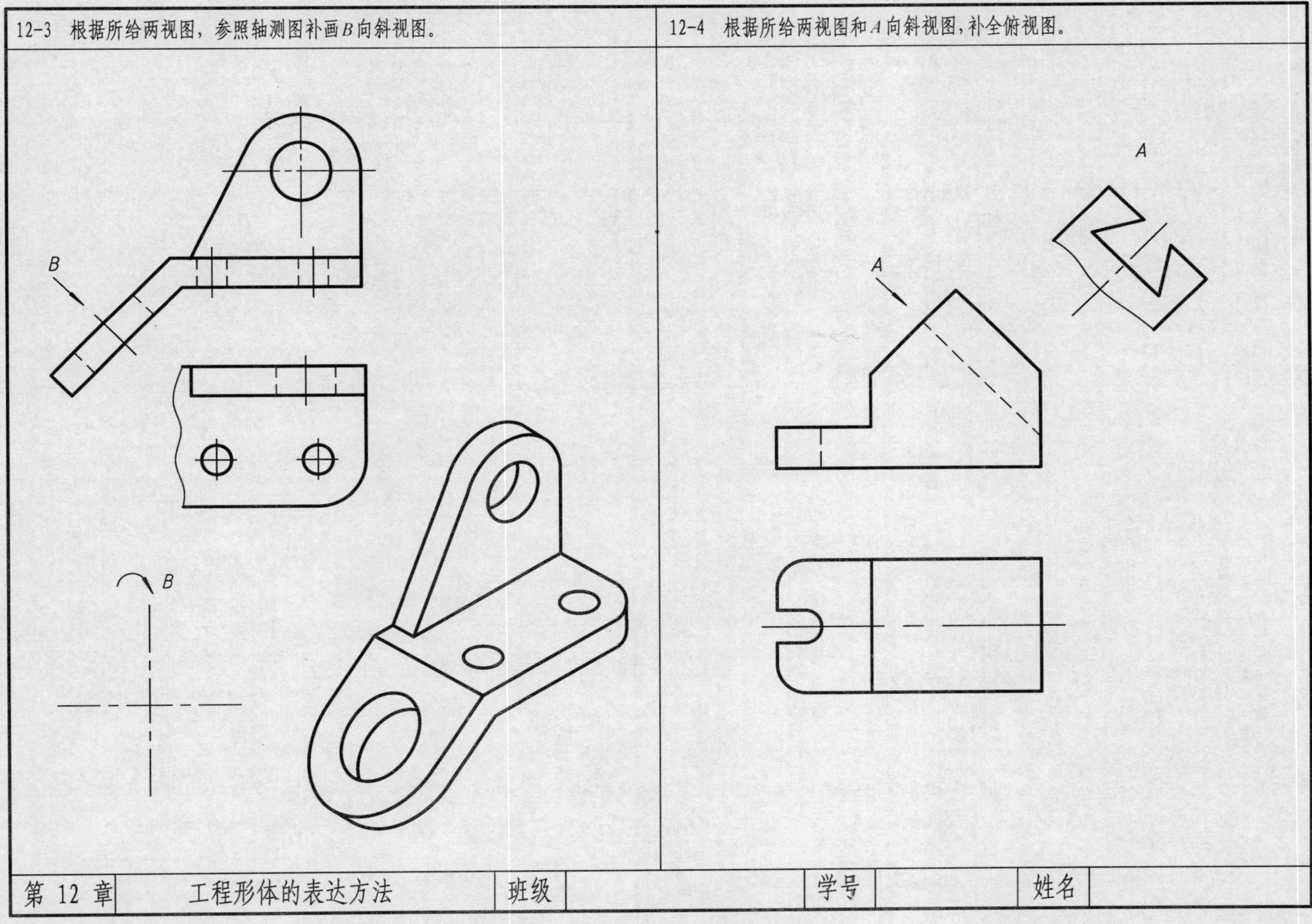

第 12 章	工程形体的表达方法	班级		学号		姓名	

12-5 在主、左视图之间的细线框处将原主视图改画成全剖视图，并加粗外轮廓线。

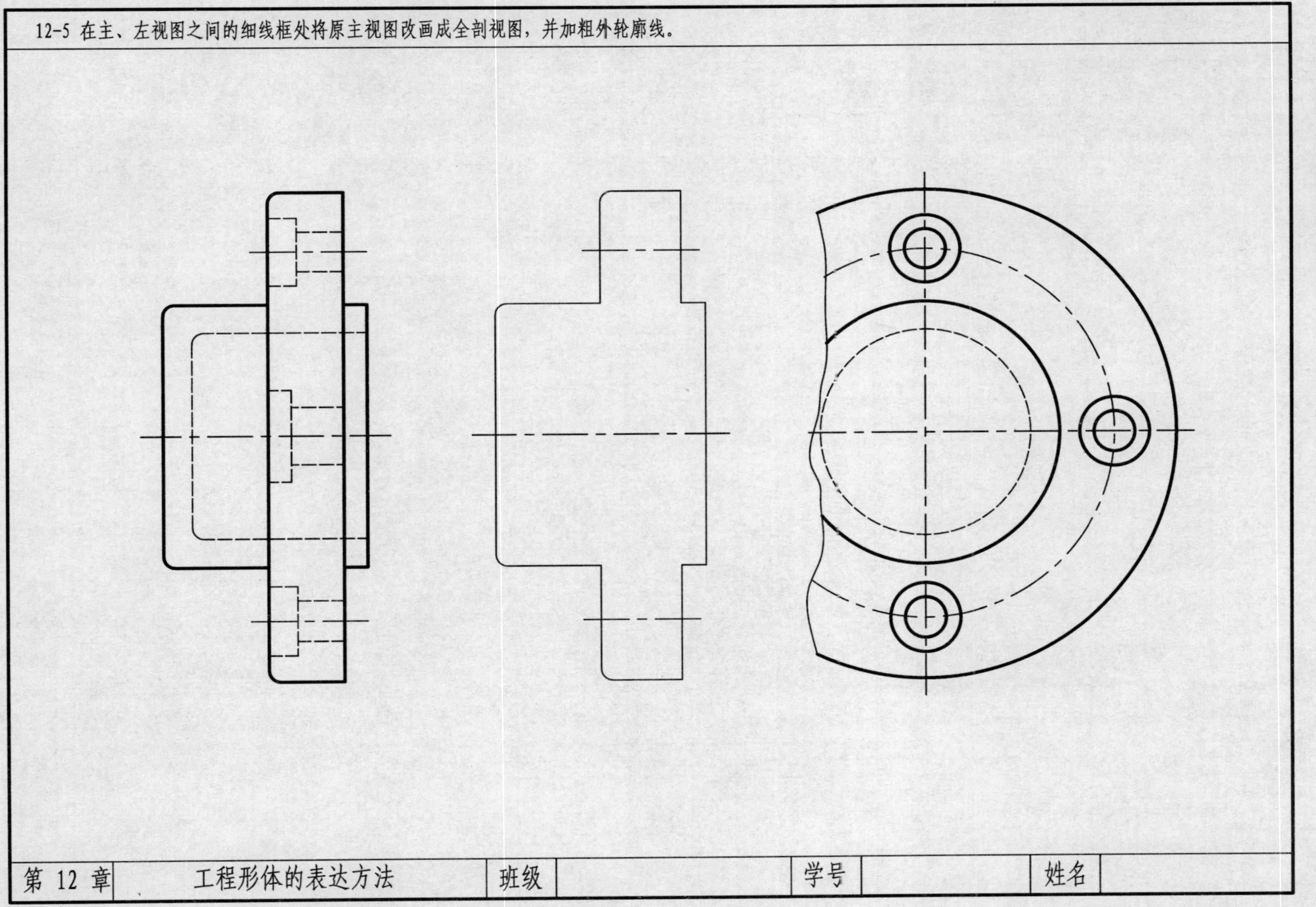

第 12 章	工程形体的表达方法	班级		学号		姓名	

12-6 在中间细线框处将主视图画成全剖视图。

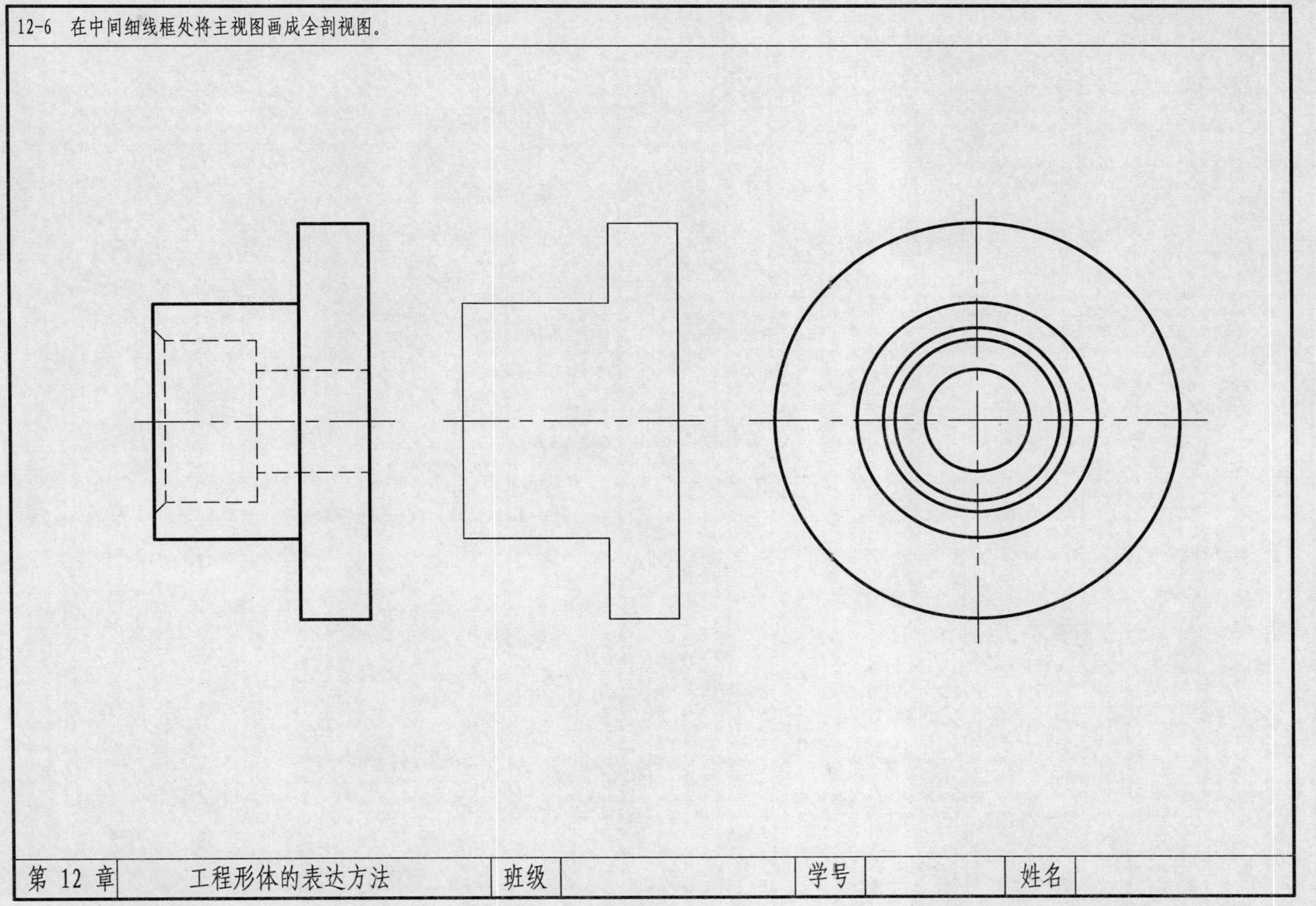

第 12 章	工程形体的表达方法	班级		学号		姓名	

班级　　学号　　姓名

12-7 在指定位置将原主视图改画成全剖视图，并加粗外轮廓线。

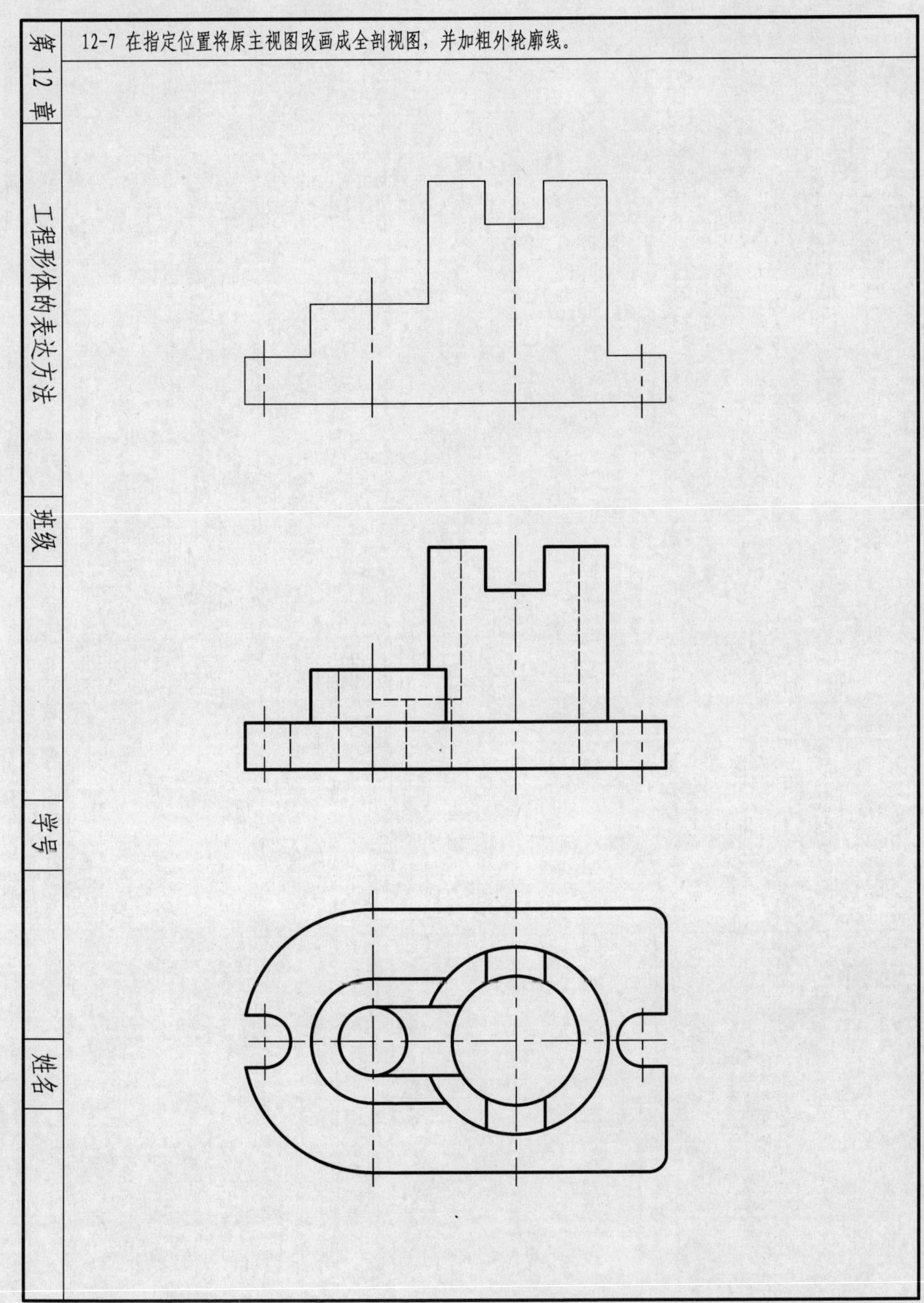

12-8 看懂图(a)所给的两视图，在图(b)上将主视图画成半剖视图。

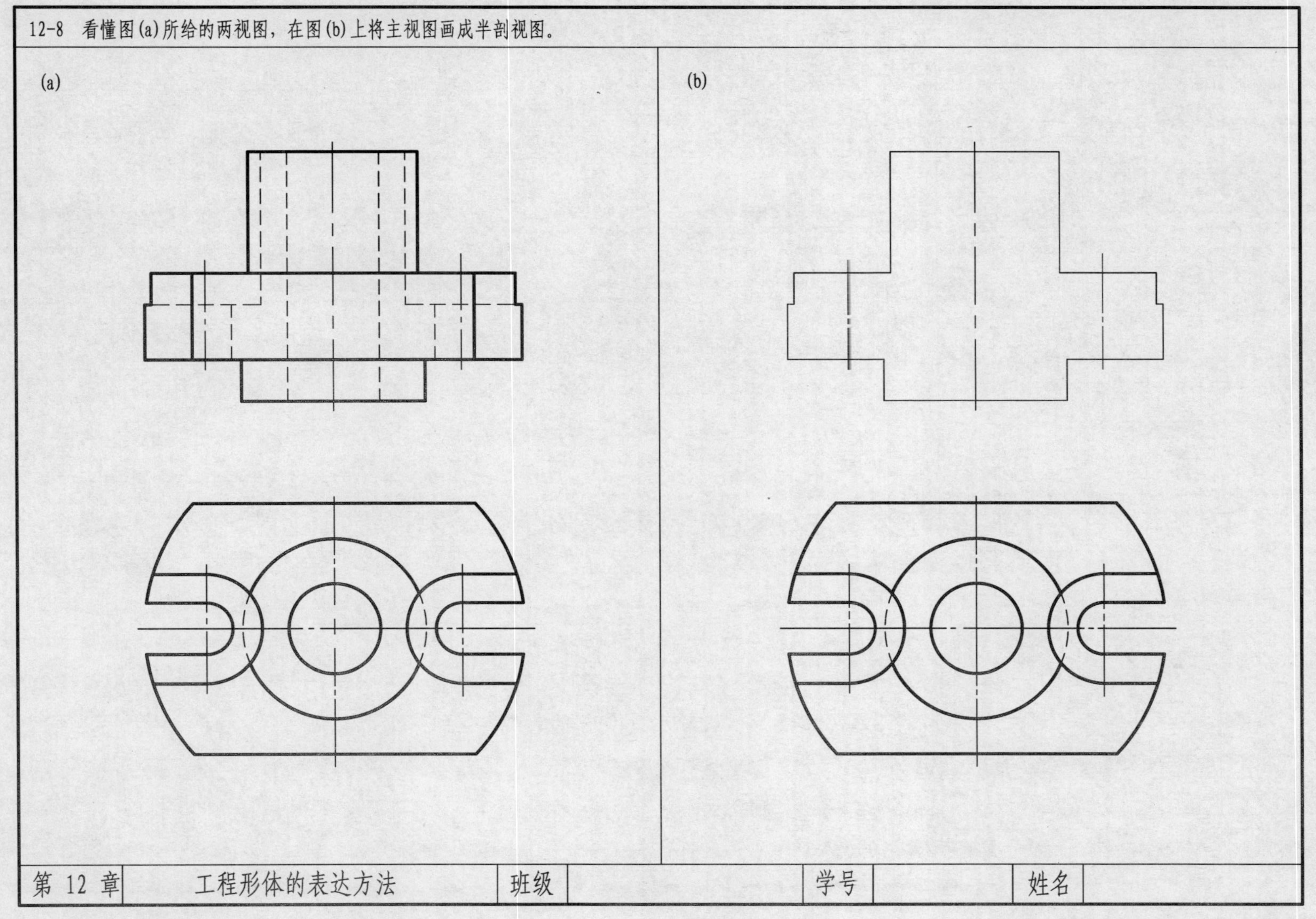

第 12 章	工程形体的表达方法	班级		学号		姓名	

12-9 看懂图(a)所给的两视图，在图(b)上将主视图画成半剖视图。

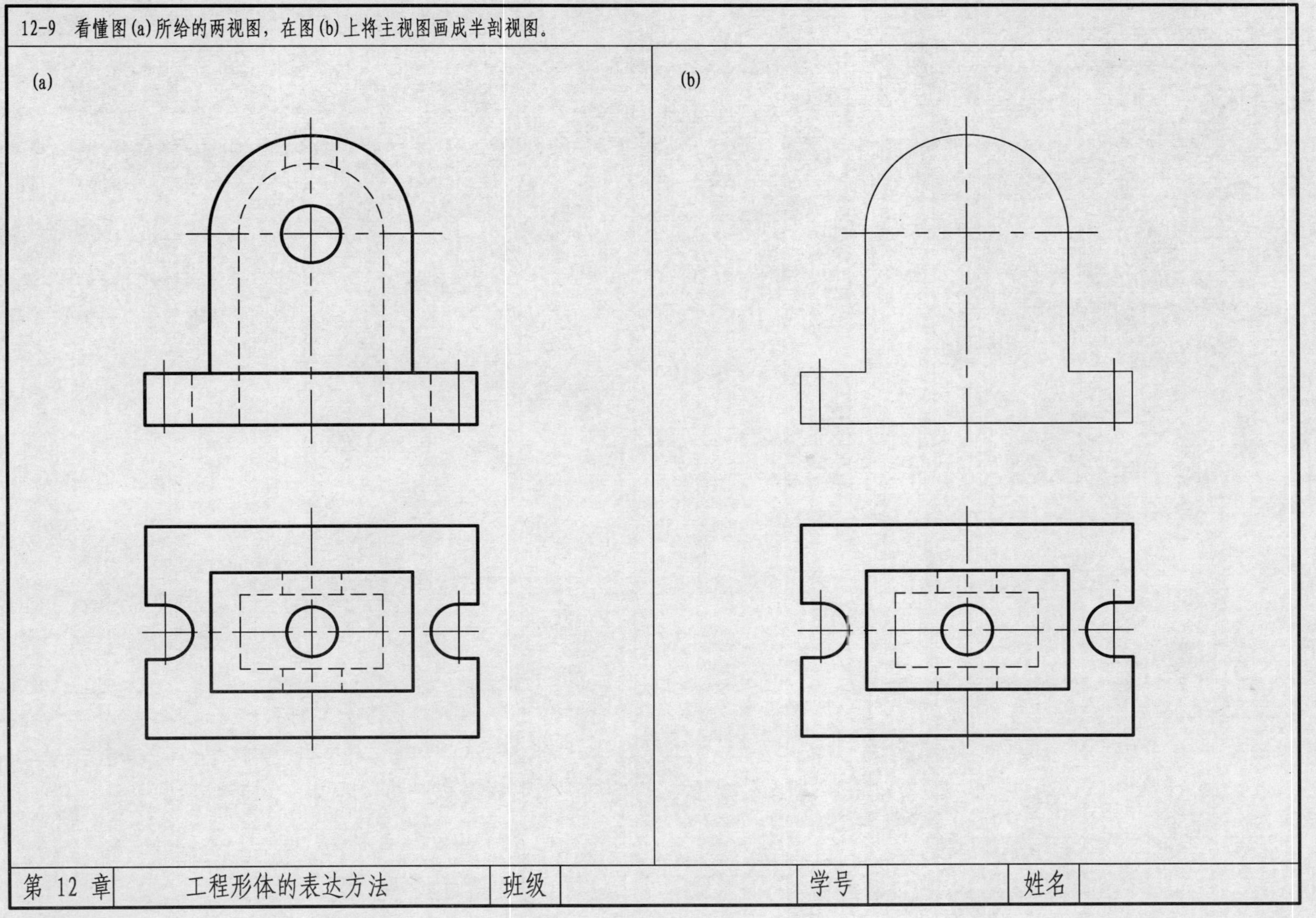

第 12 章	工程形体的表达方法	班级		学号		姓名	

12-10 看懂图(a)所给的两视图，在图(b)上将主视图及俯视图画成局部剖视图。

(a)

(b)

第 12 章	工程形体的表达方法	班级		学号		姓名	

班级　　学号　　姓名

12-11　在主视图上作局部剖视，俯视图上作A-A剖视。

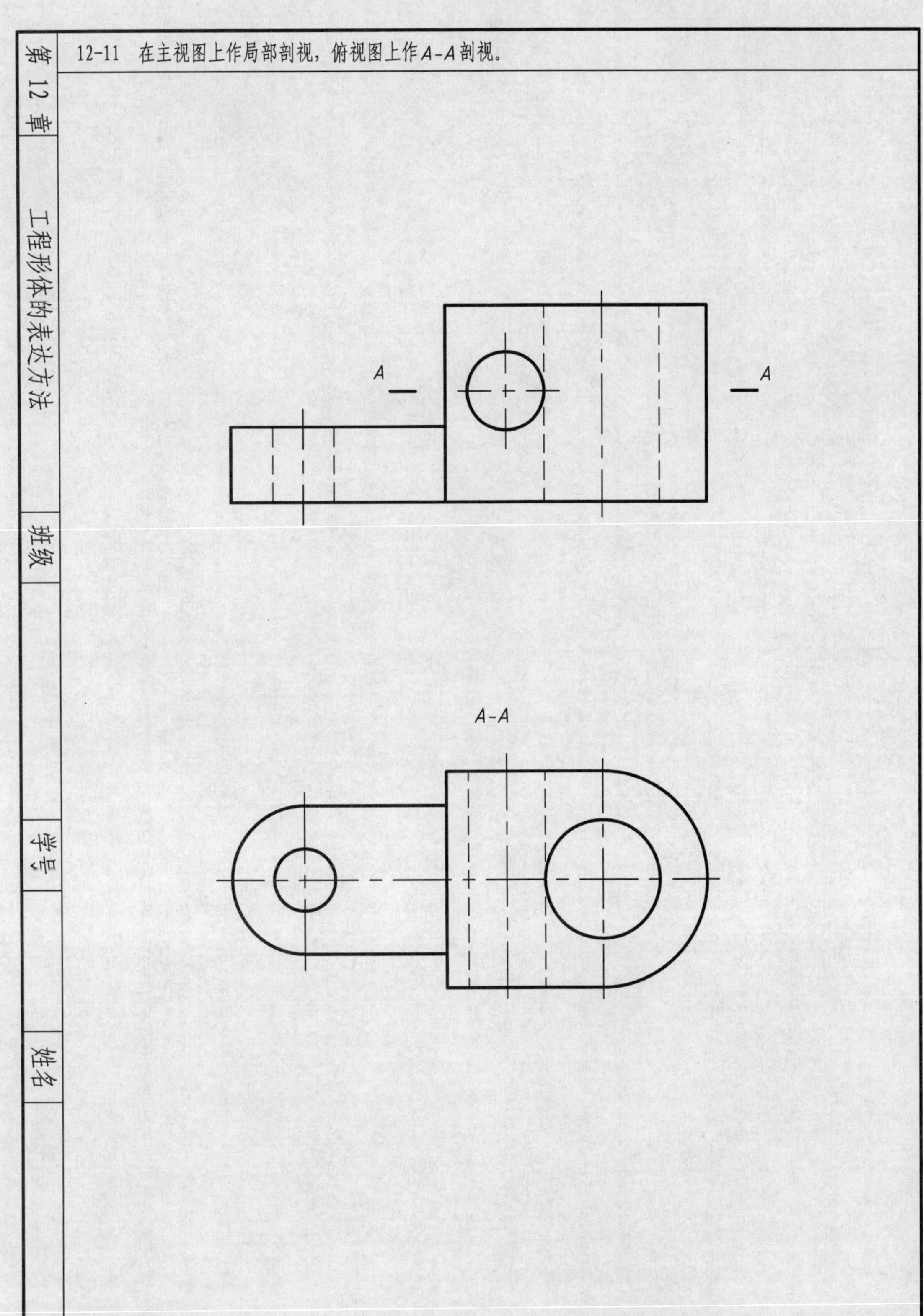

12-12 看懂图(a)所给的两视图，在图(b)上将主视图画成全剖视图(阶梯剖)。

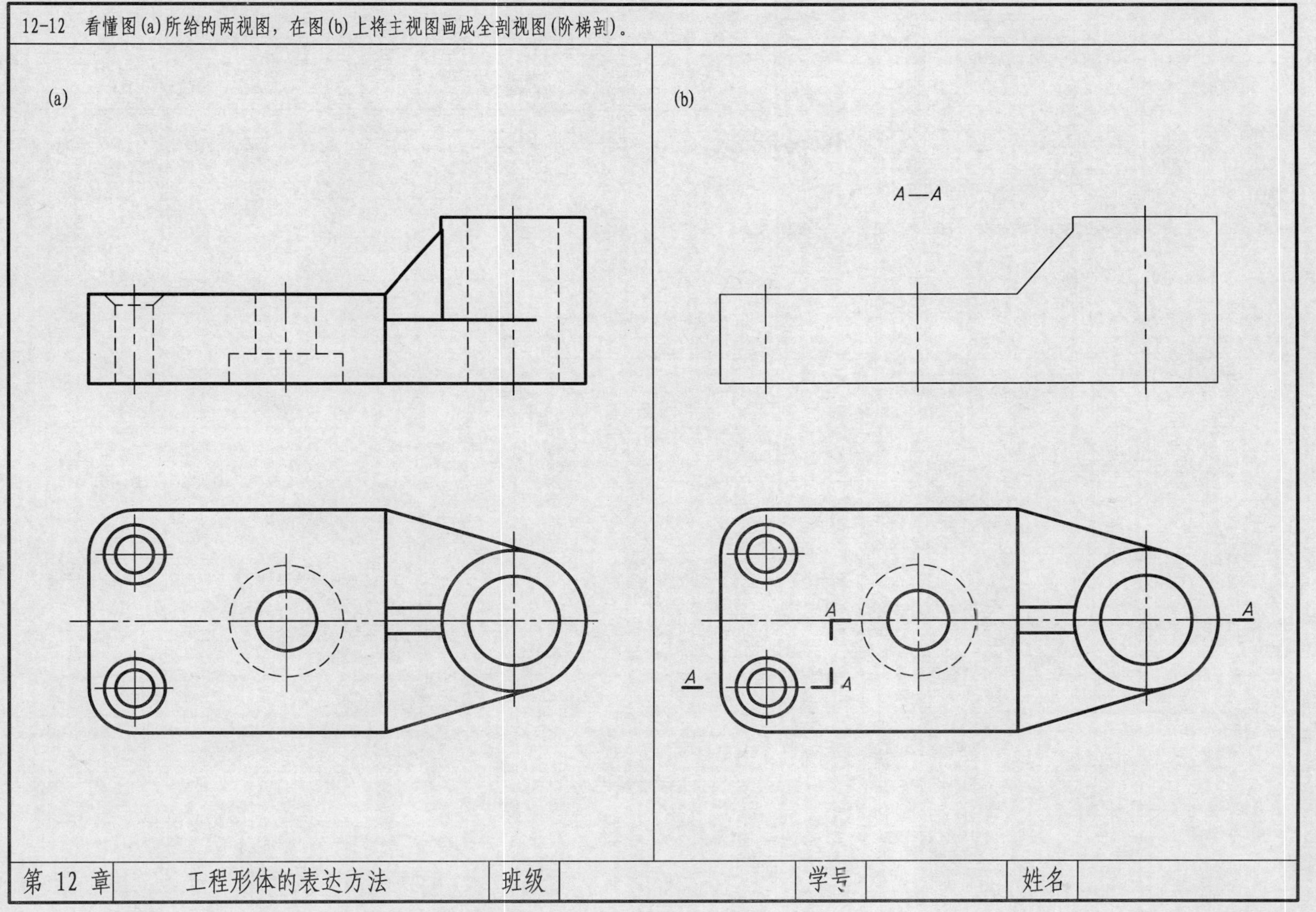

第 12 章 工程形体的表达方法 班级 学号 姓名

12-13　看懂图(a)所给的两视图，在图(b)上将主视图画成全剖视图（旋转剖）。

(a)

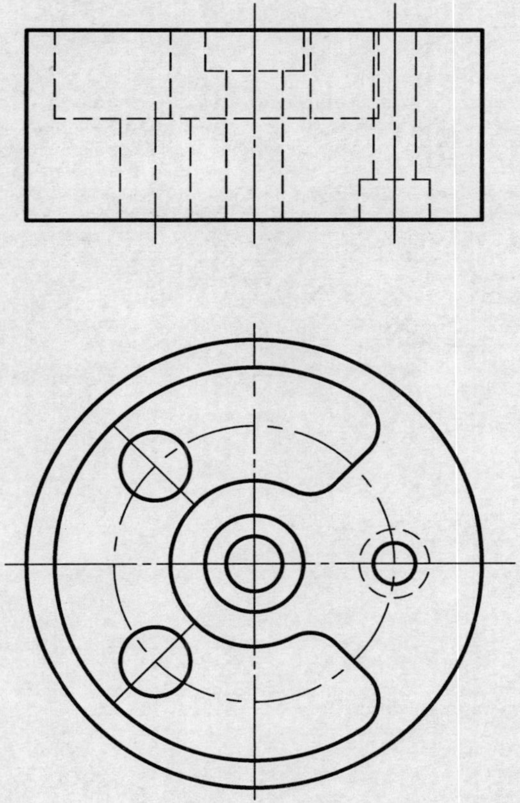

(b)

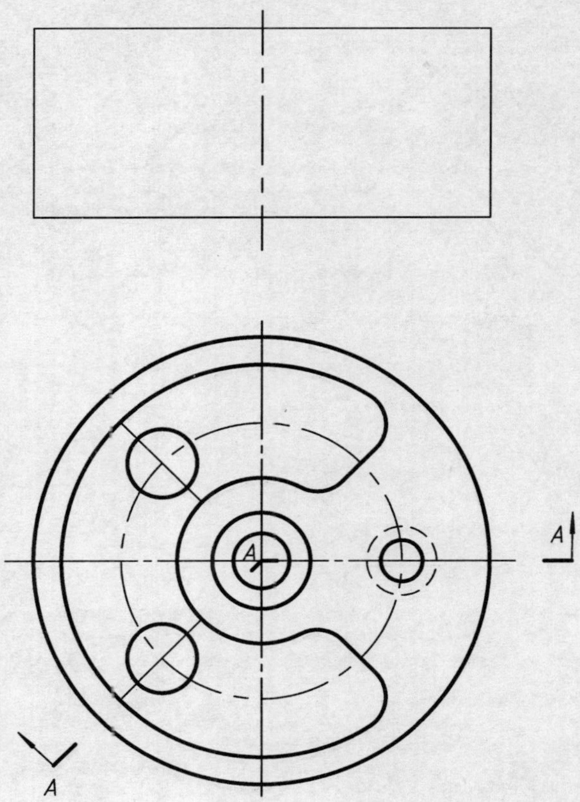

A-A

A

A

第 12 章	工程形体的表达方法	班级		学号		姓名	

12-14 看懂图(a)所给的两视图，在图(b)上将主视图画成全剖视图（复合剖）。

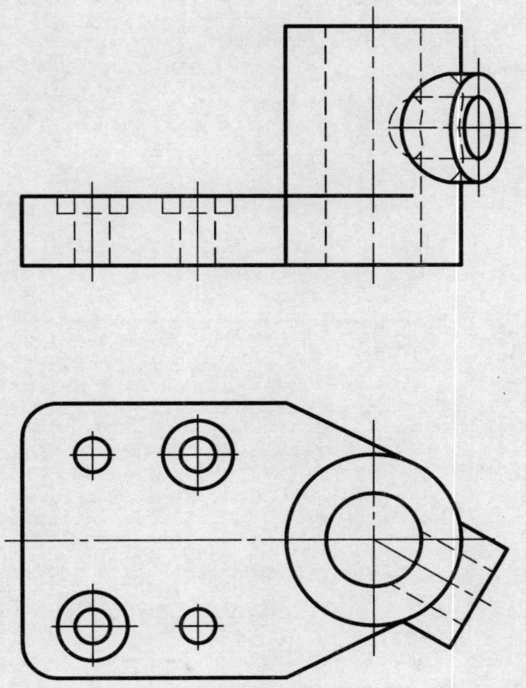

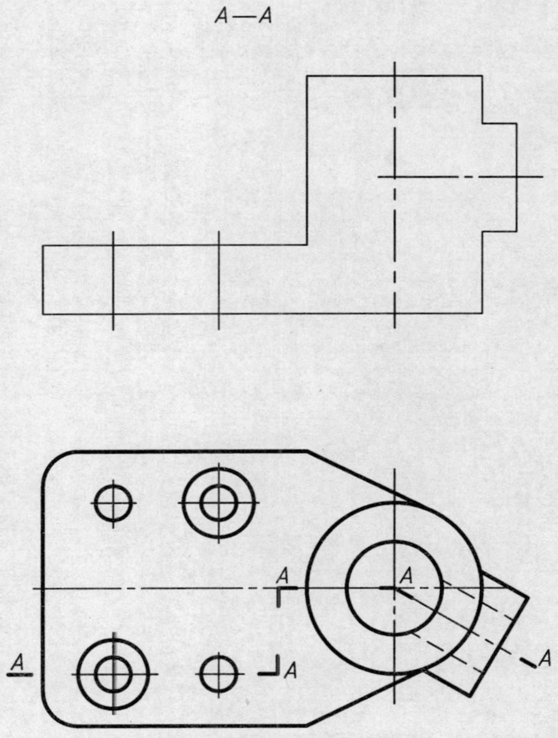

A—A

A A A A A

第 12 章	工程形体的表达方法	班级		学号		姓名	

12-15 看懂所给两视图，补画出A—A和 B—B剖视图。

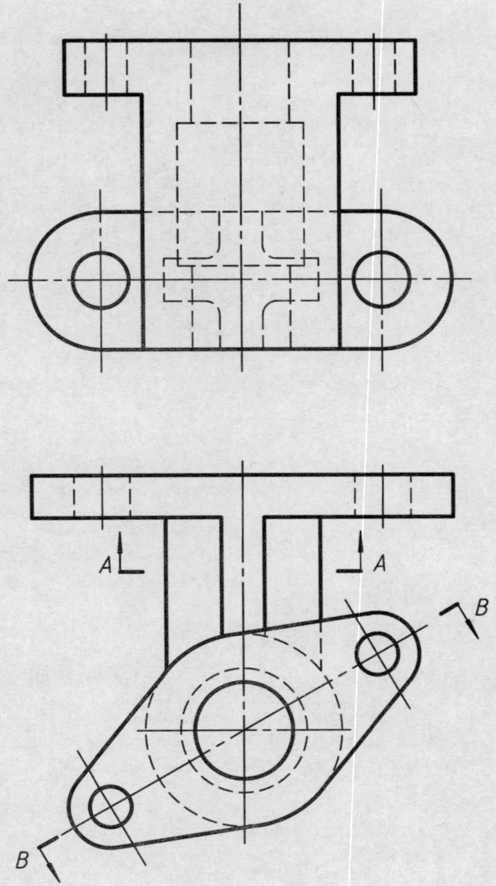

A
A
B
B

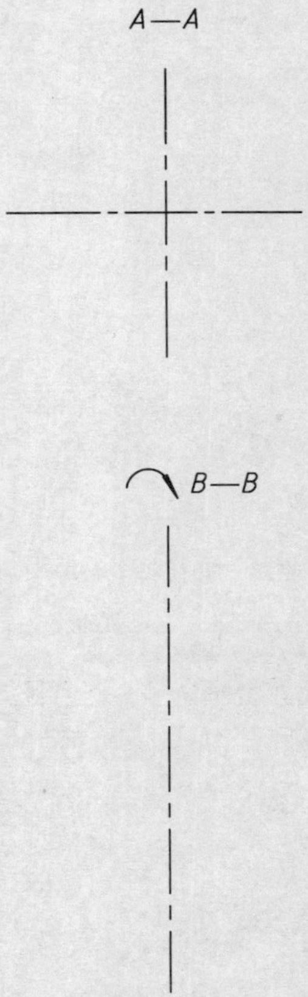

A—A

B—B

第 12 章	工程形体的表达方法	班级		学号		姓名	

12-16 看懂所给的视图，依次画出轴的 4 个移出断面图(图中两键槽均深3mm)。

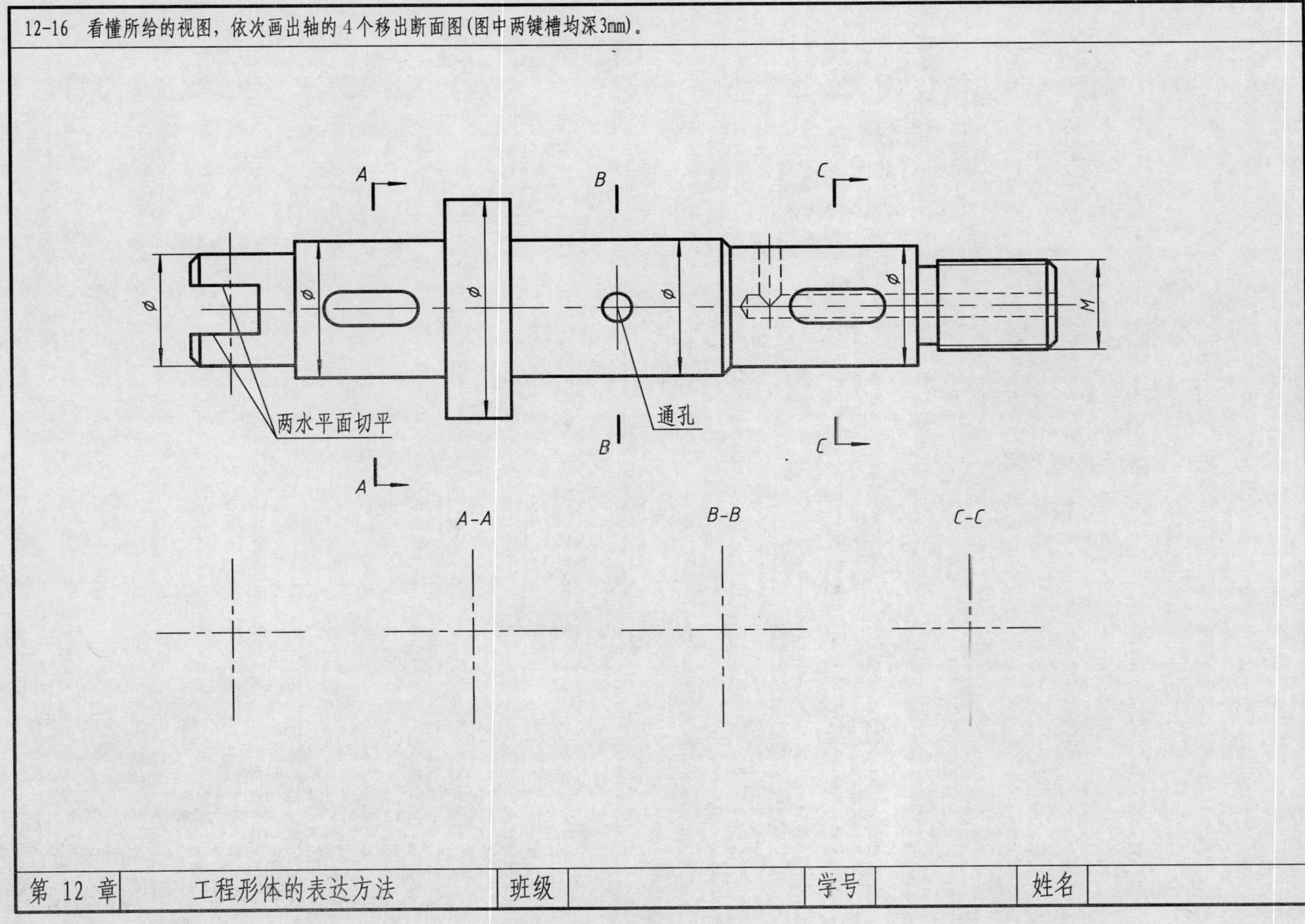

第 12 章	工程形体的表达方法	班级		学号		姓名	

12-17 看懂所给的视图，依次画出 3 个移出断面图(图中尺寸24为两平行平面的距离)。

ø15
ø5
ø18
24
ø28

第 12 章	工程形体的表达方法	班级		学号		姓名	

作业三　图样表达方法练习（尺规图）

1. 目的

（1）　学习正确选用和绘制各种视图、剖视图及断面图。

（2）　学习标注尺寸的基本方法。

（3）　学习绘制正等轴测图及斜二等轴测图的方法。

2. 内容

（1）　按题目要求，将每个题画在一张A3图纸上。

（2）　本作业各标题栏的名称一栏中填写“投影制图”，图号一栏填写题号。

3. 要求

（1）　作业中各类线型的规格及轻重应基本保持一致，粗实线d=0.6-0.8。

（2）　图样上的字体要符合国家标准规定。

（3）　保持图面清晰整洁。

4. 步骤

（1）　用细实线绘制作业内容，包括图形、尺寸，尺寸数字可暂时不写。

（2）　擦去作图线，检查、加深。

（3）　注写尺寸数字。

（4）　填写标题栏。

第 12 章	工程形体的表达方法	班级		学号		姓名	

第 12 章　工程形体的表达方法

班级　　学号　　姓名

12-18　看懂所给的两视图，改变表达方法：将主视图画成全剖视图，俯视图及补画的左视图画成半剖视图并作底板小孔的局部剖视图，标注全部尺寸。

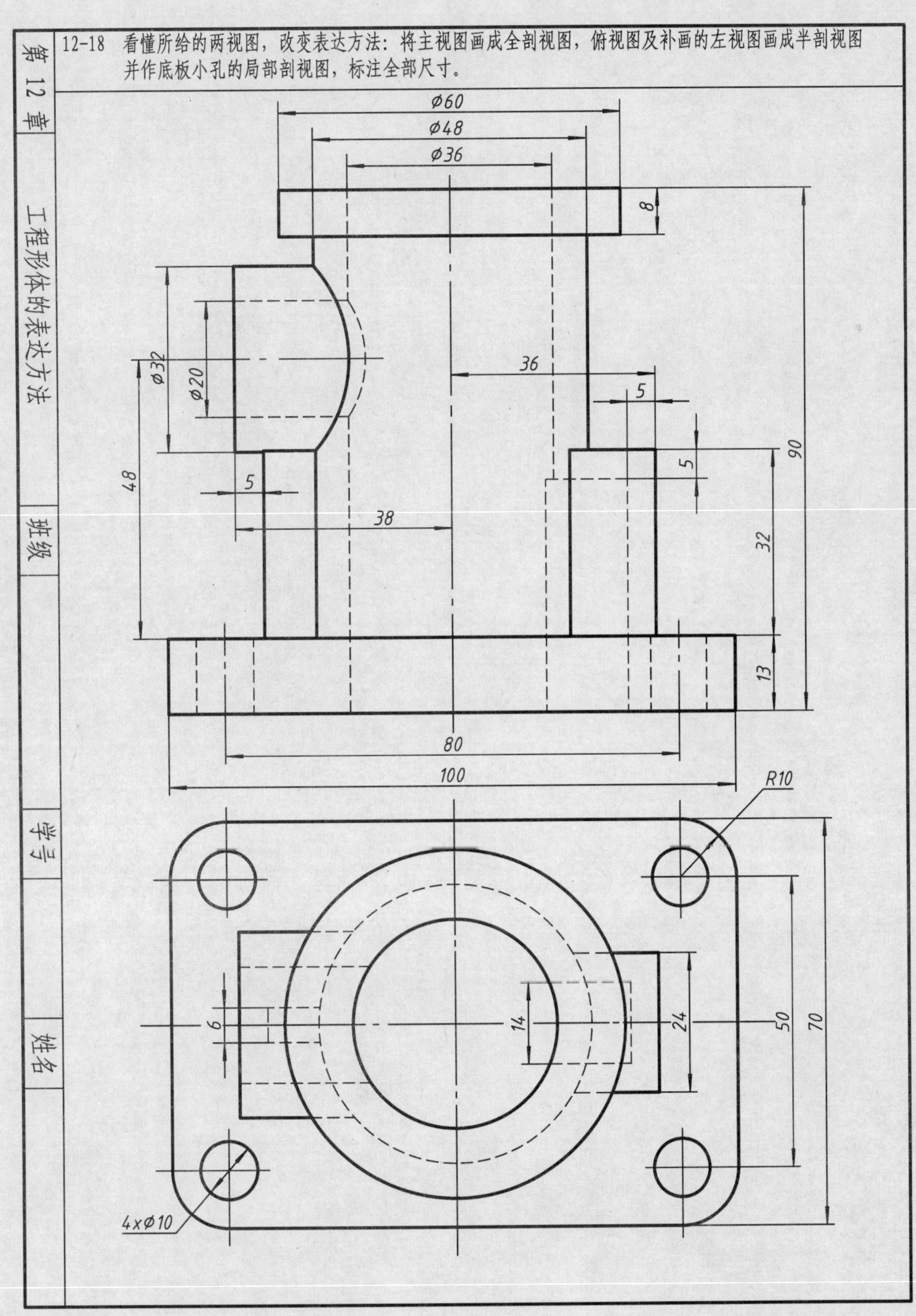

12-19 看懂所给的两视图，改变表达方法：将主、俯及补画的左视图画成半剖视图，作出机件肋的移出断面及底板小孔的局部剖视图，标注出全部尺寸，画出该机件的正等轴测图。

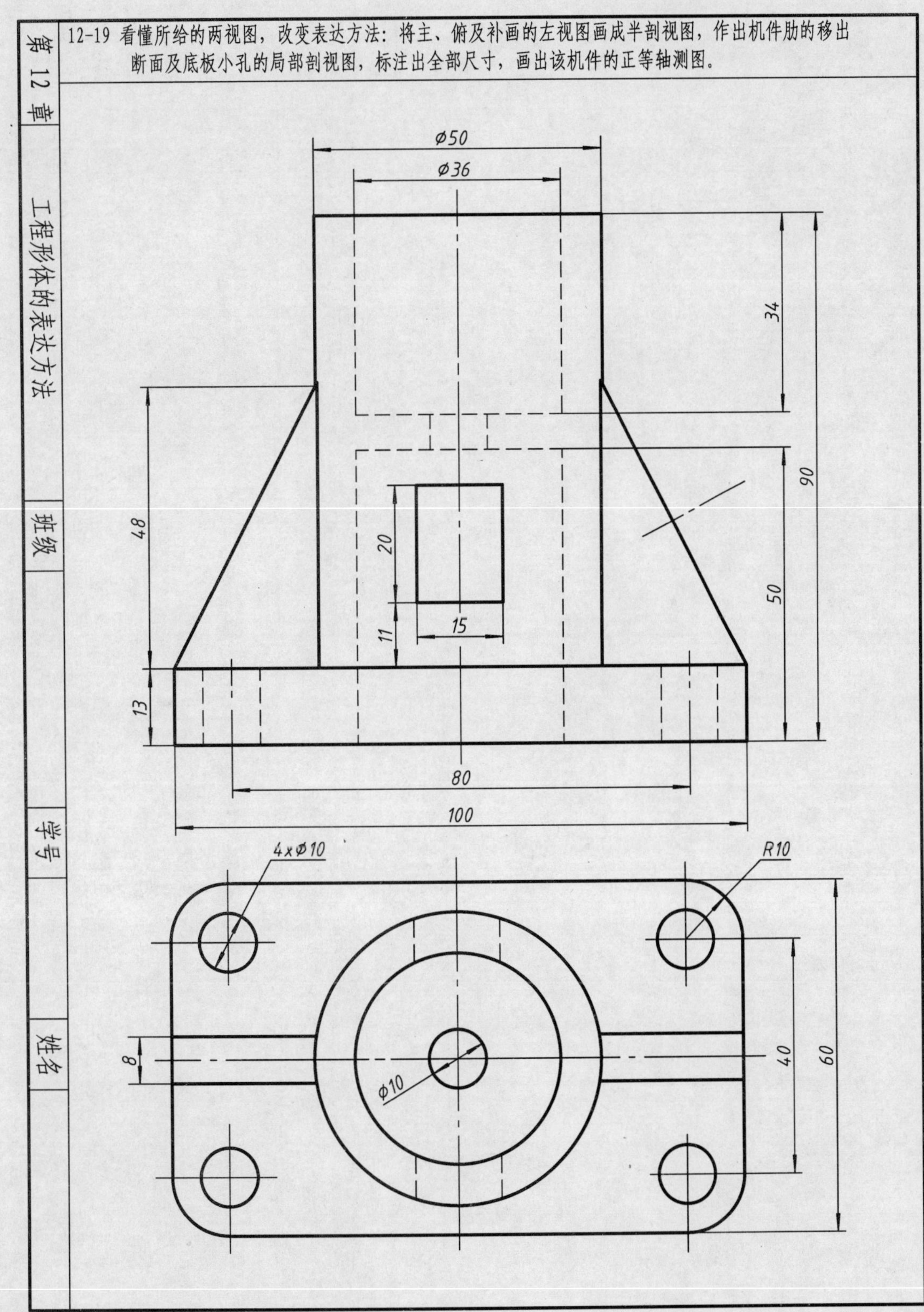

班级　　学号　　姓名

12-20 看懂所给的两视图，改变表达方法：将主视图画成全剖视图（用两相交剖切平面），作出机件肋的移出断面，保留左视图，标出全部尺寸。

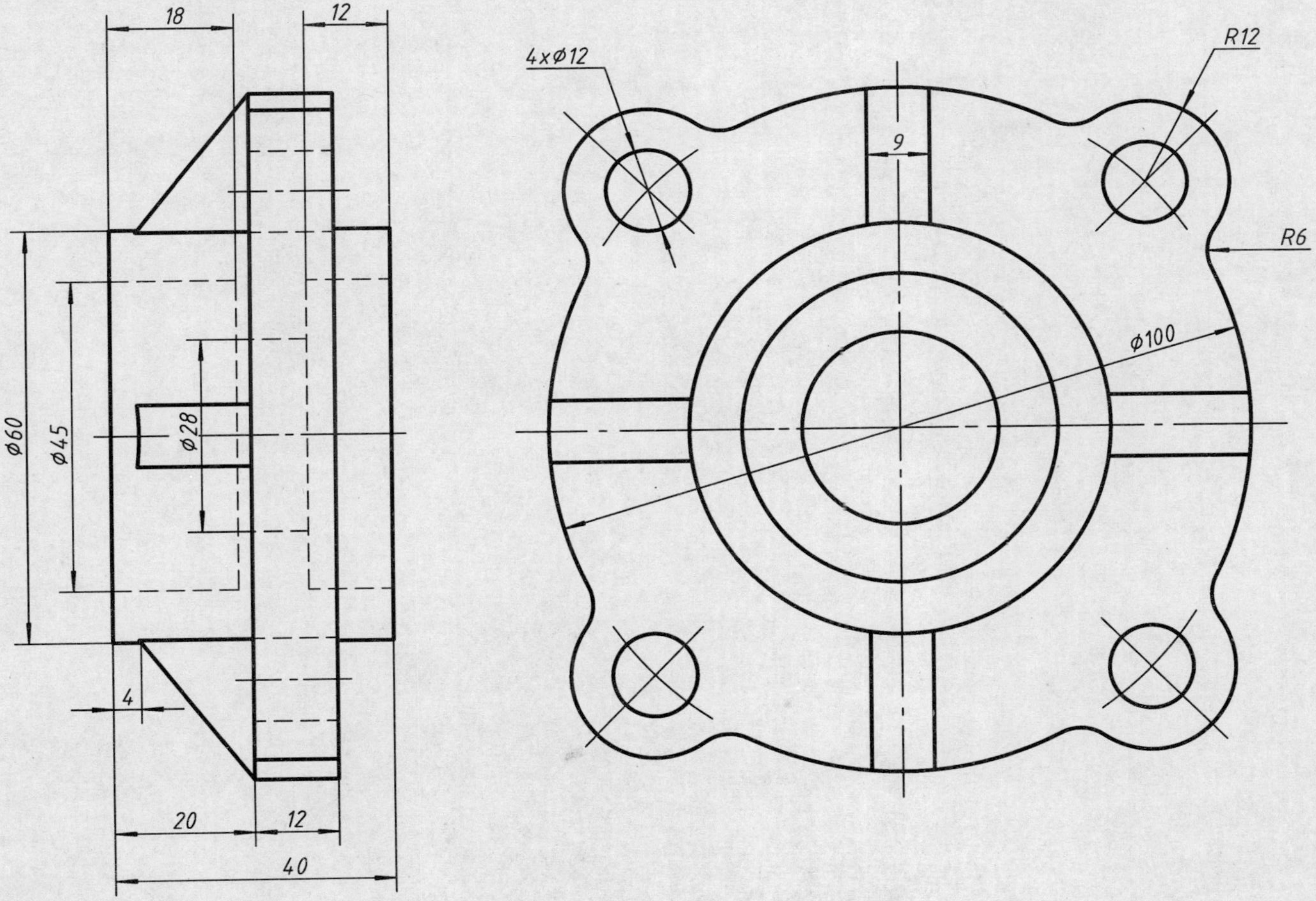

第 12 章	工程形体的表达方法	班级		学号		姓名